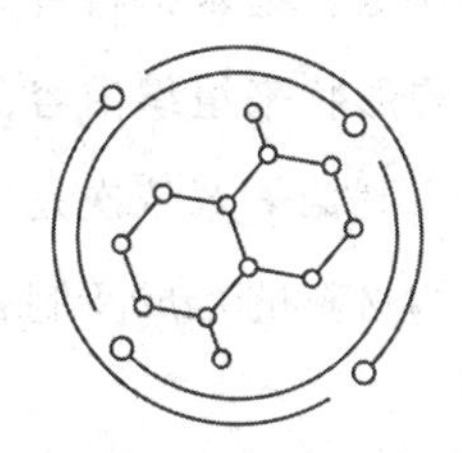

纳米材料合成技术

石永敬　编著

Synthesis Technology of Nanomaterials

化学工业出版社

·北京·

内容简介

《纳米材料合成技术》全面、系统地介绍了纳米材料合成的基本理论、纳米材料合成技术以及不同纳米材料的物理化学特性及应用。本书依据纳米结构材料的形状来组织内容，全书共7章，其中第1章为绪论，第2章为纳米材料的生长机制，第3章到第6章依次是零维纳米结构材料、一维纳米结构材料、二维纳米结构材料、特殊纳米结构材料的合成及制备，第7章为纳米材料的物理化学性质。

本书适合高等院校纳米材料或材料相关专业的师生做参考用书，也可供相关领域的研究人员、工程技术人员做参考。

图书在版编目（CIP）数据

纳米材料合成技术 / 石永敬编著. — 北京：化学工业出版社，2024. 3

ISBN 978-7-122-44640-4

Ⅰ. ①纳… Ⅱ. ①石… Ⅲ. ①纳米材料-合成-生产工艺 Ⅳ. ①TB383

中国国家版本馆 CIP 数据核字（2024）第 000098 号

责任编辑：王 婧 杨 菁 金 杰　　文字编辑：师明远
责任校对：王 静　　装帧设计：张 辉

出版发行：化学工业出版社
（北京市东城区青年湖南街 13 号　邮政编码 100011）
印　　装：大厂聚鑫印刷有限责任公司
787mm×1092mm　1/16　印张 16　字数 395 千字
2024 年 1 月北京第 1 版第 1 次印刷

购书咨询：010-64518888　　售后服务：010-64518899
网　　址：http://www.cip.com.cn
凡购买本书，如有缺损质量问题，本社销售中心负责调换。

定　　价：98.00 元

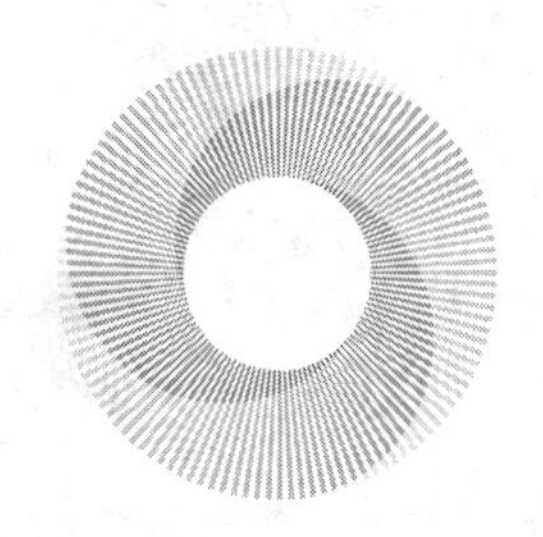

前言

PREFACE

纳米结构材料具有特殊的物理化学性质，例如热传导、电子传输、电化学催化等，在医疗、新能源转换器件及传感器件等领域具有巨大的应用前景，是目前材料及其相关交叉学科研究的热点。研究纳米材料的合成工艺及结构控制对丰富纳米材料的形成理论及扩展应用场景具有重要的意义。本书主要探讨了纳米材料的合成理论、不同结构纳米材料的制备工艺及特性。

《纳米材料合成技术》以纳米材料的基本合成原理为基础，以不同纳米结构材料合成特征为主要脉络，系统讨论了一维纳米结构材料、二维纳米结构材料及特殊纳米结构材料的合成工艺及机制。主要内容包括纳米材料的生长机制，零维纳米结构材料、一维纳米结构材料、二维纳米结构材料、特殊纳米结构材料的合成及理化特性，涉及纳米材料的基本概念、制备方法等。通过对本书的阅读，读者能够基本了解不同纳米结构纳米材料的合成原理及合成工艺，并能够理解不同纳米材料结构的特性与合成工艺的关系。

本书的主要特色是在纳米结构材料基本形成理论的基础上，系统地总结了不同纳米结构材料的合成特点及工艺控制。在本书的编写过程中，邸永江对内容提出了中肯的建议，李沁兰、尚凤杰全面参与了全书的校对工作，在此致以衷心的感谢。

由于时间仓促，作者水平有限，书中存在的疏漏或不妥之处，敬请读者批评指正。

石永敬

2023.11

前言

PREFACE

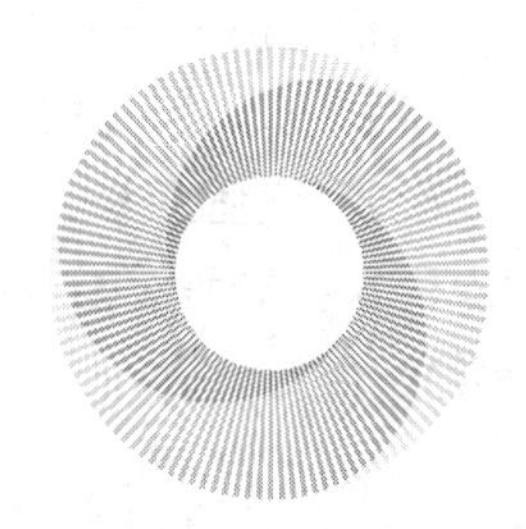

目录
CONTENTS

1 绪论 1

1.1 自然界中的纳米现象 1
1.1.1 荷叶效应 1
1.1.2 生物光子晶体 3
1.1.3 生物吸附效应 4
1.2 纳米材料与纳米结构 5
1.3 纳米技术的发展 6
1.4 纳米技术的挑战 7

2 纳米材料的生长机制 9

2.1 胶体的气相合成 9
2.1.1 成核热力学 10
2.1.2 成核定律 12
2.2 胶体液相特性描述 12
2.2.1 表面能 12
2.2.2 表面电荷密度 17
2.2.3 范德瓦耳斯吸引势 19
2.2.4 两粒子间相互作用 20
2.2.5 胶体溶液的空间特征 22
2.3 均相成核与生长 25
2.3.1 经典成核热力学 25
2.3.2 经典生长动力学 27
2.3.3 LaMer 理论 29
2.4 纳米粒子的生长机制 30
2.4.1 合并生长 30
2.4.2 Ostwald 熟化 33
2.4.3 取向连生 36
2.4.4 取向生长和 Ostwald 熟化协同作用 41

2.5 非均相生长 43
2.5.1 非均相成核基础 43
2.5.2 气固生长 45
2.5.3 气相-液相-固相生长 48
2.6 总结 49

3 零维纳米结构材料 50

3.1 液相还原合成体系 50
3.1.1 液相还原成核与生长控制 50
3.1.2 有机溶剂体系 52
3.1.3 水溶剂体系 62
3.1.4 晶种诱导法 65
3.2 均相成核法 69
3.2.1 溶胶-凝胶法 69
3.2.2 强制水解法 74
3.3 气溶胶合成 75
3.4 模板诱导合成 79
3.4.1 微乳液法 79
3.4.2 生物模板法 82
3.5 总结 83

4 一维纳米结构材料 84

4.1 自发生长 84
4.1.1 蒸发-冷凝生长 85
4.1.2 溶解-冷凝生长 87
4.1.3 气相-液相-固相生长 89
4.1.4 溶液-液态-固态生长 92
4.2 模板合成 93
4.2.1 电化学沉积 94
4.2.2 电泳沉积 97
4.2.3 模板填充 100
4.2.4 化学反应转换 102
4.3 水热/溶剂热法合成 104
4.3.1 水热/溶剂热法合成纳米材料的影响因素 104
4.3.2 水热/溶剂热法合成一维纳米线 107
4.3.3 水热/溶剂热法合成纳米管 114
4.4 总结 116

5 二维纳米结构材料 117

5.1 石墨烯材料的制备 117
5.1.1 剥离法 117
5.1.2 SiC 表面外延生长法 121
5.1.3 化学气相沉积法 123
5.1.4 偏析生长石墨烯 134
5.1.5 石墨烯的转移 135
5.2 过渡金属双硫化合物 142
5.2.1 剥离法 142
5.2.2 化学气相沉积法 145
5.2.3 液相法 145
5.2.4 水热/溶剂热法 146
5.2.5 二维 TMDC 纳米材料的表面修饰 147
5.3 二维纳米片 149
5.3.1 液相还原法 149
5.3.2 水热/溶剂热法 152
5.3.3 化学浴沉积法 152
5.4 总结 153

6 特殊纳米结构材料 154

6.1 微孔和介孔纳米材料 154
6.1.1 有序介孔纳米材料 154
6.1.2 表面修饰的有序介孔纳米材料 159
6.1.3 无序介孔纳米材料 162
6.1.4 晶态微孔纳米材料 164
6.2 核壳结构材料 167
6.2.1 无机-无机核壳纳米结构 167
6.2.2 无机-有机核壳纳米结构 168
6.2.3 纳米多孔结构及纳米框结构 171
6.3 纳米阵列 174
6.3.1 纳米花结构 175
6.3.2 一级纳米阵列 178
6.3.3 多级纳米阵列 183
6.4 总结 187

7 纳米材料的物理化学性能 188

7.1 电子能级的特性 188
7.2 纳米材料的物理特性 191
7.2.1 热学性能和晶格常数 191
7.2.2 力学性能 194
7.2.3 光学性能 195
7.2.4 电导 199
7.2.5 铁电体和电介质 202
7.2.6 超顺磁性 203
7.3 纳米微粒的化学特性 204
7.3.1 吸附 204
7.3.2 纳米微粒的分散与团聚 206
7.3.3 纳米微粒的表面活性和催化作用 207
7.3.4 光催化性能 208

附录 211

参考文献 213

绪 论

近年来，随着信息、生物、能源及环保等功能材料的发展，纳米材料的研究与应用得到了广泛重视。纳米技术是在多学科领域通过物理、化学和生物途径在纳米尺度上实现对材料的特性和结构的控制。纳米材料具有特别的尺寸相关特性，这种特性通常在其本体同类材料中无法检测到。在电子信息领域，纳米技术的发展对存储器件、传感器、显示器及各种芯片的进步起到巨大的推动作用。纳米技术的进步为医学生物技术、分子生物学和环境科学的众多应用带来了新的机遇。开发用于预防、诊断和治疗许多疾病的复杂技术可以实现纳米技术在医学上的应用，例如组织支架、医学成像、药物递送和免疫治疗等领域。在能源领域，纳米材料已在燃料电池、锂离子存储电池、空气电池等方面得到了广泛的应用。在化学化工领域，纳米材料处于亚稳状态，由巨大的表面原子比产生的催化效应已引起广泛的重视。然而，纳米现象很早就存在于自然界了。

1.1 自然界中的纳米现象

通常认为纳米结构是一种相对较新的现象，但实际上，它已经于自然界中的动物和矿物质中长期存在。如今，发现越来越多的自然现象的产生依赖于具有纳米效应的功能结构。接下来以荷叶的超疏水效应和生物光子晶体为例，来说明这些自然界中的纳米现象。

1.1.1 荷叶效应

当雨水落在荷叶上时，水珠很快从叶片上滚落下来。这到底是怎么回事呢？其实，这是一种自然界的超疏水效应。荷叶已成为超疏水性和自清洁表面的标志，并引发了“荷叶效应”的概念[1]。尽管许多其他植物也具有接触角相似的超疏水表面，但荷叶显示出更好的稳定性和疏水性。通过观察发现，荷叶的表面密密麻麻地排列着类似于具有圆顶的柱状乳头阵列结构，这些乳头的特殊形状和密度是荷叶表面和水滴之间接触面积大大减小的基础，其宏观结构和微观结构形貌图片如图 1-1 所示。单个柱状乳头的表面密密麻麻地分布着纳米结构的蜡质管，每个蜡质管的直径只有不到 100nm。单个柱状乳头的成分检测显示，荷叶的上侧蜡质中包含 65%的各种二十九烷二醇和 22%的（10S)-二十九烷-10-醇，底面蜡质中包含 53%的（10S)-二十九烷-10-醇、15%的各种二十九烷二醇和 18%

的烷烃[2]。这些乳头阵列和蜡质管具有一定的机械坚固性，可有效抵御自然环境中的各种侵害，并且是防水性完美和持久的基础。可见，在大自然的作用下荷叶的上表皮已经进化出无与伦比的优化效果。

图 1-1 超疏水和自洁的荷花表面图片

(a) 荷花与荷叶；(b) 一片被黏土污染的荷叶；(c) 用水将附着的颗粒清除；
(d) 随机分布的细胞乳头阵列；(e) 细胞乳头的细节；(f) 细胞上的表皮蜡质管；
(g) 超疏水叶上的球形水滴；(h) 亲脂性颗粒苏丹红附着在水滴的表面，在荷叶上滚动；
(i) 叶片表面液滴的超疏水微结构 SEM 照片

荷叶效应受到广泛重视，其超疏水性的行为也在一定程度上被理解与认识。当雨水落在荷叶上时，水珠的接触角约 160°，水滴迅速从叶子上滚落，一路收集污垢。Cheng 等研究显示，水到达荷叶表面的角度是影响超疏水效应的另一个关键因素[3]。这一发现进一步加深了人们对荷叶效应的认识，对如何制作和使用超疏水表面产生重大影响，对超疏水表面工程的应用也起到了积极的推动作用，其在生活中的应用也从自清洁的玻璃窗、油漆和织物延伸到低摩擦的表面。

然而，自然界中不仅仅是荷叶具有这样的超疏水行为，其他植物、动物表面也具有超疏水性，比如水黾科昆虫。它们的腿具有特殊的不润湿特性，很容易在水上站立和行走。它们的腿表面覆盖着由大量定向的细小毛发组成的多级结构，而这些细小的毛发上覆盖有蜡质材料。昆虫的腿与水的接触角大于 160°，以至于在表面张力作用下昆虫在水面上能够自由行走[4]。具有超疏水效应的还有 *Morpho aega* 蝴蝶，水滴很容易沿着身体中心轴的径向向外（RO）方向从翅膀表面滚落，并且紧紧地固定在 RO 方向上，如图 1-2 所示[5]。有趣的是，这两种不同的状态可以分别通过控制翅膀的姿势（向下或向上）和穿过表面的气流方向（沿

RO 方向或逆 RO 方向）来调整。这也是一种特殊的功能，是由柔性纳米尖端在纳米带上起伏的方向相关排列导致的。

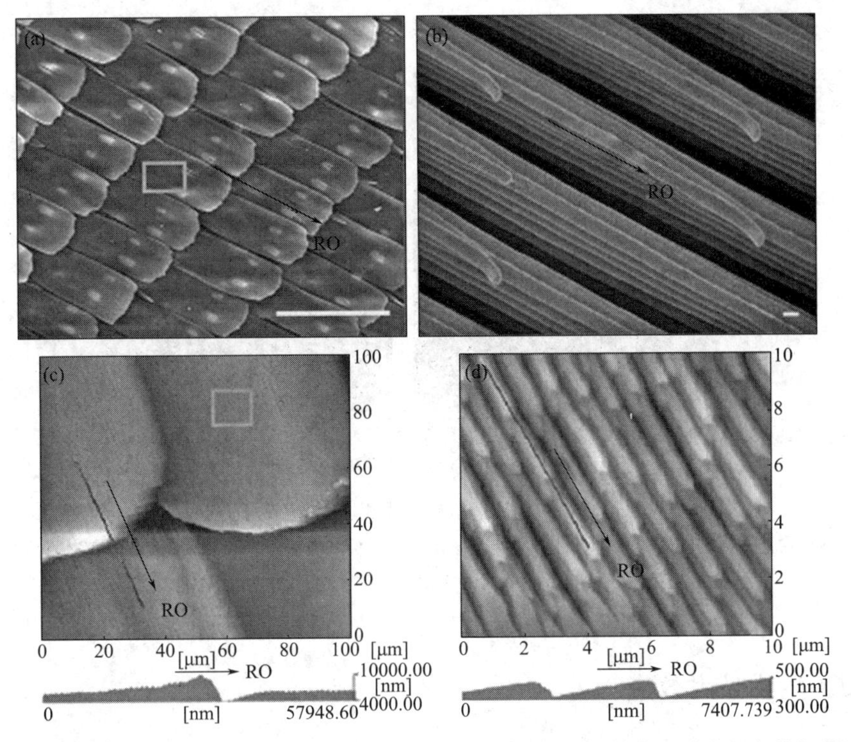

图 1-2 翅膀表面的分层微米结构和纳米结构：翅膀上重叠的微米结构和纳米尺度的细薄片堆叠纳米条纹周期性排列的 SEM 图像［(a) 比例尺 100mm；(b) 比例尺 100nm］；重叠的微米结构和纳米条纹结构的 AFM 图像（黑线在底部显示相应的横截面轮廓）［(c)、(d)］

1.1.2 生物光子晶体

蝴蝶的翅膀不仅有荷叶效应，还具有特殊的操纵光的功能。蝴蝶一般色彩鲜艳，翅膀和身体有各种花斑，头部有一对棒状或锤状触角。在人们开始使用合成结构操纵光流的数百万年前，生物系统就已经使用纳米级结构来产生引人注目的光学效果了。尖翅蓝闪蝴蝶的翅膀能够产生一种醒目的蓝色，这种蓝色具有长达半英里（约 800m）的超远距离可见性。这种蓝色的产生主要归因于由表皮和空气的不连续多层形成的光子结构，如图 1-3 所示[6]。某些豆粉蝴蝶存在尺寸减小的光子结构，这会产生强烈的紫外线可见性。在其他种类的蝴蝶中，对这种离散的、多层的排列进行方向性调整会产生强烈的、与角度相关的彩虹色，当从后部观察时，它提供了高对比度的颜色闪烁及翅膀移动最小或掠入射时的强烈彩虹色。Biró 等通过电子显微镜和反射率测量研究了两个蝴蝶物种——蓝藻蝴蝶和金属鳞茎蝴蝶雄性个体中的光子晶体类型纳米结构[7]。尽管蓝藻蝴蝶的颜色来自具有严格的长距离（背侧）或短距离（腹侧）三维顺序结构，但是金属鳞茎蝴蝶的颜色却是由准有序的分层结构产生的。出乎意料的是，最有效的光子带隙反射器是准有序结构，这使金属鳞茎蝴蝶的腹后翅发亮，呈淡黄绿色。与这种结构不同的是，玻璃翼蝴蝶具有透明的翅膀，即使在 80°的大视角下，在整个可见光谱范围内反射率也很低[8]。这种全向抗反射行为是由覆盖其蝶翼透明区域的小纳米柱引起的。与自然界中发现的其他抗反射涂层不同，这些纳米柱排列不规则，并具有随机的高度和宽度分布。

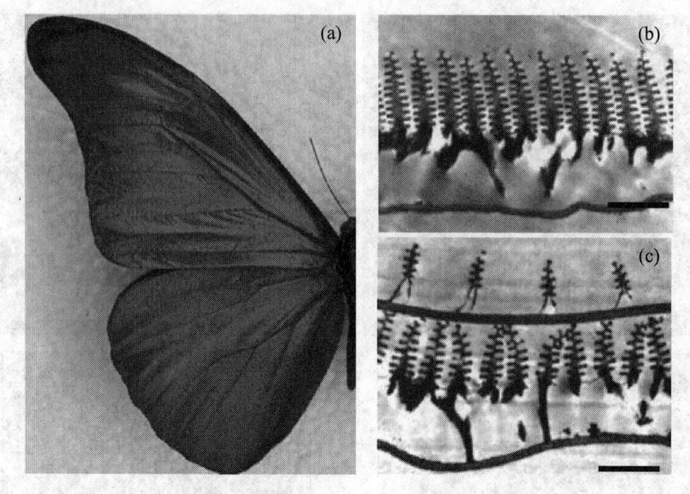

图 1-3 尖翅蓝闪蝴蝶翅膀微观结构

(a) 尖翅蓝闪蝴蝶翅膀的蓝色虹彩的实色图像；(b) 尖翅蓝闪蝴蝶翅膀横截面的 TEM 图像；(c) 蓝色大闪蝶翅膀横截面的 TEM 图像（显示其离散配置的多层）

1.1.3 生物吸附效应

壁虎是昼伏夜出的动物，夏天和秋天的晚上，壁虎常出现在灯光照射的墙壁上或屋檐下捕食蚊、蝇、飞蛾和蜘蛛等。很久以前，人们就发现无论是在光滑的垂直墙面上还是潮湿的树干上，壁虎都可以自由爬行，这是一个非常有趣的自然现象。美国电影《蜘蛛侠》就描述了人们对这种超能力的向往与期待。观察发现，壁虎的脚上有将近十万根刚毛，每根刚毛长约 30～130μm，并且包含数百个以抹刀形结构（长 200～500nm）终止的凸起。Kellar Autumn 等通过使用二维微机械系统力传感器对单个刚毛的附着力进行测量，结果表明刚毛的附着力是整个动物的最大附着力预测值的十多倍，壁虎的吸附结构如图 1-4 所示[9]。黏附力值支持单个刚毛通过范德瓦耳斯力（又称范德华力）进行操作。壁虎独特的脚趾弯曲和脱皮行为可提高刚毛黏附的有效性。刚毛的独特宏观取向和预紧力使附着力比材料的摩擦测量值高 600 倍。适当定向的刚毛通过简单地与基底层脱离而减小剥离脚趾所需的力。每个表皮来源的角蛋白刚毛都以数百个长 200nm 左右的抹刀形结构结束，从而可以与粗糙和光滑的表面紧密接触。Kellar Autumn 和 Anne M. Peattie 发现，壁虎刚毛与表面之间的黏附能（W_{GS}）实际上与$\sqrt{1+\cos\theta}$成比例，并且仅适用于 $\theta>60°$；在单个刚毛中，较小的标准预载荷与 5μm 的位移相结合就会产生 200mN 的黏附力[10]。一只最大的壁虎最多可附着 650 万根刚毛，可产生 130kgf（1kgf=9.8N）的黏附力。那么刚毛到底是什么成分呢？它们是由蛋白质原纤维的聚集体形成的，所述蛋白质原纤维的聚集体由基质保持在一起并且可能被有限的蛋白质鞘围绕[11]。这些结构中唯一有序的蛋白质成分具有 β-角蛋白的衍射图样。然而，单个刚毛存在其他蛋白质成分，其中一些蛋白质可能被鉴定为 α-角蛋白。

实际上，壁虎的种类非常多样化，在世界范围内有大约 1400 多种，但人们对壁虎的研

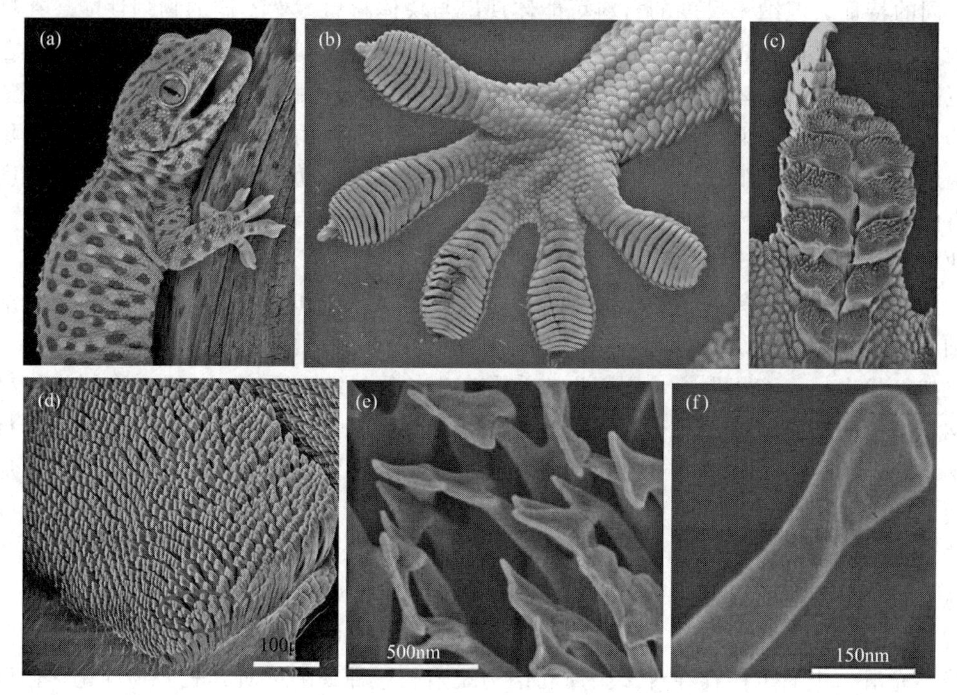

图 1-4　壁虎用于吸附的结构的 SEM 图片

(a) 树干上的壁虎；(b) 壁虎的脚；(c) 壁虎的指头；(d) 壁虎脚趾上一簇刚毛的 SEM 图片；(e) 一根刚毛的 SEM 图片；(f) 刚毛的类抹刀端部

究非常有限。原则上，壁虎的脚与它所爬行的自然表面的相互作用可能会对附着力产生一定的影响。此外，自然表面可能会变湿并变脏，从而降低附着力。令人惊讶的是，当壁虎被一层水覆盖时，壁虎却不会粘在亲水玻璃上，水对壁虎附着力的影响是复杂的。例如，亲水性蓝宝石衬底上的薄水层可在壁虎脚趾与衬底之间的黏合界面处排出，这可能是由于壁虎的超疏水脚趾垫所致。相反，亲水性玻璃表面上的厚水层无法类似地排出。当黏合剂体系浸入水中时，黏合强度会大大降低。从表面上看，这是令人困惑的：许多壁虎生活在热带环境中，预计雨水和湿气会使其身体表面湿润。然而，树栖壁虎可能比其他壁虎更多地使用植物表面，而且许多植物表面都是疏水性的。这就产生一个问题：壁虎可以粘在潮湿的疏水表面上吗？不幸的是回答这个问题所需的数据非常有限。Stark 等发现，壁虎即使在潮湿的环境中也一样可以自由爬行，这与其脚趾的超疏水性有关，但当壁虎的脚润湿以后，脚趾刚毛的吸附能力就会下降[12-17]。

1.2　纳米材料与纳米结构

纳米材料是指在纳米尺度内的小结构或小尺寸材料。典型的尺寸范围是从亚纳米到几百个纳米。1nm 是 10^{-9}m，大约相当于 10 个氢原子或 5 个硅原子线状排列的长度。纳米科学研究纳米材料尺度范围内的物理性质、现象和材料维度之间的本质关系。纳米结构材料是指至少有一个维度在纳米尺寸范围的材料，包括纳米粒子、纳米棒和纳米线、薄膜以及由纳米单元或结构组成的块体材料。小尺寸的特征使得纳米材料在给定的空间内可实现更多的功能。纳米技术不仅仅是从微米到纳米微型化的简单延续。微米尺度的材料体现出与块体材料基本相同的特征，但纳米尺度的材料可能体现出与块体材料截然不同的物理性能。在这个尺寸范围内的材料往往表现出特殊的性能，从原子或分子过渡到块体形式的转变就发生在纳米尺度范围内。例如，纳米晶体的熔点低、晶格常数小，这是由于表面的原子或离子在整体中所占的比例明显增大，而且表面能在热稳定性中起到重大作用。在纳米尺寸时，晶体稳定存在的温度较块体材料要低很多，因此，铁电体和铁磁体可以随着其尺寸减小到纳米尺度而失去原有的铁电性和铁磁性。如果尺寸小到几个纳米，块状半导体可能转变成绝缘体。又如，尽管块体的金并不表现出催化性能，但金纳米晶体可以成为优异的低温催化剂。

为了探索纳米材料新的物理性质和现象，实现纳米结构和纳米材料的潜在应用，纳米结构和纳米材料的制备及加工能力成为首要基础。已有许多技术用于合成纳米结构和纳米材料，比如气相生长、液相生长、固相生成及混合生长等。综合而言，有两种合成纳米材料和制备纳米结构的技术路线：从宏观到微观法和原子自组装法。通过粉碎或者磨碎块体材料而得到纳米粒子的方法是典型的从宏观到微观法。光刻技术可以认为是一种综合的纳米加工方法，而刻蚀则属于典型的纳米加工法。这两种方法在现代工业生产，尤其是信息器件的生产中有非常重要的地位。

从宏观到微观法的最大问题是表面结构的不完整性，如在传统的光刻技术中形成的图案会出现明显的晶体学缺陷，甚至在刻蚀阶段会引入更多的缺陷。例如，采用光刻技术制备的纳米线不光滑，表面可能存在许多杂质和结构缺陷。这种缺陷可对其表面物理化学性质起到举足轻重的作用，因为在纳米结构和纳米材料中表面原子在总体积中占据很大比例。例如，由于表面缺陷的非弹性散射可导致材料的电导下降，并引起过热现象，这个问题已经成为器件设计和制造中的一大挑战。

原子自组装法指从底部开始构造的方法，即原子、分子或团簇的逐步堆积。在有机化学或高分子学科中，聚合物被认为是通过单体连接而形成的。在晶体生长中，生长单元如原子、离子和分子需要通过与生长表面的碰撞才能结合到晶体结构中。尽管这不是新方法，但在纳米结构和纳米材料的制备和加工过程中却有着重要作用。这种方法可获得缺陷少、化学成分均匀、较好的短程和长程有序的纳米结构。由于驱动力是吉布斯自由能的减小，因此这样的纳米结构和纳米材料接近于热力学平衡状态。原子自组装法虽然不是材料合成的新方法，但在纳米技术文献中经常被提及和强调。通过原子的不断堆积而形成大尺寸材料的合成方法已经在工业中使用了一个多世纪，如化学工业中盐和氮化物的生产、电子工业中的单晶生长和薄膜沉积。对于大多数材料，无论合成途径如何，其相同化学成分、晶化程度和微结构不会带来材料物理性能上的差异。当然，由于动力学原因，不同的合成方法和处理技术通常会引起化学成分、晶化程度和微结构的差异，从而导致不同的物理性能。

1.3 纳米技术的发展

根据纳米材料的范畴，纳米技术可理解为纳米材料与系统的设计、制备及应用纳米结构和纳米材料的技术。这些技术包括利用电子显微镜研究材料的微结构、微机电系统（MEMS）和微芯片实验室技术。纳米技术还有一些新颖、奇特和超前的应用，如在血液中游动的潜艇、监测人体的智能自修复纳米机器人、碳纳米管制造的太空电梯以及太空移民技术等。各种各样的纳米技术定义说明了一个事实，即纳米技术覆盖了广阔的自然科学领域，它要求多个学科以及学科之间的共同努力。因此，纳米技术被定义为“由纳米尺寸而导致材料和器件具备全新的或显著改善的物理、化学和生物性质以及相应的现象和过程”。

纳米技术是新出现的，但纳米尺度上的研究并不是新近开始的。许多生物系统和材料工程如胶态分散体、金属量子点和催化剂等领域的研究已进行了几个世纪。例如，中国在上千年前就知道将金纳米粒子作为无机染料加入陶瓷产品中。尽管首篇关于胶质金制备和性能的论文发表在19世纪中叶，但其应用具有久远的历史。法拉第于1857年制备的胶质金分散体稳定保存了几十年的时间。胶质金还可用来合成药物，用于关节炎的治疗，以及通过与脊髓液的作用来诊断多种疾病。当然，目前人类在纳米尺度上的成像、工程化和操作系统的能力都有了显著提高。纳米技术的“新”，体现在人们在纳米尺度上分析和操纵的能力，以及人们对材料中原子尺度上相互作用的认知。

尽管纳米尺度上的材料研究可以追溯到几个世纪以前，但目前的纳米技术热潮与当代半导体工业器件微型化的需求、纳米水平上材料表征和操纵技术的实现紧密相关。1947年，Bardeen、Brattain和Shockley等首先在贝尔实验室制作了最早的厘米级接触式晶体管。到2020年，手机芯片已经演进到5nm工艺制程。许多科学家正在从事由单个分子或单分子层所构成的分子和纳米电子元件的研发工作。尽管现有器件的使用条件还远远没有达到热力学和量子力学所规定的物理极限，但在晶体管设计中已经出现有关材料和器件物理极限的挑战。例如，金属氧化物半导体场发射晶体管的截止电流随器件尺寸缩小而呈幂次方增加。芯片散热和过热也将成为未来器件尺寸减小后的严重问题。晶体管尺寸的缩小最终会触及材料的物理极限。例如，当材料尺寸接近德布罗意波长时会出现半导体带隙的增大。

简单微型化已经带来许多令人兴奋的发现，但微型化并不仅仅限于半导体电子学。纳米技术在未来医学上的应用通常称为纳米医学，已经引起广泛的关注并成为迅速发展的领域。其应用之一是制造纳米尺寸的器件以扩展诊断与治疗的能力。这样的纳米器件被看作纳米机器人或者纳米设备，可能成为人体内的运载工具以输送治疗药剂，或者成为探测器或监视器以发现早期疾病和修复代谢或基因损伤。纳米技术的研究不仅仅限于器件的微型化。纳米尺度的材料通常表现出独特的物理性能，其各种应用也不断得到探索。研究发现，金纳米粒子因具有特殊的表面化学性质和均匀的尺寸，而获得了许多潜在的应用途径。例如，金纳米粒子可以作为一种运载工具，通过连接各种功能有机分子或生物组元以实现功能多样化。带隙工程量子器件通过利用其独特的电子输运性能和光学效应而获得发展，如激光和异质结双极晶体管。人工合成材料的发明，碳富勒烯、碳纳米管和多种有序介孔材料的成功制备，进一步促进了纳米技术的发展。

扫描隧道显微镜是在1981年由IBM Zürich的Gerd Binnig和Heinrich Rohrer基于量子隧道原理开发出来的，它和后来出现的扫描探针显微镜（如原子力显微镜）为人们提供了多种表征、测试和操纵纳米结构和纳米材料的全新的手段。结合其他已经完善的表征和测试技术，如透射电子显微镜，对纳米结构和纳米材料的研究和操作更加细致并可达到原子水平。结合原有的技术和崭新的原子水平上的观察和操作手段，使得纳米技术在科学研究、工程应用、商业和政治等领域变得更加引人注目。

1.4 纳米技术的挑战

虽然纳米技术在许多领域（如物理、化学、材料科学、器件科学和技术）中早已建立起坚实的基础，许多纳米技术研究也是基于这样的基础和技术，但纳米技术研究者依然面临着纳米结构和纳米材料所特有的挑战。这些挑战包括将纳米结构和纳米材料整合成宏观系统，形成与人互动的界面；还包括在纳米层次上研究工具的制造和验证。纳米结构的小尺寸和复杂性使得测试技术和手段变得比以往更有挑战性。新的测试技术需要在纳米尺度上完成，并要求度量衡技术的改进。测试纳米材料的物理性能需要高灵敏度的仪器，同时保持非常低的噪声水平。材料性质如电导、介电常数、抗拉强度等，尽管与材料的尺寸和重量无关，但必须通过系统试验来表征。例如，电导系数及电容需要经过试验检测并将测试结果用于电导、介电常数和抗拉强度的计算。因为材料的尺寸从厘米变为毫米再变为纳米量级，相应的系统性能也在变化，大部分性能随样品材料的尺寸减小而下降。这种下降在样品尺寸从厘米变为纳米时很容易就可达到 6 个数量级。

纳米尺度的另外一些挑战是在宏观水平上没有发现过的，特别是纳米材料的形貌、结构与成分的控制。例如，半导体的掺杂是一种非常成熟的工艺，但是无规律的掺杂起伏或分布不均在纳米尺度制造中会造成不稳定的传输行为。为了应对这样的挑战，人们必须具备在原子水平上观测和操纵的能力。此外，纳米掺杂技术本身也具有挑战性，因为纳米材料的自净化能力使掺杂变得十分困难。由于具有巨大的表面能，纳米材料始终处于亚稳态。在纳米结构和纳米材料制备过程中，必须克服如下挑战：①克服巨大的表面能，这是巨大表面积或表面与体积比的必然结果；②确保全部纳米材料具有设计的尺寸，并具有均匀的粒径分布、形貌、晶型、化学成分和微观结构，这些将决定所设计材料的物理性能；③防止因奥斯特瓦尔德（Ostwald）熟化或团聚作用而导致的纳米材料和纳米结构逐渐长大、粗化的现象；④纳米材料与纳米结构给人类带来的危险，比如：空气中的气溶胶纳米颗粒、散发到空气中的纳米颗粒病毒。

2 纳米材料的生长机制

纳米材料的合成有气相法、液相法及气液结合法等几种主要方法，可归纳为热力学平衡法和动力学法两大类[18-21]。在热力学平衡法中，纳米粒子的合成过程包括形成超饱和状态、成核及后续生长。在动力学方法中，纳米粒子的成核可通过限制用于生长的前驱物的数量而实现，如分子束外延；也可通过在有限空间中限制形成过程而获得纳米粒子，如气溶胶合成法或胶束合成法。小尺寸并不是纳米粒子合成的唯一要求，还有形貌及结构特征的要求。在实际应用中，需要控制工艺条件以使纳米粒子具有如下特征：①具有一致的大小；②具有一致的形状或形貌；③不同粒子间和单个粒子内一致的化学组成和晶体结构，如核和表面成分必须相同；④单个粒子呈分散或单分散状态，没有团聚。

2.1 胶体的气相合成

气相合成纳米粒子已有显著的进步，特别是气溶胶合成技术[22,23]。在气相中，新颗粒形成包括形成临界核及临界核长大两个不同的阶段。成核通常定义为在形成新相之前形成分子团簇。该过程的特征是成核系统的焓和熵均降低（$\Delta H<0$ 和 $\Delta S<0$），但是根据热力学的第二定律，成核受到抑制。这一过程涉及自由能垒 ΔG（$\Delta G=\Delta H-T\Delta S>0$），并且需要克服自由能垒才能转变成新相。大气纳米颗粒成核和生长的另一个主要限制在于小团簇和纳米颗粒上方的平衡蒸气压显著升高，也称为开尔文弯曲效应。

分子团簇的形成是通过现有相原子或分子的随机碰撞和重排而发生的。团簇的生长可以表示为可逆的逐步动力学过程。达到临界尺寸后，团簇的进一步生长变得自发。在每个步骤中，团簇的形成和分解都可以通过基本动力学速率理论来描述。团簇可以在原始相中均匀形成，也可以在各种不规则结构上不均匀地形成，这有助于克服在新相的小团簇和原始相之间的界面形成有关的自由能垒。团簇的寿命非常短，但是由于大量团簇随时形成并解离，因此少数团簇可以达到临界尺寸并继续自发生长以形成更大的颗粒。在蒸气上形成气溶胶核，在原理上类似于液体的冻结、过饱和溶液的结晶，以及在大块液体内部形成蒸气气泡的成核，均以相同的基本机理进行。成核过程的共同特征是在关键核上存在一个分裂表面，它将原始相和新相的性质分开。从能量的角度看，团簇形成的自由能 ΔG 在临界核之前随团簇尺寸增加而增加，而在临界核之后降低，在临界尺寸时达到最大值，分子团簇成核过程中的吉布斯自由能的变化如图 2-1 所示。因此，如果存在导致团簇生长的自由能表面，则可以确定关键核。关键核的性质是成核理论的核心，成核的速率与关键核的化学组成和成核物质的气体浓度有关。

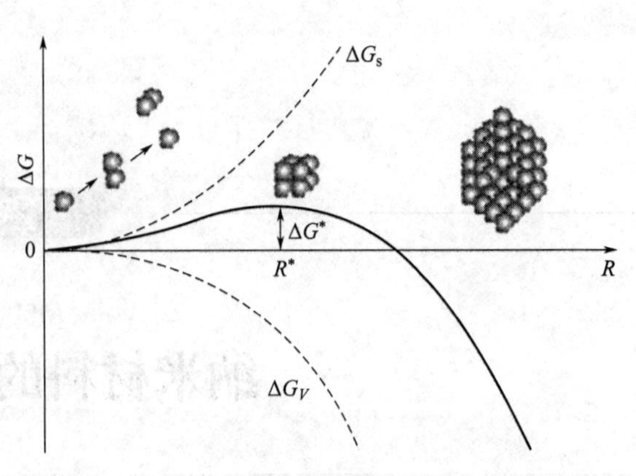

图 2-1　分子团簇成核过程中吉布斯自由能变化

2.1.1　成核热力学

当单一类型的气体参与临界核的形成时，来自气相的成核是同分子的，而当临界气体核的形成涉及几种类型的气体时，则是异分子的。在不存在异质性的情况下，同分子成核需要极高的过饱和度。原则上，纯净水蒸气的均相成核需要几倍的过饱和度，因此水蒸气分子均相成核实际上总是非均相的，发生在预先存在的水溶性种子上。经典的成核理论包括热力学和动力学内容，并通过评估新生相团簇形成的自由能变化来计算成核速率。经典成核理论描述了成核过程，即当 i 个分子从气相转移到半径为 r 的团簇时，系统的吉布斯自由能的变化如下：

$$\Delta G=\frac{4\pi r^3}{3}\Delta G_V+4\pi r^2\sigma \tag{2-1}$$

其中等式右边第一项为体积吉布斯自由能（ΔG_V）；第二项为表面吉布斯自由能。

团簇形成的体积吉布斯自由能（ΔG_V）又可以表示为：

$$\Delta G_V=-ik_B T\ln S \tag{2-2}$$

式中，S 是饱和比，$S=p_A/p_A^S$；p_A 是物质 A 在气相中的蒸气压；p_A^S 是物质 A 在相应液体的平坦表面上的蒸气压；σ 是表面张力；k_B 是玻尔兹曼常数。该团簇仅仅由几个分子聚合组成，但假定它具有明显的边界，并且具有与本体相相同的物理和化学性质。对于球形团簇，分子数量评估式子为 $i=(4/3)\pi r^3/V_1$，其中 V_1 是液体中单个分子的体积。式(2-2) 是开尔文公式的一种形式，表示在弯曲表面上方的饱和蒸气压的升高。

式(2-1) 右侧给出的团簇形成自由能变化由两项组成：第一项表示能量从蒸气转变为液体时的减少，取决于蒸气的饱和比，可以为负也可以为正；第二项与液/气界面的自由能过量有关，始终为正。当蒸气饱和时（$S<1$），团簇形成的自由能始终为正，并且禁止凝结，吉布斯自由能变化如图 2-2 所示。如果系统过饱和（$S>1$），则自由能项为负，这有利于蒸气分子的凝结和液滴的生长。对于非常小的颗粒，形成新的表面积会导致自由能增加，从而形成成核的能垒。对于尺寸大于临界半径 r^* 的液滴，凝结项占主导地位，导致 ΔG 降低。团簇形成的自由能 ΔG 在 r^* 处达到最大值，并且临界核的位置可以通过式(2-2) 确定。

$$r^*=\frac{2\sigma V_1}{k_B T\ln S} \tag{2-3}$$

临界自由能垒高度 ΔG^* 服从如下关系式：

$$\Delta G^*=\frac{4\pi}{3}\sigma(r^*)^2=\frac{16\pi}{3}\times\frac{\sigma^3 V_1^2}{(k_B T\ln S)^2} \tag{2-4}$$

ΔG 曲线顶部的临界核与蒸气处于亚稳态平衡。如果从关键核中除去单个分子，则自由能会降低，并且团簇会分解；如果将分子添加到临界核中，自由能也会降低，并且团簇会继续自发生长。成核速率 J 可以定义为单位时间、单位体积内超过临界尺寸增长的团簇数量。

$$J=J_0\exp\left(-\frac{\Delta G^*}{k_B T}\right) \tag{2-5}$$

其中，J_0 是根据气体动力学考虑确定的指数前因子。成核速率对自由能垒的高度具有负指数依赖性。饱和比增加会使临界核的大小减小，自由能垒的高度降低，从而加快成核速率。

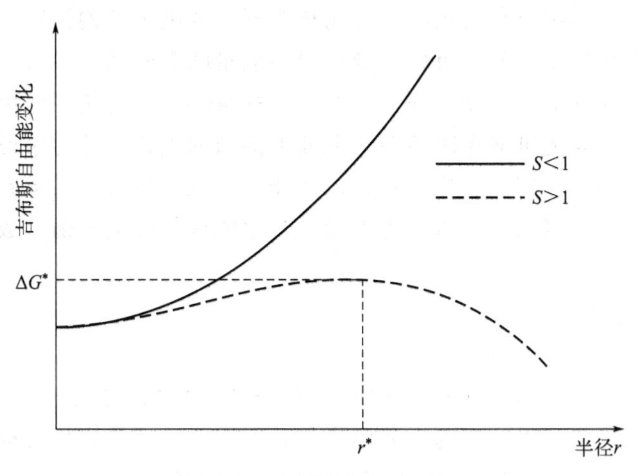

图 2-2　吉布斯自由能变化

从不饱和蒸气（$S<1$）和过饱和蒸气（$S>1$）形成半径为 r 的液滴；ΔG^* 对应于半径 r^* 的临界核

在稳态下，不同大小的团簇浓度与时间无关，并且对于所有团簇分子数量 i，团簇变为 C_{i+1} 的净速率是恒定的。这就直接简化了计算成核速率的问题。尽管可以根据第一原理计算缔合速率常数 k^{i+}，但是分解速率k^{i-} 需要根据整体溶液的性质确定，通常根据团簇形成的自由能变化来评估团簇的稳定性。

经典成核理论的优点在于其简单性。经典成核理论基于衍生自可测量的体积性质的关键核形成自由能，为许多物质提供了临界过饱和度和成核速率的分析表达式。尽管经典成核理论可以很好地估算出临界过饱和度，但它却经常无法在许多数量级的物质和实验条件下重现测得的成核速率，幅度要高几个数量级。实际上，在低温下成核速率被低估，而在高温下成核速率则被高估，对于强缔合蒸气，例如有机羧酸，临界过饱和度被低估。经典成核理论定量性能差的主要原因之一是假设可以通过球形液滴来近似临界核，该球形液滴具有明确的、清晰的边界和与本体相相同的物理特性。但是表面张力和分子体积的宏观值可能不适用于由少量分子组成的簇。实际上，分子动力学和密度泛函理论计算表明，随着团簇的变小，表面张力会降低。如式(2-4) 和式(2-5) 所示，成核速率 $J \propto \exp(\sigma^3 V_1^2)$，对绝对值极为敏感。因此，即使 r 和 V_1 的很小不确定性也可以将成核速率改变很多数量级。或者可通过准确的从头算起量子化学计算得出小团簇的吉布斯自由能来提高经典成核理论与实验成核速率之间的一致性。

除了毛细管近似之外，经典成核理论还有其他的不同之处。从式(2-2) 可以看出，对于由单个单体分子（$i=1$）组成的团簇，吉布斯自由能的变化不等于零，这在物理上是非弹性的。已有一些修正被提出，以确保 $i=1$ 时 $\Delta G=0$，从而使经典成核理论自洽，不过这种临时调整的有效性有待商榷。同样，在整个成核过程中，亚临界团簇均处于稳态的假设以及单体浓度远高于亚临界团簇浓度的假设可能在广泛的成核条件下都是无效的。在快速成核的情况下，很大一部分成核通量是由于团簇与团簇碰撞所致，与动力学方法相比，经典成核理论导致成核速率被低估。

相对较小的成核团簇尺寸允许明确处理分子相互作用。已经有许多理论和计算方法依靠分子模拟来计算团簇性质，然后将其用于确定成核速率。在这些方法中，凝结速率常数通常通过可以增长团簇的蒸气分子的气相碰撞速率来近似，而团簇分布函数、分配函数和亥姆霍兹自由能则是通过分子模拟计算得出的。使用从头开始的电子结构计算具有以下好处：可以形成或破坏团簇中的化学键，并且可以系统地提高能量的准确性。但是，这些好处带来了高昂的计算成本，因此无法对核构型空间进行统计机械采样。解析相互作用势的使用不仅允许执行统计机械采样，而且还可避免刚性转子谐波振荡器的逼近。总的来说，要准确地预测成核速率，就需要分子相互作用的精确表示，以及能将相互作用与速率常数联系起来的理论形式，并进行适当的统计机械采样，以获得准确的自由能或等效的平衡常数。

2.1.2 成核定律

与其他成核理论不同，由 Kashchiev 提出的成核定理没有对成核速率进行检验或预测，而是直接从第一原理推导而来。当与实验测量结合使用时，成核定理可提供关键核组成的分子信息。通过对式(2-2) 进行微分，可以表明对于单组分系统中大小为 i^* 的临界核

$$\frac{\mathrm{d}(G/k_{\mathrm{B}}T)}{\mathrm{dln}S}=-n^*+\frac{\mathrm{d}(4\pi r^2\sigma)}{\mathrm{dln}S}=-i^*+\Delta \tag{2-6}$$

其中，Δ 是被团簇置换的蒸气分子的数量；分子数量 $i^*=\dfrac{32\pi\sigma^3V_1^2}{3(k_{\mathrm{B}}T\ln S)^3}$。由于成核蒸气的浓度通常非常低，因此 Δ 接近零且可以忽略。从式(2-5) 可以看出，成核速率的对数与成核蒸气 A_i 的饱和比的对数的斜率与临界核中的分子数有关，表达式如下：

$$\left[\frac{\partial \ln J}{\partial \ln S_{\mathrm{A}_i}}\right]_{T,\mathrm{A}_j}=i+\delta \tag{2-7}$$

其中，一元气相成核的 $\delta=2$，二元气相成核的 $\delta=0\sim1$；由于实验成核速率通常是在恒定温度下测量的，因此饱和蒸气压是恒定的，因此可以用单体蒸气压 p_{A} 或浓度 [A] 替换式(2-7) 中的 S_{A_i}。成核定理是一种热力学结果，其将成核势垒高度的敏感性与成核蒸气浓度的对数变化相关联，并且成核定理表现出与特定成核模型假设无关的一般关系，并适用于任何大小的临界核。此外，成核定理的有效性已通过统计力学和动力学参数得到证实，并且已扩展到多组件系统。

2.2 胶体液相特性描述

2.2.1 表面能

固态材料表面的原子或分子具有较少的最邻近原子或配位数，这样断裂键或未饱和键将暴露于表面。由于存在键的悬空，表面原子或分子受到指向内部的力的作用，与亚表面层的原子或分子之间的键长略小于体内的原子或分子之间的键长。当固态粒子很小时，表面原子键长比体内原子键长减小的趋势更明显，并表现为整个固态粒子点阵参数的适量减小。表面

原子具有的额外能量称为表面能、表面自由能或表面张力。表面能 γ 定义为产生单位新表面时所需要的能量：

$$\gamma=\left(\frac{\partial G}{\partial A}\right)_{n_i,T,p} \tag{2-8}$$

式中，A 为表面积。将一矩形固态材料平均分割成 2 个小块，新表面上的每个原子都处于非对称的位置，由于键的断裂，这些原子向各自的内部移动。需要一种外力拉动这些表面原子回到初始位置。这种表面是理想化的，也称为奇异表面。对于奇异表面上的每个原子，将其拉回初始位置的能量等于断裂键的数量（N_b）与键强（ε）的一半的乘积。因此，表面能可以表示为：

$$\gamma=\frac{1}{2}N_b\varepsilon\rho_a \tag{2-9}$$

式中，ρ_a 为表面原子密度，也就是新表面单位面积上的原子数。这种近似模型已经忽略高次近邻原子间的相互作用，简单假设表面原子的键强 ε 与体内的相同，也没有考虑熵或压力-体积的贡献。这种关系式只是给出粗略的固态表面的实际表面能，只适用于没有表面弛豫的固态刚性表面。当出现表面原子向体内移动、表面重构等弛豫现象时，其表面能比以上述关系式估计的值要小。例如：面心立方（fcc）作为基本晶体结构，其晶格常数为 a，研究不同晶面的表面能。fcc 中各个原子的配位数为 12。在（100）晶面上的每个原子有 4 个悬挂键，（100）晶面的表面能可以利用式(2-9）和图 2-3(a）计算得到：

$$\gamma_{(100)}=\frac{1}{2}\times\frac{2}{a^2}\times 4\varepsilon=\frac{4\varepsilon}{a^2} \tag{2-10}$$

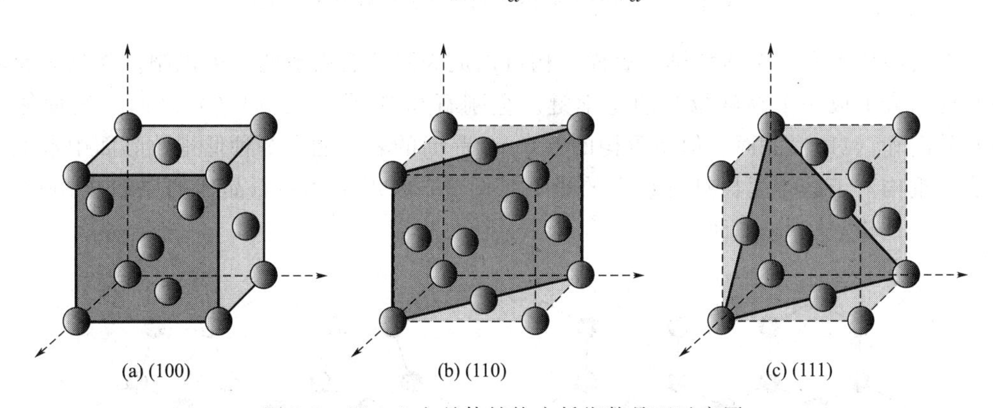

图 2-3　面心立方晶体结构中低指数晶面示意图

在 fcc 晶体结构上，（110）晶面上的每个原子有 5 个悬挂键，而（111）晶面上的每个原子只有 3 个悬挂键。根据图 2-3(b）和图 2-3(c)，可分别计算（110）晶面和（111）晶面的表面能，如式(2-11）和式(2-12）所示。由式(2-9）很容易算出低晶面指数的晶面表面能较低。热力学指出任何材料或系统在最低吉布斯自由能状态时最稳定。因此，固体或液体具有尽量降低其表面能的趋势。存在多种降低总表面能的机制，并可按原子或表面水平、个体结构和总系统进行划分。

$$\gamma_{(110)}=\frac{5}{\sqrt{2}}\times\frac{\varepsilon}{a^2} \tag{2-11}$$

$$\gamma_{(111)}=\frac{2}{\sqrt{3}}\times\frac{\varepsilon}{a^2} \tag{2-12}$$

对于具有确定表面积的一个表面，其表面能可通过如下途径来降低：①表面弛豫，表面原子或离子向体内偏移，这种过程在液相中更容易发生，因为固相表面的刚性结构使其难度有所提高；②表面重构，通过结合表面悬挂键形成新的有应力的化学键；③表面吸附，通过物理或化学吸附外部化学物质到表面，形成化学键或弱相互作用，如静电作用或范德瓦耳斯力；④通过表面的固态扩散形成成分偏析或杂质富集。

以（100）晶面的表面原子为例，假设晶体具有简单立方结构，每个原子配位数为 6，表面原子与表面下方的 1 个原子和周围 4 个原子直接相连，可以认为每个化学键都产生相互吸引力；全部表面原子的净受力方向指向晶体内部并垂直于表面。不难理解，在这种作用力下，表面原子层和亚表面原子层的间距将小于块体内部的原子层间距，而表面原子层的结构保持不变。另外，表面层以下的原子层间距也将减小。表面原子相对于亚表面层也可以侧向偏移。图 2-4 描述了表面原子的这种偏移或弛豫。块体材料这种晶格尺度的减小量很小，不足以影响整个晶体的晶格常数，可以被忽略。但是这种表面原子的向内或侧向偏移可以导致表面能的减小。这种弛豫在弱刚性晶体中的表现尤为突出，并会导致纳米粒子中的键长明显变小。

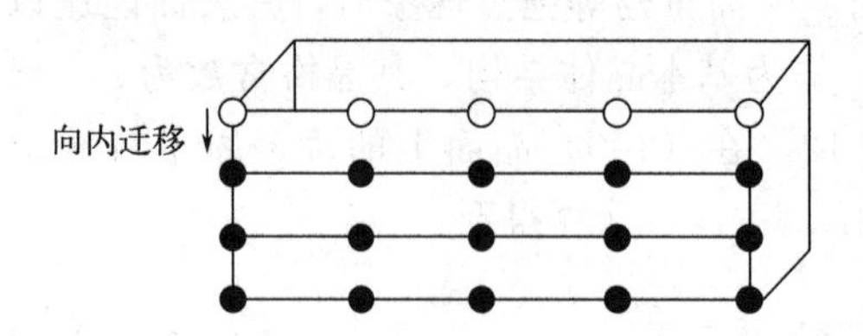

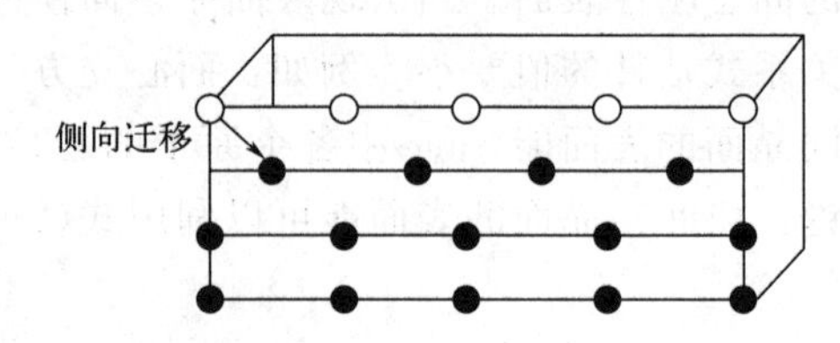

图 2-4　表面原子向内或侧向迁移以降低表面能

如果表面原子有多个断裂键，表面重构可以成为降低表面能的一种机制。邻近表面原子的断裂键结合形成一个高度拉紧的化学键。金刚石和 Si 晶体的（100）晶面的表面能高于（111）晶面和（110）晶面。但是重构的（100）晶面的表面能在 3 种低指数晶面中最低，这样的表面重构对于晶体生长具有重大的影响。图 2-5 展现了金刚石晶体的原始（100）晶面和（2×1）重构（100）晶面。

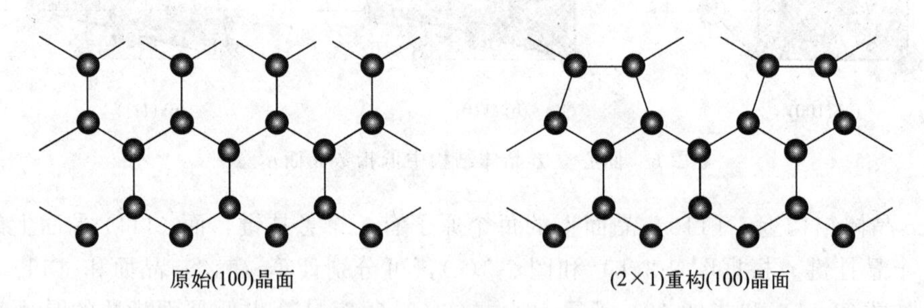

图 2-5　金刚石晶体的原始（100）晶面和（2×1）重构（100）晶面示意图

另外，固态表面通过化学或物理吸附，可以有效降低其表面能。图 2-6 描述了通过化学吸附作用将氢原子连接在金刚石表面和羟基连接在硅表面的情形。

最后一种降低表面能的方式是表面成分偏析或杂质富集。尽管成分偏析（如液相表面的表面活性剂富集）是一种降低表面能的有效方法，但通常不会在固态表面上发生。在固态块体中成分偏析不明显，因为固态扩散激活能较高、扩散距离较长。在纳米结构和纳米材料中，由于表面能的影响和短的扩散距离，相分离可能在降低表面能中起到重要作用。目前还

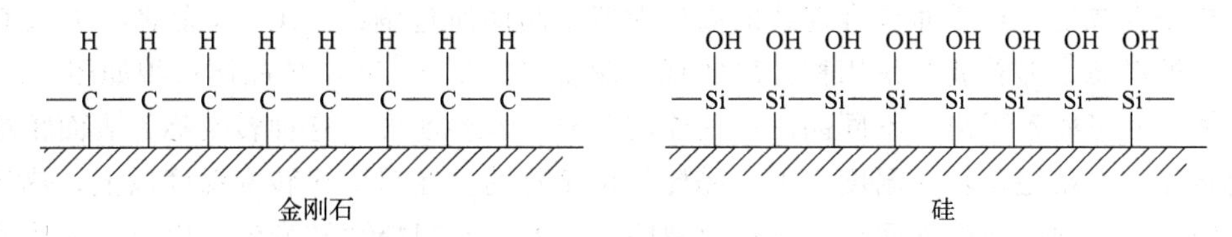

图 2-6 化学吸附金刚石表面连接氢和 Si 表面连接羟基示意图

没有直接的实验证据说明，在纳米结构材料中存在成分偏析对表面能降低的影响，其困难在于掺杂纳米材料中由于材料具有容易保持晶体完整性的趋势和特点，杂质和缺陷将从内部被排斥到纳米结构和纳米材料的表面。

在单个纳米结构水平上，减小完全各向同性材料的总表面积可以降低总表面能。例如在疏水表面上的水总是形成球状液滴以减小总表面能。玻璃也有此种现象。当加热一片玻璃超过它的玻璃转变温度时，尖角部分将变得圆滑。液态和非晶固态物质具有各向同性微结构，因而具有各向同性的表面能。对于这样的材料，减小总表面积是降低总表面能的一种方法。但是对于一个晶态固体，不同晶面具有不同的表面能。因此，晶体粒子通常形成棱面而不是球面，通常球形粒子的表面能大于有棱面粒子的表面能。对于给定晶体，其热力学平衡形状由所有棱面的表面能所确定，因为特定形态表面的组合具有最小的表面能。尽管式(2-9) 的假设条件过于简单，但仍可以利用它估计给定晶体的不同表面的表面能。例如，单原子面心立方晶体的（111）晶面具有最低的表面能，其次是（110）晶面和（100）晶面。可以发现，低指数晶面的表面能通常比高指数晶面的表面能要低。这确实可以解释为什么晶体通常由低指数的晶面所包围。

伍尔夫（Wulff）图通常用于确定平衡晶体的形状或表面。对于平衡态晶体即总表面能达到最小，在其内部存在一个点，这个点到第 i 面的垂直距离 h_i 与表面能 γ_i 成正比（$\gamma_i = Ch_i$，C 为常数）。对于给定的晶体，C 对于所有表面都相同。Wulff 图通过如下步骤来构造：①对于不同的晶面给出相应的表面能，从一个点画出一系列矢量使其长度正比于表面能，其方向垂直于晶面；②画出一系列晶面使其垂直于每个矢量并处在矢量的末端；③构成的几何图形的面完全由相互独立的一系列晶面所组成。图 2-7 给出了用伍尔夫构图方法构建假定的二维晶体的平衡形貌。需要强调的是，由伍尔夫图所确定的几何图形是理想状态下的图形，也就是晶体处在热力学最小表面能状态。实际上，晶体的几何图形也由动力学因素确定，即受制于加工或晶体生长条件。动力学因素可以解释为什么同种晶体在不同的加工条件下具有不同的形态。

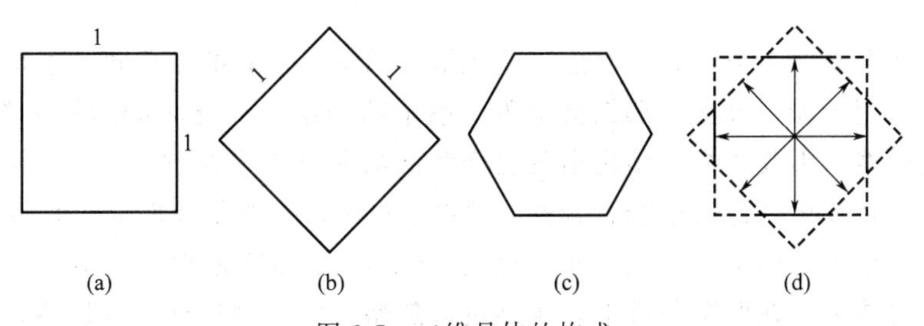

图 2-7 二维晶体的构成

(a)（10）面；(b)（11）面；(c) 由伍尔夫图确定的形状；(d) 只考虑（10）面、（11）面时伍尔夫面的构成

但并不是所有平衡条件下生长的晶体都具有伍尔夫图所预测的形态。例如：Yang 等人

采用水热法合成出一种表面被准连续的高折射率微晶面所包围的 TiO_2 单晶体，并具有独特的截断双锥形态，形貌调控采用柠檬酸实现，制备出的不同 TiO_2 单晶体形貌如图 2-8 所示。平衡晶体表面可能不平滑，不同晶面表面能的差异可能会消失。这种转变称为表面粗糙化或粗糙化转变。在粗糙化转变温度以下，晶体是棱角化的。在粗糙化转变温度以上，热运动成为主要因素，不同晶面的表面能差异可以忽略。因此，在粗糙化转变温度以上，晶体并不形成棱面。这种物理性能可以认为在粗糙化转变温度以上固态表面表现为液态表面。在粗糙化转变温度以上晶体生长不能形成棱面。硅晶体的切克劳斯基（Czochraski）直拉法生长就是一个例子。动力学因素可能抑制棱面的形成。大部分在温度渐变溶液中生长的纳米粒子为球形，并没有形成任何棱面。

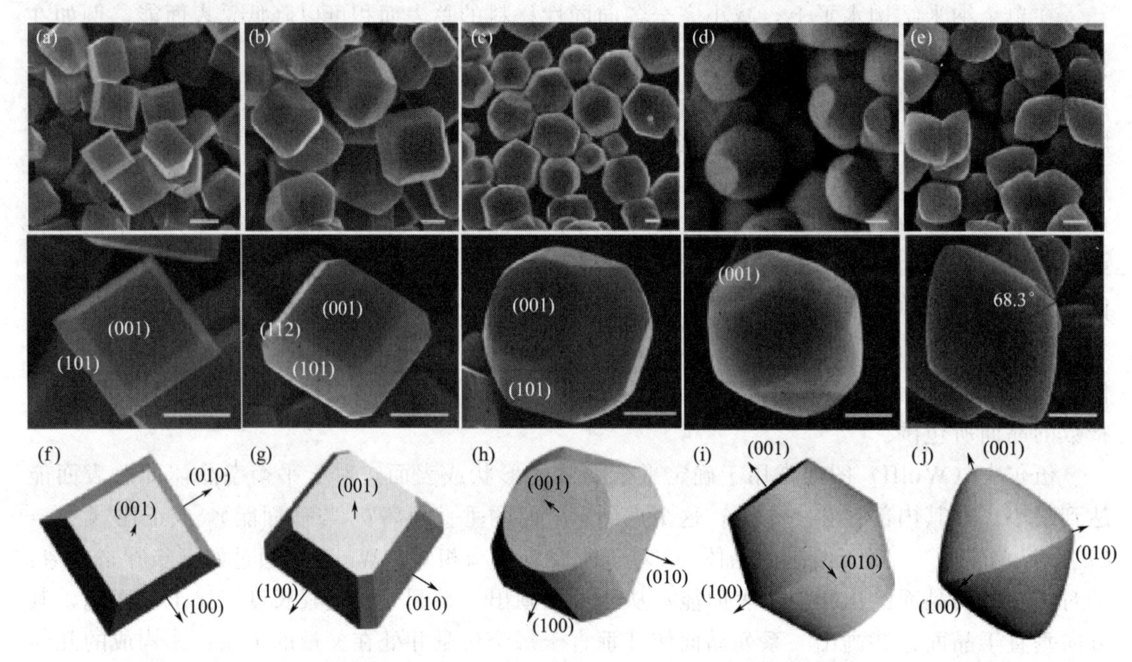

图 2-8　用不同量的柠檬酸合成的锐钛矿型 TiO_2 单晶的 SEM 图像和相应的几何模型

［标尺为 1μm；所有晶体均在 5.33mmol/L TiF_4 水溶液中于 180℃下于 0g(a)、0.8g(b)、1.5g(c)、3g(d) 和 6g(e) 的柠檬酸中合成 20h，面板(f)～(j)是(a)～(e)中显示的相应几何模型］

(a) 截断的具有（001）和（101）小平面的八面体双锥体锐钛矿型 TiO_2 单晶；(b) 暴露有（001）、(101）和（112）小平面的多面体锐钛矿型 TiO_2 单晶；(c) 用（001）、(101）和准连续微晶面包裹的多面体锐钛矿型 TiO_2 单晶；(d) 用（001）和准连续微面暴露的圆形锐钛矿型 TiO_2 单晶；(e) 仅用准连续微面暴露的圆形锐钛矿型 TiO_2 单晶

在整个晶体合成体系中，总表面能是调控纳米结构及形貌的主要热力学机制。如果有足够大的活化能作用于加工过程，那么会将单个纳米结构结合成更大的结构去降低总表面积。单个纳米结构团聚而不改变纳米结构本身也会降低纳米粒子的表面能。单个纳米结构结合成更大的结构，其特殊机制包括聚合、合并、烧结、Ostwald 熟化及取向生长等。烧结是在后续的煅烧过程中单个结构被合并到一起的过程。Ostwald 熟化是相对大结构的生长以小结构消耗为代价。总体上，在低温条件下，烧结可以忽略，但当材料逐渐被加热，通常达到熔点的 70％时其作用十分明显。Ostwald 熟化发生在较宽的温度范围内，并且当纳米结构被分散和适当溶解在某种溶剂中时，在相对低的温度条件下也可进行。聚合、合并及取向生长是纳米颗粒合成工艺中重要的生长机制。

2.2.2 表面电荷密度

当一个固体浸在极性溶剂或电解质溶液中时，其表面将产生电荷，表面电荷将按一种或多种机制形成，比如离子的优先吸附、表面电荷物质的分离、离子的同形替代、表面电子的堆积或损耗、带电物质物理吸附于表面等机制。

对于在一定液态介质中的特定固态表面，有确定的表面电荷密度或电极电势 E，并由能斯特（Nernst）方程给出：

$$E = E_0 + \frac{RT}{n_i F}\ln(a_i) \tag{2-13}$$

式中，E_0 为单位离子浓度时的标准电极电势；n_i 为离子价态；R 为气体常数；T 为温度；F 为法拉第（Faraday）常数。

氧化物粒子的表面电荷主要来源于离子的优先溶解或沉积。固态表面吸附的离子决定表面电荷，称为电荷决定离子，也就是所谓的同离子（co-ions）。在氧化物合成体系中，典型的决定电荷的离子是氢离子和氢氧根。当决定电荷的离子浓度发生变化时，表面电荷密度也随着从正变为负或从负变为正。决定电荷的离子浓度对应于中性或零电荷表面时定义为零电荷点（PZC）。表 2-1 给出了一些氧化物的零电荷点值[24]。在 pH 值>PZC 值时，氧化物表面为负电荷，因为表面被氢氧根所覆盖，OH^- 为决定电荷的离子。当 pH 值<PZC 值时，H^+ 为决定电荷的离子，其表面为正电荷。表面电荷密度或表面电极电势 E 与 pH 的关系可由能斯特方程给出：

$$E = 2.303 R_g T \frac{(\mathrm{PZC}) - \mathrm{pH}}{F} \tag{2-14}$$

表 2-1 水中一些常用氧化物的零电荷点（PZC）值

固体	PZC 值	固体	PZC 值
WO_3	0.5	Al-O-Si	6
V_2O_5	1～2	ZrO_2	6.7
δ-MnO_2	1.5	FeOOH	6.7
β-MnO_2	7.3	Fe_2O_3	8.6
SiO_2	2.5	ZnO	8
SiO_2(石英)	3.7	Cr_2O_3	8.4
TiO_2	6	Al_2O_3	9
TiO_2(煅烧)	3.2	MgO	12
SnO_2	4.5		

室温时，上述方程进一步简化为

$$E \approx 0.06[(\mathrm{PZC}) - \mathrm{pH}] \tag{2-15}$$

当固态表面的电荷密度确定时，带电的固态表面和电荷物质之间存在静电作用力，以分离正电荷和负电荷物质。同时也会存在布朗（Brownian）运动和熵力，使得溶液中不同物质的分布更均匀。在溶液中，也会同时存在决定表面电荷的同离子和反离子（counter-ions），两者具有相反的电荷。尽管一个系统的电荷必须保持电中性，但固态表面附近的决定表面电荷的同离子和反离子的分布不均匀且差异很大。两种离子的分布主要受以下几种力的共同作用：库仑力或静电力、熵力或分散力、布朗运动。

同离子与反离子共同作用产生的结果是，当假定表面电荷为正时，反离子浓度在固态表面附近最大，并随着与表面的距离增大而减小，而决定表面电荷的离子的浓度则正好相反。这种在固态表面附近的离子的不均匀分布导致所谓的双电层结构的形成，如图 2-9 所示。双电层由两层组成，即斯特恩（Stern）层和古伊（Gouy）层，两层之间由亥姆霍兹（Helmholtz）平面所分离。在固态表面和亥姆霍兹平面之间是斯特恩层，在此紧密结合的溶剂层中电势和反离子的浓度线性减小。从亥姆霍兹平面到反离子达到溶剂平均浓度的位置称为古伊层。在古伊层中，反离子自由扩散，电势非线性减小。电势的减小近似满足下式：

$$E \propto e^{-\kappa(h-H)} \tag{2-16}$$

式中，$h \geqslant H$，h 为斯特恩层的厚度；κ 由下式给出：

$$\kappa = \left(\frac{F^2 \sum_i c_i Z_i^2}{\varepsilon \varepsilon_0 R_g T} \right)^{1/2} \tag{2-17}$$

式中，F 为法拉第常数；ε_0 为真空介电常数；ε 为介电常数；c_i 和 Z_i 分别为反离子 i 的浓度和价态。

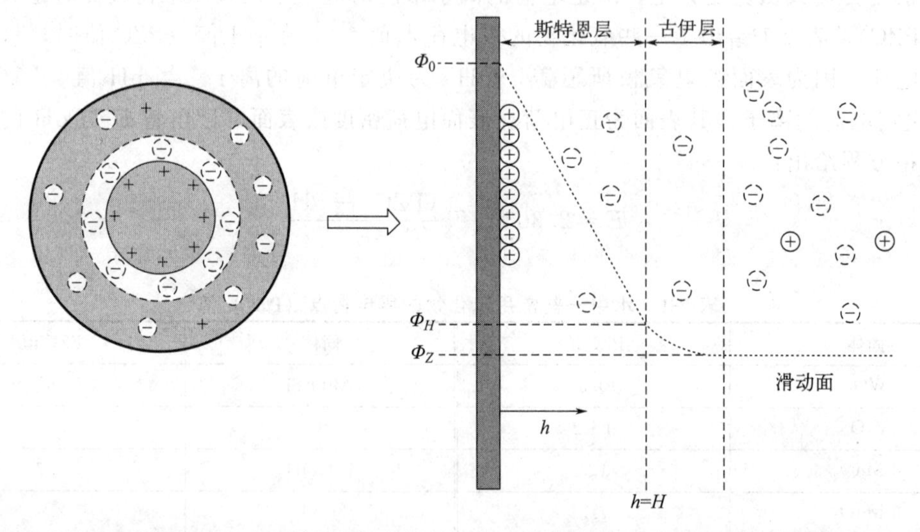

图 2-9　固态表面附近的双电层结构即 Stern 层和 Gouy 层以及电势示意图（假设表面为正电荷）

这个方程清楚地表明固态表面附近的电势随着反离子浓度和价态的升高而下降，并随溶剂介电常数的提高而呈指数增加。反离子的高浓度和高价态导致斯特恩层和古伊层厚度变小。理论上讲，当距离固态表面为无限远时，古伊层在电势为零处结束。但是，实际上典型的双电层厚度约为 10nm 或更大一些。

双电层结构虽然针对电介质溶液中的固态平面，但也适用于表面光滑的弯曲面，因为表面电荷在光滑曲面上也是均匀分布的。对于光滑曲面，表面电荷密度是常数，因此在周围溶液中的电势可以用式(2-16）和式(2-17）描述。当粒子分散在电介质溶液中，两个粒子间的距离足够远，每个粒子表面上的电荷分布不受到其他粒子的影响时，上述假设对于球形粒子当然有效。粒子间的相互作用较为复杂，其中一种直接与表面电荷和邻近界面的电势相关。表面电荷产生的粒子间的静电排斥力将由于双电层的存在而衰减。当两个粒子相距很远，不出现两个双电层的重叠，这时两个粒子间的静电排斥力为零。但是，当两个粒子相互接近时，双电层发生重叠并产生排斥力。两个相同大小的球形粒子间的静电排斥力表示为：

$$\Phi_R = 2\pi\varepsilon_r\varepsilon_0 rE^2 \exp(-\kappa S) \tag{2-18}$$

式中，ε_0 表示真空介电常数；ε_r 表示溶剂介电常数；S 表示两个粒子间表面间距；r 表示离子半径。

2.2.3 范德瓦耳斯吸引势

当处于纳米尺寸的两个小粒子分散在溶剂中时，这时范德瓦耳斯引力和布朗运动发挥重要作用，而重力作用可以被忽略。为了简化，将小粒子看作纳米粒子，微米粒子具有同样的行为。范德瓦耳斯力是一种弱的作用力，只在非常近的距离内起作用。布朗运动使纳米粒子之间一直保持相互碰撞。范德瓦耳斯力和布朗运动的共同作用会造成纳米粒子的团聚。两个纳米粒子之间的范德瓦耳斯相互作用是分子对的相互作用的总和。根据半径为 r、间隔为 S 的两个粒子上所有分子间的范德瓦耳斯相互作用之和，可以给出总相互作用能或吸引势，如图 2-10 所示，范德瓦耳斯相互作用势能可以表示为

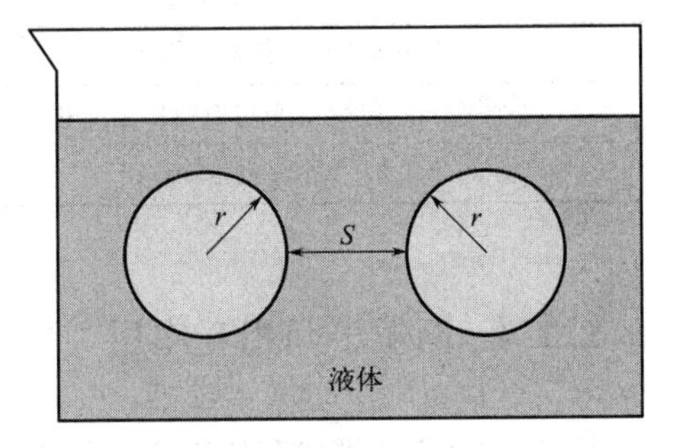

图 2-10　两个粒子间的范德瓦耳斯相互作用

$$\Phi_A = \frac{A}{6}\left[\frac{2r^2}{S^2+4rS} + \frac{2r^2}{S^2+4rS+4r^2} + \ln\left(\frac{S^2+4rS}{S^2+4rS+4r^2}\right)\right] \tag{2-19}$$

这里 A 为哈梅克（Hamaker）常数，数量级为 $10^{-20} \sim 10^{-19}$，依赖于两个粒子中的分子以及分隔粒子的介质的极化性质。表 2-2 列出了几种常见材料的哈梅克常数[24]。式(2-19) 可以通过各种边界条件进一步简化。当相同尺寸球形粒子的间隔远小于粒子半径时，即 $S/r \ll 1$，最简单的范德瓦耳斯吸引势的表达式为

$$\Phi_A = \frac{-Ar}{12S} \tag{2-20}$$

表 2-2　一些常用材料的 Hamaker 常数

材料	$A/10^{-20}$[J/(mol·K)]	材料	$A/10^{-20}$[J/(mol·K)]
金属	16.2～45.5	聚氯乙烯(polyvinyl chloride)	10.82
金	45.3	聚环氧乙烷(polyethylene oxide)	7.51
Al_2O_3	15.4	水	4.35
MgO	10.5	丙酮(acetone)	4.20
SiO_2(熔化)	6.5	四氯化碳(carbon tetrachloride)	4.78
SiO_2(石英)	8.8	氯苯(chlorobenzene)	5.89
离子晶体	6.3～15.3	乙酸乙酯(ethyl acetate)	4.17
GaF_2	7.2	(正)己烷(hexane)	4.32
方解石(calcite)	10.1	甲苯(toluene)	5.40

其他简化的范德瓦耳斯吸引势在表 2-3 中总结给出。从这个表中可以注意到，两个粒子之

间的范德瓦耳斯吸引势与两个平表面的情况不同。另外，需要注意两个分子之间的相互作用明显不同于两个粒子之间的相互作用。两个分子之间的范德瓦耳斯相互作用可以简单地表示为

$$\Phi_A \propto -S^{-6} \tag{2-21}$$

尽管两个分子之间和两个粒子之间的相互作用的本质是一样的，但是两个粒子中所有分子以及介质中分子的相互作用总和，导致以上两者在作用力与距离的关系上存在明显差异。两个粒子间的吸引力衰减非常缓慢，并覆盖纳米尺寸的距离范围。因此，必须建立一种势垒以抑制团聚。两种方法被广泛用于抑制粒子间的团聚：静电排斥和空间排斥。

表 2-3 两粒子之间的范德瓦耳斯吸引势的简单表示式

粒子	Φ_A
2 个等半径球体，r	$-Ar/(12S)$
2 个不等半径球体，r_1 和 r_2	$-Ar_1r_2/[6S(r_1+r_2)]$
2 个平行板，厚度 δ，单位面积相互作用	$-A/\{12\pi[S^{-2}+(2\delta+S)^{-2}+(\delta+S)^{-2}]\}$
2 个块体，单位面积相互作用	$-A/(12\pi S^2)$

2.2.4 两粒子间相互作用

DLVO 理论是描述胶体稳定性的重要理论。在 DLVO 理论中，液相中两个粒子间的相互作用被认为是范德瓦耳斯相互吸引势和静电排斥势之和。其基本重要假设为：①无限平直的固态表面；②均匀的表面电荷密度；③无表面电荷再分布，即表面电势保持常值；④决定表面电荷的离子和反离子的浓度不变；⑤溶剂只通过介电常数产生作用，即粒子和溶剂之间不存在化学反应。因此，静电稳定化的两个粒子之间的总相互作用是范德瓦耳斯相互吸引势和静电排斥势之和，可表示为

$$\Phi = \Phi_A + \Phi_R \tag{2-22}$$

结合式(2-18) 和式(2-20)，则有

$$\Phi = \frac{-Ar}{12S} + 2\pi\varepsilon_r\varepsilon_0 rE^2\exp(-\kappa S) \tag{2-23}$$

实际上，一些假设与实际悬浮体中的两个粒子的情形相差较远。例如，粒子表面不可能无限平直，当两个带电粒子彼此非常靠近时表面电荷密度很可能发生变化。尽管存在这样的假设，DLVO 理论还是很好地解释了相互靠近的两个带电粒子的相互作用，并被胶体科学研究领域所广泛接受。一个有代表性的总交互势能模型如图 2-11 所示，它表现出了范德瓦耳斯相互吸引势、静电排斥势，以及这两种相反势之和与距球形粒子表面距离的关系[25]。这个总交互势能展示出一些基本特征，这些基本特征在解释颗粒生长过程中变得很重要。曲线的形状分别是排斥项和吸引项的指数衰减和陡峭衰减的结果。曲线的最大值代表聚集障碍并决定胶体稳定性。在远离固态表面处，范德瓦耳斯相互吸引势和静电排斥势两者趋于零。势垒有效地产生聚集的活化能，两个粒子碰撞时必须克服活化能。

在 DLVO 相互作用势图中，几个参数会影响系统的总势垒：离子类型和浓度、表面电势值和粒径。尽管式(2-18) 限于两个相同的粒子，但是由于具有不同尺寸的球形粒子的表达式在尺寸、表面电荷和离子浓度方面通常表现出相似的依存关系，因此它很好地描述出了整个系统的特性。范德瓦耳斯相互吸引相对独立于离子浓度，但是排斥项在很大程度上取决

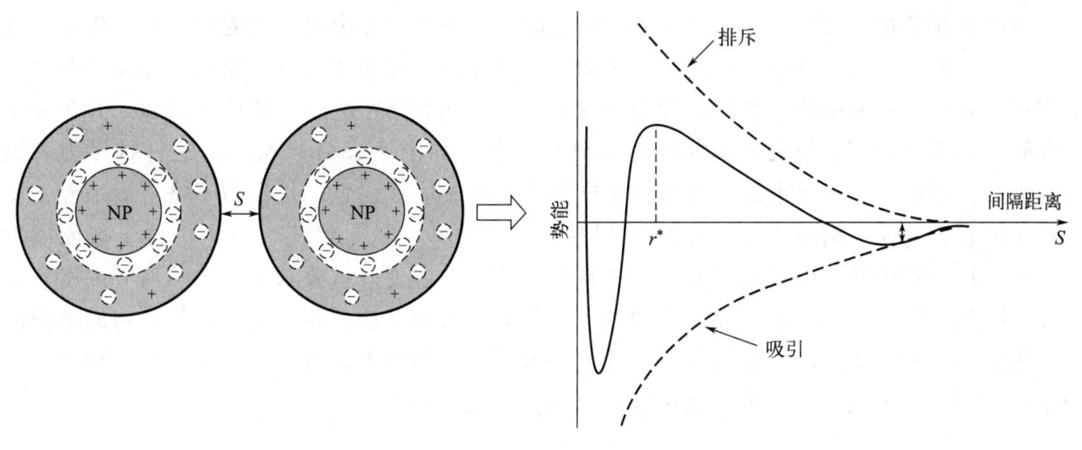

图 2-11 DLVO 相互作用势图

于它，因为反离子是斯特恩层和古伊层中的主要离子。离子浓度与 κ 成正比，因此与表面电势的指数下降成正比。这意味着反离子浓度越高，双电层厚度越小。

在表面附近，由范德瓦耳斯相互吸引产生的电势达到极小值，最大值出现在稍微远离表面处，静电排斥势优于范德瓦耳斯吸引势，最大值也被认为是排斥能垒。如果这个能垒大于约 $10kT$，k 为玻耳兹曼常数，则由于布朗运动产生的两个粒子间的碰撞将不能克服能垒，团聚就不能发生。正如式(2-16) 和式(2-17) 给出，因为电势依赖于反离子的浓度和价态，而范德瓦耳斯相互吸引势几乎与此无关，因此总势能主要受反离子浓度和价态的影响。反离子的浓度和价态增加将导致电势急剧下降。排斥能垒被削弱而其位置推向粒子表面处，如图 2-12 所示。

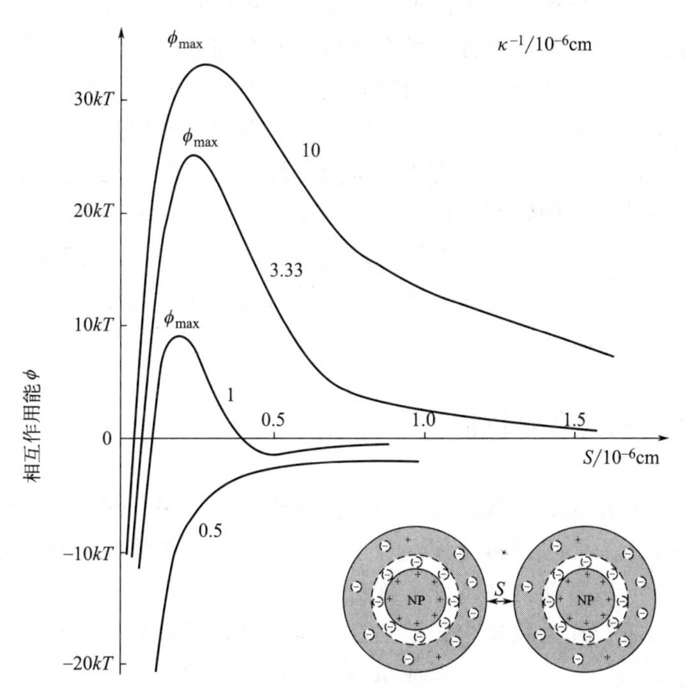

图 2-12 具有不同双电层厚度的两个球形粒子间的相互作用能（Φ）与其表面间距（S）的变化关系
[不同的双电层厚度来源于不同的单价电解质浓度]

当两个粒子相隔较远，或两个粒子表面之间的距离大于 2 个双电层的厚度时，将不会有扩散双层的重叠，这样就不会有两个粒子间的相互作用，如图 2-13(a) 所示。但是当两个粒子靠近，并出现双电层的重叠时，就会出现排斥力。随着间距减小，排斥力增加，并在粒子表面间距等于排斥能垒与表面的间距时达到最大值，如图 2-13(b) 所示。这种排斥力可以按两种方式理解。一种是来源于两个粒子电势的重叠。应该注意，排斥力不是直接来源于固态粒子的表面电荷，而是 2 个双电层的相互作用。另外一种是渗流。当两个粒子彼此靠近时，由于每个粒子的双电层需要保持其各自原来的离子浓度，重叠双电层中的离子浓度急剧增加。因此，反离子和决定表面电荷的离子原来的平衡浓度被破坏。为了恢复最初的平衡浓度，更多的溶剂需要流向 2 个双电层重叠的区域。这种溶剂渗流有效地分离了两个粒子，当两个粒子间距等于或大于 2 个双电层厚度之和时渗流力消失。

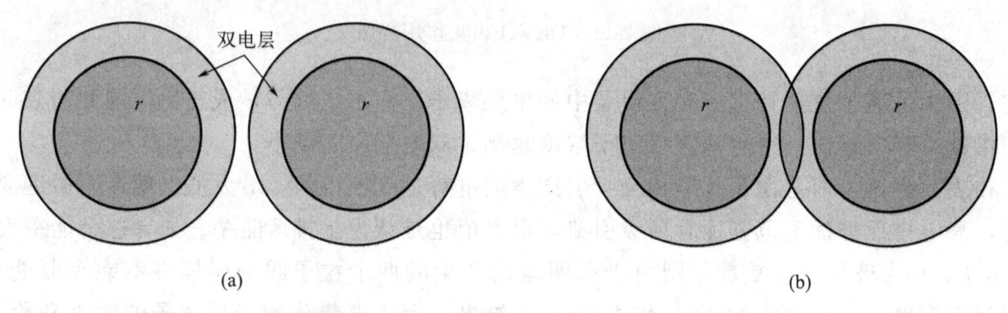

图 2-13　两个粒子间出现静电排斥的条件示意图

尽管 DLVO 理论的许多重要假设条件不能很好地满足扩散介质中小粒子分散的实际溶胶体系，但这个理论在实际中很适用并被广泛应用，只要能够满足以下一些条件：①分散体要非常稀，这样可以使每个粒子的表面电荷密度和分布以及邻近表面的电势不受其他粒子的影响；②除了范德瓦耳斯力和静电势外没有其他力的存在，即重力可忽略或粒子非常小，无磁场等其他力；③粒子的几何外形相对简单，这样整个粒子的表面性质相同，即粒子的表面电荷密度和分布以及周围介质中的电势都相同；④双电层是纯扩散型，这样两种离子，即反离子和决定表面电荷的离子的分布决定于静电力、熵力和布朗运动的作用。另外，溶液体系的静电稳定也受到一些情况的限制，例如：①静电稳定化是一种动力学稳定化的方法；②仅仅适用于稀释的体系；③不能应用到电解质敏感体系；④几乎不可能对已团聚粒子进行再分散；⑤由于在给定的条件下，不同固相具有不同的表面电荷和电势，因此在多相体系中应用较困难。

2.2.5　胶体溶液的空间特征

胶体溶液的空间稳定化是一种使胶质分散体系稳定的方法。聚合稳定化是一种热力学方法，粒子在胶质体系中总是可以再分散，分散介质可以完全被消耗。与静电稳定化相比，聚合稳定化在纳米粒子合成方面具备特殊的优势，特别是在粒子具有窄尺寸分布要求时。纳米粒子表面吸附的聚合物层作为物质生长的扩散障碍能垒，导致晶核的有限扩散生长。有限扩散生长将减小最初晶核的尺寸分布，形成单一尺寸的纳米粒子。

溶剂分为水性溶剂和非水性溶剂。非水性溶剂有亲质子型溶剂以及疏质子型溶剂，典型的亲质子型溶剂和疏质子型溶剂如表 2-4 所示。实际上，并不是所有的聚合物都能溶解到溶剂中，不溶性聚合物不能用于空间稳定化中。当可溶性聚合物溶解到溶剂中时，聚合物与溶质相互作用。这种相互作用随体系和温度而变化。当溶剂中的聚合物通过伸展其结构的形式减小体系总吉布斯自由能时，这种溶剂被称为“好溶剂”。当溶剂中的聚合物通过卷曲或塌陷的形式减小吉布斯自由能时，这种溶剂被认为是“坏溶剂”。对于给定的系统，也就是给定溶剂和其中的聚合物，溶剂的“好”或“坏”决定于温度。聚合物在高温下伸展，而在低温下塌陷。从“坏”溶剂转变成“好”溶剂的温度称为弗洛里-哈金斯（Flory-Huggins）温度，简写为 θ 温度。在 $T=\theta$ 时，溶剂处于 θ 状态，在此状态下无论聚合物是伸展还是塌陷，吉布斯自由能都保持不变。

根据聚合物与固态表面的相互作用，聚合物可以划分为三种结构，分别是：①锚钩型聚合物，它不可倒置地由一端与固态表面相连接，倍塞（diblock）共聚物是典型例子；②吸附型聚合物，它以聚合物骨干部分为吸附点，无规律弱吸附于固态表面；③非吸附型聚合物，它并不与固态表面连接，因此对于聚合物稳定化没有贡献。聚合物与固态表面的相互作用局限于在固态表面上的聚合物分子的吸附。吸附既可以通过表面上的离子或原子与聚合物分子之间形成化学键，也可以形成弱物理吸附。另外，对于表面和聚合物之间形成单个或多个键没有限制。在本讨论中不涉及化学反应、聚合物与溶剂之间或聚合物自身之间的进一步聚合反应等其他相互作用。

表 2-4　一些溶剂及其介电常数

溶剂	分子式	介电常数	类型
丙酮(acetone)	C_3H_6O	20.7	疏质子
乙酸(acetic acid)	$C_2H_4O_2$	6.2	亲质子
氨(ammonia)	NH_3	16.9	亲质子
苯(benzene)	C_6H_6	2.3	疏质子
氯仿(chloroform)	$CHCl_3$	4.8	疏质子
二甲基亚砜(dimethylsulfoxide)	$(CH_3)_2SO$	45.0	疏质子
二氧杂环乙烷(dioxanne)	$C_4H_8O_2$	2.2	疏质子
水	H_2O	78.5	亲质子
甲醇(methanol)	CH_3OH	32.6	亲质子
乙醇(ethanol)	C_2H_5OH	24.3	亲质子
甲酰胺(formamide)	CH_3NO	110.0	亲质子
二甲基甲酰胺(dimethylformamide)	C_3H_7NO	36.7	疏质子
硝基苯(nitrobenzene)	$C_6H_5NO_2$	34.8	疏质子
四氢呋喃(tetrahydrofuran)	C_4H_8O	7.3	疏质子
四氯化碳(carbon tetrachloride)	CCl_4	2.2	疏质子
二乙醚(diethyl ether)	$C_4H_{10}O$	4.3	疏质子
嘧啶(pyridine)	C_5H_5N	14.2	疏质子

首先考虑表面覆盖锚钩型聚合物的两个固态粒子，如图 2-14 所示。在两个粒子相互靠近的过程中，当间距 H 小于聚合物层厚 L 的 2 倍时，聚合物层之间才能产生相互作用。超过这个距离时，两个粒子及其表面聚合物层之间没有相互作用。当间距小于 $2L$ 但仍大于 L

时，溶剂和聚合物以及两个聚合物层之间就会存在相互作用，但是不会存在一个聚合物层与另外粒子固态表面之间的相互作用。在好溶剂中聚合物伸展，如果固态表面的聚合物包覆不完整，特别是包覆量少于50%，即溶剂中的聚合物浓度偏低时，两个聚合物层会相互渗透以减小聚合物之间的空间。这种两个靠近粒子的聚合物层的相互渗透导致聚合物的自由度变小，使熵值减小，也就是$\Delta S<0$。如果假设由于两个聚合物层的相互渗透而产生的焓值可忽略，也就是$\Delta H\approx 0$，则体系的吉布斯自由能将增加，即按照下式：

$$\Delta G=\Delta H-T\Delta S>0 \tag{2-24}$$

因此，两个粒子之间相互排斥，其间距必须等于或大于聚合物层厚的2倍。当聚合物覆盖率高时，特别是接近100%时，将不会出现渗透现象。这时两个聚合物层将被挤压，导致两个聚合物层卷曲。总吉布斯自由能增加，并排斥两个粒子使其分开。当两个粒子表面间距小于聚合物层厚度，或进一步减小距离将迫使聚合物卷曲并导致吉布斯自由能增加。以上内容表明当H小于$2L$时，总能量保持正值并随间距的减小而增加。

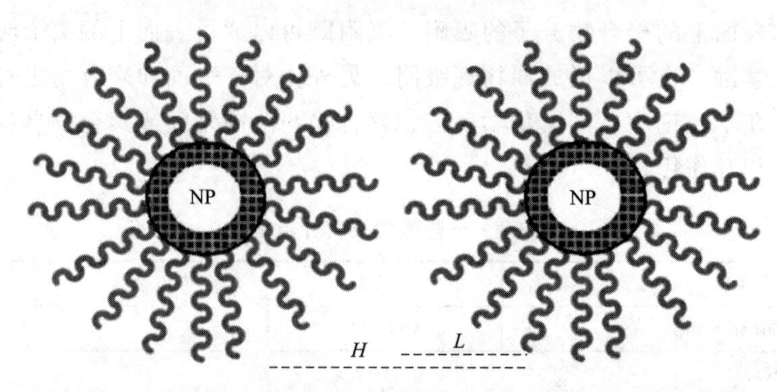

图2-14　两个靠近的聚合物包覆纳米粒子表面层间相互作用示意图

对于不良溶剂，固态表面的聚合物覆盖率低时的情况很不相同。覆盖率低时，当粒子间距小于2倍聚合物厚度但大于单个聚合物厚度时，吸附在一个粒子表面的聚合物层趋向于渗透到另外一个靠近的粒子的聚合物层中。这种两个聚合物层间的相互渗透将进一步促进聚合物的卷曲，并导致总吉布斯自由能的减小。但是当覆盖率高时，与好溶剂中的情况类似，将没有渗透产生，间距的减小导致产生一种挤压力，并使总自由能增加。当粒子间距小于聚合物层厚时，间距的减小总是产生一种排斥力并使总吉布斯自由能增加。无论是否存在覆盖率和溶剂的差异，表面覆盖聚合物的两个粒子总是会通过空间排斥或空间稳定化作用而抑制团聚。

当两个粒子间距小于聚合物层厚的2倍，聚合物具有强吸附并形成全包覆时，两个聚合物层间的作用是纯粹的排斥力并增加自由能。这种情况与全包覆的锚钩型聚合物情形相同。当粒子部分被包覆时，溶剂的性质对于粒子间的作用产生重要的影响。在好溶剂中，两个部分包覆的聚合物层相互渗透，导致空间减小并产生更有序的聚合物排列。此时熵值减小而吉布斯自由能增加。但是在坏溶剂中，相互渗透进一步促进聚合物卷曲，导致熵值提高和自由能降低。这种在坏溶剂中吸附型聚合物层间的相互作用，与好溶剂中部分包覆的锚钩型聚合物的情况非常相似，然而由于两种表面多吸附点的存在，其相关的过程差异很大。当间距小于聚合物层厚时，排斥力总是得到加强并使两个粒子相分离。溶液中的聚合物空间稳定化的物理基础为：①体积限制效应产生于两个粒子靠近时表面之间的空间的减小；②渗透效应产生于两个粒子间的吸附聚合物的高浓度。空间稳定化可以与静电稳定化相结合，也称为静电空间位阻稳定化，如图 2-15 所示。当聚合物依附于带电粒子表面时，聚合物层的变化正如上面所讨论的一样。另外，固态表面附近的电势将保持不变。当两个粒子靠近时，静电排斥和空间限制都将抑制团聚的产生。

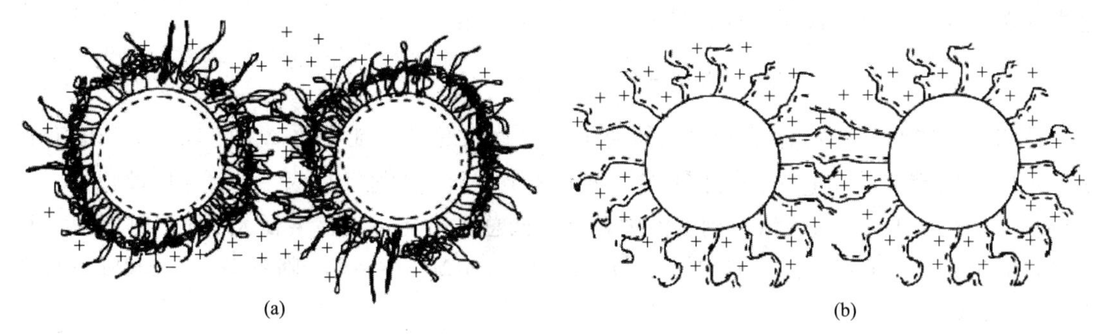

图 2-15 静电空间位阻稳定化示意图

(a) 非离子型聚合物包覆带电粒子；(b) 聚合电解质连接非带电粒子

2.3 均相成核与生长

成核描述的是一级相变中第一步的过程及在亚稳定初级相中新相的出现，是一个纯粹的热力学过程。对于通过均相成核形成的单分散纳米粒子，必须首先创造生长物质的过饱和状态。降低平衡态混合物（如饱和溶液）的温度，能够导致过饱和状态。通过变温热处理工艺，在玻璃基体中形成金属量子点就是这种方法的很好例子。另一种形成过饱和的方法是通过原位化学反应将高溶解性化学物质转变成低溶解性物质。例如，半导体纳米粒子通常通过有机金属原料的热解而获得。纳米粒子可以在三种介质中通过均相成核而形成，其成核和后续长大机理本质上相同。

2.3.1 经典成核热力学

当一种溶剂中的溶质浓度超过平衡溶解度或温度低于相转变点时，新相开始出现。考虑过饱和溶液中固相均相成核的例子。一种溶液中的溶质超过溶解度或处于过饱和状态，则其具有高吉布斯自由能；系统总能量将通过分离出溶质而减小。吉布斯自由能的减小是成核与长大的驱动力。单位体积固相的吉布斯自由能的变化 ΔG_V 依赖于溶质浓度：

$$\Delta G_V = \frac{-k_B T}{\Omega \ln\left(\frac{c}{c_0}\right)} = \frac{-k_B T}{\Omega \ln(1+\sigma)} \tag{2-25}$$

式中，c 为溶质的浓度；c_0 为平衡浓度或溶解度；Ω 为原子体积；σ 为过饱和度，其定义为 $(c-c_0)/c_0$。

如果没有过饱和，即 $\sigma=0$，则 ΔG_V 为零，没有发生成核。当 $c>c_0$，则 ΔG_V 为负并有成核同时发生。如果形成半径为 r 的球成核，吉布斯自由能或体积能量的变化 $\Delta\mu_V$ 可以表述为

$$\Delta\mu_V = \frac{4}{3}\pi r^3 \Delta G_V \tag{2-26}$$

但是这个能量减小与表面能量的引入保持平衡，并伴随着新相的形成。这导致体系表面能增加 $\Delta\mu_s$，即

$$\Delta\mu_s = 4\pi r^2\gamma \tag{2-27}$$

这里 γ 为单位面积的表面能。成核过程的总化学势变化 ΔG 为

$$\Delta G = \Delta\mu_V + \Delta\mu_s = \frac{4}{3}\pi r^3\Delta G_V + 4\pi r^2\gamma \tag{2-28}$$

体积自由能变化 $\Delta\mu_V$、表面自由能变化 $\Delta\mu_s$ 以及总自由能变化 ΔG 随晶核半径的变化关系如图 2-16 所示。从这个图可以知道新晶核在其半径超过临界尺寸 r^* 时才能够稳定。一个晶核的半径小于 r^* 时将溶解到溶液中，以降低总自由能，当核半径大于 r^* 时将稳定存在并连续生长。核的半径达到临界半径（$r=r^*$）时，$\mathrm{d}\Delta G/\mathrm{d}r=0$，临界半径 r^* 和临界自由能 ΔG^* 定义为

$$r^* = \frac{-2\gamma}{\Delta G_V} = \frac{2\gamma\Omega\ln(1+\sigma)}{k_B T} \tag{2-29}$$

$$\Delta G^* = \frac{16\pi\gamma^3}{3(\Delta G_V)^2} = \frac{16\pi\gamma^3\Omega^2\ln^2(1+\sigma)}{3k_B^2 T^2} \tag{2-30}$$

ΔG^* 是成核过程中必须克服的能垒，r^* 代表稳定的球形晶核的最小尺寸。上面的讨论基于过饱和溶液，但相关的概念也适用于过饱和气体、过冷气体或液体。

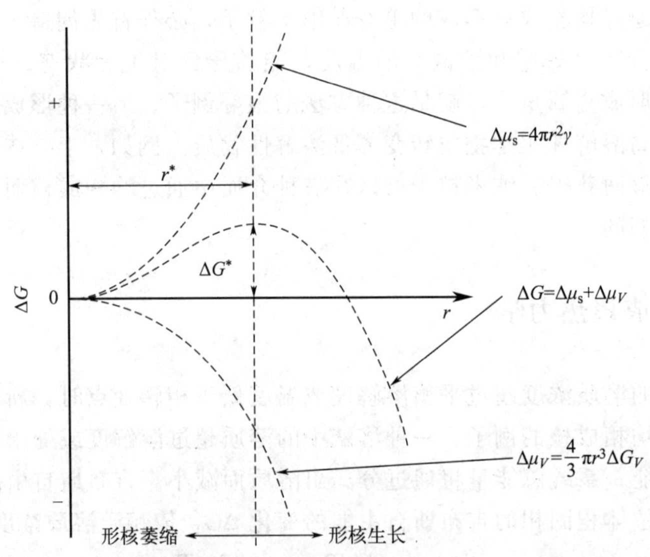

图 2-16 体积自由能变化 $\Delta\mu_V$、表面自由能变化 $\Delta\mu_s$ 以及总自由能变化 ΔG 随晶核半径的变化关系

采用过饱和溶液成核的方法合成纳米粒子或量子点时，这个临界尺寸是界限，意味着可以合成多小的纳米粒子。为了减小临界尺寸和自由能，需要提高吉布斯自由能的变化 ΔG_V，减小新相的表面能 γ。式(2-25) 表明 ΔG_V 可通过增加给定体系的过饱和度而得到提高。温度对临界自由能及临界尺寸具有显著的影响，在低于平衡温度条件下，球形晶核的临界尺寸和临界自由能随温度降低而下降，饱和度随温度降低而提高。表面能同样受温度的影响，固相晶核的表面能在临近粗糙化转变温度时发生显著的变化。其他改变临界自由能的方法有利用不同的溶剂及溶液中的添加剂；当其他要求不能折中时，也可将杂质掺入固相中。

单位体积和单位时间内的成核速率 J_N 正比于概率 P、单位体积生长物质的数量 n 及物质成功跃迁的频率 Γ。概率 P 表示临界自由能 ΔG^* 的热力学波动，即 $P=\exp\left(\frac{-\Delta G^*}{k_B T}\right)$；单位体积生长物质的数量 n，可以作为成核中心，在均相成核中等于初始浓度 c_0；频率 Γ 表示生长物质从一处成功跃迁到另一处的频率；因此，成核速率可以表示为

$$J_N = np\Gamma = A\exp\left(\frac{-\Delta G^*}{k_B T}\right) = A\exp\left[-\frac{16\pi\gamma^3\Omega^2\ln^2(1+\sigma)}{3k_B^3 T^3}\right] \tag{2-31}$$

这个方程表明高初始浓度或过饱和度可以形成大量的成核位置，且低黏度和低临界能垒有助于形成大量的晶核。对于一定的溶质浓度，大量的晶核意味着能够出现小尺寸的晶核。

2.3.2 经典生长动力学

在经典成核与生长动力学中，纳米粒子的生长依赖于两个过程：表面反应及液相中单体在扩散双层中的扩散行为。当生长物质浓度低于成核的最小浓度时，成核停止，然而生长将继续进行。如果生长过程受到生长物质从溶液到粒子表面的扩散的控制，则其生长速率为：

$$\frac{dr}{dt} = \frac{D(c-c_s)V_m}{r} \tag{2-32}$$

式中，r 为球形晶核半径；D 为生长物质的扩散系数；c 为液相溶质浓度；c_s 为固态粒子表面上固液界面的溶质浓度；V_m 是晶核的摩尔体积。假定晶核的初始尺寸为 r_0 并忽略块体浓度的变化，求解这个微分方程得到：

$$r^2 = 2D(c-c_s)V_m t + r_0^2 \tag{2-33}$$

或

$$r^2 = k_D t + r_0^2 \tag{2-34}$$

式中，$k_D = 2D(c-c_s)V_m$。对于最初半径差为 δr_0 的两个粒子，其半径差 δr 随着时间增加而减小，即粒子变大，按照下式：

$$\delta r = \frac{r_0 \delta r_0}{r} \tag{2-35}$$

结合式(2-34)，得到

$$\delta r = \frac{r_0 \delta r_0}{(k_D t + r_0^2)^{\frac{1}{2}}} \tag{2-36}$$

式(2-35) 和式(2-36) 表明半径差随着晶核半径的增长和生长时间的延长而减小。扩散控制的生长促进均匀尺寸粒子的形成。

当生长物质从液相到生长表面的扩散足够快时，即表面浓度与液相浓度一致时，生长速率由表面过程所控制，如图 2-17 中虚线所示。表面过程包括两种机制：单核生长和多核生长。对于单核生长，生长过程通过层/层进行，即生长物质先形成一层，在此基础上再进行下一层的形成。生长物质需要足够的时间扩散到表面。生长速率正比于表面积：

$$\frac{dr}{dt} = k_m(c) r^2 \tag{2-37}$$

这里 $k_m(c)$ 是比例常数，依赖于生长物质的浓度。求解上述方程得到生长速率：

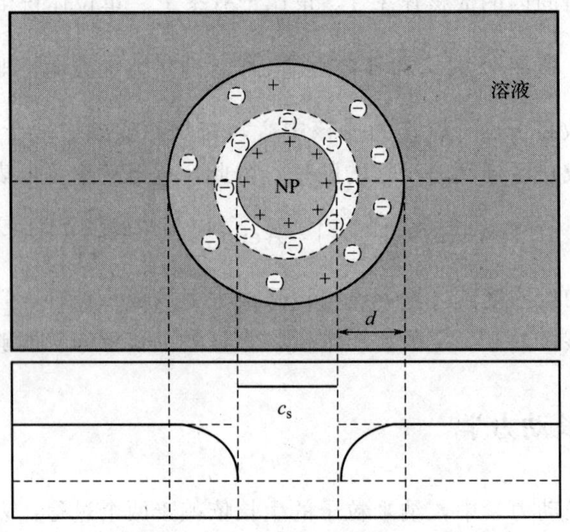

图 2-17　固/液界面处溶质浓度或者杂质浓度分布示意图
（表明液相中损耗边界层的形成）

$$\frac{1}{r}=\frac{1}{r_0}-k_m t \tag{2-38}$$

半径差随晶核半径的增加而增加：

$$\delta r=\frac{r^2\delta r_0}{r_0^2} \tag{2-39}$$

将式(2-38) 代入式(2-39) 中，得到

$$\delta r=\frac{\delta r_0}{(1-k_m r_0 t)^2} \tag{2-40}$$

在此式子中，$k_m t r_0<1$。这个边界条件从式(2-38) 中得到，意味着晶核半径不是无穷大，即 $r<\infty$。式(2-40) 表明半径差随生长时间延长而增加。很明显，这种机制不利于合成单一尺寸的粒子。

在多核生长过程中，表面浓度非常高，因此表面过程进行得很快，在第一层完成之前已经开始第二层的形成。粒子的生长速率不依赖于粒子尺寸，也就是生长速率为常数：

$$\frac{\mathrm{d}r}{\mathrm{d}t}=k_p \tag{2-41}$$

这里 k_p 为常数。因此粒子生长与时间呈线性关系：

$$r=k_p t+r_0 \tag{2-42}$$

相对半径差保持常数，与生长时间无关：

$$\delta r=\delta r_0 \tag{2-43}$$

尽管绝对半径差保持不变，但相对半径差将反比于粒子半径。随着粒子变大，相对半径差变得越来越小，因此这种机制也有利于形成单一尺寸的粒子。

三种生长机制中半径差与粒子尺寸的关系如图 2-18 表示。显然，扩散控制生长通过均匀成核方式合成单一尺寸的粒子。Williams 等人提出纳米粒子的生长过程包含全部三种机制。当晶核很小时，单层生长机制可能占主导地位；而晶核较大时，多核生长机制可能占主导地位；在相对大粒子生长时，扩散占主导地位。当然，这些只在没有其他方法或措施以抑制特定生长机制的情况下符合。在存在其有利的生长条件时，不同的生长机制可以同时成为主导因素，慢化学反应使得生长物质的供应速度很慢，晶核生长很可能是扩散控制生长过程。对于形成单一尺寸的纳米粒子，所期望的是有限扩散生长。有几种方法可以达到有限扩散生长。当生长物质浓度保持在很低的水平时，扩散距离将非常大，因而扩散可能成为有限步骤。增加溶液黏度提供另外一种可能性，引入扩散能垒也可以成为一种方法，控制生长物质的供应量也是控制生长过程的方法。当生长物质通过化学反应产生时，反应速率可通过控制副产物浓度以及反应物和催化剂的量来调整。

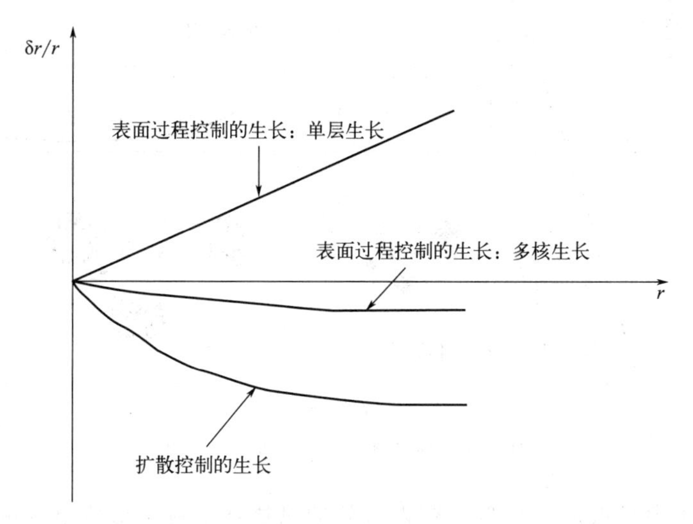

图 2-18　三种生长机制中半径差随粒子尺寸变化示意图

2.3.3 LaMer 理论

经典成核理论形成于 LaMer 及其同事在纳米粒子合成中提出的爆裂成核的概念，是他们通过对各种油雾剂和硫水溶胶的研究发展而来。在爆裂成核过程中，由于均相成核和随后在没有其他成核的情况下生长同时作用，成核顺利进行。纳米粒子形成的基本思想是将成核和生长分开，可以解释为均相和非均相的分离。这样的过程能够控制生长期间的粒度分布。LaMer 成核及生长模型如图 2-19 所示，显示的机理如下：（Ⅰ）单体的浓度正在增加，并且在一定时间达到一定的临界过饱和浓度（c_s），可以实现均相成核，由于成核率小于离解率，达不到有效成核的基础，即使溶质浓度超过平衡溶解度时也不发生有效成核；（Ⅱ）当饱和度增加并达到最低成核浓度 c_{min} 时，可以继续克服成核能垒（活化能），从而导致快速的自成核——爆裂成核；（Ⅲ）由于爆裂成核，过饱和浓度立即降低到自成核浓度以下，终止成核期；然后，溶液中其他单体向颗粒表面进行扩散从而发生生长，这可以解释为异相成核/生长。相对于时间的预期相应颗粒浓度将在自成核阶段（Ⅱ）迅速增加，并在最终生长阶段（Ⅲ）或多或少地保持恒定。实际上，当生长物质的浓度提高到平衡浓度以上时，初期不会成核。但当浓度达到对应于产生临界自由能的最小饱和度时成核开始，成核速率也随浓度的进一步增加而非常快地提高。尽管没有晶核就不会有生长，但浓度超过平衡溶解度时就会有大于零的生长速率。一旦成核，生长就会同时发生；在最小浓度以上时，形核与生长是不可分割的过程，但二者的速率不同。

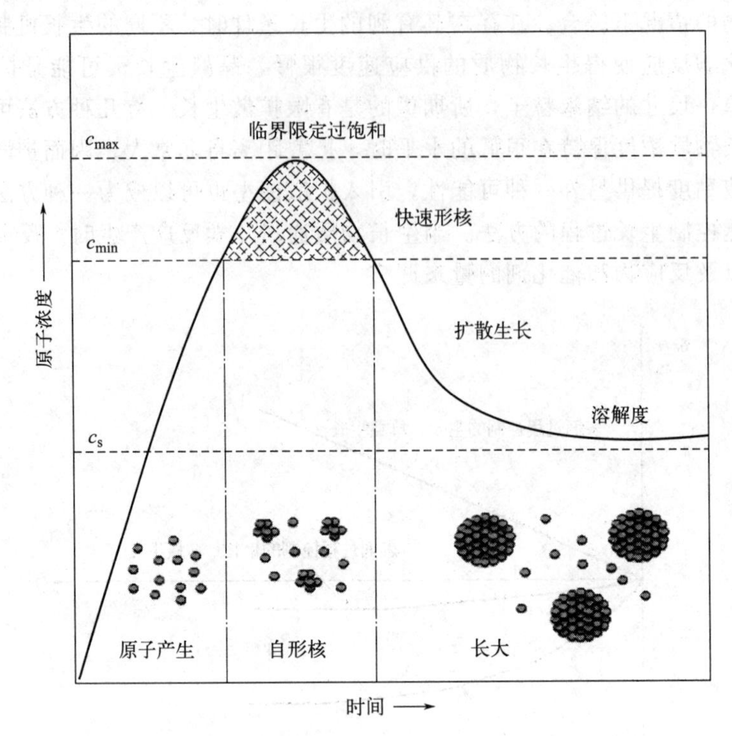

图 2-19 成核和后续长大过程示意图

LaMer 模型及其修改形式是唯一获得公认的描述纳米粒子形成过程的一般机制，该模型还优化了调节胶体纳米粒子尺寸分布的常规策略。金属纳米粒子可以快速还原以诱导过饱和的快速积累，许多成核事件导致许多小的纳米粒子，而很少成核事件导致越来越大的颗粒。此外，“种子诱导生长”的原理源自经典成核的概念，即通过缓慢还原以将还原的单体专门用于已形成颗粒的生长来抑制进一步的成核。但是，LaMer 模型无法预测或表征纳米粒子大小分布的演变特征。它仅描述成核的过程及随后的稳定核生长，但是生长的特征或多或少具有不确定性。对于合成均匀尺寸分布的纳米粒子，如果所有的晶核在同一时间以同样的尺寸形成，那将是最为理想的。在此情况下，晶核可能具有同样或相似的尺寸，全部晶核将有相同的后续生长，因为它们的形成条件相同，这样可以获得单一尺寸的纳米粒子。实际上，为了达到快速成核，生长物质浓度被快速提高到非常高的过饱和状态，然后又快速下降到最小的成核浓度以下。低于这个浓度，不再有新核产生，然而已经形成的晶核将持续生长到浓度降到平衡浓度为止。后续生长将进一步改变纳米粒子的尺寸分布，最初晶核尺寸分布的提高或降低依赖于后续生长的动力学。如果适当控制生长过程，可以获得均匀尺寸分布的纳米粒子。

2.4 纳米粒子的生长机制

2.4.1 合并生长

纳米粒子的尺寸分布依赖于晶核的后续生长。晶核的生长包括多个步骤，主要步骤为：①生长物质的产生；②生长物质从液相到生长表面的扩散；③生长物质吸附到生长表面；

④固态表面不可逆地结合生长物质，促使表面生长。这些步骤可以进一步描述为扩散和生长两个过程。在生长表面上提供生长物质称为扩散，包括生长物质的产生、扩散及吸附到生长表面，而生长表面吸附的生长物质进入固态结构中则称为生长。与有限生长过程会相比较，有限扩散生长过程会产生不同的纳米粒子的尺寸分布。

在上述简化的DLVO模型中，两个相同的球形粒子之间的相互作用能与它们的大小成正比，这意味着随着尺寸的增加，聚集势垒也会增加。结果是两个颗粒之间聚集的可能性随着尺寸的增加而降低。换句话说，两个较小的粒子之间的合并可能性要高于两个较大粒子之间的合并可能性。在一定的粒径下，聚集势垒增加，但是这些粒子会由于热能太低而无法克服该势垒，这使得聚集或聚结的过程变得不可能。该粒度又对应于最小稳定粒度，并且主要决定最终粒度分布。在使用快速还原剂合成金属纳米粒子的生长过程中，实际的纳米粒子生长仅依靠聚集和聚结，最终的粒度分布在很大程度上取决于聚集势垒随粒度的增加而增加。用快速还原剂生长金属纳米粒子的相应一般机制可以用图2-20所示的三个步骤表示，其中第一步是金属离子的快速还原；第二步是金属原子形成二聚体和小团簇；在最后一步中，团簇由于聚集和聚结而生长，直到达到最终颗粒大小为止，在该最终颗粒大小下颗粒已足够稳定。

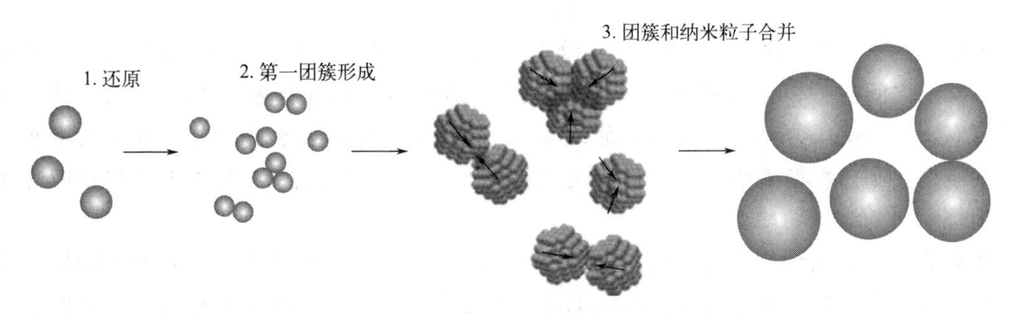

图2-20　合并引起的纳米颗粒生长机理示意图

合并导致纳米粒子增长的现象，对于成核来说是不必要的，因为最终的粒径分布是由胶体的稳定性决定的。克服某个临界半径的任何主团簇的形成都是无关紧要的。为了进一步理解合并引起的纳米粒子生长事件，有必要结合合并生长机制的示意图来阐述，如图2-21所示。图2-21(a) 显示了合并生长机理的一般原理。为了简化生长图，首先假设合并仅发生在具有相似大小的粒子，尽管实际上并非如此。具有相似大小的粒子经历合并过程的概率比具有不同大小的粒子的概率要高得多。这可以从生长过程中不断降低的多分散性指数10%～15%推导得出。图2-21(c) 中的E_{kT}势能分为合并生长与稳定的纳米粒子两个区域。如果合并势垒低于该能量，粒子会聚集并随后合并。如果势垒高于该能量，则胶体稳定性足以阻止进一步的生长。因此，区域Ⅰ表示可能发生聚集和合并的区域，区域Ⅱ表示胶体稳定颗粒的区域。纳米粒子生长曲线显示纳米粒子的增长，因为稳定性曲线到达区域Ⅱ，在该区域聚集及合并停止。相反，沉淀曲线表示稳定性沉淀过程，曲线保留在Ⅰ区域中。结果是聚集势垒曲线越过两个区域之间的边界的半径是粒径，粒径进一步增长的可能性很小。在此理想化模型中，临界半径R_{min}代表最终尺寸分布的最小粒径，因为稍小于R_{min}的相同尺寸的颗粒仍会合并到半径大于R_{min}的稳定区域。图2-21(d) 显示具有不同斜率的三个稳定性曲线导致三个不同的最终平均半径。

稳定性曲线也可以转移到与尺寸相关的概率函数上，以进行粒子合并。聚集势垒曲线越

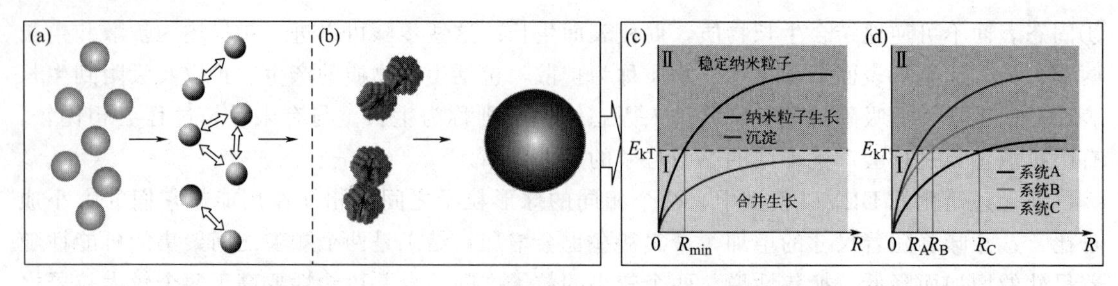

图 2-21 聚和成核机制 (a)、合并生长 (b) 以及纳米颗粒生长的新模型[(c)、(d)]

接近第Ⅰ区域和第Ⅱ区域之间的边界，合并的可能性就越低。这是一个仅由于聚集产生单分散稳定颗粒的生长过程。实际上，纳米粒子生长的简化模型需要进行一些理想化处理：①聚合后立即合并；②合并仅限于相同尺寸大小的球形颗粒；③首要最大值作为稳定性的标准。但即使如此，还有提出不同尺寸颗粒的合并的事件，实际上这种不同尺寸的颗粒合并可归结于 Ostwald 熟化。对于受库仑排斥力增加控制的粒子，相互作用势的主要最大值（ϕ_{max}）是限制聚集的主要因素。描述稳定性比（ϕ_{ij}）的合理近似值可以表示为：

$$\phi_{ij} \approx \frac{-1}{2\kappa a}\exp(\phi_{max}/k_B T) \tag{2-44}$$

式中，κ 为德拜长度；a 为粒子半径的算术平均值。ϕ_{max} 可以为正值或负值，具体取决于两个粒子之间的力。如果积分或 ϕ_{max} 为正值，则排斥力将主导粒子相互作用，从而导致凝结概率比纯布朗氏凝结的概率低；如果吸引力占优势，则凝结概率增加。作为大多数颗粒合成的经验法则，颗粒聚集降低颗粒生长过程中颗粒聚结的可能性，因为聚集势垒随着相互作用颗粒尺寸的增加而增加。

如果纳米粒子的生长从液相还原开始考虑，纳米颗粒的生长总共发生六个不同的顺序物理化学过程，依次为：离子还原、团簇形成、团簇合并、金属离子在双电层中的依附、金属离子在双电层中的还原、金属原子在粒子表面的生长。Turkevich 法用四个步骤来描述，如图 2-22 所示。首先是金属盐的还原，随后金属原子形成小团簇，再经历合并过程形成第一纳米粒子。结果金属离子作为辅离子在双电层的表面附近被还原，并生长到现有的纳米粒子上。生长机理的步骤①由第一个团簇的还原和形成组成，团簇的合并代表步骤②。金属离子的吸附、在双电层中的还原及金属原子在颗粒上的生长过程发生在步骤③和④。四步机制中的步骤①和②定义最终的尺寸分布，因为剩余的金属盐随后逐渐生长在现有的稳定的“种子”颗粒上。种子颗粒具有更高的多分散性，但是随后的种子生长过程（步骤③和④）导致多分散性指数从大约 50%降低到大约 10%。

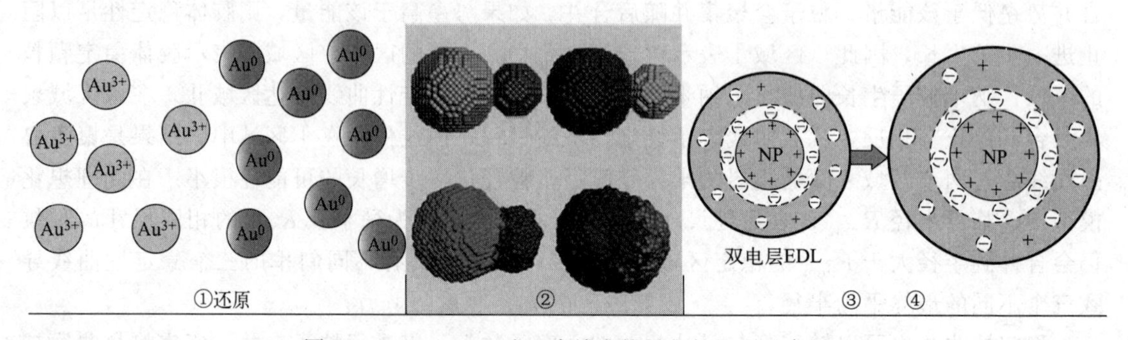

图 2-22 Turkevich 法四步纳米粒子生长机理示意图

2.4.2 Ostwald 熟化

晶体生长往往形成不同形貌及不同尺寸的产物。纳米晶形貌主要受两个因素影响：粒子的表面能和生长速率。如果粒子的表面能占主导地位，它们的形貌将尽可能使表面能最小化；如果动力学占主导地位，粒子的形貌则取决于不同晶面的不同生长速率。这两个因素往往导致产物尺寸不可控或者尺寸分布较宽，如 Pablo Guardia 等人利用热升温法得到尺寸分布较宽的氧化铁纳米颗粒[26]。在 LaMer 模型的第二阶段中，当晶核半径 r 小于临界半径 r_c 时，晶核表面能占主导地位，产生的晶核半径不均一，在液相中表现为竞争生长，而尺寸不一的晶核的溶解度不同，可通过 Gibbs-Thomson 相关公式表述[27,28]：

$$c_r = c_\infty \exp\left(\frac{2\gamma V_m}{R_B T} \times \frac{1}{r}\right) \approx c_\infty \left(1 + \frac{2\gamma V_m}{R_B T} \times \frac{1}{r}\right) \tag{2-45}$$

式中，c_∞ 为溶液中无限大半径颗粒平衡时的溶解浓度；c_r 为半径为 r 的颗粒的表面溶解度；γ 为沉淀颗粒与基质交界面的界面能；V_m 为颗粒的平均原子或分子体积；R_B 为气体常数；T 为溶液的热力学温度。

c_r 和溶液中的单体浓度 c_b 的不同证实小晶核的原子向大晶核的原子传输流量。这说明小晶核具有较高的溶解性及表面自由能，生长过程中小晶核会牺牲溶解，而较大的晶核将会继续生长。随着时间的延长，晶核的平均半径增大而晶核的数量减少，此过程被称为 Ostwald 熟化过程（OR）[28-31]。通过 Ostwald 熟化控制反应体系条件可以得到较多理想尺寸及形貌的产物。

以制备立方体 Ag 纳米晶为例来说明其形成机制。当 $AgNO_3$ 加入热的还原剂溶液中后，Ag^+ 和 Cl^- 快速反应成核，Ag^+ 同时被还原剂还原成核，形成较大的单晶，AgCl 将会在 Ag^+ 被消耗掉后被还原为 Ag 孪晶；由于反应体系同时存在 NO_3^- 和 Cl^-，单晶 Ag 纳米颗粒比 Ag 孪晶尺寸大，单晶 Ag 能较为稳定地存在，AgCl 被还原而得到的 Ag 孪晶经 Ostwald 熟化溶解释放出 Ag^+，然后 Ag^+ 立即被还原并聚集在单晶 Ag 颗粒表面，Ag 的各向异性生长最终导致纳米 Ag 立方体形成[32]。

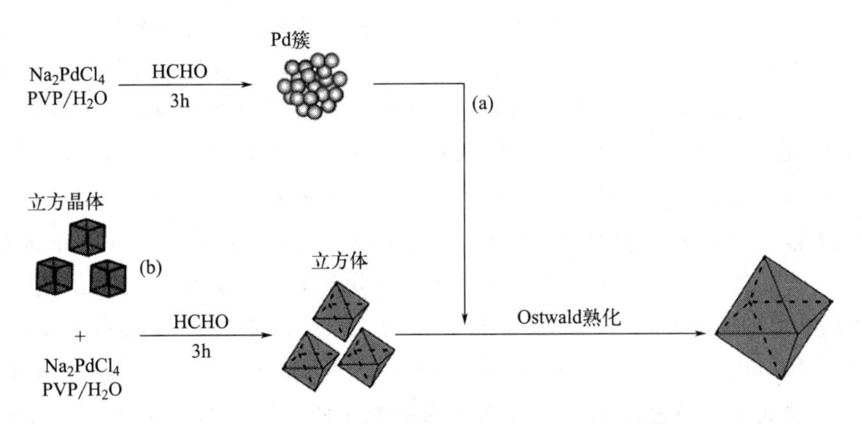

图 2-23 双峰形 Pd 胶体晶形成的两种途径[33]

Jin 等人利用氧化还原法诱导 Ostwald 熟化及加入晶种后经氧化还原诱导 Ostwald 熟化两种方法制得尺寸均一的单分散 Pd 正八面体，如图 2-23 所示[33]。途径（a）：HCHO 将

Pd^{2+}还原为Pd纳米晶牺牲体，一部分牺牲体被HCHO氧化为Pd^{2+}，然后Pd^{2+}又被还原成Pd沉积到剩余的牺牲体上，经过氧化还原反应诱导的Ostwald熟化得到尺寸分布较为均一的Pd八面体，在此过程中，Ostwald熟化涉及氧化、刻蚀及再生长。八面体晶种一经加入，HCHO将迅速氧化牺牲体Pd纳米晶，生成的Pd^{2+}从牺牲体上脱离，但HCHO又将游离的Pd^{2+}还原为Pd，还原得到的Pd沉积在八面体晶种上形成较大的八面体结构，此过程可通过反应体系的pH值及CH_3OH的浓度变化得以证实。途径（b）：Pd^{2+}前驱体被还原为Pd牺牲体后，加入Pd立方体晶种，Pd牺牲体在HCHO作用下被氧化为Pd^{2+}，随后再被还原为Pd纳米晶生长在Pd立方体晶种上，这使得最终产物的尺寸大于Pd立方体晶种，形成Pd八面体结构。通过控制反应物Na_2PdCl_4及晶种Pd的加入量，可制备出不同尺寸分布的Pd纳米晶。

在均相和非均相体系中，通过改变反应物浓度、反应时间、有机添加剂种类、晶种量及晶种尺寸，不同形貌及不同尺寸分布的单分散纳米晶材料可经过Ostwald熟化机制得到[34-36]。由于中空、核壳及多层核壳结构在电化学、催化、污水处理、医药科学等众多领域中表现出较优良的性能，中空结构的纳米粒子受到众多科研工作者的广泛关注[37-48]。目前，较多中空及核壳复杂结构通过Ostwald熟化机制获得，如TiO_2中空球、Cu_2O中空球、SiO_2中空球、ZnS核壳结构、Co_3O_4核壳结构等[42,49-58]。Ostwald熟化机制在合成中空结构过程中的4种情况如下：①中空结构球；②对称型Ostwald熟化得到均相核壳结构；③非对称型Ostwald熟化得到半中空核壳结构；④对称型Ostwald熟化得到多层核壳结构[49,51,53]。例如：ZnS核壳结构可由对称型Ostwald熟化过程获得，Co_3O_4核壳结构可由非对称型Ostwald熟化过程得到。因为晶体在球结构中的非均相分配，中空部分主要发生在晶体较小或较疏松的区域。通过控制反应搅拌速率等条件，可制得各种中心型和偏心型$(Cu_2O@)nCu_2O(n=1\sim4)$单层或多层核壳结构[59]。

在无有机物或表面活性剂的条件下，Zou等人用水热反应法制得了$SrHfO_3$中空立方体纳米壳结构[60]。充足的反应时间是形成中空壳结构的重要保证条件。在反应初期，可形成具有粗糙表面的规则立方体固体颗粒以及较多尺寸较小的颗粒；延长反应时间，可先后得到较规则的立方体颗粒、部分中空核壳结构立方体及表面较为光滑的$SrHfO_3$中空结构立方体。这一形成机制可描述为，由于较高的表面能，初期成核形成的纳米颗粒在范德瓦耳斯力下聚集生长，在此过程中表面自由能降低，固体产物聚集，小颗粒在聚集的大颗粒表面重结晶，大颗粒内部的小颗粒由于具有较高的溶解度而溶解，并向颗粒的表面扩散重结晶，大颗粒内部变为核壳或中空结构。此外，此机制同样适用于制备$BaZrO_3$、$SrZrO_3$中空立方体纳米壳结构，$SrZrO_3$的形成机理及$SrZrO_3$产物的TEM图如图2-24所示[61,62]。

Ostwald熟化导致较小的颗粒溶解而大颗粒生长，结果是粒子的尺寸分布越来越宽，但是这种溶解再生长的方式也可用来得到尺寸较小、分布均匀的晶体。稀土元素化合物六方晶系β-$NaREF_4$（RE代表Sm、Eu、Gd、Tb）经过Ostwald熟化形成尺寸分布较宽的产物，$NaLaF_4$分解为LaF_3。α相经Ostwald熟化出现两种可能的结果：一是尺寸分布较窄但产物尺寸较大；二是较小颗粒尺寸的稀土元素三氟化物REF_3[63]。这说明Ostwald熟化过程不仅可以在不同的颗粒或晶体间发生，同时也可以在同一个颗粒或晶体上发生。

成核过程和生长过程分离可在一定程度上控制晶体的尺寸及形貌特征。爆发性成核及Ostwald熟化均可以发生在成核阶段。爆发性成核处在成核区域Ⅱ，单体浓度降低，趋近最

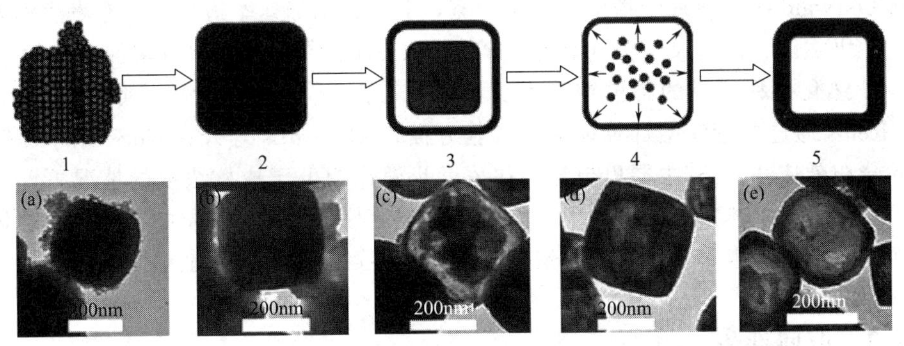

图 2-24 Ostwald 熟化过程中 $SrZrO_3$ 空心颗粒微观结构演变的示意图

（在 200℃下于 30mol/L KOH 溶液中制备不同生长阶段的 $SrZrO_3$ 样品）[62]

(a) 20min；(b) 1h；(c) 2h；(d) 3h；(e) 24h

小成核浓度 C_{min} 时，成核停止，晶核生长；此阶段成核时间非常短，并且进一步成核被抑制，得到小尺寸均匀分布的晶核，晶核互相融合生长也会生成单分散晶体颗粒；经过长时间的 Ostwald 熟化，单体浓度降低，临界半径将会增大，如式(2-46) 所示。一部分晶核半径 r 小于临界半径 r_c 时，发生小晶核溶解，尺寸减小，大晶核进一步长大，虽然在一定程度上最终可形成尺寸分布较均一的晶体，但是 Ostwald 熟化时间不易掌握，往往因小晶核的溶解、大晶核的生长导致最终产物尺寸分布较宽，尺寸统计会出现双峰分布情况[18]。

$$r_c = \frac{2\gamma V}{k_B T \ln\sigma} \tag{2-46}$$

式中，k_B 为玻尔兹曼常数；T 为体系工艺温度；γ 为表面能；σ 为溶液的过饱和度；V 为晶核摩尔体积[18,64]。在制备 Ag 纳米颗粒时，宗瑞隆等人发现当含 Ag^+ 的 Tollens 试剂滴加速率慢时，经过 Ostwald 熟化的 Ag 纳米颗粒尺寸不均匀[65]；滴加速率增加到合适程度，得到尺寸分布均一的 Ag 纳米胶体颗粒；当含 Ag^+ 的 Tollens 试剂滴加速率过快时，出现二次成核现象，使得产物尺寸不均一。但是在反应体系中加入表面活性剂或螯合剂后，Ag^+ 的稳定性提高，二次成核现象得到有效抑制。Ag 纳米颗粒的形成机制如图 2-25 所示。

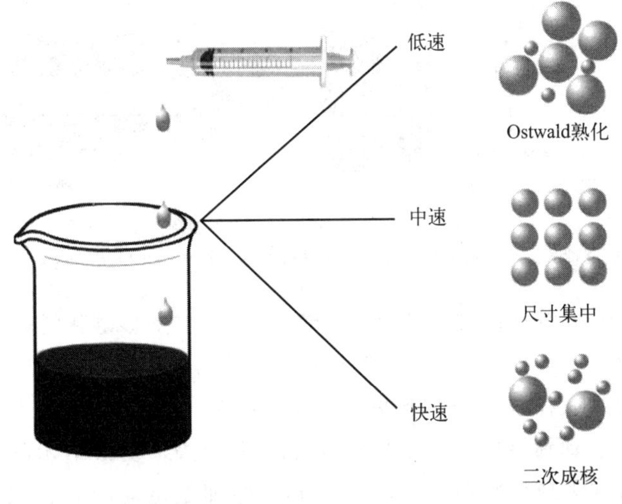

图 2-25 不同试剂添加速率下 Ag 纳米晶尺寸调控机制[65]

虽然Ostwald熟化导致产物尺寸分布变宽，但是在滴加速率适当且没有发生爆发性成核的实验中，仍然能够得到尺寸分布较窄的产物。LaMer课题组在单分散胶体的制备中提出与Ostwald熟化过程相反的扩散控制生长，位于LaMer模型曲线第3阶段，于1951年被Howard Reiss通过理论模型计算证实。实验方面，Alivisatos等人在CdSe纳米晶制备中证实了尺寸分布效应[66]。其主要思想为：在浓度足够高但低于成核浓度的情况下，生长速率取决于扩散过程，单体扩散速率是生长阶段的关键参数，由于扩散层的存在，大晶体生长速率慢，而小晶体生长速率快，即尺寸聚焦现象，最终可以得到单分散纳米晶体。

2.4.3 取向连生

经典结晶理论可以较好地解释溶解度较低的纳米晶成核生长过程，但往往不适于解释高饱和度溶液中纳米晶的生长过程。经典成核理论构建单元为原子、分子或离子，受自身表面自由能和晶格能的影响，此纳米晶会生长或溶解，最终生长出的纳米晶达到临界成核半径。在此阶段，当生成的晶核长大时，表面自由能降低而晶格能补偿其损失的表面自由能；与经典的依靠原子或分子沉积于固相表面的晶体生长方式不同，非经典结晶理论强调粒子可通过一些重排方式或介观转移方式与其他粒子聚集，并达到各向同性晶体可控生长，粒子聚集速率远大于原子或分子的沉积速率。待到纳米颗粒生长至稳定尺寸后，它们会优先与较小的、不稳定的晶核相结合，几乎不与其他稳定晶核相碰撞；若纳米晶表面被某些有机物包覆，它们可由介观连接方式形成有序/无序的介孔结构。晶体的聚集生长主要包括两种典型方式：①取向连生（OA）；②中尺度自组装[67-70]。其主要路径如图2-26所示。

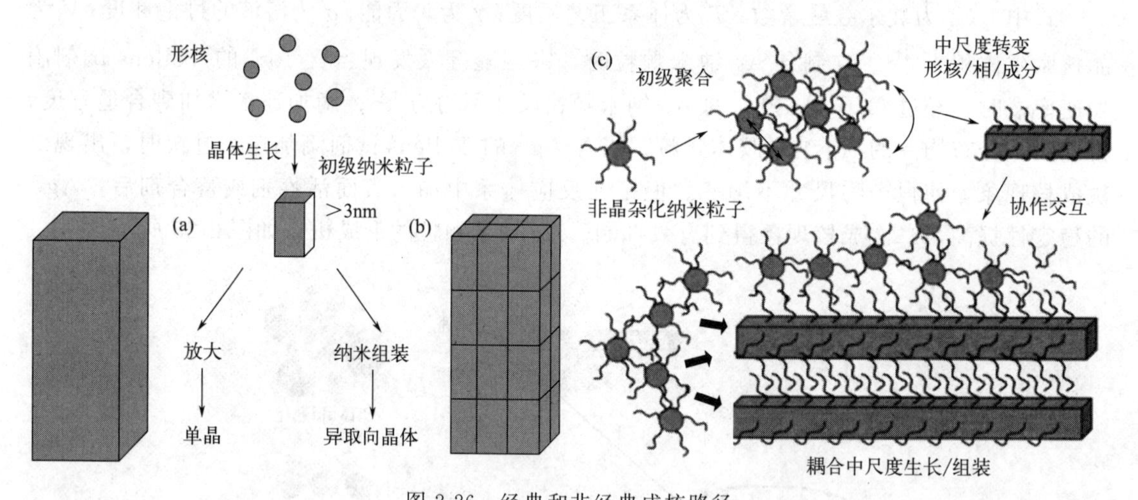

图2-26　经典和非经典成核路径

（a）经典成核理论；（b）OA融合形成各向同性晶体；（c）有机物覆盖纳米晶自组装[67]

取向连生由Banfield等在水热合成TiO_2时提出[71]。菱形链状锐钛矿TiO_2纳米晶有三组不同晶面族，分别是（001）、（121）和（101）。根据Donnay-Harker理论，（001）晶面的晶面能高于其余两组，在水热条件下快速生长，同时（001）晶面的生长抑制（101）晶面的生长，直至该晶面达到临界尺寸。于是随着热力学趋势，菱形纳米晶易于沿着（001）晶轴按照取向连生的方式形成链状纳米结构。取向连生即是定向附着、取向生长、定向连接、定向聚集的意思。不同于传统热力学及动力学生长模式，取向连生是以晶核尺寸量级的纳米晶作为生长基元、相同晶面间的连接生长模式。纳米晶具有大的比表面积及较高的比表面能，体系总能量高，受此影响，纳米晶具有沿着能量较高的面进行自发团聚的驱动力。因此，利用相同的晶体学定向和共面粒子的对接自组装聚集连接、旋转对接，纳米晶的表面积减小，表面能降低，最终体系总能量降低。此过程含粗化过程，直接导致缺陷形成和后续的交互生长[72-75]。取向连生不仅局限于零维纳米晶到一维纳米晶，不同类型的纳米结构颗粒均可以发生取向连生，并且取向连生和 Ostwald 熟化往往在一定条件下同时发生[76,77]。

在不同浓度的 CdS 量子点生长环境下，产物的形成机制和尺寸分布也是不同的[78]。当 CdS 量子点浓度为 0.1mmol/L 和 20mmol/L 时，产物分别经 Ostwald 熟化和取向连生表现出不同的荧光性能。其形成机制如图 2-27 所示，在低浓度时（阶段Ⅰ），CdS 快速沉积成核，造成较多晶格缺陷，引起较高的荧光强度，伴随着后续的 Ostwald 熟化生长，晶格缺陷被修补，荧光强度逐渐降低。阶段Ⅱ，CdS 晶体生长，尺寸增大，缺陷迅速降低，CdS 量子点结晶度的升高导致荧光强度又升高。在高浓度时，阶段Ⅰ′存在两个竞争过程：一是内部缺陷消除；二是取向连生过程引起连接缺陷，即连接位置出现的高浓度缺陷和晶格错位。缺陷消除速率远小于连接缺陷和晶格错位形成速率，所以荧光强度增强。阶段Ⅱ′，由于取向连生得到的缺陷在生长过程中逐渐消除，荧光强度降低。阶段Ⅲ′，纳米颗粒自我整合，结晶度升高，缺陷减少，荧光强度继续增强。

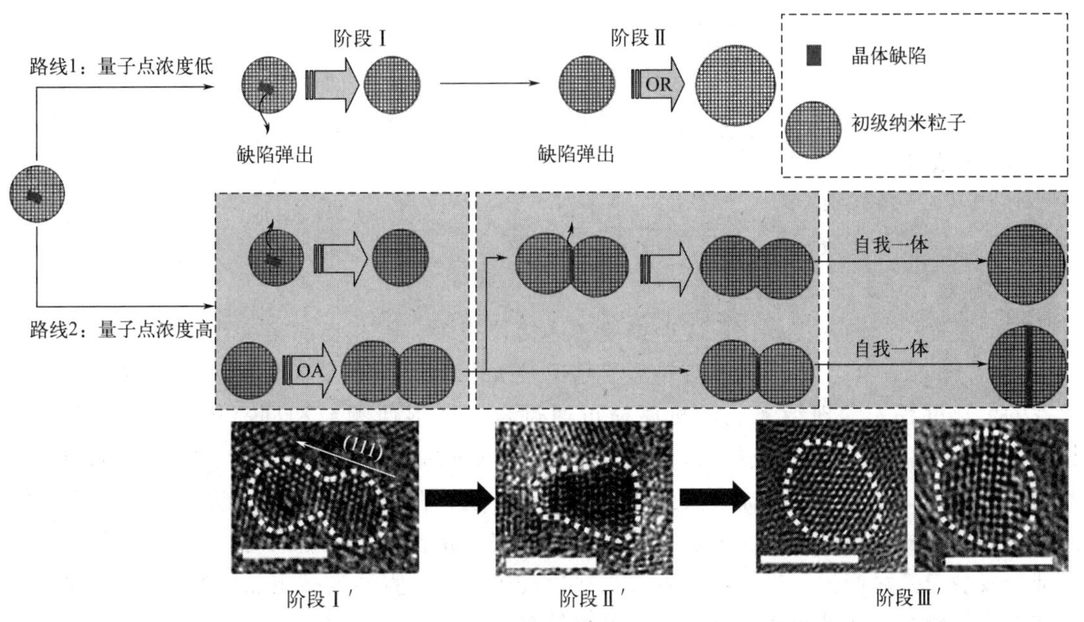

图 2-27 CdS 纳米晶生长过程中缺陷状态和形貌演化机制图

（OR 表示 Ostwald 熟化；OA 表示取向连生）[78]

取向连生通过以下两种方式进行：①均衡纳米晶在体系中连接；②错位连接的纳米晶旋转构建界面能低的单元实现碰撞连接。根据两种取向连生机制，Ribeiro 等提出均分散纳米晶碰撞属于稀溶液中颗粒做布朗运动，可用麦克斯韦-玻尔兹曼统计公式描述[79]。碰撞频率为：

$$z=\frac{\sqrt{2}\,\pi D^{2}\bar{\nu}N}{V} \tag{2-47}$$

式中，D 为颗粒半径；N 为颗粒总量；V 为体系体积。

黏性力为 $\mu\pi^2\bar{\nu}D^2$，μ 为液体黏度，稀溶液中其大小可忽略。则平均运动速率为：

$$\bar{\nu}=\sqrt{\frac{3k_BT}{m}} \tag{2-48}$$

然而，并非所有颗粒碰撞均为有效碰撞，只有碰撞在一起的颗粒具有相同的结晶方向才可发生有效碰撞。其反应速率可写为：

$$\nu=-\frac{1}{2}\times\frac{dc}{dt}=kc_A^2 \tag{2-49}$$

式中，c_A 为颗粒 A 的浓度；k 为反应速率常数。假设此反应为一步反应，则

$$c_A=\frac{c_0}{1+2kc_0t} \tag{2-50}$$

各步反应速率分别为：

$$\nu_1=k_1c^2 \tag{2-51}$$

$$\nu_1=k'_1c_{AA} \tag{2-52}$$

$$\nu_2=k_2c_{AA} \tag{2-53}$$

假设反应已经达到平衡态

$$\frac{dc_{AA}}{dt}=k_1c^2-k'_1c_{AA}-k_2c_{AA}=0 \tag{2-54}$$

$$c_{AA}=\frac{k_1c^2}{k'_1+k_2} \tag{2-55}$$

B 的形成速率

$$\frac{dc_B}{dt}=-\frac{1}{2}\times\frac{dc_A}{dt}\left(\frac{k_2k_1}{k'_1+k_2}\right)c_A^2=-\frac{1}{2}\times\frac{dc_A}{dt}k_Tc_A^2 \tag{2-56}$$

式中，$k_2k_1/(k'_1+k_2)=k_T$。

定向碰撞引起的连接要比颗粒碰撞旋转连接快很多，因此反应第一步占优势，即 $k_1\gg k_2$，则$k_T\approx k_2$，实验发现碰撞旋转连接情况较少出现。Li 等人通过原位 TEM 观察水合氧化铁的生长过程，发现纳米晶随机碰撞可通过自旋转促使颗粒相同晶体晶面定向附着生长[74,80]。水铁矿纳米颗粒成核后，由于单体的加入和颗粒的连接生长，纳米颗粒随机扩散和旋转，导致持续不断地碰撞，直到最终连接在一起。在最终连接在一起之前，邻近颗粒表面很多晶体生长方向的位置会发生碰撞接触，最终一部分以相同晶体学方向定向连接生长，一部分接触连接后产生晶格缺陷。颗粒连接后产生旋转，直到连接至晶体学方向很相近，最终连接生长融合，降低界面能量，减少晶格缺陷。

由取向连生得到二维结构往往比较复杂，并且二维结构的合成需要表面活性剂或一定的配体吸附在特定生长晶面上，通过此方法得到的纳米片有 CeO_2、Au、SnSe、ZnSe、$V_2O_5\cdot1.6H_2O$ 等[74]。通过控制反应条件，晶面的不同导致晶面以不同形式连接聚合，得到取向连生的 FeS_2 立方体和纳米片，如图 2-28 所示[81]。随着反应温度升高，FeS_2 由立方体转变为纳米片，可能是起初 FeS_2 纳米晶在较高温度下形成引起（110）晶面优先生长；当温度较低时，晶面生长受（100）控制，并且此晶面具有更低的表面自由能。

Ren 等人用金属锰和乙酸锰在碱性条件和氟化物存在下水热合成出有孔氧化锰六方纳米片，它是由纳米颗粒定向聚集组装而成的，具有不规则的介孔[82]。乙酸根离子在纳米颗粒

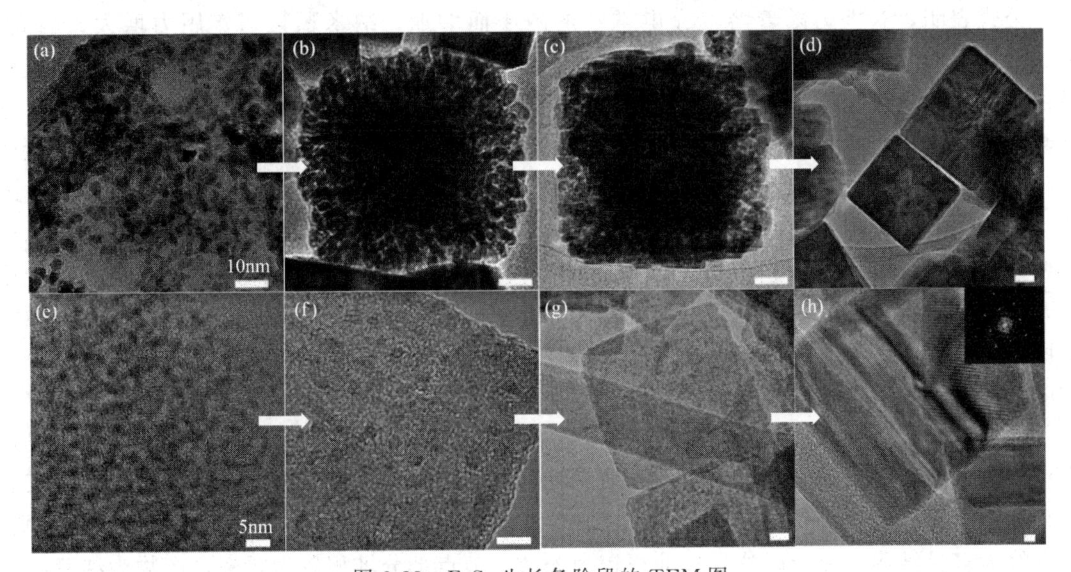

图 2-28 FeS_2 生长各阶段的 TEM 图

(a) 起始 FeS_2 纳米晶；(b) 纳米晶聚集；(c) FeS_2 取向连生；(d) FeS_2 立方单晶重结晶；

(e)～(h) FeS_2 薄片 OA-重结晶形成过程[81]

聚集过程中起了一定的作用，这些有机离子被吸附在带正电荷的初级纳米颗粒表面，与氟络合，稳定初级纳米颗粒，进而通过堆垛和侧面晶格融合的方式使纳米颗粒取向连生，导致较大的二次六方片状建筑体形成。定向聚集也是一个能量优化的过程。这些多孔纳米片经400℃和 700℃焙烧后分别得到 Mn_5O_8 和 α-Mn_2O_3 单晶六方片，内在的介孔孔径增大，同时介孔的动态调节使孔道由不规则蠕虫状转变成规则形状，即多面形甚至方形。

准一维纳米结构材料同样可以通过取向连生机制转变为二维纳米片结构，如钨青铜（K_xWO_3）纳米片就是由一维纳米线平行定向连接而成。然而，Bi_2S_3 纳米片的形成要先后经过取向连生及重结晶过程[83,84]。在低温下，$Bi(S_2CNEt_2)_3$ 在油胺中分解后形成具有较高表面能的无定形纳米颗粒。当纳米颗粒排列成行时，随着反应时间延长，取向连生和重结晶过程共同主导 Bi_2S_3 纳米棒的形成。此时的温度不足以使重结晶过程进行彻底，当反应温度升高至 220℃后，起初形成的具有不稳定边缘的 Bi_2S_3 纳米棒开始侧面连接和热力学重结晶，最终形成 Bi_2S_3 纳米片。

大量研究结果表明取向连生是从纳米颗粒得到各向异性纳米结构的一种模式，如 ZnO 纳米线、CeO_2 纳米线、CdTe 纳米棒、SnO_2 纳米棒、CdS 纳米棒等[85-89]。王训课题组通过一步溶剂热法使尺寸为 0.5～2.5nm 的 SnO_2 量子点通过取向连生得到直径为 1.5～4.5nm 的超细纳米线[90]。由量子点（QD）生成纳米线的演变过程包括 3 个基本步骤：①SnO_2 量子点的生成；②SnO_2 量子点的生长；③枝晶状超细纳米线的形成。

纳米晶核取向连生存在尺寸效应，所生成 SnO_2 量子点的原位取向连生动力来源于表面配体间的偶极-偶极相互作用，如下式所示[91]：

$$W_{\mu-\mu}(r, \theta', \phi)=\frac{\mu_i\mu_j\cos\theta'_j}{4\pi\varepsilon_0\varepsilon r_{ij}^3}\cos\theta'_i\theta'_j[2+2kr_{ij}+(kr_j)^2] \tag{2-57}$$

式中，r_{ij} 为两个颗粒间的距离；θ' 和 ϕ 为球坐标体系下的角坐标；ε_0 为真空介电常数；ε 为 2 个纳米颗粒间溶液层的有效介电常数；μ_i、μ_j 为纳米颗粒的偶极矩。

公式表明，偶极力随着溶剂介电常数的减小而增加，纳米颗粒间作用力增大。因此，SnO_2 纳米线可在介电常数较小的溶剂体系中得到，如乙醇、己醇和正丁醇。在这些反应体系中，颗粒间偶极吸引作用占据主导，SnO_2 量子点颗粒经过取向生长在一起。当溶剂介电常数较大时，如甲醇、乙二醇和甘油，只能得到纳米颗粒。这些 SnO_2 量子点组装的行为也受到它们表面性质的影响，若向反应体系中加入少量油胺和水，纳米颗粒的连接模式会被改变。颗粒间偶极作用力也和颗粒间的距离有关，当颗粒间的距离足够小时，颗粒间的引力增大使得颗粒可以取向连生，形成一维组装结构。当颗粒尺寸较大时，一维纳米线结构不会形成，说明纳米晶间的取向连生作用和颗粒尺寸有关。在 SnO_2 量子点取向连生过程中，颗粒间由偶极-偶极相互作用连接形成的纳米线间存在由晶格失配导致的缺陷，同时产生 3 种形式的连接方式，所得纳米线上多存在位错等缺陷结构。

在乙二醇溶剂热合成 CeO_2 的实验中，节状纳米线可一步合成[92]。CeO_2 节状纳米线的形貌明显不同于其他纳米线，它们的轴向尺寸分布不均匀，由茎和节点交替组成，长度可达几百纳米，平均直径为 10nm。同时，纳米线上会形成部分分支结构，类似网状交叉结构。纳米线为多晶结构，茎干部分晶粒堆积较为松散，节点部分堆积较为紧密，产物为纯萤石结构。CeO_2 节状纳米线由颗粒逐渐连接生长而成，不同反应时间所得的产物形貌如图 2-29 所示。反应初始阶段，Ce^{3+} 先水解，随后被氧化形成晶核；反应 1h 后，晶核进一步长大，形成直径约 3nm 的小晶粒，小晶粒团聚形成松散类似花状的团聚体；随后，团聚体互相靠近合并，几个团聚体组成短棒，最后连接成长为线，但是最初形成的线表面不光滑，结构也比较松散，连接团聚体的茎干部分不明显。反应时间延长可使纳米线结晶度提高，茎干结构更明显。

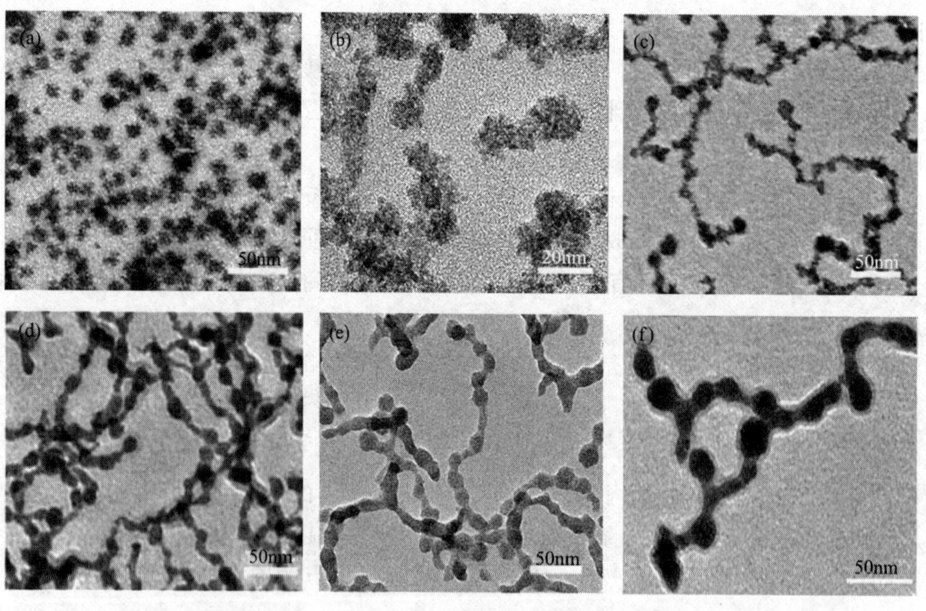

图 2-29　反应时间对 CeO_2 纳米线的影响[92]

(a) 1h；(b) 2h；(c) 4h；(d) 8h；(e) 16h；(f) 72h

以上结构表明纳米线形成经过成核—定向连接—晶化生长过程。整个过程可粗略地分为 2 个阶段：①反应初始 2h，CeO_2 小晶粒形成，同时组装成 10nm 直径的松散的颗粒聚集体；②反应 2h 后，团聚体定向连接成短棒，进一步连接形成纳米线。反应时间延长至 3d 后，线结构表观上光滑度提高，结晶度提高，节点和茎干连接分界更模糊，纳米线仍然保持多晶结构。这种现象在由零维经定向连接生长为一维结构合成中非常普遍，如 Au、CdSe、CdTe、PbSe 纳米线等[93-96]。

2.4.4 取向生长和 Ostwald 熟化协同作用

在不同的条件下，取向生长和 Ostwald 熟化可能同时出现在同一个反应中，并共同控制产物的最终形成。受反应条件的影响，控制产物形貌的两种机制存在先后顺序。Zhu 等利用水热法合成一维 $MgBO_2$（OH）纳米晶须，在不同的反应温度、反应时间条件下控制 $MgBO_2$(OH) 纳米晶须整个取向生长过程大致可分为三个阶段，一维取向生长的结构与形貌如图 2-30 所示[97]。

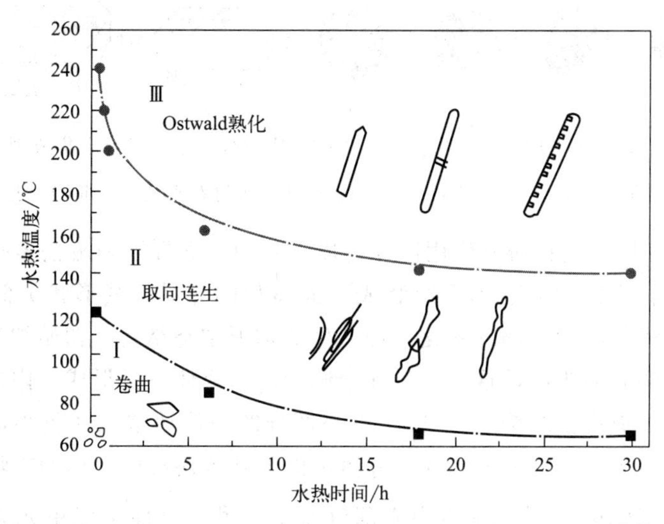

图 2-30 一维 $MgBO_2$(OH) 纳米晶须的水热取向生长机制[97]

第Ⅰ阶段，从无定形态、无规则形貌的 $Mg_7B_4O_{13}\cdot 7H_2O$ 粒子到具有一维雏形的纳米 $MgBO_2$(OH) 的卷曲机制为主导的生长阶段，对应于图中的Ⅰ区。在该阶段，无规则形貌的 $Mg_7B_4O_{13}\cdot 7H_2O$ 粒子随体系温度升高局部溶解，进而转变为无规则片状 $Mg_7B_4O_{13}\cdot 7H_2O$；随着温度继续升高，片状 $Mg_7B_4O_{13}\cdot 7H_2O$ 开始发生局部卷曲，同时发生物相转变，具有一维形貌雏形、表面弯曲的 $MgBO_2$(OH) 形成。在物相转变期间，$MgBO_2$(OH) 本征结构具有的链状结构单元对于 $MgBO_2$(OH) 的初期取向成核、生长起关键作用。

第Ⅱ阶段，从具有一维雏形的纳米 $MgBO_2$(OH) 到表面凹凸、藕节状一维纳米 $MgBO_2$(OH) 的取向连生机制为主导的生长阶段，对应于图中的Ⅱ区。在该阶段，具有一维雏形的纳米 $MgBO_2$(OH) 随温度升高、反应时间延长开始产生端部搭接、侧面聚并生长，表面凹凸不平的藕节状纳米 $MgBO_2$(OH) 及中部稍宽两端稍尖的纳米叶状 $MgBO_2$(OH) 形成。

第Ⅲ阶段，从藕节状一维纳米 $MgBO_2$(OH) 到表面光滑、形貌均一、长径比和结晶度较高的一维纳米 $MgBO_2$(OH) 的 Ostwald 熟化机制为主导的生长阶段，对应于图中的Ⅲ区。在该阶段，取向生长会导致沿纳米晶须轴向、径向产生较多等厚条纹。纳米晶须的端部形貌规整，呈现出生长完备棱角分明的晶面，直径沿轴向分布均一。

经过 8h 和 14h 的水热反应，六方晶系 EuF_3 中空亚微米球和单晶六边形 EuF_3 微盘形成，水热反应时间是控制产物形貌的重要因素[98]。不经过加热处理得到颗粒状产物，水热 2h 后得到尺寸为 250～360nm 的实心球状聚集体，6h 后得到尺寸为 250～320nm 的中空球，反应陈化 9h 发现一部分 EuF_3 中空球开始转化为六边形微盘状 EuF_3，反应时间延长至 12h，产物为中空球和六边形微盘的混合物，14h 后所得产物均为微盘状。根据实验结果该课题组提出其反应机理如图 2-31 所示。起初形成的纳米颗粒聚集成球状 EuF_3，聚集成的球形产物不稳定，通过 Ostwald 熟化使得球内部颗粒重新分配到球的外侧得到亚微米中空球，随着反应进行，亚微米球的纳米晶围绕一些核通过取向生长聚并生长，临近纳米晶融合进核部分形成较大的单晶六边形盘状产物，然后继续吸引纳米晶将其融合，直至微球产物被消耗掉，最终形成六边形微盘。

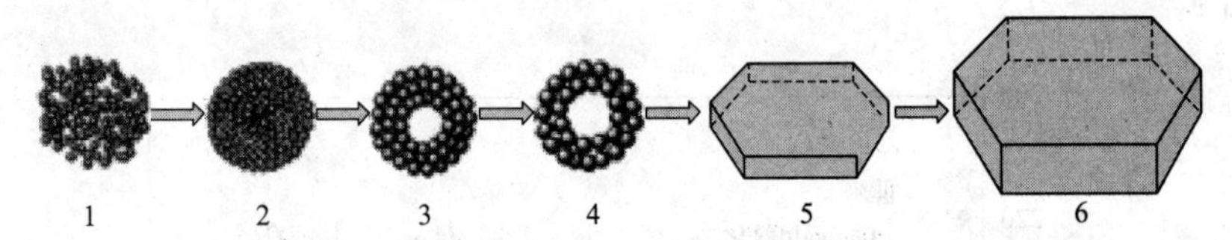

图 2-31　EuF_3 空心亚微米球和六边形微盘晶体的形成过程：纳米微晶聚集成固态球（1 和 2）；通过 Ostwald 熟化（3 和 4）创建空心内部，并通过定向附着机制（5 和 6）构造微盘晶体[98]

Ostwald 熟化和取向生长协同作用同样可以得到中空立方体和疏松多孔材料。在取向生长过程中，初始小颗粒作为构建单元组装成较大体积的介晶，其形状类似于初始晶体的形貌，此取向生长过程伴随 Ostwald 熟化，便产生非球形中空结构。初始纳米晶体通过取向生长过程形成非球形实心前驱体，这些具有几个侧面的前驱体一旦形成，内部晶体 Ostwald 熟化就会发生，导致生成中空结构[53]。位于中心部分的晶体通常尺寸较小，堆积密度低，在较低水含量的溶剂热条件下合成 Cu_2O 立方体可以得到疏松有序聚集的产物，但是反应时间较长[57]。一方面，Ostwald 熟化使得中心部分变空；另一方面构建单元完美地连接可能使介晶不留空间，促使形成中空结构。纳米粒子在晶体生长动力学上呈现不稳定性，要最终形成稳定的纳米晶体，须通过一些手段促使反应向稳定态过渡，包括添加有机保护试剂，如有机配体及无机封堵材料，或将之置于惰性环境中，如无机基体或聚合物中。当纳米粒子与这些封堵基团或溶剂之间的相互作用力足以提供抵消范德瓦耳斯力或磁性能量势垒时，这些纳米晶可以稳定地分散。当然，不同的溶剂控制纳米晶溶解度及反应速率的作用力有所不同。

水在 Ostwald 熟化之后的重结晶过程中起着至关重要的作用。Yang 等人利用溶剂热法以 PEG 200 为溶剂制备出疏松有序的中空 $CaTiO_3$ 立方体，形成机理如图 2-32 所示[99]。当用有机溶剂时，PEG 200 覆盖纳米晶体表面，准立方体构建单元掩蔽掉其不同晶面活化能差异，内部晶面（110）、$(1\bar{1}0)$、（001）随机聚集，$CaTiO_3$ 立方体自中心部分向外侧逐渐聚集。由于 Ostwald 熟化，立方体中心部分的小颗粒逐渐消失，PEG 200 的存在导致大颗粒生长缓慢而呈现出疏松状态，如图 2-32(a) 所示。当水体积分数为 1.25%时，颗粒聚集后发生重结晶，形成致密的壳结构，但重结晶过程不能顺利进行，如图 2-32(b) 所示。当水体积分数为 5.0%时，$CaTiO_3$ 立方体重结晶后形成单晶壳层，如图 2-32(c) 所示。这种取向生长和 Ostwald 熟化结合的机制在很多非球形无机材料合成中均得到解释，如用相似的方法合成出的 ZnO、NiO、$CoFe_2O_4$、$SrZrO_3$ 等非球形中空结构[100-103]。

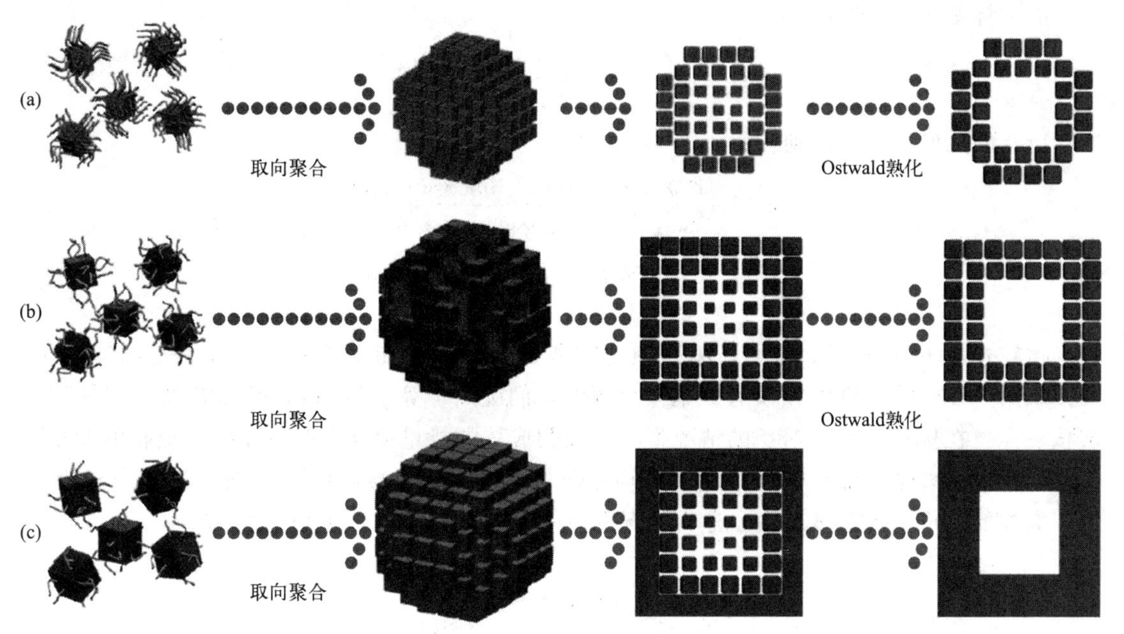

图 2-32 $CaTiO_3$ 立方体形成机制：(a) 无水体系；(b) 1.25%（体积分数）含水体系；(c) 5%（体积分数）含水体系[99]

2.5 非均相生长

2.5.1 非均相成核基础

新相在另一种材料表面形成，这一过程被称为非均相成核。假设气相的生长物质撞击基体表面，这些生长物质的扩散和聚集会形成帽子状的晶核，如图 2-33 所示。类似于均相成核过程，存在吉布斯自由能的减少和表面能或界面能的增加。形成新核的总化学能的变化 ΔG 为

$$\Delta G = a_3 r^3 \Delta\mu_V + a_1 r^2 \gamma_{vf} + a_2 r^2 \gamma_{fs} - a_2 r^2 \gamma_{sv} \tag{2-58}$$

式中，r 是晶核的平均尺寸；$\Delta\mu_V$ 是单位体积吉布斯自由能的变化；γ_{vf}、γ_{fs} 和 γ_{sv} 分别是气相-晶核、晶核-基体、基体-气相界面的表面能或界面能，各自的几何常数如下：

$$a_1 = 2\pi(1 - \cos\theta) \tag{2-59}$$

$$a_2 = \pi\sin^2\theta \tag{2-60}$$

$$a_3 = 3\pi(2 - 3\cos\theta) + \cos^2\theta \tag{2-61}$$

式中，θ 是接触角，仅仅依赖于涉及的表面或界面的表面性能，由杨氏（Young）方程定义：

$$\gamma_{sv} = \gamma_{fs} + \gamma_{vf}\cos\theta \tag{2-62}$$

类似于均相成核，新相的形成导致体积自由能减小，但是总的表面能增加了。当晶核的尺寸大于临界尺寸 r^* 时，晶核稳定存在：

$$r^* = \frac{-2(a_1\gamma_{vf} + a_2\gamma_{fs} - a_2\gamma_{sv})}{3a_3\Delta G_V} \tag{2-63}$$

临界能量势垒 ΔG^* 为

$$\Delta G^* = \frac{4(a_1\gamma_{vf} + a_2\gamma_{fs} - a_2\gamma_{sv})^3}{27a_3^2\Delta G_V} \tag{2-64}$$

取代所有的几何常数，得到：

$$r^* = \frac{2\pi\gamma_{vf}}{\Delta G_V}\left(\frac{\sin^2\theta\cos\theta + 2\cos\theta - 2}{2 - 3\cos\theta + \cos^3\theta}\right) \tag{2-65}$$

$$\Delta G^* = \frac{16\pi\gamma_{vf}}{3(\Delta G_V)^2} \times \frac{2 - 3\cos\theta + \cos^3\theta}{4} \tag{2-66}$$

比较式(2-66) 和式(2-30)，第一项是均相成核的临界能量势垒，第二项是润湿因子。当接触角为 180°时，即新相没有在基体上润湿，润湿因子等于 1，临界能量势垒变得和均相成核一样。在接触角小于 180°的情况下，非均相成核的能量势垒总是小于均相成核的能量势垒，这也说明多数情况下非均相成核比均相成核更容易。当接触角为 0°时，润湿因子为 0，对于新相的形成没有能量势垒。这种情况的一个例子是在基体上沉积相同的材料。

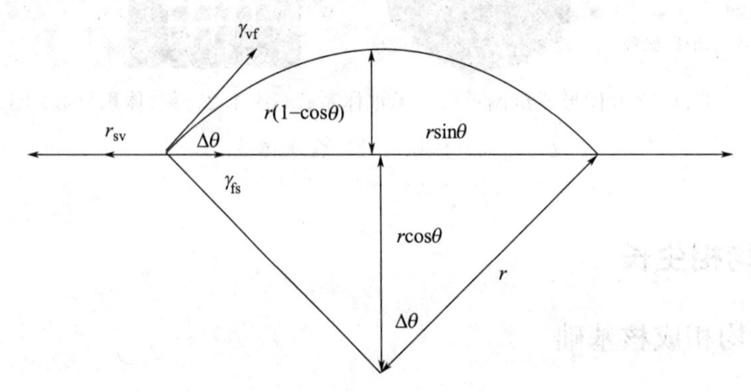

图 2-33 非均相成核构成示意图（全部相关的表面能处于平衡）

对于在基体上合成纳米粒子或量子点，当要求 $\theta > 0°$时，杨氏方程变为

$$\gamma_{sv} < \gamma_{fs} + \gamma_{vf} \tag{2-67}$$

根据非均相的生长机制，沉积原子的不同聚集形成各种构型，这种非均相成核称为孤岛生长。当沉积温度高到沉积原子可以容易地在基板表面上扩散时，这些各种构造趋于形成逐层结构，这种二维（2D）逐层生长模式导致沉积原子和基板之间具有最大数量的键。然而，非均相外延的生长模式变得更加复杂。这种非均相有三种生长模式，依次是岛状生长（VM）、逐层生长（FM）及逐层-岛状生长，生长模型如图 2-34 所示。

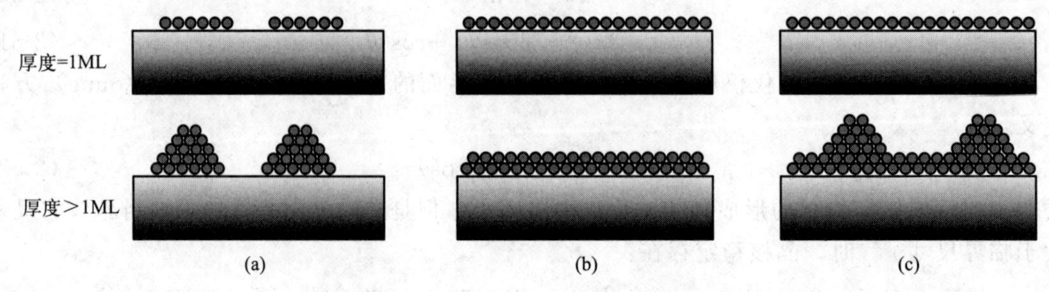

图 2-34 非均相外延生长中三种生长模式的示意图（ML 表示单层）

(a) 岛状生长；(b) 逐层生长；(c) 逐层-岛状生长

表面缺陷是关键的成核中心，有许多方法可以产生[104]。在高定向裂解石墨（HOPG）衬底上蒸发金、银，往往趋于形成小粒子，金属纳米粒子的形态与表面缺陷密切相关[104,105]。当基底的表面边缘成为唯一的缺陷时，台阶边缘的高能态使其成为优先成核的位置，粒子只在这些边缘处聚集。但有其他缺陷如孔洞存在时，纳米粒子被分散在所有的基底表面上[105]。通过析氢电化学沉积方法，直径介于20～600nm的镍纳米颗粒在HOPG衬底上形成[106]。此合成体系所使用的化学药品是$Ni(NO_3)_2 \cdot 6H_2O$、NH_4Cl、NaCl和NH_4OH，水溶液的pH值保持在8.3。

2.5.2 气固生长

气固生长是一个由吉布斯自由能或化学势减小驱动的过程，而吉布斯自由能的减小通常由相变、化学反应或应力释放来实现，也称为自发生长。纳米线或纳米棒的形成，要求各向异性生长，例如，沿着某一方向的晶体生长快于其他方向的生长。各向异性生长存在若干机制，例如：①晶体中的不同晶面有不同的生长速率，例如，在具有金刚石结构的Si中，(111)晶面的生长速率小于(110)晶面的生长速率；②在特定晶向上存在如螺形位错类的缺陷；③在特定晶面上存在由于杂质所引起的优先聚集或中毒。自发生长的纳米线和纳米棒的驱动力是由再结晶或过饱和度减小所引起的吉布斯自由能减小，产物是有很少缺陷的单晶。均匀尺寸的纳米线沿其轴向具有相同的直径，这种纳米线可通过晶体沿着某一方向生长的方式获得。在自发生长过程中，对于特定的材料和生长条件，生长表面上的缺陷和杂质对最终产物的形貌起到非常重要的作用。

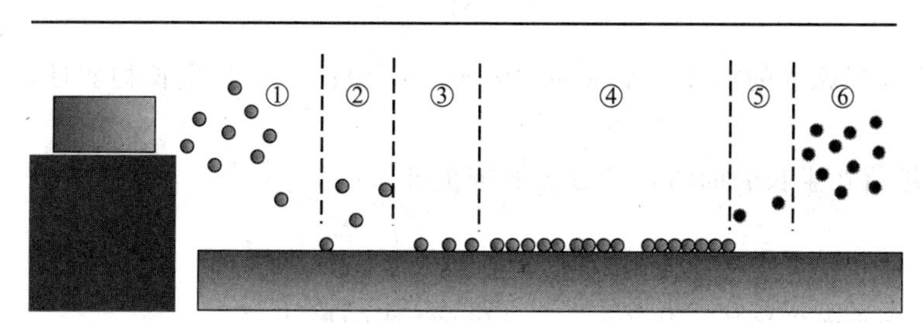

图2-35 典型的晶体生长过程示意图

（①气化；②吸附/脱附；③扩散；④生长；⑤副产物脱附；⑥副产物扩散）

晶体生长是非均相的反应，典型的生长过程按照6个顺序步骤进行，如图2-35所示。这些步骤依次为：①生长物质从块体状态气化并向生长表面的扩散，一般认为这个过程足够快，不是速率限制过程；②生长物质在生长表面上的吸附和脱附，如果生长物质的过饱和度或浓度较低，这个过程可以是速率限制过程；③吸附生长物质的表面扩散，在表面扩散过程中，吸附物质既可以与生长点结合，也可以逃离表面；④吸附的生长物质与晶体结构不可逆结合产生表面生长，当生长物质存在足够高的过饱和度或浓度时，这一过程将成为速率限制过程，并决定生长速率；⑤如果在生长过程中有化学副产物产生，副产物将从生长表面上脱附，这样可以使生长物质吸附到表面，生长过程将持续进行；⑥化学副产物通过扩散离开表面，为继续生长腾出位置。

大多数晶体生长的速率限制步骤既可以是生长表面的吸附/脱附过程，也可以是表面生长过程。当步骤②成为速率限制步骤时，生长速率由冷凝速率$J[\mathrm{atoms}/(\mathrm{cm}^2 \cdot \mathrm{s})]$所决定，依赖于吸附到生长表面的生长物质的量，与气态中生长物质的蒸气压或浓度成正比：

$$J=\alpha\sigma P_0(2\pi mkT)^{-\frac{1}{2}} \tag{2-68}$$

式中，α 为调节系数；$\sigma=(P-P_0)/P_0$，为气态生长物质的过饱和度；P_0 是温度为 T 时晶体的饱和蒸气压；m 是生长物质的原子质量；k 是玻耳兹曼（Boltzmann）常数。α 是提供于生长表面的不断碰撞的生长物质分数，代表比表面性质。与低 α 的表面作比较，具有高调节系数的表面有高生长速率。不同晶面的调节系数具有显著差异，并导致各向异性生长。当生长物质的浓度很低时，吸附更可能成为速率控制步骤。对于一个给定的体系，生长速率随着生长物质浓度的增加而线性增加，提高生长物质的浓度将导致从吸附限制到表面生长限制过程的转变。当表面生长成为速率限制步骤时，生长速率将不依赖于生长物质的浓度，如图 2-36 所示。气相生长物质的高浓度或高蒸气压将提高缺陷形成的概率，如杂质和层错。此外，高浓度可能导致在生长表面二次形核，甚至均匀成核，这将有效终止外延或单晶生长。

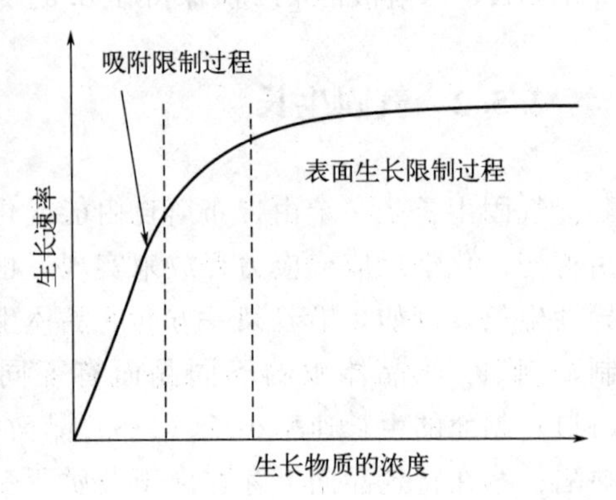

图 2-36　生长速率与反应物浓度之间的关系

在生长表面上，相互碰撞的生长物质可以用其停留时间 τ 和/或迁移到气相的扩散距离来描述。表面上生长物质的停留时间 τ_s 可用如下公式描述：

$$\tau_s=\frac{1}{v}\exp\left(\frac{E_{des}}{kT}\right) \tag{2-69}$$

式中，v 是吸附原子的振动频率（通常为 $10^{12}s^{-1}$）；E_{des} 为生长物质迁移到气相中所需的能量。

生长物质停留在生长表面时，沿着表面按扩散系数 D_s 扩散：

$$D_s=\frac{1}{2}a_0{}^2v\exp\left(\frac{-E_s}{kT}\right) \tag{2-70}$$

式中，E_s 为表面扩散的活化能；a_0 为生长物质的尺寸。

因此，生长物质从其进入位置开始的平均扩散距离 X 为

$$X=\sqrt{2D_s\tau_s}=a_0\exp\left(\frac{E_{des}-E_s}{2kT}\right) \tag{2-71}$$

显然，如果在晶体表面上平均扩散距离远大于两个生长点之间的距离，如台阶或扭折，则吸附的所有生长物质将进入晶体结构中，调节系数为 1；如果平均扩散距离远小于生长点之间的距离，则吸附的所有生长物质将逃离到气相中，调节系数将为零。调节系数取决于脱附能量、表面扩散的活化能和生长点的密度。当步骤②进行得足够快时，表面生长即步骤④将成为速率限制过程。晶体中不同的晶面具有不同的表面能。给定晶体的不同晶面具有不同的原子密度，不同晶面上的原子具有不同的未饱和键数量（也称为断裂键或悬挂键），从而导致不同的表面能。这种表面能或断裂化学键数量的差异，导致不同的生长机制和变化的生长速率。按照 Hartman 和 Perdok 发展的周期键链（PBC）理论，所有晶面可以划分为三类：平面、台阶面和扭折面。断裂周期键链数量可以简单地理解为给定晶面上每个原子的断裂键的数量。首先回顾平面的生长机制。

平面晶体生长的经典理论也被称为 KSV 理论，其生长模型如图 2-37 所示。模型的基本假定是晶面不光滑或不连续，而这种不连续性是晶体生长的原因。把简单立方晶体的（100）面中每个原子都看作一个立方体，每个原子的配位数为 6。当一个原子吸附到表面，并随机扩散到能量较大的位置时，将不可逆地进入晶体结构，导致表面生长，即图 2-37(a）中的 1 场址。但它也能离开表面，回到气相中。在平面上，吸附原子可能遇到不同能量水平的不同位置，且只有能量最大的位置能吸附沉积原子。吸附到台阶上的原子将会与表面形成化学键，这种原子称为吸附原子，且处于热力学不稳定状态。如果一个吸附原子扩散到棱角位置，它将形成两个化学键并且变得稳定，如图 2-37(a）中的 2 场址。若原子进入棱角-扭折位置，将形成三个化学键，即图 2-37(a）中的 3 场址。若原子进入扭折处，则形成四个化学键。棱角、棱角-扭折和扭折位置都视为生长位置，与这些位置结合的原子成为不可逆原子并导致表面的生长。平面生长取决于这些台阶的增加。对于给定的晶面和生长条件，生长速率将取决于台阶密度。不一致的取向将导致台阶密度的增加，从而导致较高的生长速率。在吸附原子迁移到气相之前，台阶密度的提高可减小碰撞位置和生长位置之间的表面扩散距离，进而有利于吸附原子的不可逆结合。

这一生长机制的局限性是当所有可利用的位置耗尽时，生长即停止。Burton、Cabrera、Frank 等人提出螺形位错可作为一个连续源产生生长位置，使台阶生长得以持续进行，邻苯二甲酸氢钾在（010）面由螺形位错诱导的螺旋生长 AFM 形貌图如图 2-37(b）所示。晶体按照螺线进行生长，这种晶体生长机制现在称为 BCF 理论。螺形位错的存在不仅可确保生长表面的连续增加，而且还提高了生长速率。在给定条件下，给定晶面的生长速率随着平行于生长方向的螺形位错密度的增加而提高。不同的晶面有不同的容纳位错能力。在某些晶面上位错的存在能够导致各向异性生长，从而形成纳米线或纳米棒。

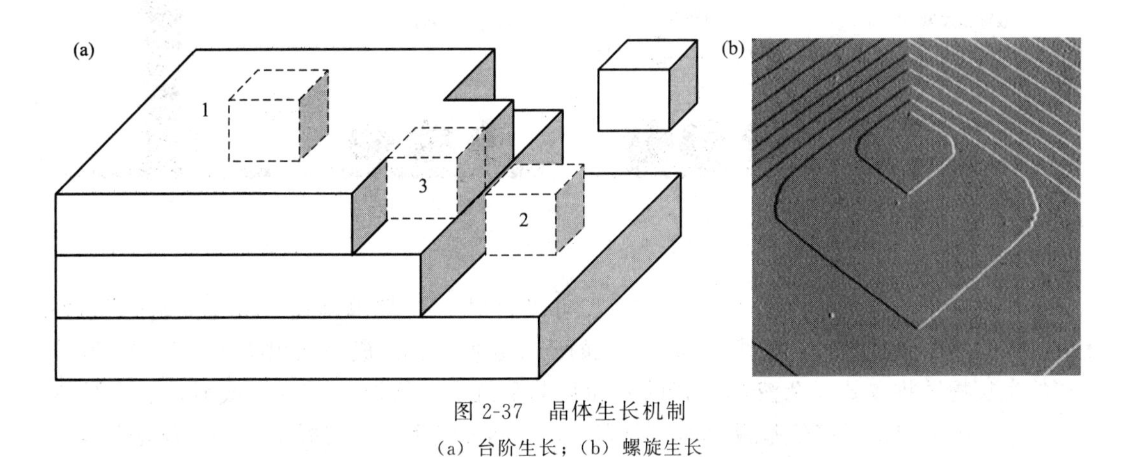

图 2-37　晶体生长机制

(a）台阶生长；(b）螺旋生长

然而，快速生长的晶面最后会消失，也就是具有高表面能的表面会消失。在热力学平衡晶体中，只有那些有低表面能的表面可能被保留下来，正如伍尔夫图所确定的。完全基于各个晶面不同生长速率而形成的高纵横比纳米线或纳米棒往往限于那些具有特殊晶体结构的材料。要想纳米线或纳米棒沿着轴向连续生长，其他机制也非常必要，如缺陷诱导生长和杂质抑制生长。理想的情况是浓度高于生长表面的平衡浓度，但等于或低于其他非生长表面的浓度。低过饱和度对于各向异性生长是必要的，而适中饱和度有利于块状晶的生长，高饱和度导致二次成核或均匀成核，最终形成多晶或粉末。

2.5.3 气相-液相-固相生长

在气相-液相-固相（VLS）生长中，通常称为杂质或催化剂的第二相材料被有目的地引入，以引导和限制在特定方向上或限定区域内的晶体生长。在生长过程中，催化剂形成液滴或与生长材料合金化来捕捉生长物质。生长物质在催化剂液滴表面富集、沉淀，最终导致一维生长。Wagner 等首次提出 VLS 理论来解释无法用蒸发-冷凝理论解释的实验结果和观察到的硅纳米线或晶须的生长。这些现象包括：①沿生长方向没有螺形位错或其他缺陷；②相对于其他低指数方向如硅＜110＞方向，＜111＞方向是生长最慢的方向；③杂质总是必不可少；④在纳米线末端总是发现液体状小球体。

Wagner 总结的 VLS 生长的必要条件仍然有效。这些合成条件有：①催化剂或杂质与晶体材料必须形成液体溶液，这是在沉积温度下生长的首先要条件；②催化剂或杂质的分配系数必须小于 1；③小液滴上的催化剂或杂质的平衡蒸气压必须非常小，否则催化剂的蒸发会使液滴的总体积减小，如果所有催化剂被蒸发掉，纳米线的直径将减小，生长最终停止；④催化剂或杂质必须是化学惰性，绝不能与化学物质反应在生长室中形成副产物；⑤界面能发挥非常重要的作用，润湿特性影响生长的纳米线直径，对于给定量的液滴，小润湿角导致大的生长面积，产生大直径纳米线；⑥对于化合物纳米线的生长，其中的一个组元可以作为催化剂；⑦对于控制单向生长，固-液界面必须有明确晶体学限定，其中最简单的一种方法是选择一个有理想晶体取向的单晶基板。

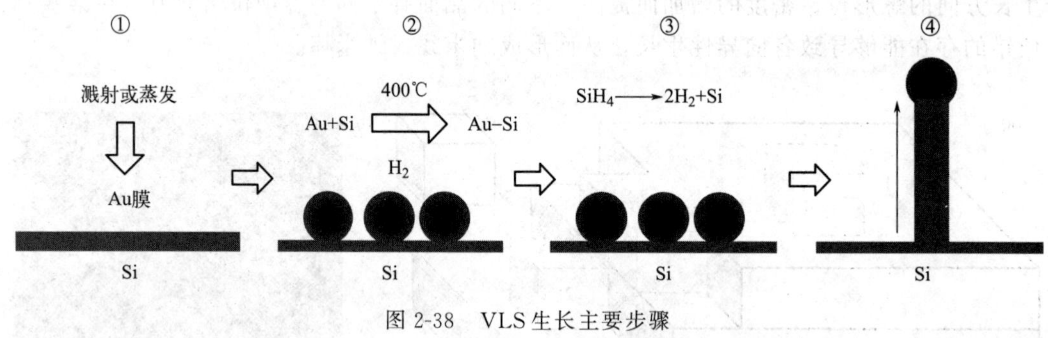

图 2-38　VLS 生长主要步骤

金作为催化剂的硅纳米线 VLS 生长过程可以用图 2-38 简单描述。首先蒸发生长物质，然后扩散和溶解到液滴中。液体表面具有大的调节系数，因此成为沉积的优先位置。液滴里饱和的生长物质将在基板和液体之间的界面扩散和沉淀。沉淀过程首先成核，然后晶体生长。连续的沉淀或生长将使基板和液滴分离，导致纳米线生长。实验分四步：首先在硅基底上溅射一层金薄层，高温下退火（温度高于硅-金共晶温度 385℃），这一温度通常与生长温度相同。在退火过程中，硅和金反应形成液态混合物，并在硅基体表面形成液滴。在生长过程中，在生长温度下达到由二元相图所确定的平衡成分。当硅物质蒸发出来在液滴表面优先冷凝时，液滴中的硅将变成过饱和。随后，过饱和的硅从液-气界面开始扩散，并在固-液界面处沉淀，导致硅的生长。生长将沿着垂直于固-液界面的方向单向进行。一旦生长物质吸附到液态表面，它会溶解到液态中。液态中的材料传输是扩散控制过程，并在实际等温条件下发生。在液滴和生长表面之间的界面处，晶体生长的过程基本上和切克劳斯基晶体生长一样。

晶体缺陷并不是VLS生长必需的，然而界面处的缺陷可以促进生长，降低所需的过饱和度。利用VLS法生长出的纳米线不受基体材料和催化剂类型的限制。纳米线可以是单晶、多晶或非晶，取决于基体和生长条件。生长物质在液滴表面的优先吸附是可以理解的。对于理想或有缺陷的晶体结构，碰撞的生长物质将会沿表面扩散。在扩散过程中，生长物质可能会不可逆地进入生长位置（台阶、台阶-扭折或扭折）。在给定的停留时间内，如果生长物质没有遇到优先生长位置，生长物质将返回气相中。液体表面与理想或有缺陷的晶体表面截然不同，可以看作是一个粗糙表面。粗糙表面完全由台阶、台阶-扭折或扭折点所组成，整个表面上的每一个位置都能捕获碰撞的生长物质，调节系数为1。因此，通过VLS法生长的纳米线或纳米棒的生长速率明显高于没有液态催化剂时的生长速率。Wagner和Ellis报道利用液体Pt-Si合金合成的硅纳米线的生长速率比900℃下直接在硅基体上生长的纳米线快60多倍。除了起到生长物质的捕集作用外，催化剂或杂质与生长物质形成的液滴在异质反应或沉积过程中还有可能起到催化剂的作用。

在给定条件下平衡蒸气压或溶解度依赖于表面能和率半径（或表面曲率），满足Kelvin方程：

$$\ln\left(\frac{P}{P_0}\right)=-\frac{2\gamma\Omega}{kTr} \tag{2-72}$$

式中，P为曲面的蒸气压；P_0为平面的蒸气压；γ是表面能；Ω是原子体积；r是表面半径；k是Boltzmann常数，T是温度。对于纳米线的生长，如果生长过程中一直保持小平面的存在，则纳米线或纳米棒的纵向和横向生长速率各自由单个小平面的生长行为所决定。但是，如果纳米线是圆柱状，假设所有表面具有相同的表面能，则横向生长速率明显小于纵向生长速率。与平面状生长表面相比较，具有非常小半径（<100nm）的凸表面将会有一个很高的蒸气压。对于生长表面的生长物质，其过饱和蒸气压或浓度远远低于细纳米线的凸表面的平衡蒸气压或浓度。对于均匀的高度晶化纳米线或纳米棒的生长，过饱和度通常保持较低水平，不会存在侧面生长。高过饱和度将导致其他面的生长，正如以前讨论的气-固生长一样。更高的过饱和度将产生生长表面上的二次成核或非均相成核，从而导致外延生长的终止。生长速率的提高，部分原因是在VLS生长中生长物质的冷凝表面积大于晶体生长的表面积。当生长表面为液滴和固体表面的界面时，冷凝表面是液滴和气相之间的界面。根据接触角，液体表面积可以是生长表面的几倍。

2.6 总结

本章根据纳米颗粒的形态分类讨论了气相成核、液相成核的基本概念，并讨论了经典成核后纳米粒子后续的生长机制。这些纳米颗粒生长的机制有合并、Ostwald熟化、取向生长及非均相成核与生长等，其中一维纳米结构材料主要是气固生长及气液固生长，二维纳米材料主要是取向生长、取向生长与Ostwald熟化协作的机制。

零维纳米结构材料

零维纳米结构材料是指尺寸在三个维数上都进入纳米尺度范围的材料。零维纳米结构材料主要包括团簇、量子点、纳米微粒。团簇是指几个至几百个原子的聚集体，粒径小于或在1nm附近，如Fe_n、Cu_nS_m、C_nH_m和C_{60}等。团簇在结构上既不同于分子，也不同于块体，而是介于气态和固态之间的物质结构的新形态，常被称作“物质第五态”。在团簇的丰度随着所含原子数目n的增大而缓慢下降的过程中，在某些特定值（$n=N$）出现突然增强的峰值，表明具有这些特定原子或分子数目的团簇具有特别高的热力学稳定性，这种效应即是团簇的幻数效应。这个数目N称为团簇的幻数。量子点是零维纳米半导体材料。量子点三个维度的尺寸都不大于其对应的半导体材料的激子玻尔半径的两倍，其性能受量子限域效应、表面效应和掺杂的影响。量子点具有新颖的电子和光学等性能，能够用于许多重要的领域，比如电子、光电子、光伏、生物医疗。量子点一般为球形或类球形，其直径常在2～20nm之间。常见的量子点由Ⅳ、Ⅱ-Ⅵ、Ⅳ-Ⅵ或Ⅲ-Ⅴ主族元素组成，如硅量子点及锗量子点等。

3.1 液相还原合成体系

3.1.1 液相还原成核与生长控制

控制纳米材料尺寸和形貌的目的是要实现对其物理化学性能的精确剪裁。金属纳米晶在溶液中的生长一般可以分为两个不同的阶段：①成核——金属前驱体通过还原或热分解在液相形成固相晶核；②生长——固相晶核不断长大形成最终的纳米晶[107]。金属纳米晶的成核生长过程可以用LaMer模型解释。反应开始阶段，金属前驱体在溶液中被还原成零价金属原子。随着反应的进行，溶液中零价金属原子的浓度不断升高。当零价金属原子的浓度达到某个临界值时，它们会在溶液中相互聚集形成团簇，并从液相中脱离出来，形成固相的晶核，溶液中的零价金属原子浓度急剧下降至临界值以下。此后，新形成的零价金属原子会在已有的固相晶核上生长，晶核的尺寸随之逐渐增大，直至纳米晶表面的金属原子与溶液中的零价金属原子达到平衡。

成核过程快慢对于控制纳米晶的均一性具有决定性作用，而成核与生长的暂时分离也是制备单分散纳米晶的关键因素。让成核过程尽可能在瞬间完成是实现成核与生长暂时分离的方法之一。在反应进行过程中，金属前驱体的浓度通过还原反应不断减小，如果成核过程延续的时间较长，则不同时间段生成的晶核具有不同的初始生长条件，得到的产物也多为尺寸不均、形貌混杂的纳米晶。降低金属前驱体的反应活性可以促使反应物在反应体系中不断累积，当达到某一临界值时，不断累积的反应物爆发式地形成晶核，从而达到瞬间成核的效果[108]。

双金属纳米晶体系的成核比单金属体系更加复杂，热分解体系的成核还需要考虑两种金属前驱体的热分解温度，而还原体系则要考虑两种金属离子的还原电势[109]。还原电势代表金属离子被还原的难易程度，还原电势越正的金属离子越易被还原，还原速率越快。如果两种金属还原电势相差太多，具有较高还原电势的原子就会先被还原出来。当晶种大于一定尺寸时，成核的自由能势垒会降低，均相成核速率趋于零，如图 3-1 所示[110]。此时，具有较低还原电势的原子可以从先被还原的原子处得到电子，被诱导还原并扩散得到合金、金属间化合物，或成核于表面形成核壳结构；也有可能两种金属的晶格错配度太大，独立成核导致产物分相[111-117]。因此，在制备合金时，常常需要加入合适的配体，降低具有较高还原电势的金属离子浓度和还原速率，最终使两种金属同时被还原成核。

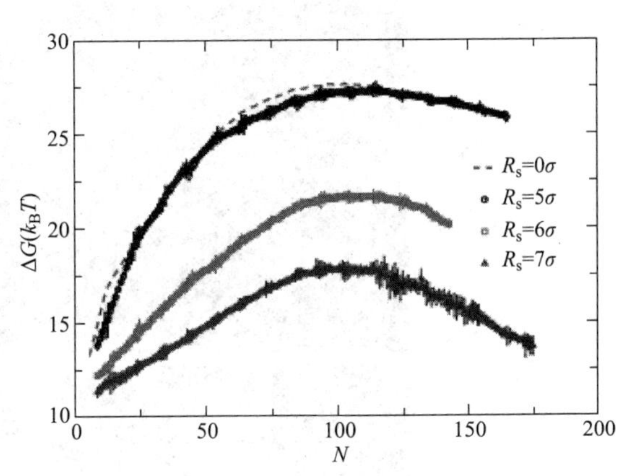

图 3-1　不同尺寸晶种对成核自由能势垒的影响（R_s 为晶种半径；虚线代表均相成核势垒；N 为原子个数）[110]

当团簇长到一定尺寸时，改变形貌需要较大的能量。因此，当团簇固定为一定形貌时，它标志着晶种的形成，晶种是晶核与纳米晶之间重要的桥梁。根据 Wulff 构造原理，面心立方结构（fcc）的金属单晶的平衡形貌应为截角八面体[118]，但其在液相合成体系中常常不是截角八面体。可能的原因如下：①反应在合成体系中一直没有达到平衡状态；②纳米晶不同面的表面能在液相体系中受到表面活性剂、杂质、溶剂的影响；③有缺陷孪晶的形成导致形成比 Wulff 多面体自由能低的十面体和二十面体；④合成的温度较高。晶种分为单晶、二重孪晶及多重孪晶，不同形貌的晶种外延生长得到不同形貌的 fcc 相纳米晶。单晶可以生长为八面体、截角八面体、立方体；二重孪晶可以形成双棱锥；多重孪晶则可以形成十面体和二十面体。在有活性面时，截角八面体、立方体、双棱锥、十面体均可形成棒状结构；当晶种是片状结构并出现层错时，产物形貌则为三角形或六边形片状结构[119]。

在两种金属前驱体分解或还原速率差异不大的双金属体系中，其生长规律类似 fcc 相单金属的生长过程。但在两种金属前驱体分解或还原速率差异很大的双金属体系中，常常会得到岛状、核壳等异质结构，这就要求考虑两种金属的晶格错配度等因素。通常来说，金属要在另一种金属单晶纳米晶的表面外延生长得到具有特定形貌的单晶结构，就需要满足两者晶格错配度小于 5%，否则将会由于界面能过大、缺陷的生成导致壳层多晶的球形结构、岛状结构、多枝结构形成[120-126]。例如：Au 和 Ag、Pt 和 Pd 的晶格错配度分别为 0.2% 和 0.85%，Tian 课题组和 Xia 课题组通过将 Ag 外延生长到 Au 上成功合成出 Au@Ag 核壳结构，Yang 课题组和 Xia 课题组成功合成出 Pt@Pd 核壳结构和 Pd、Pt 多层叠加的核壳结构[127-129]。Au 和 Pd 的晶格错配度达 4.7%，已经非常接近 5%[130]。然而，通过加入特定的强吸附物种，晶格错配度大于 5% 的核壳结构也可以实现。在十六胺的保护下，以立方体、截角八面体、八面体的 Pd 为晶种外延生长制备出的立方体 Pd 和 Cu 的不同核壳结构如图 3-2 所示。Pd 和 Cu 的晶格错配度高达 7.1%，但十六胺对 Cu（100）晶面有强吸附作用，这是在 Pd 表面外延生长得到最终形貌为立方体 Pd@Cu 核壳结构的关键因素[131]。

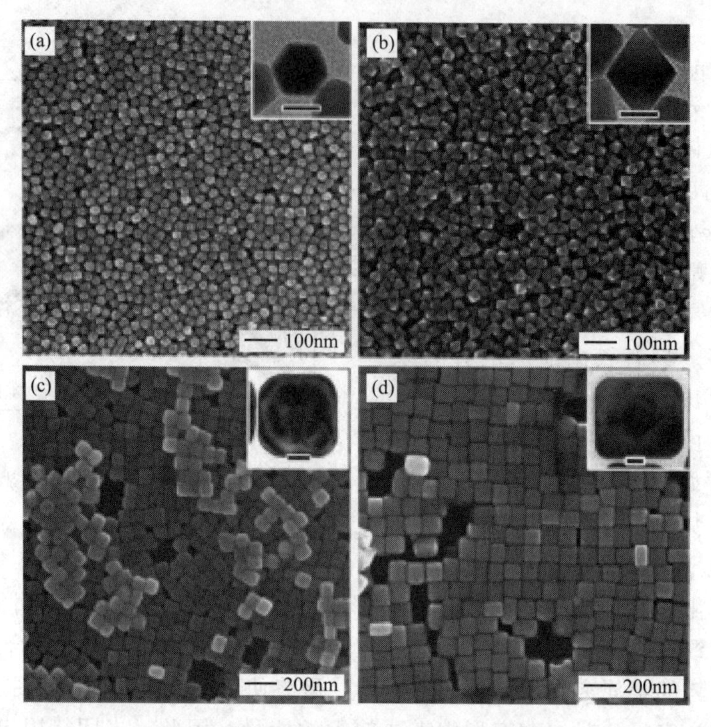

图 3-2 立方体 Pd@Cu 核壳结构[131]

只要控制好成核和生长过程，就能合成出尺寸、形貌、组成、原子排布方式等微观结构可控的金属纳米材料。尽管成核与生长的暂时分离是纳米晶可控合成的关键之一，但实际操作中往往不易实现。随着纳米可控合成技术的快速发展，已经有各种不同的方法和体系能够实现金属及其合金等纳米晶的可控制备。根据反应的溶剂组成特征，一般可以将合成体系分为有机溶剂体系和水溶剂体系。

归纳起来，有机溶剂体系合成金属纳米晶的一般思路为：在适当的条件下反应选择合适的金属前驱体、有机溶剂、表面配体和形貌调控剂。常用的反应前驱体为金属羟基化合物、乙酰丙酮盐、醇盐、硝酸盐、氯化物等金属盐类；有机溶剂有甲苯、四氢呋喃、二氧六烷、二甲基甲酰胺、二甲基亚砜等；表面配体包括油胺、油酸等；形貌调控剂有甲醛、甲酸、甲胺、苯甲醛、苯胺等。采用有机溶剂体系制备出的纳米晶具有单分散性好、表面化学丰富和便于功能化等优势，便于器件的制作，也是研究尺寸效应的理想体系。表面保护剂的选择范围得到拓宽（包括长链核酸类、硫醇类、胺类、膦类），更容易获得具有特殊功能的纳米催化剂[132-137]。

3.1.2 有机溶剂体系

(1) 甲苯-油胺-甲醛合成体系

该体系主要以甲苯为溶剂、油胺为保护剂、甲醛为还原剂和选择性吸附剂，实现单分散

Pd纳米晶的合成。改变油胺用量可调控Pd纳米晶的形貌，得到单分散的钯二十面体、十面体、八面体、四面体和三角片，如图3-3所示[138]。由于良好的单分散性，产物在碳膜上发生自组装过程，形成有序二维阵列。在此合成体系中，"中间体形成—室温成核—高温生长"的三步生长机制可以描述Pd纳米晶的形成过程。乙酰丙酮钯的甲苯（toluene）溶液中加入油胺（OAm）后，钯盐中间体Pd（ACAC）$_x$（OAm）$_y$ 在5～10min的室温搅拌过程中形成，且反应活性随油胺用量增多而下降；甲醛的加入诱发钯盐中间体被还原，部分晶核在5～10min的室温搅拌过程中形成；将反应液加热至100℃后，晶核迅速长大，甲醛经钯催化分解出的CO气体选择性地吸附在Pd（111）面上，这使得产物均暴露（111）面。在三步生长机制中，中间体的形成可调节二价钯的还原动力学，成核与生长的暂时分离可保证产物的单分散性。

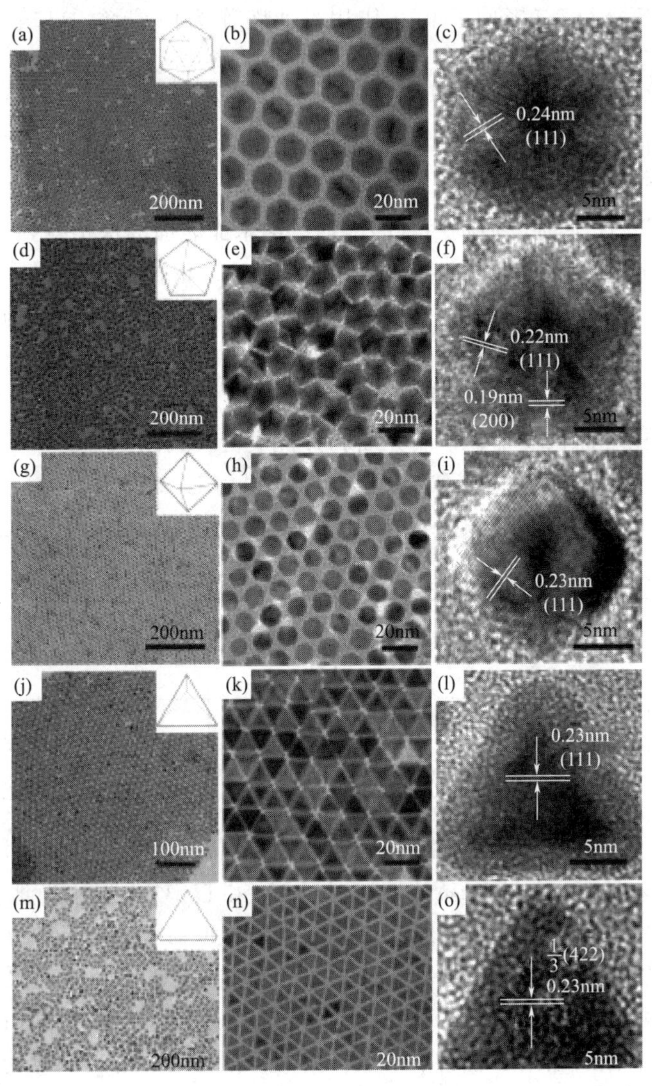

图3-3 不同形貌钯纳米晶的TEM照片和HRTEM照片[138]

(a)～(c)二十面体；(d)～(f)十面体；(g)～(i)八面体；(j)～(l)四面体；(m)～(o)三角片

钯纳米晶形貌随油胺用量增多而发生演化的原因可通过热力学模型来定性分析[139]。单个纳米晶的总吉布斯自由能可由式(3-1)表达，其中 d 表示纳米晶粒径；U_c、U_s、U_e 和 U_t 分别表示晶体结合能、表面能、弹性应变能和孪晶界面能；V、S 和 T 分别表示纳米晶的体积、(111) 面的表面积和孪晶面的面积；E_c、γ_{111}、W 和 γ_t 分别表示单位体积晶体结合能、(111) 面单位面积表面能、弹性应变能量密度和单位面积孪晶界面能。

$$U(d)=U_c+U_s+U_e+U_t=V(d)E_c=S(d)\gamma_{111}+V(d)W+T(d)\gamma_t \tag{3-1}$$

在不同形貌的钯纳米晶合成过程中，保持钯盐前驱体的用量不变，假设反应物质的转化率为 100%，则不同油胺用量所制出的钯纳米晶的总体积相同，即式(3-2)。

$$V_i=V_d+V_t=V_o+V_p \tag{3-2}$$

式中，角标 i、d、t、o 和 p 分别代表二十面体、十面体、四面体、八面体和三角片。由于单位体积晶体结合能 E_c 为常数，由式(3-1) 和式(3-2) 可知，不同油胺用量所制钯纳米晶的晶体结合能 U_c 恒定不变。因此，钯纳米晶的形貌演化主要取决于表面能 U_s、弹性应变能 U_e 和孪晶界面能 U_t 三者间的相互作用。油胺作为保护剂，可改变纳米晶的表面能 U_s；弹性应变能 U_e 和孪晶界面能 U_t 则取决于产物中孪晶结构的数量。

当油胺用量为 0.02mL 时，由于油胺浓度较低，纳米晶表面缺乏足够保护，Pd(111) 面的单位面积表面能 γ_{111} 较高，导致 U_s 项在式(3-1) 中处于主导地位。为降低其总吉布斯自由能，产物倾向于形成比表面积最小的形貌，二十面体因而成为主要产物，如表 3-1 所示。当油胺用量为 0.1mL 时，油胺用量的增加使纳米晶表面的保护得到加强，U_s 项在式(3-1) 中的作用被削弱，此时 U_e 和 U_t 项不可再忽略不计。根据晶体结构，二十面体可被看作由二十个单晶四面体组成，为填充相邻四面体之间的空间缝隙，界面处的原子间距会被迫拉大，形成孪晶界面并产生弹性应变；十面体可看作由五个单晶四面体组成，其内部孪晶界面远少于二十面体。因此，在 U_s 项不再占主导地位后，比表面积较大、孪晶界面和弹性应变较小的十面体取代比表面积较小、孪晶界面和弹性应变较大的二十面体，成为主要产物。与此同时，四面体作为单晶结构，其总吉布斯自由能只由 U_c 和 U_s 项决定，尽管四面体的比表面积很大，但当 U_s 项在能量表达式中的权重被削弱后，它也成为产物之一。

表 3-1 不同形貌钯纳米晶的比表面积和孪晶界面面积

钯纳米晶	二十面体	十面体	八面体	四面体
边长/nm	8.8	10.3	6.6	12.9
比表面积/nm^2	0.45	0.73	1.1	1.1
孪晶界面面积/nm^2	1006	57.3	—	—

当油胺用量为 1mL 时，高浓度油胺环境使得纳米晶表面得到充分保护，U_s 项在能量表达式中的作用进一步被削弱，由孪晶结构造成的 U_e 和 U_t 项占据主导地位。因此具有五重孪晶结构的十面体在该条件下不再是能量最低的产物，取而代之的是单晶八面体。三角片也是 1mL 油胺体系的产物之一。在亲水体系中，三角片通常在反应速率比较慢的条件下，通过原子随机六方密堆而成，其生长过程受动力学控制。如前所述，在 1mL 油胺体系中形成的钯盐中间体反应活性最低，还原速率最慢，因而，钯三角片的生成也受动力学控制。

综上所述，在仅考虑热力学的前提下，图 3-4 给出了油胺调控下钯纳米晶形貌演化的示意图。图中从左到右依次是二十面体、十面体、四面体、八面体。从结构上讲，从左到右它们的比表面积逐渐增加，而孪晶界面和弹性应变逐渐减少。随着油胺用量的增加，纳米晶单位面积表面能随之降低，因此，产物从比表面积小但孪晶结构多的二十面体逐步演化为比表面积大但没有孪晶结构的八面体。

增加单位体积表面积

降低晶体应变和单位体积孪晶界面

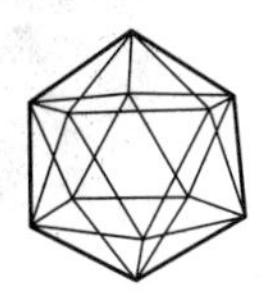
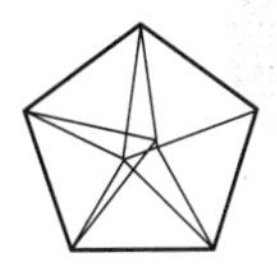
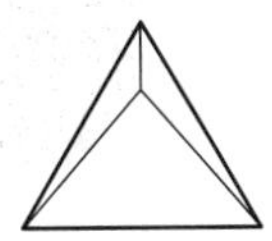
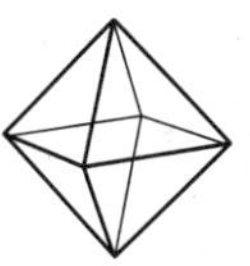

增加油胺量

降低单位面积的表面能

图 3-4 钯纳米晶形貌随油胺用量增多发生演化的示意图[138]

(2) 油胺-十八烯合成体系

此体系由有机溶剂、形貌调控剂和保护剂组成，其中十八烯为溶剂，油胺为保护剂，双十二烷基二甲基溴化铵、十八烷基甲基溴化铵、油酸等均为不同的形貌调控剂。颗粒尺寸均匀的 Pd/Sn 双金属实心纳米颗粒由油胺-十八烯合成体系制备，如图 3-5 所示。在此体系中，先驱溶液包括二水合氯化亚锡和乙酰丙酮钯，加入不同的形貌调控剂对 Pd/Sn 双金属纳米颗粒的结构进行调控，引入含溴的表面活性剂双十二烷基二甲基溴化铵对反应进行优化。

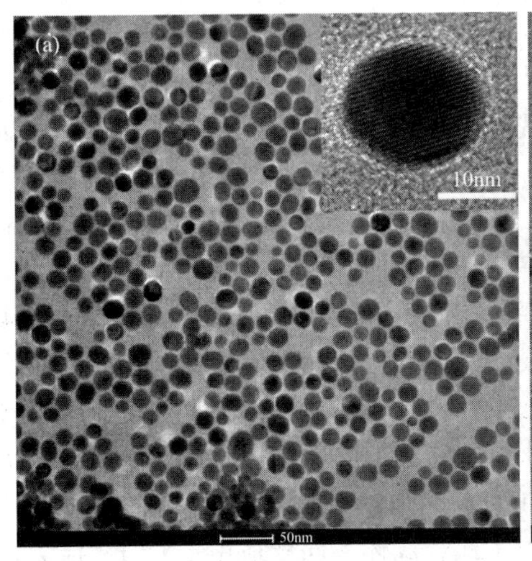

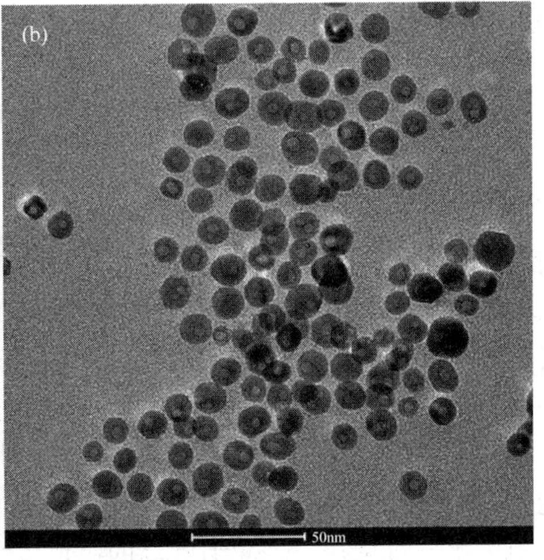

图 3-5 Pd/Sn 双金属纳米颗粒 TEM 照片[140]

(a) 实心纳米颗粒；(b) 双金属空心纳米颗粒

空心结构的形成可以用氧化腐蚀的机理来解释。反应体系由于添加了双十二烷基二甲基溴化铵，溴离子在反应开始阶段能够紧密地附着在 Pd 纳米晶的表面，形成氧化还原电子对，并局部腐蚀 Pd 纳米晶的表面[141]。氧化腐蚀更容易发生在 Pd 纳米晶具有缺陷的表面，而具有缺陷的位置往往是溴离子更容易吸附的位点。随着反应的进行，表面的空洞进一步扩大，最终形成空心结构。与此同时，越来越多的锡离子被 Pd 纳米晶表面的电子诱导还原出来。在 300℃的反应温度下，原子更容易发生有序排列，最后生成具有稳定结构的 Pd/Sn 纳米空心结构，如图 3-6 所示[140]。

在整个反应中，双十二烷基二甲基溴化铵起关键作用。相同的实验方法，如果在反应体系中不加入双十二烷基二甲基溴化铵，而是加入其他类型的形貌调控剂，则不能够得到空心

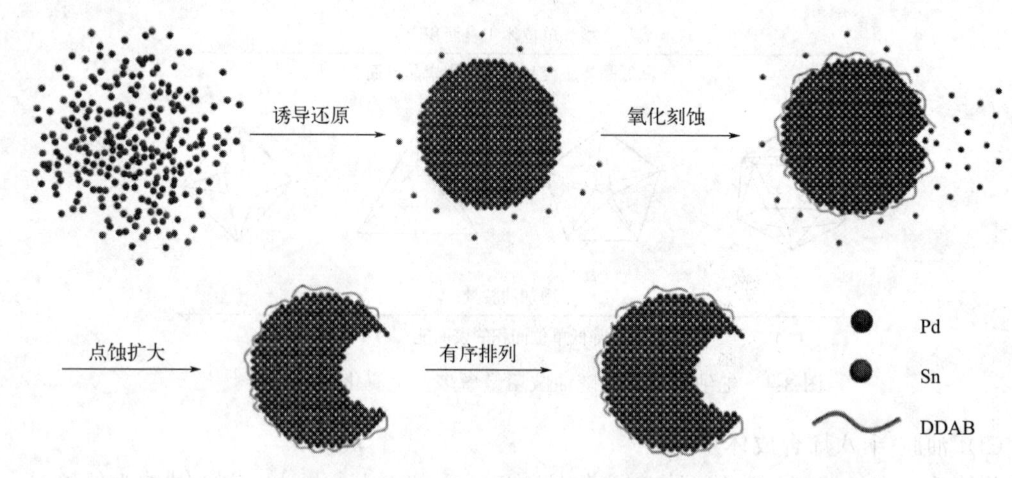

图 3-6 Pd/Sn 纳米空心结构形成过程示意图[140]

结构的纳米 Pd/Sn。利用十八烷基甲基溴化铵来代替双十二烷基二甲基溴化铵，同样是含有溴离子的形貌调控剂，得到的产物仍然具有空心结构，这就表明溴离子在该反应体系中对 Pd/Sn 双金属纳米颗粒的结构调控具有重要作用。

在油胺-十八烯合成体系中，同时加入油酸和双十二烷基二甲基溴化铵，以乙酰丙酮铜和乙酰丙酮铂分别作为铜源和铂源，能合成具有凹六角多面体结构的 Pt/Cu 双金属纳米晶，如图 3-7 所示[142]。在反应刚开始阶段，由于表面活性剂的作用，产物是均一结构的 Pt/Cu 菱形十二面体。随着反应的进行，Pt/Cu 纳米晶三个棱边的交点处开始被腐蚀，在顶部出现小洞。最后腐蚀沿着各个面进行直到反应平衡，Pt/Cu 纳米晶最终形成一个稳定的凹六角多面体构。Pt/Cu 双金属凹六角多面体这种特殊结构纳米材料的制备是一个非常复杂的过程，需要同时存在多种表面活性剂，而且并不是某一种表面活性剂对产物的影响起主导作用，均一的凹陷多面体结构是多种表面活性剂共同作用的结果。在整个反应体系中，双十二烷基二甲基溴化铵主要作为腐蚀剂，油胺是体系中的还原剂和表面活性剂，油酸作为一种协同表面活性剂对 Pt/Cu 凹六角多面体结构的形成也起到十分重要的作用。在油胺-十八烯合成体系中，加入四丁基硼氢化铵作为强还原剂，分别以二水合二氯化锡和乙酰丙酮铂为锡源和铂源，能合成单分散的 Pt-Sn 纳米颗粒。在合成 Pt-Sn 纳米颗粒时，控制二水合二氯化锡和乙酰丙酮铂的比例可调控 Pt-Sn 纳米晶的组成[143]。此合成体系同样适用于 Pt-Fe 合金的制备。

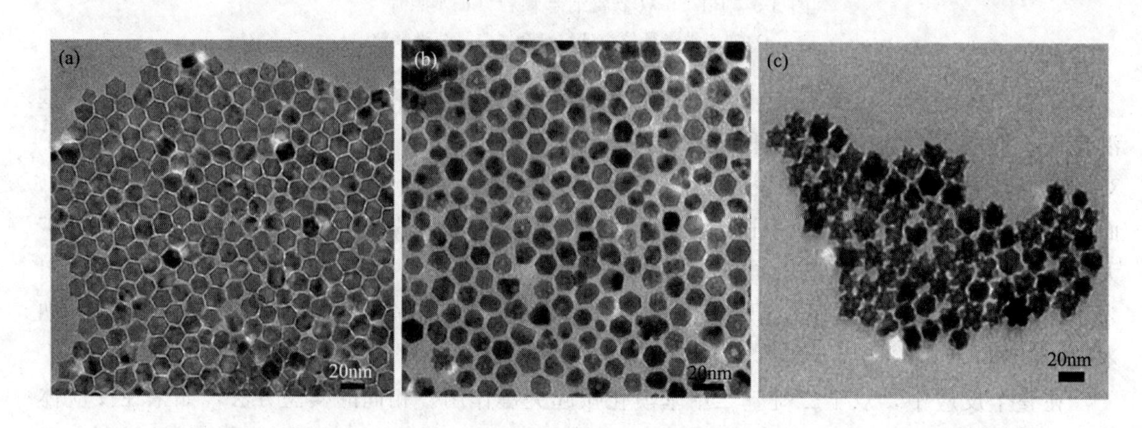

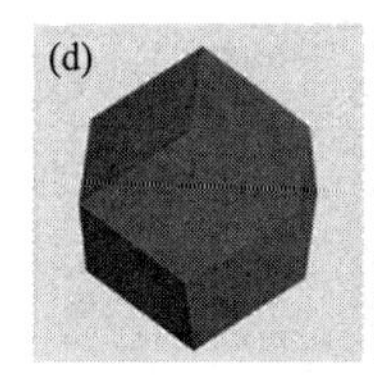

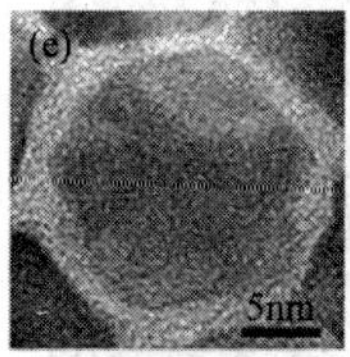

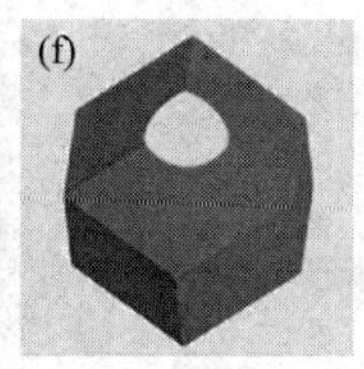

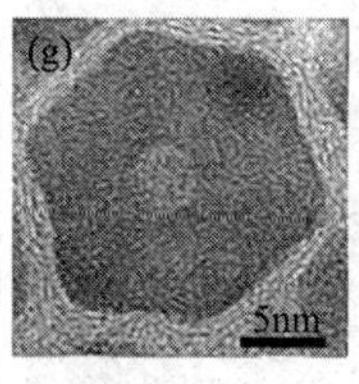

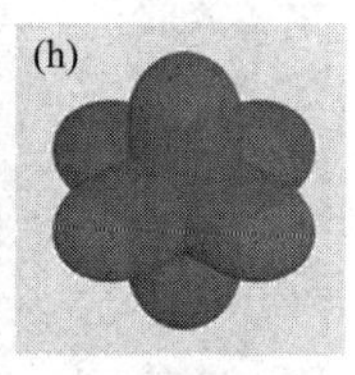

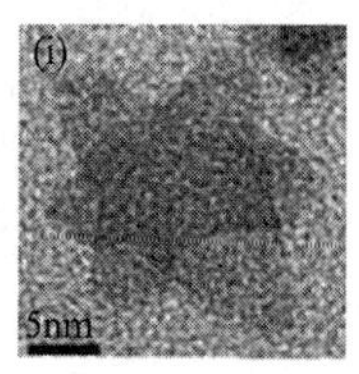

图 3-7 Pt/Cu 纳米结构的时间顺序演化实验[142]

(a)、(e) 在 80min 时收集的 Pt/Cu 样品的 TEM 图像；(b)、(g) 在 100min 时收集的 Pt/Cu 样品的 TEM 图像；(c)、(i) 在 120min 时收集的 Pt/Cu 样品的 TEM 图像；(d)、(f)、(h) 分别是在 80min、100min、120min 时收集的 Pt/Cu 样品的示意图

(3) 油酸-十二胺合成体系

合成油溶性金属纳米晶一般需要选择合适的有机溶剂、表面配体和形貌调控剂，不同的有机溶剂、表面配体和形貌调控剂之间相互作用使得合成体系变得复杂[144,145]。在氮气保护环境下，Abe 等人利用各种脂肪酸银前驱体热解制备出 Ag 纳米颗粒。Lee 等将热解前驱体换成 $AgOOC(CF_2)_nCF_3$ 制得平均直径为 5nm 的银颗粒[146]。Hiramatsu 等以乙酸银为原料，油胺为表面活性剂，在环己烷、二氯苯等不同的有机溶剂中合成出不同尺寸的 Ag 纳米颗粒[147]。Chen 等人采用更简单的硝酸银为原料制备出 Ag 纳米晶，其过程为：首先将一定量的硝酸银加入液体石蜡和油胺的混合溶剂中（体积比为 4∶1），通一定时间氮气后，于 180℃反应 2h，再于 150℃反应 8h 才得到产物[148]。

油酸银作为金属前驱体，在油酸（OA）和十二胺（DAm）的混合溶剂中被加热，可制备单分散 Ag 纳米颗粒[149]。当反应温度分别为 160℃和 200℃时，得到的单分散 Ag 纳米粒子尺寸约为 2.4nm 和 3.6nm。在此合成体系中，金属盐的前驱体对纳米晶尺寸的调控起关键作用，这里使用油酸银络合物作为前驱体是因为其在有机溶剂中有很好的溶解性。十二胺作为弱还原剂对反应速率的控制起重要作用。在该体系中，随着温度的升高，油酸银可被十二胺辅助还原为单质银[150]。纳米晶被油酸及十二胺的长链烷基链包覆，具有很好的单分散性和油溶性。适当高浓度的样品会在铜网上形成二维超晶格排列。这些高度单分散的 Ag 纳米晶自组装为取向排列的棒状超结构。改变反应条件，可实现大于 4nm 的 Ag 纳米粒子的尺寸调控。图 3-8 为水热法合成 Ag 纳米晶的 TEM 照片。在 180℃反应 6h 和在 200℃反应 12h 时，单分散的 Ag 纳米晶尺寸分别约为 4.5nm 和 7.5nm。当将 $AgNO_3$（0.5g）先加入 120℃的油酸和十二胺的混合溶液中（共 10mL），溶解后再转移至含有 28mL 正己烷的反应釜中加热反应，在 160℃反应 6h 得到约 7.2nm 的 Ag 纳米晶。将油酸银（3mmol）在搅拌下加入含 20mL 正己烷、4mL 油酸和 6mL 十二胺的混合溶液中，在 160℃的水热釜中反应 6h 后，就可以得到约 6.8nm 的单分散 Ag 纳米晶。

上述反应体系同时使用油酸和十二胺两种组分，且以油酸银络合物作为反应前驱体，合成方法并不够简易。$AgNO_3$ 分解是我们熟知的反应，但要使分解产物银为纳米级颗粒，必须设计合理的体系，有效分离成核与生长过程。选用十八胺（ODA）同时作为溶剂和表面活性剂的单一组分体系，反应过程可以表示如下：

$$2AgNO_3 \longrightarrow 2Ag(\text{纳米颗粒}) + 2NO_2 + O_2 \tag{3-3}$$

在 ODA 溶剂中，直接加入 $AgNO_3$ 便可在短时间内形成单分散 Ag 纳米颗粒。$AgNO_3$ 的加入方式有两种：一种为热注入方式，即先将体系升温至所需温度，然后再加入 $AgNO_3$；

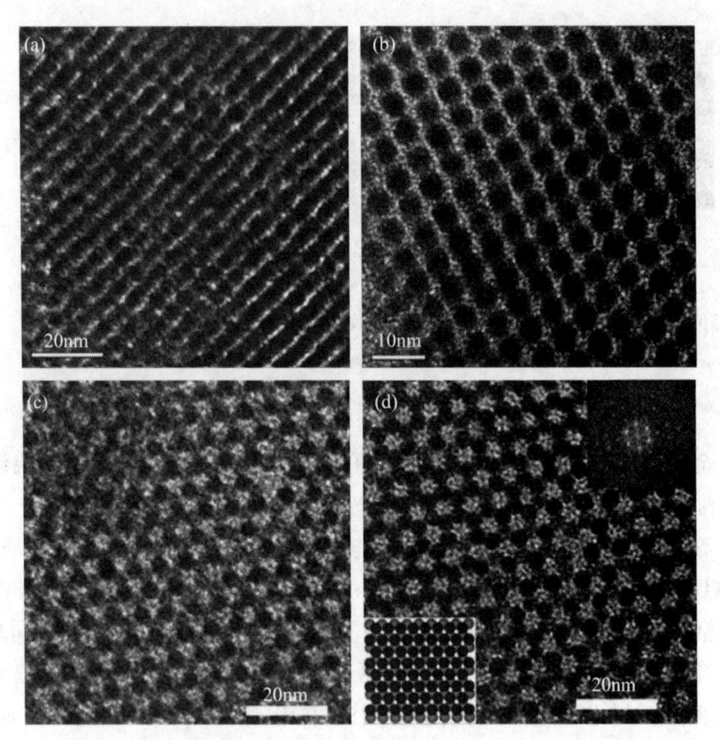

图 3-8 Ag 纳米晶组装在铜网格上的不同形态[149]（所有样品均在 160℃下使用 0.5g $AgNO_3$ 合成 6h）

(a)、(b) 与油酸 (4mL)、十二烷基胺 (6mL) 和甲苯 (20mL) 的混合物；(c)、(d) 与油酸 (4mL)、十二烷基胺 (6mL) 和正己烷 (20mL) 的混合物（顶部插图为相应的 FFT 模式，底部插图为纳米晶体的堆叠方案）

另一种为缓慢升温方式，即先将 $AgNO_3$ 加入 ODA 中，再缓慢升温至所需温度。两种加入方式均可导致“爆发成核”，在之后的晶核生长过程中，成核过程不再发生，形成的纳米晶被同时作为表面活性剂的 ODA 所包覆，这样可以有效阻止纳米晶之间的团聚，使得 Ag 单分散纳米晶能够稳定存在。例如：将 0.5g 的 $AgNO_3$ 于 180℃下加入 10mL 的 ODA 中，电磁搅拌 10min 后，体系反应形成 4.7nm 的 Ag 纳米粒子[151]。把反应时间延长到 30min、60min，即可制备出平均粒径为 6.6nm、8.6nm 的 Ag 纳米粒子。由此可见，在制备纳米 Ag 颗粒的体系中，反应时间也是一个调控产物尺寸的关键因素。ODA 溶剂可以循环使用，即每次实验过程中倾倒出的 ODA 可以回收利用。使用回收的 ODA 制备 Ag，同样可以制得单分散 Ag 纳米颗粒，此时得到的 Ag 颗粒质量与使用新鲜 ODA 时的结果相比较基本一致。由此可见，在 ODA 中快速分解 $AgNO_3$ 的方法为我们大规模制备高质量单分散 Ag 纳米晶提供了一种途径。此外，此方法亦可推广到其他贵金属纳米晶的制备。

(4) 十八胺合成体系

在此合成体系中，十八胺不仅是溶剂，也是表面活性剂、形貌调控剂及弱还原剂。电负性比 Ag(1.93) 高的金属或合金也可以在十八胺体系中被还原得到。当用 $HAuCl_4$、$PdCl_2$、H_2PtCl_6 和 $IrCl_3$ 代替 $AgNO_3$ 作为金属前驱体时，可以分别得到 Au、Pd、Pt 和 Ir 纳米晶，如图 3-9 所示[152]。十八胺属于弱还原剂，还原能力是有限的，电负性小于 Ag 的金属离子一般不能被十八胺还原成零价金属。即使加入电负性比 Ag 低的金属盐类，也不能得到对应的零价金属，如 $Ni(NO_3)_2$、$Co(NO_3)_2$ 等，只能得到金属氧化物[153]。金属 Cu 的电负性为临界值 (1.92)，情况特殊。在十八胺合成体系中，硝酸铜为反应物，能制备出具有特定形貌和尺寸的铜基化合物纳米晶。反应产物与硝酸铜浓度密切相关：低浓度硝酸铜的反应产物为单分散金属 Cu 纳米晶，中等浓度硝酸铜的反应产物为 Cu_3N 纳米立方体，高浓度硝酸铜的反应产物为 Cu_2O 纳米球[154]。只有当铜离子浓度极低的时候，十八胺才有能力将其还原为零价铜。不仅贵金属能被十八胺还原出来，双贵金属纳米晶也能被还原合成。Li 等人在这个体系中同时加入硝酸银和氯金酸作为反应物，Ag 和 Au 同时被十八胺还原出来形成 AgAu 合金纳米晶，并在此基础上进一步制备出任意两种贵金属及任意三种贵金属组成的合金纳米晶，例如 AgPt、AuPt、AuPd、PdPt、PtRh、AuPdPt 等[152]。

图 3-9 十八胺体系中合成得到的金属纳米晶[152]

(a) Au；(b) Pb；(c) Pt；(d) Ir

合金纳米晶的组成可以通过改变两种金属前驱体的比例进行调控。Li 等人在十八胺体系中合成出不同成分组成的 $AgPd_x$ 合金纳米晶，其 TEM 照片及尺寸分析如图 3-10 所示[155]。虽然银离子和钯离子均能被十八胺还原成零价金属，但形成 Ag-Pd 合金纳米晶并非共还原机制。时间是合成 $AgPd_4$ 纳米晶重要的动力学参数。就 Ag-Pd 合金纳米晶的合成过程来讲，当反应 1min 时，大部分产物是约 10nm 的颗粒，此时的产物主要为 Ag 纳米晶[156]；继续反应至 10min，约 10nm 的颗粒消失，约 4nm 的颗粒增多；当反应 30min 时，全部产物均为约 4nm 的颗粒，Ag-Pd 合金生成。在反应中有大颗粒 Ag 形成，而最终产物中没有这种大颗粒，可能由于置换反应导致 Ag 纳米颗粒尺寸减小。因此，该体系合成 $AgPd_x$ 纳米晶的机制为“Ag 被还原—Ag 置换 Pd—Ag 再被还原并扩散”的三步生长机理。

贵金属/非贵金属双金属纳米晶不能被十八胺还原。如果将 $HAuCl_4$ 和非贵金属的盐加入十八胺体系中，就可以生成 Au-M 双金属纳米晶。Au-M（M 表示 Co、Ni、Cu）双金属纳米晶的合成过程为：0.05g $HAuCl_4$ 和 0.25g $M(NO_3)_2 \cdot 6H_2O$ 加入 10mL、120℃的十八胺中，体系升温至 200℃，磁力搅拌 10min，最终收集的产物用乙醇反复洗几次。结果是十八胺体系中的 Au^{3+} 分别与 Co^{2+}、Ni^{2+} 和 Cu^{2+} 形成 Au-Co 核壳纳米晶、Au-Ni 纺锤形异质结构纳米晶和 Au-Cu 合金结构纳米晶[157,158]。

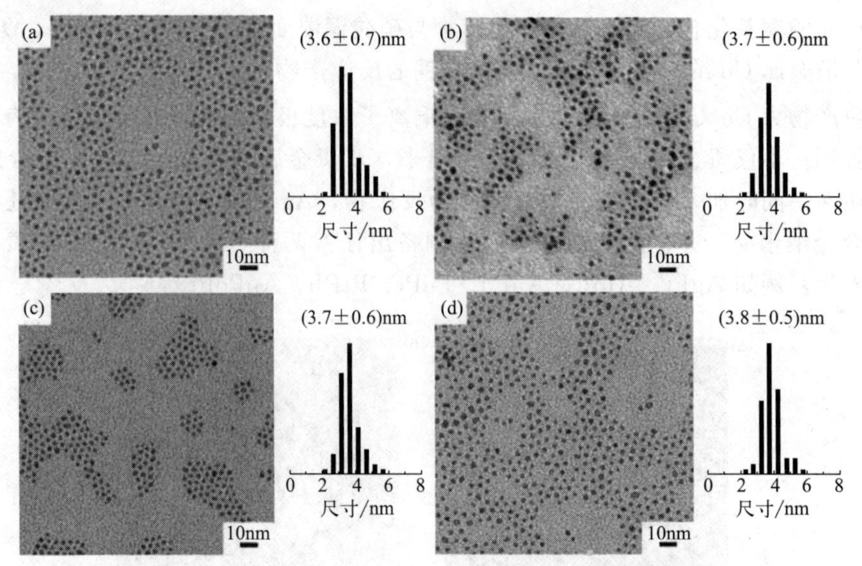

图 3-10 $AgPd_x$ 纳米晶的 TEM 照片及对应的尺寸分布图[155]

(a) $AgPd_2$；(b) $AgPd_4$；(c) $AgPd_6$；(d) $AuPd_9$

很显然，十八胺体系合成 Au-Co 双金属纳米晶的过程并不是共还原过程，因为非贵金属不能被十八胺还原。虽然 Au^{3+} 可以从十八胺中得到电子被还原，但是 Au 的氧化还原电位比非贵金属的高，因而它不能还原非贵金属。在十八胺和 Au 同时存在时，事实是此体系中的非贵金属也同时被还原，这就说明在十八胺体系中贵金属可以诱导还原非贵金属。贵金属诱导还原（NMIR）过程可以用图 3-11 表示。根据 Alivisatos 等人的工作，十八胺可以在较高的温度下提供电子[150]。Au^{3+} 可以从十八胺中捕获电子被还原为 Au。Au 原子周围被球状分布的电子云包围，虽然 M^{2+} 不能从 Au 中捕获电子而被还原，但 Au 周围的自由电子与 M^{2+} 的空轨道因为静电作用而相互吸引，从而将 M^{2+} 吸引到 Au 表面而共享一部分电子云。此过程使 Au 带上部分正电荷，而十八胺提供的电子又使其变回电中性。一旦 $Au^{\delta+}$ 变为电中性，由 Au 到 M^{2+} 的偏移就会再次发生，直到 M^{2+} 被完全还原。零价的 M 生成后就会与金原子碰撞生成 Au-M 双金属纳米晶，此过程主要由动力学参数控制。最稳定的动力学状态就是最终的产物形态与结构。因此，已获得的 Au-Co 核壳结构、Au-Ni 纺锤形异质结构和 Au-Cu 合金结构分别是此反应体系中最稳定的结构。

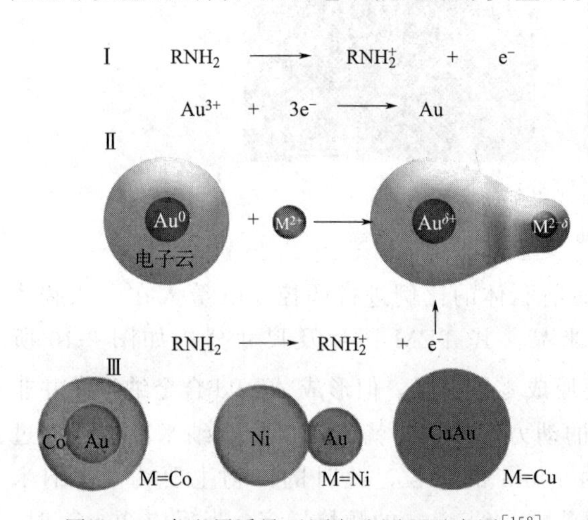

图 3-11 贵金属诱导还原方法原理示意图[158]

贵金属诱导还原反应主要用于合成贵金属（Au、Pt、Pd、Ir、Rh、Ru 等）和非贵金属（Mn、Fe、Co、Ni、Cu、Zn 等）的双金属纳米晶。通过调节前驱体的浓度和反应温度可以达到调节产物的尺寸和形貌的目的。双金属纳米晶的组成主要由两种金属盐的摩尔比决定。但是，在十八胺体系中并不能制备任意组成的双金属纳米晶。例如，Pd 盐和过量的 Fe 盐生成的是 FePd 合金和 Fe_3O_4。为了解释这一现象，可引入双金属的有效电负性 $\chi_{effective}$ 概念。电负性表示不同原子在形成化学键时吸电子能力的强弱，如果将双金属看作像普通单个原子那样吸引电子的人造原子，则可以用 $\chi_{effective}$ 定义。双金属有效电负性由组分金属的电负性决定，具体可由以下公式计算得出：

$$\chi_{effective}(M_x M'_y) = \frac{x}{x+y}\chi_M + \frac{y}{x+y}\chi_{M'} \tag{3-4}$$

在十八胺体系中，电负性比 Ag（$\chi=1.93$）大的金属才能被还原。据此推测，$\chi_{effective}$ 大于 1.93 的双金属纳米晶才能被合成。已知当 $x=0.27$ 时，$Fe_{1-x}Pd_x$ 纳米晶的 $\chi=1.93$，因此 $Fe_{1-x}Pd_x$（$x<0.27$）的纳米晶不能在此体系中被合成。同理，Ag 与非贵金属的双金属纳米晶也不能在此体系中被合成。根据这个有效电负性规则，成功地合成出有效电负性大于 1.93 的双金属纳米晶，如 $ZnPt_3$、$CdPt_3$、$InPt_3$、$CoPt_3$、$CoPd_2$、InPd、NiPt、CuPt、FePt、$FePt_3$、CuPd 等以及多金属纳米晶 AuPdPt、Cu_2PdPt 等，如图 3-12 所示[159]。

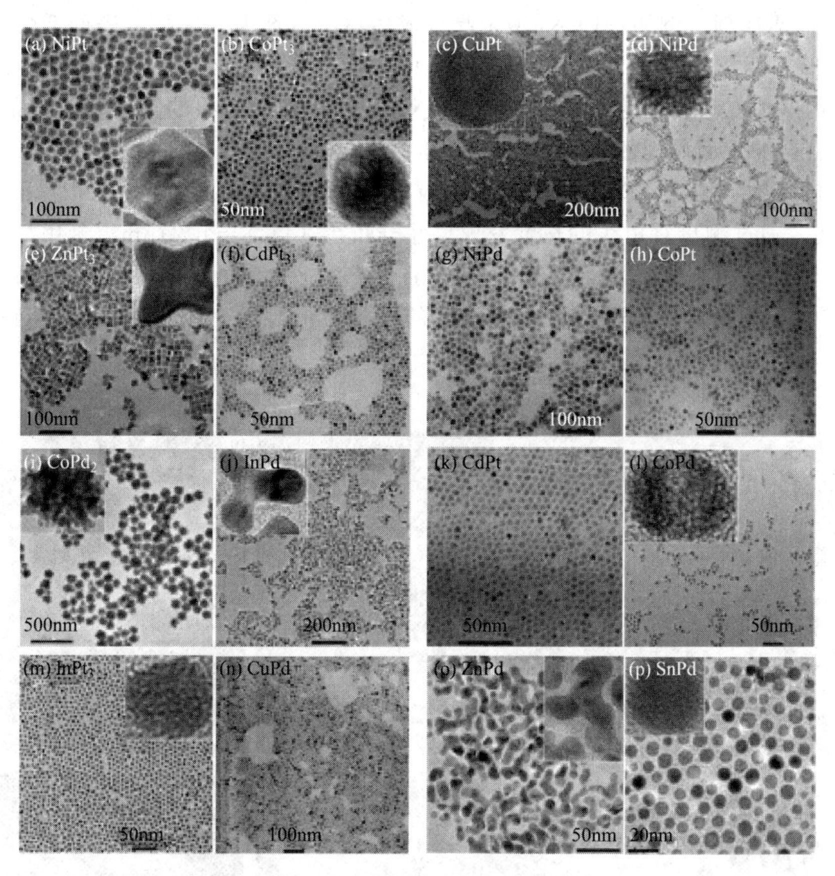

图 3-12　利用贵金属诱导还原在十八胺体系中合成的一系列合金和金属间化合物纳米晶[159]

有效电负性规则可应用于十八胺体系中指导合成各种合金和金属间化合物纳米晶。2005年，李亚栋等人利用物质相界面转移与分离原理，发展出一种普适性的液相-固相-溶液相合成策略，实现了用简单廉价的无机盐类（如硝酸盐、氯化物）为原料合成单分散纳米晶[137]。利用乙醇的弱还原性，以贵金属盐为原料，能方便地合成出贵金属单分散纳米晶 Ag、Au、Pt、Pd、Rh、Ir 等。在该反应体系中，贵金属离子能被乙醇还原，根据电负性规则，只要有效电负性大于 Ag 的合金都能被合成。由此可见，液相-固相-溶液相合成体系可实现PtM、PdM合金（M=Cu、Fe、Ni、Ag、Co）的可控合成。在此基础上，通过控制前驱体的含量等条件，不同组成的Pt_xCu_{1-x}（$x=0.1\sim0.5$）及Pd_xCu_{1-x}（$x=0.1\sim0.4$）纳米晶的可控合成也能被实现[160]。同样，合成水溶性金属纳米晶的思路与合成油溶性金属纳米晶的思路相类似：选择合适的金属前驱体、亲水溶剂、易溶于水的表面配体和水溶性形貌调控剂，在适当的条件下反应。金属前驱体一般为金属无机盐类；亲水溶剂一般为水或醇类等；易溶于水的表面配体一般为聚乙烯吡咯烷酮或十六烷基三甲基溴化铵等；水溶性形貌调控剂一般为无机小分子类。

3.1.3 水溶剂体系

(1) 高沸点醇-苯环衍生物-PVP合成体系

在此反应体系中，高沸点醇类作为溶剂，苯环衍生物作为形貌调控剂，亲水性高分子PVP作为表面活性剂。例如：Pt-Ni纳米晶合成体系的溶剂为苯甲醇，表面活性剂为聚乙烯吡咯烷酮，形貌调控剂为苯甲酸、苯胺或溴化钾。合成的系列Pt-Ni纳米晶如图3-13所示[161]。利用这种方法制备的Pt-Ni合金（$PtNi_2$）具有非常均一的形貌及很窄的尺寸分布。这些Pt-Ni合金的表面暴露的是严格意义上的（111）或（100）晶面。HRTEM图片及对应的快速傅里叶变换（FFT）图形表明这些颗粒都是具有单晶特性的。Pt-Ni八面体暴露出8个（111）面，通过测量对角线的长度发现尺寸分布在(11.8 ± 1.2)nm。苯甲酸的使用对八面体的形成至关重要，当苯甲酸用量从0mmol提高到0.04mmol的时候，八面体形貌的产率也从40%提高到95%，进一步提高苯甲酸的用量对形貌没有明显的影响。当把苯甲酸换成苯胺之后，产物是Pt-Ni合金的截角八面体。

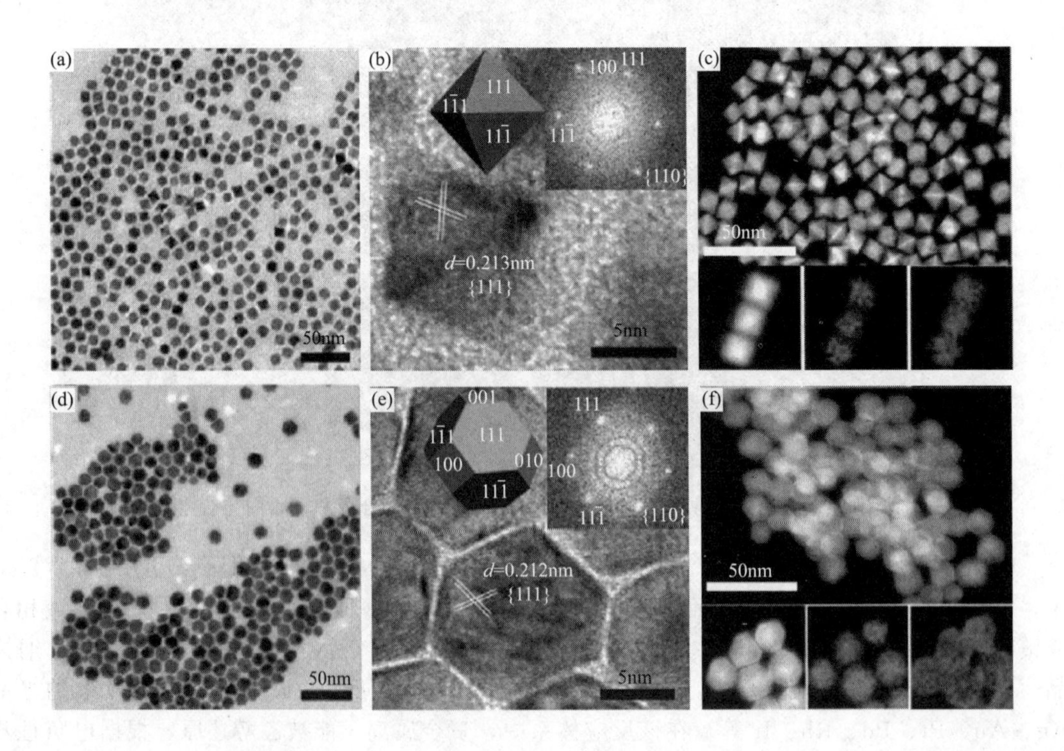

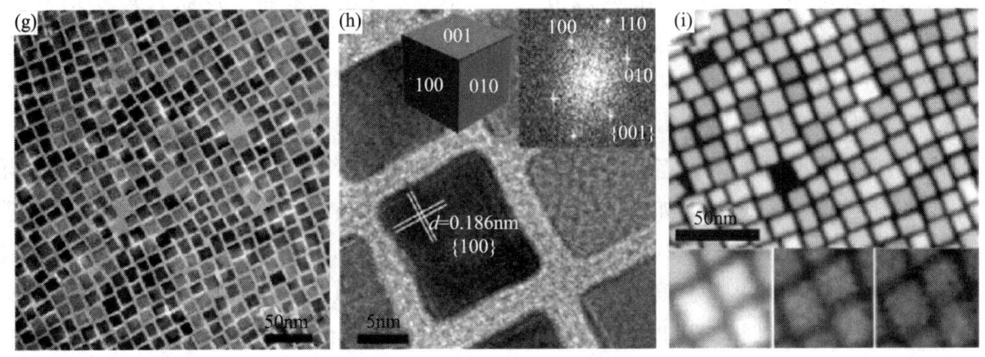

图 3-13 $PtNi_2$ 八面体的 TEM 图（a）、HRTEM 图（b）（插图为 FFT 图形和对应的结构模型）、EDS 能谱区域扫描图（c）；$PtNi_2$ 截角八面体的 TEM 图（d）、HRTEM 图（e）（插图为 FFT 图形和对应的结构模型）、EDS 能谱区域扫描图（f）；$PtNi_2$ 立方体的 TEM 图（g）、HRTEM 图（h）（插图为 FFT 图形和对应的结构模型）、EDS 能谱区域扫描图（i）[161]

Pt-Ni 截角八面体是由（111）和（100）面共同组成的，尺寸分布在（12.5±1.1)nm。在这个合成方法中，苯甲醇同时作为还原剂和溶剂，苯胺作为共还原剂用来影响纳米晶还原反应[162]。改变苯胺的量可以调控 Pt-Ni 合金的尺寸。苯胺的加入造成纳米晶大量快速成核，从而导致尺寸减小。改变苯胺和苯甲酸的用量比例可以调控截角八面体的截角程度。

要得到完全暴露（100）晶面的立方体纳米晶，需要在晶体生长过程中有效抑制（100）晶面的生长。需要指出的是 CO 能够选择性地吸附在 Pt 的（100）晶面上，从而导致立方体的形成[162,163]。这一思路同样可以应用到 Pt-Ni 立方体的合成。不加溴化钾，立方体形貌的产率会显著地从 95%降到 60%；不加 CO，就只能得到各种混合形貌的产物。这种合成水溶性 Pt-Ni 纳米合金颗粒的策略也能够推广到合成其他类型的水溶性双金属合金颗粒，如 Rh-Ni、PdNi、PdCu、PtCu 等。它也能够用来合成单一金属纳米晶，如 Ni 纳米晶。在合成 Pt-Ni 合金纳米晶的体系中，只加入金属镍盐，把反应温度提高到 200℃并且在反应体系中加入苯甲醛作为还原剂，尺寸分布在（40±4.5)nm 的 Ni 八面体即被合成。

使用高沸点醇类作为溶剂、苯环衍生物作为形貌调控剂、PVP 作为表面活性剂的方法有两个特征需要关注。①利用 CO 或溴离子等对铂的选择性吸附，使用 $W(CO)_6$ 或 CO 等作为还原剂或形貌调控剂可实现铂基合金形貌的可控合成[164-170]。该合成体系采用的苯甲酸或苯胺等苯环衍生物也有选择性吸附的特性，而这种苯环衍生物对金属、氧化物或者碳材料都有选择性吸附特性[171-175]。如果将苯甲酸换为水杨酸或苯甲酸钠等类似的苯环衍生物，同样可以达到可控合成 PtNi 合金的目的。②常用的表面活性剂（油胺、油酸等）会在金属催化剂的表面产生很强的配位吸附作用，从而造成催化剂活性降低[176]。对那些表面包覆有疏水长链的催化剂来说，需要经历一个后处理的过程来得到需要的高催化活性。而 PVP 包覆的合金催化剂是不需要后处理的，可以通过简单的配体交换过程得到需要的高催化活性，在这一类水溶性的纳米颗粒表面修饰上疏水性官能团，使得制备的催化剂能够适应更复杂的反应环境。

（2）PVP 合成体系

在此体系中，水为溶剂，PVP 为表面配体、还原剂以及软模板，$Pd(NH_3)_4Cl_2$ 为金属前驱体。此合成体系可合成出具有单空腔、双空腔和三空腔的复杂空心钯纳米晶。Pd 纳米晶的 SPR 吸收峰可在 355～702nm 内调节[177]。单空心 Pd 纳米晶呈球状，尺寸均一，平均粒径约为 56nm。产物所含空腔数的分布：623 个纳米晶中，单空腔、双空腔以及三空腔产物所占比例分别为 56%、34%和 8%。产物结构为 fcc 相的 Pd（JCPDS65-2867），空心钯壳层的 HRTEM 晶格条纹间距为 0.23nm，对应于 fcc 相 Pd(111) 面的面间距。单个空心纳米晶的 EDX 线扫描确认了产物的空心结构特征。时间是产物结构形成的关键因素，单空心 Pd 纳米晶随时间变化的形成过程如图 3-14 所示。在前 40min，反应体系始终呈无色透明状，表明钯前驱体还未被还原，但 40min 时取出的样品在透射电镜下呈类囊泡结构。在 45min 时，反应液变为浅棕色，表明 Pd 前驱体开始被还原，5～20nm 的小颗粒聚集在一起形成半球形聚集体。在 50min 时，半球形聚集体发育成完整的空心球聚集体，该聚集体的平均外径为 227nm，平均内径为 136nm。在 60min 时，空心球聚集体的尺寸显著下降，平均外径降至 129nm，平均内径降至 48nm，聚集体的结构变得更加致密。在 70min 时，结晶良好的空心 Pd 纳米晶形成。从小颗粒聚集体到纳米晶的转变可以通过取向连生过程来描述：相邻的小颗粒纳米晶通过共享特定取向的晶面而相互融合，形成较大的纳米晶，从而降低其较高的表面能[71]。

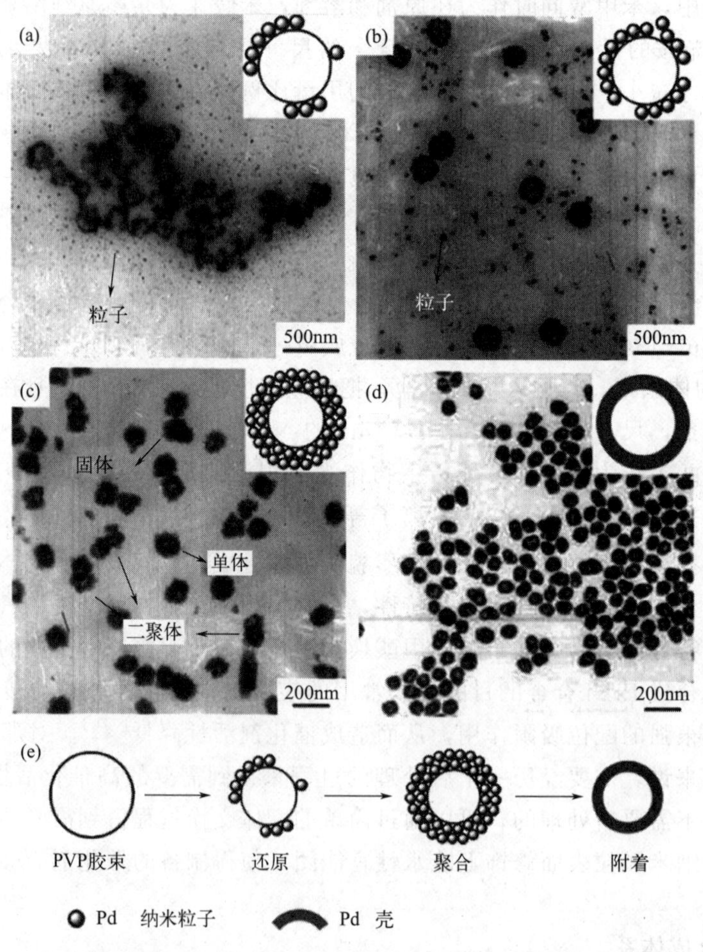

图 3-14 不同反应时间产物的 TEM 照片及纳米壳生长机制[177]

(a) 40min；(b) 45min；(c) 50min；(d) 60min；(e) 纳米壳生长机制

根据以上讨论，空心钯纳米晶的形成机理可描述为还原—聚集—融合：在反应开始阶段，PVP在水中形成囊泡结构；围绕在PVP囊泡结构周围的钯前驱体被PVP链端的羟基还原成小颗粒；随着还原反应的进行，越来越多的钯纳米小颗粒沿着PVP囊泡形成空心球聚集体，并逐渐变得致密；这些空心球聚集体通过取向连生演化形成最终的空心纳米晶。空心球聚集体在反应液中随机移动、相互碰撞，并偶合成二聚体、三聚体等复杂结构，最终多空腔结构的纳米晶形成。囊泡结构的稳定性受许多因素影响，如温度、pH值、离子强度、聚合物浓度等[178-182]。例如，随着PVP用量的增多，产物的平均粒径略有降低，双空腔和三空腔结构在产物中的比例显著增大。多空腔结构源于PVP囊泡结构的随机碰撞和偶合，PVP用量增加，囊泡结构的浓度及其碰撞概率提高，产物中双空腔和三空腔结构增多。产物尺寸可通过改变金属前驱体的浓度实现调控。

3.1.4 晶种诱导法

单一金属纳米晶在一个体系中合成属于一步合成，过程简单；若两种金属在同一体系中同时成核生长，情况则复杂得多。因为双金属合成涉及两种金属的成核及生长过程，就需要考虑很多因素，比如还原电势、界面能、还原速率及形貌调控等。

（1）还原电势

还原电势表现的是金属盐前驱体在溶液当中被还原的难易程度，金属的还原电势越正表明这种金属越容易被还原出来。尽管还原电势的概念是在水溶液中定义的，但是在非水溶液中同样能够利用还原电势的概念来判断不同金属被还原的趋势。根据能斯特方程，可以推断出金属的还原电势是受配体影响的。这种配体和金属的配位作用会降低金属离子的浓度，从而降低其还原电势，导致金属在配体存在时的还原变得更加困难。在合成金属纳米晶时，常用的卤素离子是一种常见的会降低金属还原电势的物质。在金属的合成过程中，引入与金属有强配位作用的配体能够显著地增加金属的成核难度，并减慢金属离子的还原速率。这样的配体往往会和某些特定的晶面产生相互作用，从而能够减慢这个晶面的生长速率，使得产物暴露出这种晶面[183]。贵金属的还原电势往往要高于非贵金属的还原电势，要得到这两类金属的合金往往需要加入配体来降低贵金属的还原电势。但是先被还原出来的贵金属也会传递一部分电子给非贵金属，再诱导非贵金属还原，这样也能够得到双金属的合金或核壳结构[157]。在反应过程中，需要注意溶液中存在的氧气。氧气的存在可能会造成还原出来的金属单质再一次被氧化成高价的离子，这种过程称为氧化腐蚀。一些和金属具有强配位作用的配体也会促进这种氧化腐蚀作用的发生。从金属盐到金属单质的转变，本质上是一个还原过程，还原电势是一个在合成双金属材料时不得不考虑的因素。还原电势还会牵涉到两种金属之间的置换反应，一种电负性较大的金属离子和一种电负性较小的金属单质之间很容易发生置换反应。这样的置换过程很可能和还原过程及氧化腐蚀过程同时存在于合成双金属颗粒的反应过程中。

（2）界面能

如果合成的产物是双金属的核壳结构，那就必须考虑两种金属之间的界面能。如果界面能较大，则沉积物在颗粒表面倾向于孤立型的岛状生长模式；如果界面能较小，则沉积金属倾向于在内层金属的外部进行平面铺展型生长。若将这两种生长模式引入纳米晶的合成当中，相应地需要考虑两种金属的晶格适配。在Au@Ag和Pt@Pd的核壳结构中，晶格的错配度分别只有 0.25%和 0.77%[184]。在合成 Au@Pd 核壳结构时，晶格错配度甚至可以达到 4.88%[121]。尽管 Au 和 Pt 之间的错配度有 4.08%，但是 Au@Pt 界面有直接单晶外延生长的核壳结构至今无法合成出来。如果想要控制壳层金属在内层金属外部的平面铺展型生长，需要考虑两个因素：两种金属的晶格错配度在 5%以内，同时两种金属在界面处的成键要强于覆盖层在其内部的成键。然而，晶格错配度高达 7.1%的 Cu 和 Pd 也能形成 Pd@Cu 的核壳结构[131]。形成这种结构的一部分原因是 Pd 和 Cu 之间有很强的结合方式，另一部分原因是表面活性剂十六胺能够大大降低 Cu 的表面能。如果壳层金属遵循平面铺展型生长模式，则壳层和内层金属之间的晶体生长方向及界面处的原子排布方式必须是一致的。如果壳层金属遵循岛状型生长模式，形成双金属核壳结构则需要强还原条件，但是这种壳层的结构往往是多晶的。晶格错配会引起较大的表面张力，从而促进缺陷及孪晶的生成，所以这种核壳结构往往是球形或树枝状分叉结构。

(3) 还原速率

金属的还原速率和金属的还原电势与体系中的还原剂及反应温度等相关，使用不同的还原剂或改变还原剂的浓度可以实现对金属还原速率的调控。体系的还原速率太低，金属的成核和生长会在接近平衡的条件下进行；还原速率太高，这种平衡就会被破坏。在平衡状态下，具有较高还原电势的金属会优先被还原出来，这种不同的生长顺序会引起核壳结构形成。在平衡状态下，两种金属容易形成合金结构。同样，成核速率还会对金属的表面结构产生影响。较低的还原速率有利于多重孪晶的生成。从孪晶到单晶的转变需要的能量较高，这种结构较稳定。金属的还原速率升高，会导致金属的爆炸性成核。大量微小的表面能极大的晶核在短时间内同时生成，会导致核与核之间发生碰撞并继续长大，在这种情况下得到的结构不是热力学稳定的。

(4) 形貌调控剂

如果想实现控制晶面的双金属结构，形貌调控剂的使用就是不可避免的。这一类试剂可以是金属前驱体的反离子、阴离子、溶剂、盐、表面活性剂、聚合物或气体分子等。比如：在水溶液中进行的合成过程常常使用卤素离子，Br^- 和 I^- 对于抑制多数面心立方金属的 (100) 面的生长有显著效果[107]。一般认为，在生长阶段形貌调控剂主要发挥两个作用：①显著降低选择性配位的晶面的表面能，使得这个晶面在热力学上是稳定的；②选择性覆盖晶面的表面，使得这个晶面的生长速率变慢而得以保留下来，从而导致生长较快的晶面消失。第一种方式是从热力学方面进行考虑的，第二种方式是从动力学方面进行考虑的。最近还发现，形貌调控剂还能够控制氧化腐蚀过程，比如使用形貌调控剂将某个特定的晶面保护下来，使其不与氧气发生接触，从而导致氧化腐蚀只发生在其余未被保护的晶面上。

尽管成核与生长的暂时分离是纳米晶可控合成的关键因素之一，但这在实际操作中往往难以实现。晶种诱导法被证实可以克服这一难题，以事先合成的小尺寸纳米晶作为晶种，在反应液中加入低浓度的同种金属前驱体，在合适的反应条件下诱导金属前驱体在晶种表面进行同质外延生长。晶种诱导法将纳米晶的成核与生长阶段完全分开，在宽松的反应条件下实现对纳米晶尺寸和形貌的控制。这种合成思路可用于钯、铂纳米晶的可控合成。例如，Xu 等人以立方体钯纳米晶为晶种，以十六烷基三甲基溴化铵（CTAB）和 I^- 为选择性吸附剂，通过改变溶液中的 I^- 浓度和反应温度，合成出单分散的钯立方体、八面体、立方八面体和菱形十二面体[185]。

在晶种存在的条件下，将异种金属前驱体加入反应液中，会出现三种生长模式：异质外延生长；金属置换反应；固相扩散合金化。异质外延生长是异种金属在已有晶种上进行外延生长，是制备核壳结构、岛状结构纳米材料的有效途径之一。Yang 等人以钯立方体为晶种，以 TTAB 和 NO_2 为选择性吸附剂，通过改变 NO_2 的浓度，合成出不同形貌与结构的 Pd@Pt 核壳结构[128]。在该体系中，TTAB 选择性吸附 Pd(100) 面，而 NO_2 选择性吸附 Pd(111) 面，随着 NO_2 用量的增加，Pd(111) 面在产物中的比例逐渐增多，产物的形貌由立方体经立方八面体逐渐演化为八面体。如果异种金属前驱体在反应液中的还原电势比晶种高，则可能发生金属置换反应，即异种金属前驱体被晶种还原并沉积在晶种表面，晶种同时被异种金属前驱体氧化变成阳离子进入反应液中。Xia 等人以银立方体为晶种，在反应液中分别加入 Na_2PdCl_4 和 $NaPtCl_4$，通过零价银与钯离子、铂离子之间的置换反应得到 Pd/Ag 纳米笼[186]。Zhang 等人用类似的方法制备出 Pd@Pt4L 立方纳米笼，如图 3-15 所示[187]。

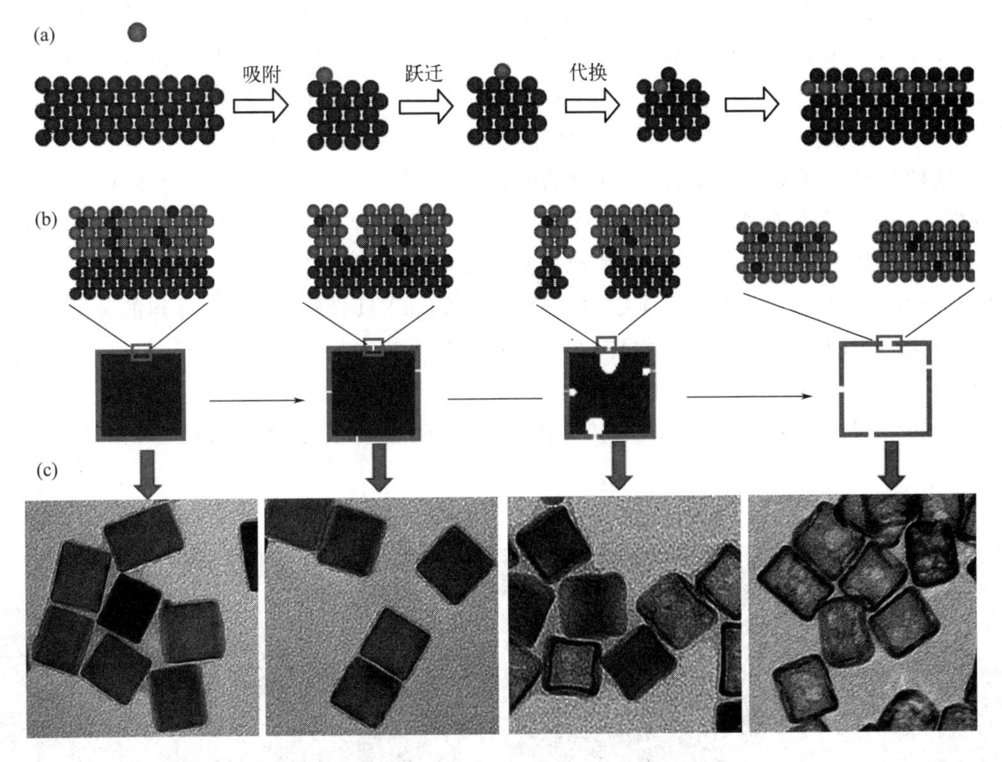

图 3-15 Pt 立方纳米笼的制备过程及 TEM 照片

(a) Pt 沉积在 Pd 晶种表面的扩散过程；(b) 涉及从 Pd @Pt4L 立方体连续溶解 Pd 原子到生成 Pt 立方纳米笼的过程主要步骤示意图；(c) 与 (b) 图对应的 TEM 照片（从左到右的反应时间依次为 0min、10min、30min、180min；标尺为 50nm）

以 Cu-Au 金属间化合物纳米晶的合成为例，说明晶种诱导法合成合金和金属间化合物纳米晶的过程。Cu-Au 体系有 $CuAu_3$、CuAu、Cu_3Au 三种金属间化合物和任意比例的合金。首先合成出 Au 纳米颗粒作为晶种，然后在体系中引入铜源，在合适的合成条件下分别得到尺寸、形貌、组成可控的 Cu-Au 纳米晶。金纳米晶种的合成：在给定温度下将 0.5mmol $HAuCl_4 \cdot 4H_2O$ 和 20mL 油胺（OAm）溶解在 20mL 四氢萘中，在 Ar 气保护下搅拌约 15min，然后将含有 1mmol 叔丁基胺硼烷、2mL OAm 和 2mL 四氢萘的溶液注入以上溶液中，溶液先变成棕黄色，很快转为紫红色，搅拌反应1h后，往所得胶体溶液中加入足量的乙醇，在9000r/min转速下离心8min，所得沉淀用35mL正己烷分散，再加乙醇，离心，最后分散到30mL正己烷中待用。金颗粒的尺寸取决于反应温度，温度越高，尺寸越小。另外，合成8.5～9.5nm Au纳米晶的步骤为：在搅拌条件下将0.25mmol的$HAuCl_4 \cdot 4H_2O$、0.5mmol的1,2-十六二醇和1.25mL油胺溶解在25mL四氢萘中，所得溶液在油浴中加热至130℃并保持40min，然后自然冷却至室温，后处理步骤同前面所述。

Cu-Au金属间化合物的合成：在25mL烧瓶中加入0.5mmol $Cu(CH_3COO)_2 \cdot H_2O$、0.5mL油酸和2.25mL三辛基胺（TOA），在搅拌条件下加热至70℃形成透明溶液，然后加入0.5mmol的Au晶种正己烷溶液，正己烷蒸发完后将温度升至120℃并通入Ar气，持续20min，然后以约25℃/min的升温速率将温度升至280℃，并在此温度下保持50～100min，然后自然冷却至室温。往所得溶液中加入足量乙醇后离心，将得到的产物用20mL正己烷分散。若投料摩尔比Au∶Cu为1∶3，并且在300℃下反应，将得到Cu_3Au纳米晶，所得产物的TEM图片如图3-16所示。获得的Cu_3Au纳米晶基本上是球形的颗粒且具有很窄的尺寸分布，测量得出Cu_3Au的尺寸为10.0nm，CuAu的尺寸为11.0nm，与Au晶种颗粒的尺寸具有相似的均一性。Cu_3Au和CuAu颗粒具有多面体的结构，伪五重对称轴说明颗粒是一个二十面体或十面体，这种结构主要来源于Au晶种颗粒。有些颗粒具有类单晶的结构，这种颗粒可能来源于单晶结构的Au晶种颗粒。为了降低本身的表面能，直径小于10nm的Au颗粒大部分都具有二十面体或十面体的孪晶结构，只有很少的颗粒具有单晶结构[188,189]。制得的Cu_3Au和CuAu颗粒都具有多重孪晶的结构，由于铜原子的进入或多或少会破坏标准的二十面体和十面体结构，特别是当Cu的比例更高时，得到的金属间化合物颗粒并不是理想的二十面体和十面体。产物为立方相Cu_3Au和四方相CuAu。对于CuAu，特征晶面（001）/(110)、(200)/(002）和（220)/（202）分裂的衍射信息都呈现于电子衍射谱图中；对于Cu_3Au，特征晶面（001）和（110）的衍射信号也可以观察到，但是其强度并不高。

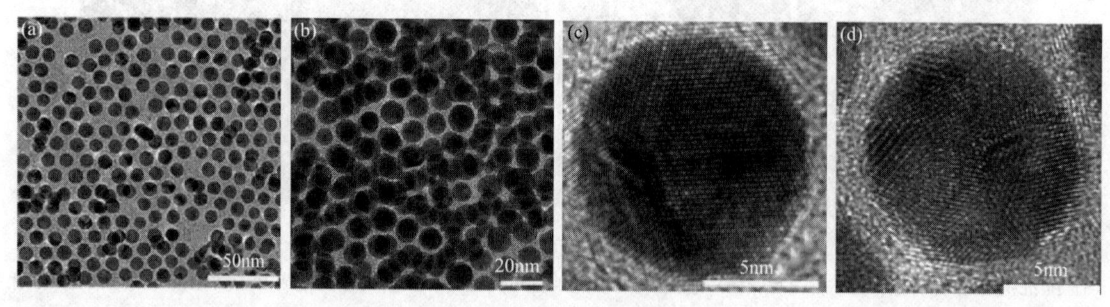

图3-16　利用6.3nm和8.5～9.5nm Au晶种制备的Cu_3Au和CuAu产物的TEM照片(a)、(b)、HRTEM照片（c)、(d)［(a)、(c）对应Cu_3Au；(b)、(d）对应CuAu］[112]

上述合成方法在调控纳米晶的尺寸方面具有很大的优势。以合成CuAu为例来说明采用不同尺寸（3.5nm、4.9nm、6.3nm）的Au晶种颗粒参与反应。当用3.5nm和4.9nm的Au晶种反应时，在280℃条件下，反应时间需要大于100min，CuAu金属间化合物才能生成；当用尺寸更大一点的Au晶种反应时，如6.3nm和8.5～9.5nm的Au晶种，得到CuAu金属间化合物只需要50min的反应时间。事实上，尺寸越小，表面张力越大，颗粒的有序化就需要耗费越多的时间。所获得的不同尺寸的产物都是由单分散颗粒组成的。产物的尺寸强烈依赖于Au晶种的尺寸，Au晶种颗粒直径越大，产物的尺寸就越大。所以，调整Au晶种尺寸就可以调控产物的尺寸。由于产物颗粒具有很窄的尺寸分布，它们很容易形成三维的超晶格。以（6.0±0.2)nm的CuAu为例，当提高胶体溶液的浓度时，随着正己烷的挥发，产物颗粒将在铜网支持的碳膜上自组装形成超晶格，其结构是一个六方密堆积（hcp）的超晶格。

在设计的合成体系中，Au晶种颗粒表面被油胺分子保护以阻止团聚，当温度升高时，分子运动和颗粒的布朗运动加剧，将会有一部分油胺分子脱离Au颗粒表面而留下一些活性位点。在Au颗粒和油酸及三辛基胺（TOA）的协同作用下，Cu^{2+}被还原成铜原子或者是由多个铜原子组成的原子簇，这些新生成的铜原子或原子簇具有很高的反应活性，和Au颗粒表面的活性位点碰撞时就会扩散进入Au颗粒的晶格而形成合金，而合金的形成又将加速Cu^{2+}的还原。实际上，这些协同作用将导致Cu^{2+}的还原和扩散同时进行[190,191]。当扩散结束后，体系的温度将提供足够的能量使合金有序化，并最终形成金属间化合物。该合成反应的原理本质上是固相反应的原理。对于一个传统固相反应而言，反应物一般为由不规则颗粒组成的固体粉末，不同反应物不能完全混合均匀，所以固相反应很难实现均匀的传质扩散，也就不能合成单分散的纳米晶。设计的反应实际上是把固相反应“搬”到液相中进行，Au晶种均匀地分散在体系中，原位还原出的铜原子和每一个Au晶种碰撞的概率相等，相当于一个溶液反应，正是这种均匀的、原子级别的扩散和单分散的Au晶种颗粒共同造就了单分散的产物纳米晶，并且比固相反应所用温度更低、时间更短。

3.2 均相成核法

通过均相成核形成纳米粒子，必须首先创造生长物质的过饱和状态。通常情况下，降低平衡态混合物（如饱和溶液）的温度，能够导致过饱和状态。通过变温热处理工艺，在玻璃基体中形成金属量子点就是这种方法的很好例子。另一种形成过饱和状态的方法是，通过原位化学反应将高溶解性化学物质转变成低溶解性化学物质。半导体纳米粒子就是通过有机金属原料的热解而获得。纳米粒子可以在三种介质中通过均相成核而形成：液态、气态和固态。在这三种介质中的成核和后续长大机理本质上相同。关于均匀尺寸单分散纳米粒子的具体合成，液相还原工艺通常用于制备金属及合金胶态分散体，现在讨论合成均匀尺寸单分散纳米粒子的溶胶-凝胶法及强制水解法。

3.2.1 溶胶-凝胶法

溶胶-凝胶法是合成无机和有机-无机混合材料胶态分散体的一种湿化学方法，特别适合制备氧化物和氧化物基混合物[192]。溶胶是胶体颗粒在液体中的稳定悬浮液，胶体颗粒可以是无定形的或结晶的，也可能是化学单元聚集形成的致密、多孔或聚合物的亚结构。凝胶由围绕并支撑连续液相的多孔三维连续固体网络组成。在大多数氧化物材料合成的溶胶-凝胶体系中，凝胶化是由于在溶胶颗粒之间形成共价键。当涉及其他相互作用（范德瓦耳斯力或氢键）时，凝胶的形成是可逆的。凝胶网络的结构在很大程度上取决于溶胶颗粒的尺寸和形状。从这样的胶态分散体出发，可以容易制备出粉末、纤维、薄膜等纳米产物。虽然制备不同形式的最终产物需要一些具体的考虑，但合成胶态分散体的基本原则和一般方法都相同。溶胶-凝胶法制备纳米粒子具有较低的处理温度和分子水平的均匀性。溶胶-凝胶法在合成金属复合氧化物、温度敏感有机-无机混合材料、热力学条件不适用或亚稳材料方面特别有用。最近，已有催化辅助溶胶-凝胶法、微乳液辅助溶胶-凝胶法及气溶胶辅助溶胶-凝胶法被提出[193,194]。

典型的溶胶-凝胶法工艺主要涉及前驱体的水解、缩合、干燥和稳定化，工艺流程如图3-17所示。溶胶水解和前驱体的缩合为合成溶胶的第一步，此步骤的水解和缩合反应都是多步骤过程，相继独立发生。各个相继反应可能是可逆的。缩合反应导致金属氧化物或氢氧化物纳米尺度团簇的形成，往往有机基团嵌入或附于其中。这些有机基团可能是由于不完全水解，或采用非水解有机配位体而引入的。纳米团簇的大小、最终产物的形态和显微结构，可以通过控制水解和缩合反应来控制。前驱体可以是金属醇盐或无机盐及有机盐。有机溶剂或水溶剂可用于溶解前驱体，通常加入催化剂以促进水解和缩合反应：

水解 $$M(OEt)_4 + xH_2O \longrightarrow M(OEt)_{4-x}(OH)_x + xEtOH \quad (3\text{-}5)$$

缩合 $$M(OEt)_{4-x}(OH)_x + M(OEt)_{4-x}(OH)_x \longrightarrow$$

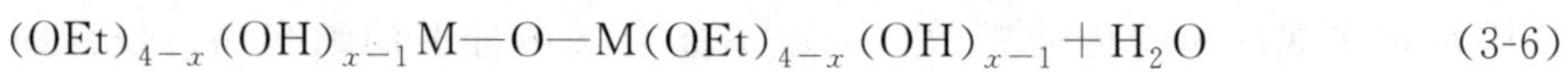

$$(OEt)_{4-x}(OH)_{x-1}M—O—M(OEt)_{4-x}(OH)_{x-1} + H_2O \quad (3\text{-}6)$$

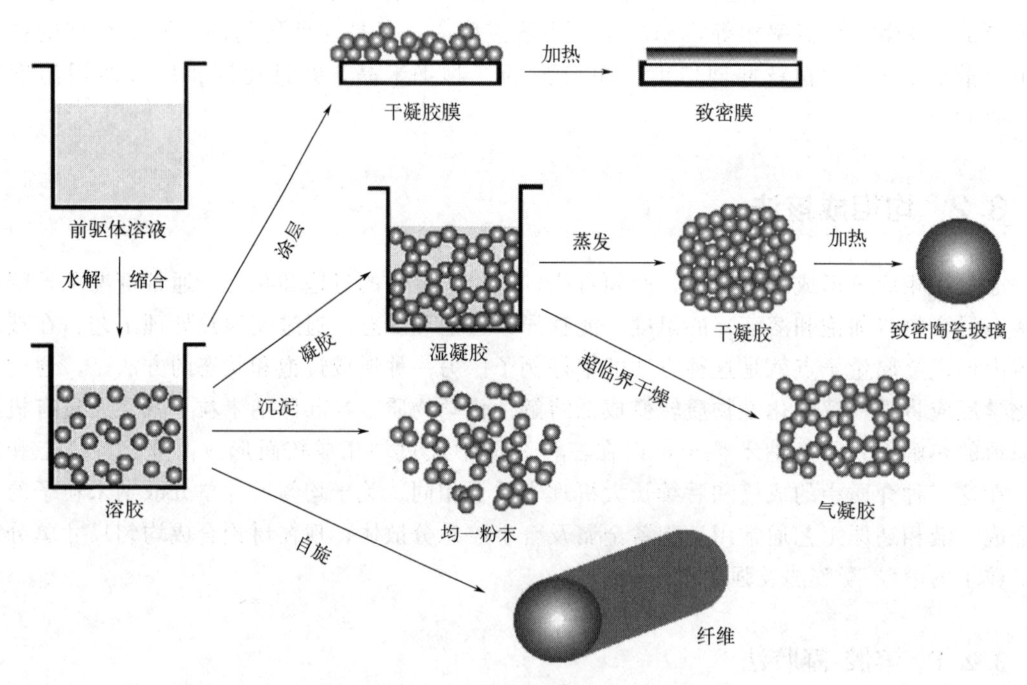

图 3-17 溶胶-凝胶法工艺

对于多组元材料胶态分散体的合成，所面临的挑战是确保具有不同化学活性的不同组成前驱体之间的异质缩合反应。金属原子反应在很大程度上依赖于电荷转移和增加配位数的能力。作为一个经验法则，随着离子半径增大，金属原子的电负性减小，配位数能力提高，如表3-2所示。醇盐化学活性随着离子半径增大而增加。有几种方法来确保异质缩合，实现分子/原子水平多组元均匀混合。

表 3-2 一些四价金属的电负性 χ、局域电荷 δM、离子半径 r 和配位数 n

醇盐	χ	δM	$r/\text{Å}$	n
$Si(OPr^i)_4$	1.74	+0.32	0.40	4
$Ti(OPr^i)_4$	1.32	+0.60	0.64	6
$Zr(OPr^i)_4$	1.29	+0.64	0.87	7
$Ce(OPr^i)_4$	1.17	+0.75	1.02	8

注：OPr^i 为 CH_3CHOCH_3。

前驱体可以被附加的有机配位体改性。对于给定的金属原子或离子，大的有机配位体或更复杂的有机配位体将导致前驱体活性降低。例如，$Si(OC_2H_5)_4$ 的活性小于 $Si(OCH_3)_4$、$Ti(OPr_x)_4$ 的活性小于 $Ti(OPr^i)_4$。另一种控制醇盐反应的方法是利用螯合剂（如乙酰丙酮），化学改性醇盐的配位状态。多步溶胶-凝胶过程也能克服这个问题。将反应活性较低的前驱体首先部分水解，然后再水解活性较高的前驱体。在更为极端的情况下，一种前驱体可以首先被完全水解，全部水分枯竭，如果水解前驱体有非常低的缩合速率，接着引入第二种前驱体并被强制与水解前驱体缩合：

$$M(OEt)_4 + 4H_2O \longrightarrow M(OH)_4 + 4HOEt \tag{3-7}$$

缩合反应仅仅限制在活性较低前驱体水解产物和活性较高的前驱体之间：

$$M(OH)_4 + M'(OEt)_4 \longrightarrow (HO)_3—M—O—M'—(OEt)_3 + H_2O \tag{3-8}$$

通过溶胶-凝胶过程把有机组分加入氧化物系统中容易形成有机-无机混合物。一种方法是将无机前驱体共聚合或共缩合，从而形成由无机组分和非水解有机基团构成的有机前驱体。这种有机-无机混合物通过化学键连接在一起，是一种单相材料。另一种方法是捕获所需有机组分物理地加入无机或氧化物网络里，即将有机组分均匀分散在溶胶中或将有机分子渗入凝胶网络中。类似的方法可用于将生物组分纳入氧化物系统中。将生物组分与氧化物结合的方法是使用功能有机基团来桥接氧化物和生物组分。

制备复合氧化物溶胶的另一项挑战是一种前驱体可能对另外一种前驱体产生催化作用，结果是两种前驱体混合在一起时，水解和缩合反应速率与前驱体单独存在时的反应速率可能会大不相同。在溶胶制备过程中，虽然没经高温处理的复合氧化物晶体结构有利于一些应用，但需要关注如何控制结晶或晶体结构的形成。通过控制工艺条件（包括浓度和温度），可以形成四方相 $BaTiO_3$ 晶体[195]。然而，复合氧化物的晶化控制仍然面临很多问题。

通过仔细控制溶胶制备工艺，可以合成各种单分散氧化物纳米粒子，包括复合氧化物、有机-无机混合物和生物材料。关键问题是促进瞬间成核和随后的扩散控制生长。粒子尺寸可以通过变化浓度和熟化时间而改变。在一个典型的溶胶中，通过水解和缩合反应形成的纳米团簇的尺寸范围通常是 1～100nm。还应当指出，在形成单分散氧化物纳米粒子时，胶体的稳定性通常通过双电层机制来实现。然而，存在于金属和非氧化物半导体胶体形成时的聚合物空间扩散能垒在金属氧化物胶体形成时通常不存在。扩散控制生长可以通过其他机制来实现，如生长物质的控制释放和低浓度。

（1）碱催化溶胶-凝胶法

硅醇盐往往在酸性条件下会形成 3D 凝胶状结构，或者在碱性条件下会形成单个颗粒。因此，碱催化的溶胶-凝胶过程可以产生单分散球形 SiO_2、TiO_2 纳米颗粒和它们的杂化颗粒[196]。其过程为在连续搅拌下将硅酸盐前驱体（如 TEOS）和金属离子前驱体添加到由水、醇和氢氧化铵组成的溶液中。调整处理参数（如 TEOS/H_2O 比率、pH 值、前驱体的类型）可以控制粒径和形态。—OH 基团的存在会导致粒子之间产生排斥力，从而促进单分散球形生物活性纳米粒子的形成。制备生物活性硅基纳米粒子需要添加影响 SiO_2 纳米粒子表面电荷的金属离子前驱体，但是前驱体也有可能导致纳米粒子聚集或干扰纳米粒子的生长。因此，必须很好地控制金属离子前驱体与胶体 SiO_2 纳米粒子之间的相互作用，以获得单分散球形生物活性纳米粒子。然而，仔细控制金属离子前驱体的添加过程也可以获得单分散的产物。Tsigkou 等人通过在碱催化法中调整 TEOS 与硝酸钙的摩尔比，合成出单分散的二元 SiO_2-CaO 生物活性玻璃纳米粒子，其制备过程如图 3-18 所示[197]。添加前驱体 Ca 的量和添加时间也会影响所得生物活性玻璃纳米粒子的形态、组成和分散性，所以只需控制此基本加工参数即可实现单分散 SiO_2-CaO、SiO_2-CaO-CuO 纳米颗粒。

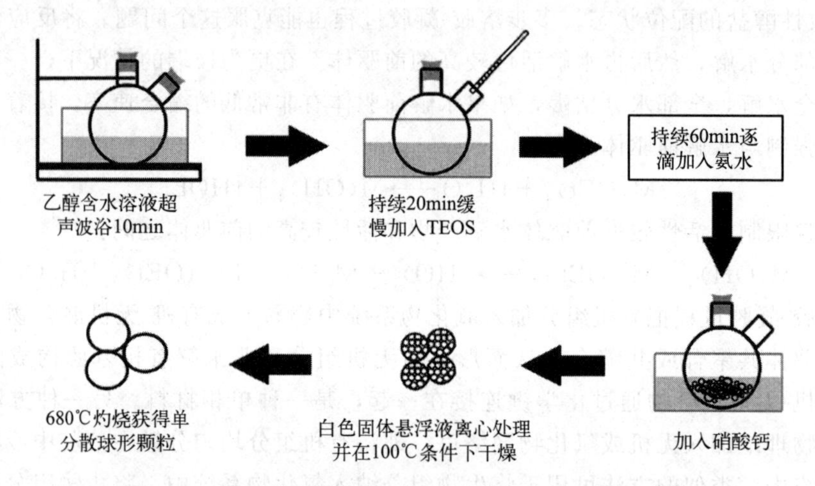

图 3-18　球形单分散生物活性玻璃颗粒合成路线示意图

此外，添加用作形状形成剂或空间位阻剂的有机物质可以提高颗粒的分散性。有机物的引入还可以促进生物活性玻璃纳米粒子的复杂形态的形成，例如中空结构和中孔结构。在中孔生物活性玻璃的碱催化溶胶-凝胶工艺中，阳离子表面活性剂 CTAB 通常用作成孔剂。但是添加的金属离子前驱体通常是易于与阳离子表面活性剂相互作用的盐，这可能会导致有序介孔丧失。这些金属盐对非离子表面活性剂的影响较小，而非离子表面活性剂只能在强酸性条件下组装成高度有序的结构，因此不适合碱催化法。这些事实表明了溶胶-凝胶法制备有序生物活性玻璃纳米粒子所面临的困难。在没有其他添加剂的情况下，碱催化法合成的生物活性玻璃纳米粒子通常呈球形，但可以使用诸如胶束的模板来实现更复杂的形状。在使用胶束作为形状形成剂的生物活性玻璃纳米粒子的典型合成中，在引入前驱体之前，将具有给定浓度（高于临界胶束浓度）的 CTAB 溶液制备成胶束作为形状形成模板。然后，溶液中的水解 TEOS 和金属离子在这些胶束周围聚集，形成具有不同形态的复合颗粒。调整所用模板的浓度可以用来控制生成的生物活性玻璃纳米粒子的形状和大小，而模板的移除也会影响生物活性玻璃纳米粒子的内部结构。例如，去除 CTAB 总是导致生物活性玻璃纳米粒子中形成中孔。

（2）酸碱共催化溶胶-凝胶法

硅酸盐基玻璃纳米颗粒也可以在酸作催化剂的条件下合成。但还需要碱催化剂来诱导颗粒的形成，因为碱可以增大pH值，而升高的pH值又反过来阻止硅酸盐基玻璃纳米颗粒形成凝胶结构。在这种酸/碱共催化策略中，TEOS和金属离子前驱体在酸性条件下混合，然后添加浓碱催化剂可以加速形成纳米颗粒。但是，小的胶体纳米粒子在酸性条件下易于形成3D凝胶结构，而盐的存在会进一步降低纳米粒子的稳定性。这些因素通常导致多分散甚至团聚形态的硅酸盐基玻璃纳米颗粒形成。单分散的硅酸盐基玻璃纳米颗粒可以使用弱有机酸（如柠檬酸）加上这种酸/碱共催化的方法冷冻干燥来获得，但是所得的硅酸盐基玻璃纳米颗粒通常具有粗糙的表面。例如，Hong等人采用柠檬酸和氨水共催化制备出SiO_2-CaO二元生物活性玻璃纳米颗粒[198]。其过程为：将0.015mol $Ca(NO_3)_2 \cdot 4H_2O$和0.035mol正硅酸四乙酯（TEOS）分散在60mL去离子水和60mL乙醇的混合物中；在搅拌下加入柠檬酸，将溶液的pH值调节至2.0；溶液变为透明后，在搅拌下将该溶液滴入700mL的去离子水中；不断添加氨水将溶液的pH值保持在11.0左右；搅拌12～24h后，通过离心将沉淀物从反应混合物中分离出来，并用去离子水洗涤3次；将沉淀的浆液在80℃冷冻干燥，然后在700℃煅烧，得到最终的白色产物，如图3-19所示。为了提高硅酸盐基玻璃纳米颗粒的分散性，还可以在该酸/碱催化的程序中添加充当空间屏障的聚合物种类。例如：在添加碱催化剂后，添加非离子表面活性剂聚乙二醇（PEG）可以用来调整所得硅酸盐基玻璃纳米颗粒的大小和分散性。这种策略已被用来制备含硅酸盐基玻璃的Ag、Zn、Cu和Ce纳米颗粒。然而，获得的产物可能会有金属或金属氧化物纳米粒子，而没有将金属离子掺入玻璃结构中。

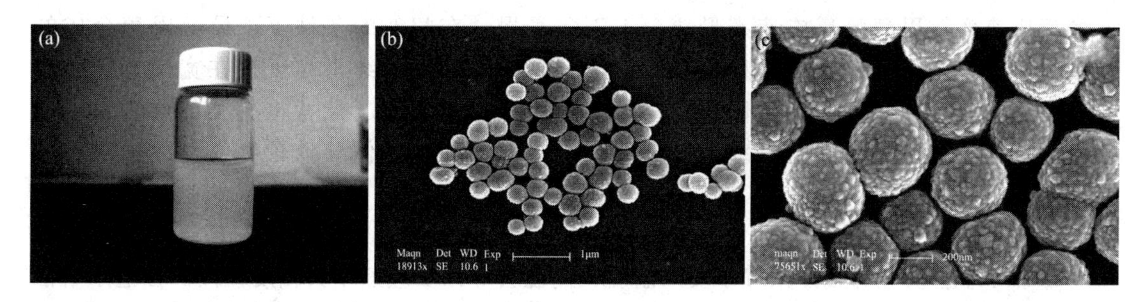

图3-19 SiO_2-CaO二元生物活性玻璃纳米颗粒

（a）静止不动7天的BGNS/水-乙醇悬浮液图像；（b）分散在乙醇水溶液中的低倍率SEM图片；（c）高倍率下的SEM图片

（3）微乳液辅助溶胶-凝胶法

微乳液是油、水和表面活性剂组成的热力学稳定的各向同性液体混合物。微乳液可以分为三种类型：直接型、反向型和双连续型。许多SiO_2基纳米颗粒主要来自反向微乳液。在使用微乳液辅助溶胶-凝胶法合成硅酸盐基玻璃纳米颗粒时，水相包含硅酸盐前驱体、金属离子前驱体和催化剂。硅酸盐前驱体的水解和缩合发生在充当反应器的水滴内部。这些微乳液系统是动态的，这意味着水滴通过随机的布朗运动频繁碰撞并聚结形成更大的水滴。在碰撞过程中，液滴交换对在硅酸盐基玻璃中实现均匀的组成至关重要。表面活性剂使得微乳液滴稳定，油相充当防止纳米粒子聚集的屏障。因此，合成的硅酸盐基玻璃具有令人满意的分散性和均一的组成，但尺寸大小可能不均匀，因为微乳液滴在彼此碰撞时可能会破裂。在干燥和煅烧之前需要高度的洗涤以除去过量的表面活性剂和油相，否则，残留的有机物质可能引起纳米颗粒的聚集。以CTAB作为表面活性剂和模板，微乳液辅助溶胶-凝胶法可以合成中孔硅酸盐基玻璃纳米颗粒。微乳液衍生的硅酸盐基玻璃纳米颗粒的粒径可以通过许多参数来控制，例如溶剂类型和前驱体浓度。中孔硅酸盐基玻璃纳米颗粒可以通过溶剂的类型和CTAB的浓度来调整孔径、孔体积和粒径。例如，通过改变氨水的浓度，中孔硅酸盐基玻璃纳米颗粒可以呈现球形或松果状，它们的大小可以从28nm到250nm不等，其孔的形状可能是蠕虫状、放射状或层状。

3.2.2 强制水解法

生成均匀尺寸胶态金属氧化物的最简单方法是金属盐溶液强制水解[199-201]。大多数多价阳离子很容易水解，提高温度可大大加速配位水分子的去质子化。因为水解产物是金属氧化物沉淀的中间体，温度升高会导致去质子化分子数目增加。当浓度远远超过溶解度时，金属氧化物的晶核就会形成。原则上，产生这样的金属氧化物胶体只需要在高温条件下老化水解金属溶液。显然，迅速进行的水解反应导致过饱和度的陡增，能够确保成核过程的急剧发生，这样可产生大量的小晶核，并最终形成小粒子。制备球形 SiO_2 的步骤简单明了，工艺采用具有不同烷基配位体尺寸的烷氧基硅烷作为前驱体，氨水作为催化剂，各种醇类作为溶剂。首先将乙醇溶剂、氨水和一定量的水混合，然后在强烈搅拌下将烷氧基硅烷前驱体加入。在添加前驱体后，胶体形成或溶液视觉外观在几分钟内明显变化。不同的前驱体、溶剂、氨水和水量可获得平均尺寸为 50nm～2μm 的球形 SiO_2 颗粒。

反应速率和粒子尺寸强烈依赖于溶剂、前驱体、水量和氨水[202]。不同的醇溶剂有不同的反应速率，甲醇的反应速率最快，正丁醇最慢。在相似的条件下，最后甲醇合成的粒子尺寸最小，正丁醇合成的粒子尺寸最大。高级醇合成的纳米粒子存在宽尺寸分布的趋势，比较前驱体中不同配位体的尺寸发现，反应速率和粒子尺寸也有类似的关系。较小的配位体导致更快的反应速率和较小的粒径，较大的配位体导致较慢的反应速率和较大的粒径。氨水对形成球形 SiO_2 粒子是必要的，因为在酸性条件下形成的是线型高分子链，而不是三维结构。

水解和缩合反应都强烈依赖于反应温度，高温会导致反应速率大幅度提高。强迫水解法的步骤以100nm球形胶体 α-Fe_2O_3 纳米粒子的合成为例来说明：首先，将 $FeCl_3$ 溶液和HCl溶液混合并稀释；然后，将混合物加入不断搅拌的、在95～99℃预热的 H_2O 中；最后，在冷水中快速冷却以前，溶液要存放在一个预热至100℃的密封的瓶子中24h。高温有利于快速水解反应，导致高的过饱和度，而这又会反过来导致大量小晶核的形成。在加热到高温以前，稀释是非常重要的，可以确保控制成核和后续的扩散限制生长。在长期老化阶段，允许Ostwald熟化发生，以进一步窄化尺寸分布。Sun等人提出采用乙酰丙酮铁与1,2-十六烷二醇在油酸和油胺存在下高温液相反应生成单分散 Fe_3O_4 纳米颗粒，成分通过 $Fe(ACAC)_3$ 和 $M(ACAC)_2$ 的初始摩尔比控制[203]。类似地，$Fe(ACAC)_3$、$Co(ACAC)_2$［或 $Mn(ACAC)_2$］与相同的二醇反应会生成单分散的 $CoFe_2O_4$（或 $MnFe_2O_4$）纳米颗粒。改变反应条件可将粒径从3nm调节到20nm。合成出的 Fe_3O_4 纳米颗粒具有立方尖晶石结构。4nm的 Fe_3O_4 纳米颗粒的具体合成步骤为：将 $Fe(ACAC)_3$（2mmol)、1,2-十六烷二醇（10mmol)、油酸（6mmol)、油胺（6mmol）和苯醚（20mL）混合，并在氮气流下磁力搅拌；将该混合物加热至200℃保持30min，然后在氮气层下加热至回流（265℃）保持30min；除去热源，将黑棕色混合物冷却至室温；在环境条件下，向混合物中加入乙醇

(40mL)，沉淀出黑色物质，并进行离心分离；再将黑色产物在油酸（约0.05mL）和油胺（约0.05mL）的存在下溶解在己烷中，离心10min(6000r/min)以去除任何未分散的残留物；将Fe_3O_4纳米颗粒用乙醇沉淀，再次离心10min以除去溶剂，然后分散在己烷中，如图3-20所示。改变反应物的浓度可以调节MFe_2O_4颗粒的大小，并控制颗粒的形状[204]。颗粒分散体缓慢蒸发会产生纳米颗粒超晶格。超晶格内的纳米颗粒表现出与其形状相关的优选的晶体取向排列。通过这种纹理控制，成形的纳米颗粒可以成为构建功能纳米结构的有用构建基块。

$Fe(ACAC)_3 + 1,2\text{-}RCH(OH)CH_2OH + RCOOH + RNH_2$

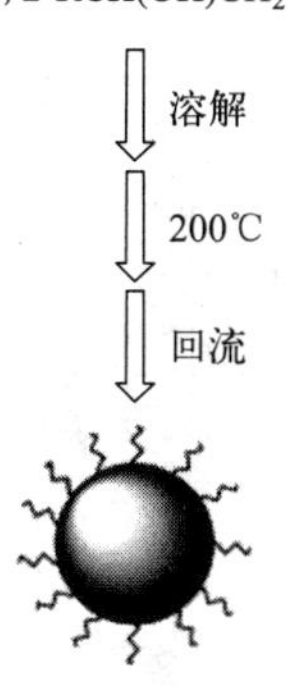

图3-20 Fe_3O_4纳米颗粒的合成示意图

3.3 气溶胶合成

气溶胶工艺是获得各种类型纳米材料的重要技术，其工艺是先把溶液或悬浮液雾化形成气雾滴，然后通过喷雾干燥、喷雾热解、火焰喷雾热解、热分解、微粉化及气体雾化等多种方法进行转化[205]。在气溶胶处理过程中，每个液滴都会发生受到良好控制的物理和化学转变，例如，可以干燥和聚集预先存在的固体颗粒，或者从分子或胶体前驱体的混合物中合成新的微米颗粒或纳米颗粒。近来，更先进的反应性气溶胶工艺已经成为一种创新的手段，可以合成具有可调整的表面特性、质地、组成等的纳米材料。特别是气溶胶辅助溶胶-凝胶工艺，它是可扩展的且对环境无害的溶胶-凝胶化学工艺，通常结合蒸发诱导自组装，可以获得微米级或亚微米级、无机或杂化的颗粒，且具有不同规模的可调节和校准的多孔结构。此外，预先形成的纳米粒子很容易以“一锅”的方式掺入或形成在通过这种喷雾干燥法生产的多孔无机或杂化球体内。因此，可用相对简单的方式制备具有定制催化活性的多功能催化剂。

多种基于气溶胶处理的技术可以制备纳米材料，包括喷雾干燥、雾化、气溶胶辅助的溶胶-凝胶、气体雾化、火焰气溶胶法及气溶胶辅助的自组装过程等。所有这些技术均以雾化液体产物的雾化开始，如图3-21所示。纳米或亚微米的液滴有几种类型的雾化技术可用，一般利用压力、离心、静电或超声生成分散的和以气体形式传输的液滴。但是，这些过程与喷雾溶液或胶体悬浮液的性质和特性不同，随后应用于气雾剂的处理方法也不同。制备固体颗粒的气溶胶过程可以分类为4类：①悬浮液中原有颗粒进行简单干燥，导致颗粒聚集；②溶液中的分子通过气雾剂干燥，并在溶剂蒸发的作用下沉淀；③溶液中的分子前驱体在气溶胶处理过程中进行无机缩聚反应，从而产生化学上不同于起始化合物的固体，根据气溶胶加工技术，此型工艺有三种子类型，包括火焰加工、高温热分解和温和热处理；④通常是由不同金属混合物获得的金属熔体被雾化并冷却以产生微粉化的金属颗粒。

(1) 干燥

这种工艺的起点是固体颗粒的悬浮液，喷涂工艺仅用于干燥预先存在的固体材料（即预先形成的颗粒）。此方法产生与起始材料具有相同化学组成和性质的新固体颗粒，但聚集形式、湿度、大小等不同。通常采用通过热处理烧结获得的材料，以确保聚集体的内聚。然

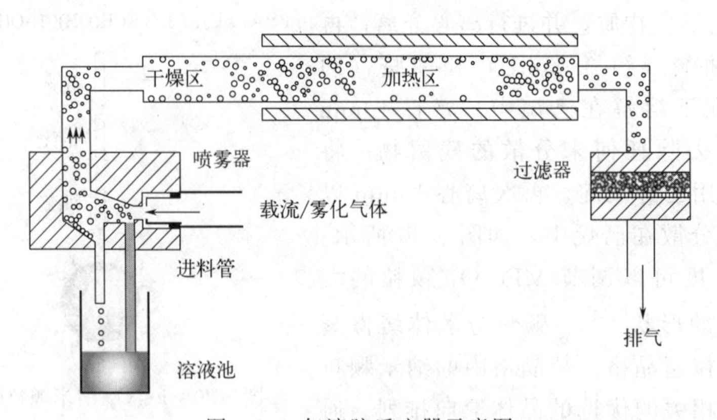

图 3-21 气溶胶反应器示意图

而，在某些情况下，会引入添加剂来调整聚集行为。若此类添加剂本身是反应性的，这就使复杂的分类工作转变为简单的干燥过程。另外，可以将活性化合物添加到起始混合物中，并在干燥时沉积在预形成的固体颗粒上。对于非均相催化，可使用此气溶胶技术对小的催化颗粒的聚集体进行整形，以便在催化过程中使用较大的颗粒，从而使催化剂的回收更加容易或促进固定床中的流动设计。此外，由这种喷雾干燥方法获得的材料通常具有改善的耐磨性，这进一步增加了流化床反应器的重要性。

（2）沉淀

随着溶剂的蒸发，起始溶液中包含的各种有机、无机分子将在浓度增加的作用下干燥并沉淀。溶液体系中的分子物质通过简单的沉淀形成固体颗粒，没有无机缩聚反应，也没有起始分子的分解。初始物种的化学性质可以完全保留，也可以形成新的固体形式，如沉淀出盐的混合物或生成一种新的结晶化合物。产物的组成、尺寸、结晶度、湿度、质地取决于起始溶液的组成和干燥参数。在某些情况下，所需晶体的晶种可能已存在于前驱体溶液中，加入添加剂和牺牲织构剂就可以帮助控制最终固体颗粒的物理性质。在非均相催化中，这种技术可用于生产铝酸钠微球，以用作生物质提质的基本催化剂，或生产金属盐的紧密混合物，然后进行热处理以获得在选择性氧化反应中具有活性的复合氧化物催化剂。纳米结构的 $NaAlO_2$、MoO_3-SiO_2-Al_2O_3 微球由水溶液通过喷雾干燥路线生产，所获得的固体具有小晶粒尺寸[206,207]。合成过程是，先将含有沉淀物的水溶液喷到雾化器中，并且使气溶胶通过保持在 700℃的管式炉快速干燥，获得的纳米 MoO_3-SiO_2-Al_2O_3 微球如图 3-22 所示。

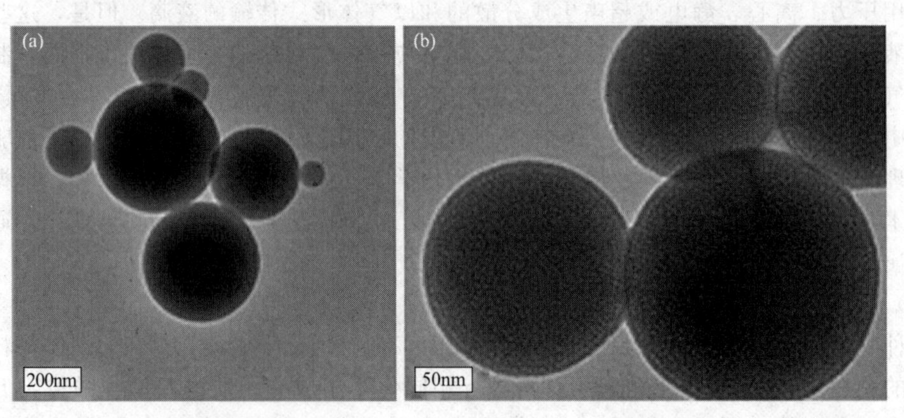

图 3-22 煅烧后的 MoO_3-SiO_2-Al_2O_3 气溶胶催化剂的高分辨率（HR）TEM 图像

（3）反应性气溶胶工艺

该溶液体系包含的反应性分子前驱体在气溶胶处理过程中反应分解或进行无机缩聚反应，生成新的固体化合物。形成的固体在化学组成上不同于溶液中最初存在的物质。例如，从金属烷氧基化合物、金属盐等分子前驱体开始形成金属氧化物，或者通过对金属卤化物进行热处理或还原处理获得金属纳米颗粒。根据触发化学反应的条件，气溶胶处理过程包括火焰气溶胶合成、高温热分解及气溶胶辅助的溶胶-凝胶等过程。火焰气溶胶工艺过程依次为：先把前驱体溶液雾化，并注入火焰中快速分解，然后进行冷凝。此工艺中火焰的温度最高可达 3000℃。在气相或液相进料火焰合成过程中的颗粒形成过程如图 3-23 所示。喷涂溶液通常包含可燃物，且喷涂过程会产生无孔颗粒。根据工艺参数的不同，一次颗粒会形成疏松的附聚物或聚集体，颗粒间会产生孔隙。颗粒的成分可能不均一，因为更多的耐火材料首先在火焰中凝结，形成颗粒的核，表面的耐火材料则较少。该技术广泛用于制备各种纳米材料，特别是非均相催化剂的制备。高温热分解工艺是将前驱体溶液雾化，然后在高温反应器中对气溶胶进行处理，前驱体发生热分解，形成具有不同聚集度的无孔颗粒。通常反应器的温度为 1000℃左右。在非均相催化中，使用这种高温分解方法可获得基于分散在难熔氧化物表面的金属的配方，例如 Ru/TiO_2 甲烷化催化剂或掺杂的 TiO_2 光催化剂。

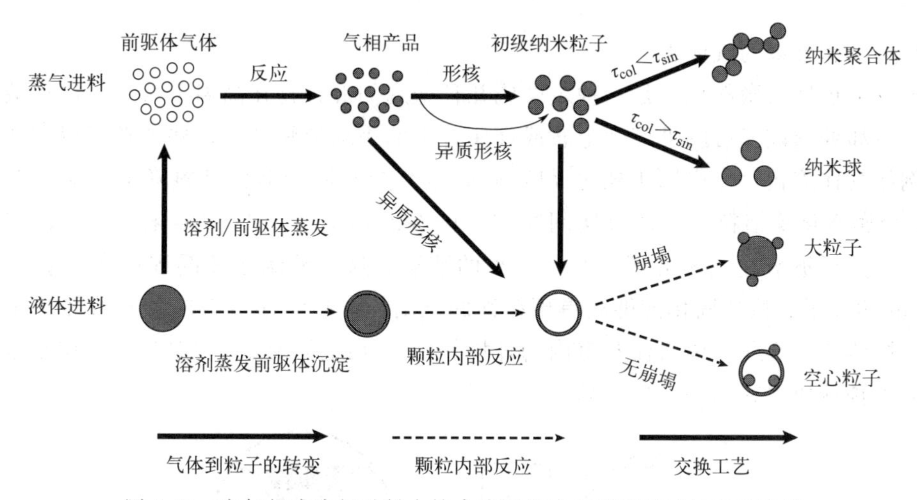

图 3-23 在气相或液相进料火焰合成过程中的颗粒形成过程示意图

气溶胶辅助溶胶-凝胶工艺是将前驱体溶液雾化，并在相对温和的条件下用气雾剂干燥以引发无机缩聚反应，如图 3-24 所示。该方法通常利用起始溶液中的有机物来调节最终材料的特性。因此，起始前驱体溶液通常包含模板剂，模板剂可以是预先形成的，也可以是在干燥过程中自组装的。气溶胶辅助溶胶-凝胶工艺通常需要进行单独的热处理或化学后处理，以去除模板剂并释放孔隙，或改性所得的产物（例如将无定形材料转变为晶体等）。通常，起始溶液仅由分子（无固体颗粒）组成，它们在干燥过程中以严格的自下而上的方式缩聚和自组装。然而，缩聚和自组装在雾化之前就已开始，液滴已包含无机低聚物和/或有机胶束。此外，除了会冷凝的主要反应性化学物质外，起始系统还可以包含预先形成的悬浮液。在反应性添加剂的存在下，使用干燥工艺进行处理的边界是模糊的。如果材料的大部分是通过反应性无机缩聚获得的，那么该工艺就属于此种类型。目前，此类气溶胶工艺已经可以定制结构、组成、表面功能不同的各种纳米材料。

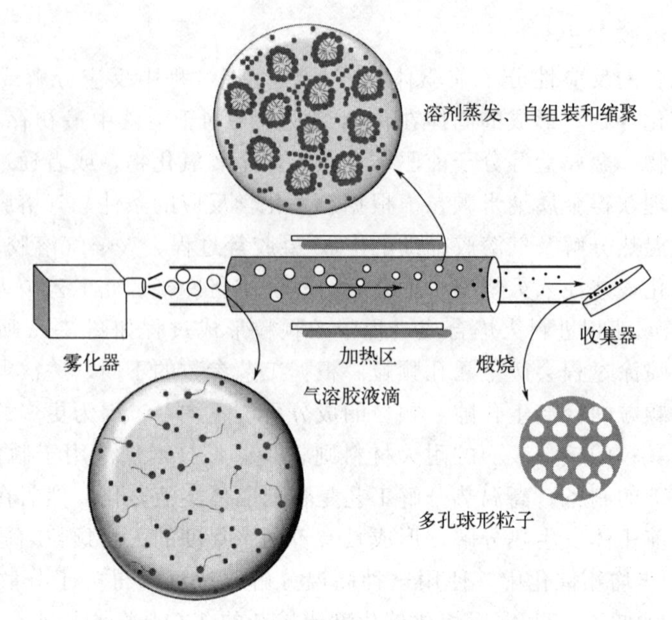

图 3-24　气溶胶辅助溶胶-凝胶工艺（在表面活性剂用作牺牲性织构剂的情况下）

（4）金属和合金的气体雾化

这种技术也称为微粉化，是一种金属或几种金属的混合物在高温下熔化并以小液滴的形式雾化。冷却处理该气溶胶可产生金属或金属合金的小球形颗粒，这些颗粒可以用作多相催化剂，例如气体雾化可生产用于氢化反应的 Ni 基合金及用于催化染料降解的混合金属玻璃等[208]。金属雾化镍铝粒子生产金属间粉末如图 3-25 所示。在气体雾化过程中，熔体流经喷嘴喷出，然后被惰性气体破坏，产生细小的液滴，这些液滴迅速凝固以产生直径范围为 1～200nm 的粒子。快速固化能够获得更精细的微结构，且无偏析效应，并可能产生有用的亚稳相。熔体流、雾化气体射流和室内的环境气体之间的流体动力和热相互作用是重要的参数，据此可预测所得粉末的结构性质。

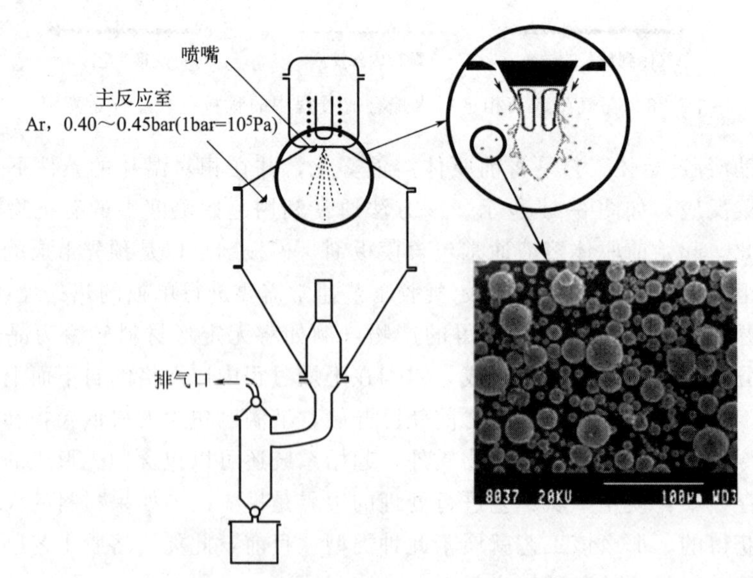

图 3-25　金属雾化镍铝粒子生产金属间粉末

气溶胶法合成的纳米粒子是多晶，这不同于其他的方法。纳米粒子需要收集和重新分散以利于各种应用。在此工艺中，首先制备液态前驱体，它是含有所期望组元的简单混合溶液或胶态分散体。接着将这种液态前驱体制成液态气溶胶，即气相中均匀滴液的分散体，然后由于蒸发或与气体中存在的化学物质反应而被固化。由此产生的粒子是球形粒子，其尺寸由初始液滴的大小和前驱体的浓度所决定。气溶胶可以通过超声或旋转方式相对容易地产生。例如，TiO_2 粒子可由 $TiCl_4$ 或钛醇盐气溶胶制备。首先形成非晶态球形 TiO_2 粒子，然后在高温下煅烧转化为锐钛矿晶体。当粉末加热到 900℃时，获得金红石相。按照同样的程序，用 2-丁醇铝金属液滴可以制备出球形氧化铝颗粒。气溶胶技术也被用于制备聚合物胶体。有机单体液滴与气态引发剂接触时发生聚合，也可与其他有机反应物发生共聚反应。例如，苯乙烯和二乙烯基苯的聚合物粒子通过苯乙烯和二乙烯基苯两种单体间的共聚反应而合成。应当指出的是，通过气溶胶法合成的聚合物粒子是大粒子，其直径在 1～20μm 之间。

3.4 模板诱导合成

模板诱导策略制备纳米材料的主要步骤一般包括模板的制备、基于模板的导向合成及模板的去除这三步。模板法具有实验原理易懂、设备简单、适用面广等优点，是一种切实可行的方法，可以实现材料制备的精准控制。具体来讲，主要包括三方面：①形貌控制，即全部的纳米结构具有一致的形貌；②尺寸控制，即制备的纳米结构具有一致的大小，粒径分布窄；③组分和结晶性控制，即制备的纳米结构有一致的化学组分及结晶取向。

根据自身特性的不同和限域能力的不同，模板法又可分为软模板法和硬模板法。软模板法是以在一定的环境下能形成特定形貌的物质为模板，软模板主要包括两亲分子在反应过程中形成的各种有序聚集体，如液晶、胶团、微乳液、囊泡、LB 膜、自组装膜等。软模板法是一种通过化学和电化学方法制备具有特定形貌微/纳米结构的方法[209]。硬模板是指以共价键维系的刚性模板。硬模板法以这种刚性模板为基础，通过化学或物理方法制备具有特定形貌的微/纳米结构。常用的硬模板包括多孔氧化铝膜、多孔硅、径迹蚀刻的聚合物膜、碳纳米管等。通过利用物理和化学方法向特定形貌的模板中填充各种无机、有机或半导体材料，可以获得所需特定形貌和功能的微/纳米结构，如纳米线、纳米管或复合材料等。目前，应用最广泛的模板是具有不同空间结构的阳极氧化铝膜、高聚物硬模板、多孔硅、分子筛、胶态晶体、碳纳米管等[210]。

3.4.1 微乳液法

微乳液是由两种不互溶的液体在表面活性剂作用下形成的热力学稳定、各向异性、透明或半透明的、粒径大小在 10～100nm 的均匀分散乳液体系，这种液相体系包含至少三种组分：极性相（通常是水）、非极性相（通常是油）和表面活性剂[211]。在微观水平上，表面活性剂分子形成界面膜，该界面膜将极性域和非极性域分开。该界面层形成不同的微观结构，范围从分散在双连续“海绵”相上的连续水相（O/W 微乳液）中的油滴到分散在连续油相（W/O 微乳液）中的水滴。微乳液即是微乳液相，包括胶束溶液和反胶束溶液。微乳液与普通乳液的区别在于黏度，微乳液的黏度远低于普通乳液。油包水微乳液（W/O）在水均匀地分散于油介质中时出现，这使得在微乳液中合成纳米粒子成为可能，特别是合成金属纳米粒子、半导体量子点和聚合物纳米粒子[212,213]。因此，利用微乳液相的限域效应可以设计合适的化学反应来制备纳米材料[214]。

表面活性剂分子溶解在有机溶剂中形成球形聚集体，被称为反胶束。此时的极头向内指向核心，而极尾向外。反胶束可在有水或无水的情况下形成。如果介质中不含水，则聚集体非常小，而水的存在会使表面活性剂聚集。水很容易溶解在极芯中，形成“水池”内容物。这些水池成分的特征在于 ω，即体系中的水与表面活性剂的摩尔比（$M_{H_2O}/M_{表面活性剂}$）。含有少量水（$\omega<15$）的聚集体通常称为反胶束，而与含有大量水（$\omega>15$）的液滴相对应的聚集体称为微乳液。微滴能以油溶胀的胶束形式分散于水中形成水包油（O/W）微乳液，也能以水溶胀的胶束形式分散于油中形成油包水（W/O）的微乳液或反向微乳液，主要依赖于各种组分的比例和所用表面活性剂的亲水-亲脂平衡值，如图 3-26 所示。这些纳米液滴可用作纳米反应器进行化学反应。最初假定这些纳米液滴可以用作控制颗粒最终尺寸的模板，然而其他参数对纳米颗粒的最终尺寸分布也起着重要作用。简而言之，反胶束是 W/O 微乳液，表面活性剂分子的极头基团被水核心吸引并指向内部，烃链即非极性部分（极尾）被非水相吸引并指向外部。整个体系由纳米级的单分散水滴组成。通过改变 ω 的值，水核的大小和形状可以容易地被控制。以水相与表面活性剂的特定比例获得的反胶束可形成均一的纳米反应器，并具有 5～10nm 的水核，可在其中沉淀无机物质和有机物质。除了在合成化学中使用外，反胶束还在合成生物学上重要的系统中使用，比如基于酶的反应基本上都在水溶液中进行。非极性基板的转换是不可能的。使用反胶束可以将水溶性或油溶性底物转化为产物。

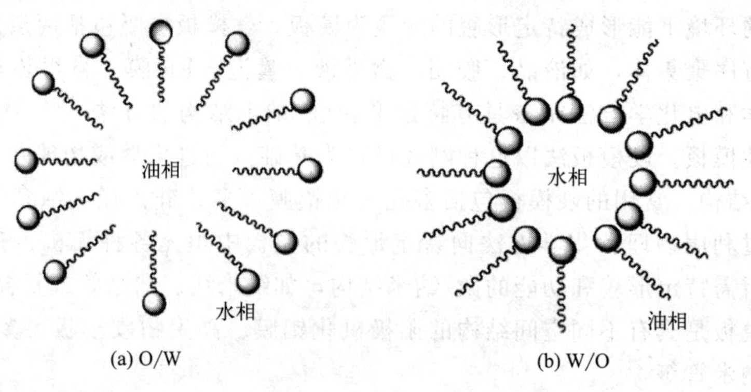

图 3-26　胶束与反胶束的示意图

反胶束已作为模板用于合成 Pt、Rh、Pd 和 Ir 等金属纳米粒子，反应物金属盐和还原剂溶于水，金属颗粒的成核在微乳液的水池中进行。Capek 全面评估了影响金属纳米粒子的粒径分布及形貌形成的影响因素，结果显示稳定剂的性质、添加剂的表面活性和微乳液液滴的胶体稳定性对金属颗粒的粒径分布起决定性作用[215]。微乳液法制备金属纳米粒子的反应机制如图 3-27 所示。在反应过程中，首先配制出正确的微乳液，再将两种带有适当反应物的微乳液混合，制备出所需的金属纳米颗粒。将包含金属盐和还原剂两种反应物的微乳液混合后，水滴的碰撞会导致反应物交换。在此过程中，反应物的这种交换快速发生，随后液滴内部发生成核和生长，从而控制粒子的最终尺寸。一旦颗粒达到最终尺寸，表面活性剂分子将附着在颗粒表面，从而稳定并保护它们免于进一步生长。提高水含量，可以使 Pd 金属纳米粒子从球状转变为蠕虫状[213]。铜纳米粒子的形貌和尺寸受水含量、封端剂和还原剂浓度的影响[216]。此外，盐微乳液也能够进行纳米粒子的合成，但需要使用脉冲辐射分解和激光光解等辅助工艺来触发纳米级颗粒的制备。

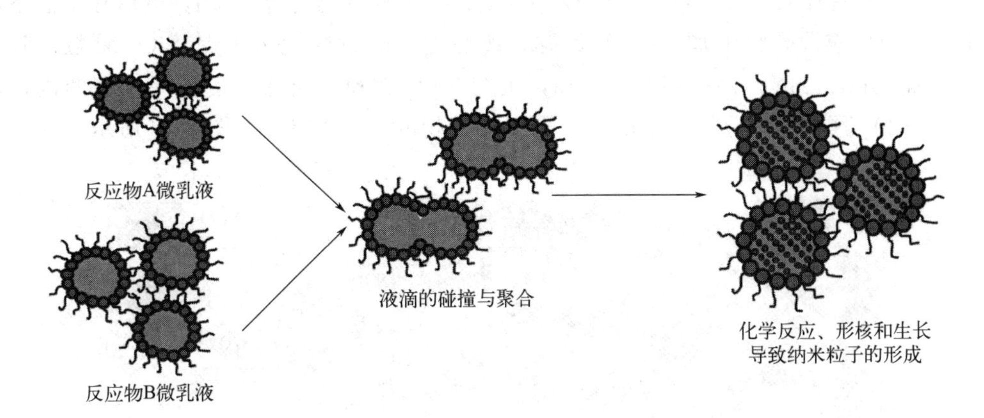

图 3-27 微乳液法形成金属纳米粒子的机理

在 W/O 微乳液反应中，油包裹着的水滴连续碰撞，聚结并破裂，导致溶液含量的连续变化。实际上，这种变化的半衰期约为 $10^{-3}\sim10^{-2}$s。体系中的纳米颗粒生长可用 LaMer 模型和热力学稳定性模型来解释。第一步，浓度随着时间的增加而连续增加，当浓度达到临界过饱和值时，发生成核，这导致浓度降低，在浓度 C_{max} 和 C_{min} 之间发生成核。后来浓度的降低是由于颗粒通过扩散而生长。这种生长一直持续到浓度达到溶解度值为止。然而，后续颗粒的生长遵循粒子的热力学稳定性，即体系内核数目是恒定的，并且浓度的增加导致颗粒尺寸增大。这是因为颗粒被表面活性剂热力学稳定。当前驱体浓度和水滴的尺寸变化时，颗粒的尺寸保持恒定。在纳米颗粒形成期间，成核连续发生。因此，水滴内部纳米颗粒形成过程的不同阶段可以解释为：化学反应、成核作用和颗粒生长。在微乳液中引入两种不同的反应物，不断搅拌将使得这两种微乳液混合起来，液滴连续碰撞导致反应物交换，并且在纳米反应器内部反应物之间或反应物与沉淀剂之间发生化学反应。

反胶束也能用来合成双金属纳米粒子，如 Fe-Pt 和 Cu-Ni，这也使双金属表现出比相应单金属更优异的性能[217,218]。其制备路线是，先按照合成金属纳米粒子的成分摩尔比配制出前驱体金属盐微乳液和还原微乳液，再把二者混合搅拌获得沉淀物，最后再对产物进行洗涤、干燥或退火处理。另外，微乳液也能合成多种氧化物纳米粒子，包括简单的二元氧化物（如 CeO_2、ZrO_2）和复杂的三元氧化物（如 $BaTiO_3$、$SrZrO_3$ 和 $LaMnO_3$）[219,220]。直径约 5nm 的超小氧化钨粒子可以借助微乳液辅助方法合成，反应温度低于传统方法的温度[221]。Pang 等人开发出一种新型的油包水型微乳液，该微乳液以 Triton X-114 作为非离子型表面活性剂，以环己烷作为油相，1.0mol/L $AlCl_3$ 水溶液作为水相，用于合成 Al_2O_3 纳米颗粒[222]。在此体系中，固定油与表面活性剂之比为 70∶30（质量比），但水相含量不同。微乳液合成的纳米粒子含有 20%（质量分数）的水，具有较小的粒径（5～15nm）和较低的转变为 α-Al_2O_3 晶体的转变温度。在 1000℃下，煅烧 12h 得到纯 α-Al_2O_3 纳米晶体，尽管表观粒径有所增大，但纳米尺寸得以保留。该转变温度比直接沉淀法合成的 Al_2O_3 颗粒的转变温度低约 200℃。在这些反胶束合成过程中，显著的证据证实水与表面活性剂的摩尔比控制着微晶的大小。由离子型反应物生成胶态晶体也有相同的结果。

典型的反胶束合成氧化物的过程以 SiO_2 球的合成为例来说明[223]。合成过程如下：首先将 1.3mL NP-5 乳化剂分散在 10mL 环己烷中，并搅拌 15min（850r/min）；随后，加入分散在氯仿（100μL）、环己烷（1mL）或水（50μL）中的 1～2nmol 量子点，将反应混合物搅拌 15min，然后加入 80μL TEOS 和 150μL 氨；再将混合物搅拌 1min，然后在室温下避光保存 1 周；向反应混合物中加入 3mL 乙醇，离心 10min 以纯化量子点/SiO_2 颗粒；除去清液后，添加 10mL 乙醇，再次离心 20min，沉淀 SiO_2 颗粒；再次重复前一步骤两次，然后将量子点/SiO_2 颗粒重新分散在乙醇中。获得的产物的 TEM 照片如图 3-28 所示。

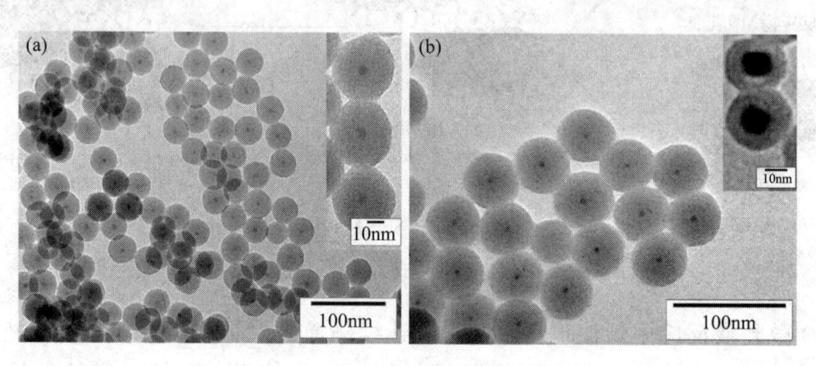

图 3-28　SiO_2 颗粒的 TEM 照片

（a）CdSe 量子点在 SiO_2 颗粒中；（b）PbSe 量子点在 SiO_2 颗粒中

3.4.2　生物模板法

自然界存在无数种结构复杂的无机或有机纳米结构，它们具有尺寸均一和结构多样性的特点。纳米材料的尺寸在 1～100nm 内，而大多数重要的生物分子，如蛋白质、核酸等的尺寸都在这一尺度内。受自然界的启发，一些生物质结构如 DNA、蛋白质和细菌等作为模板逐渐被应用于制备纳米粒子。生物质本身具有的纳米尺度、自组装能力以及可裁剪和修饰性为其作为模板合成特定的纳米结构材料提供了可能。此外，生物质含有的多种有机官能团具有较高的化学反应活性，为多种金属纳米粒子的合成奠定了化学基础。Ben-Yoseph 等人首先利用 DNA 的静电吸附和模板作用得到了由银纳米颗粒组装而成的银纳米线。Chaput 等人用缩氨酸修饰的单链 M13 病毒 DNA 纳米管作为模板，通过原位还原制备得到尺寸均一的自组装金纳米粒子，如图 3-29 所示[224]。蛋白质含有丰富的羟基、氨基等功能基团，具有很强的、良好的骨架结构和识别作用，是一种优异的生物模板。Rosi 等人将两亲的蛋白质组装成超分子的双螺旋结构，同时以其为模板还原制备金纳米颗粒，这是首次通过这种方式得到特殊的等离子体结构[225]。利用牛血清蛋白为模板，Raghavan 等人通过化学还原硝酸银得到了面心立方晶型的银纳米粒子[226]。Chang 等人也利用牛血清蛋白为模板制备出了金纳米簇，并将其应用于对汞离子的检测[227]。作为纳米粒子合成模板，生物质材料主要起到模板诱导和稳定纳米粒子的作用。该方法的优势在于纳米材料的尺寸精确可调，同时可以直接对纳米粒子进行组装得到一维或三维纳米组装体；其缺点是生物模板不易去除或去除后材料的结构易受到破坏。

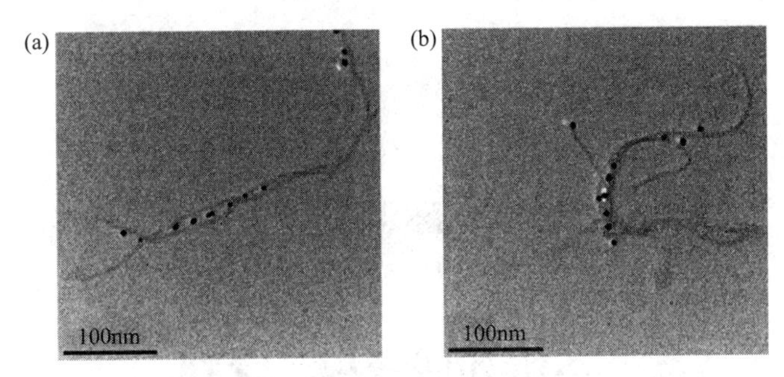

图 3-29 以缩氨酸修饰的 DNA 纳米管为模板合成得到的金纳米粒子的 TEM 照片

3.5 总结

单分散纳米粒子的制备可以在气体、液体或固体介质中，以均相或非均相成核等多种不同方法完成。金属纳米粒子的生长主要以液相还原法为主，而溶胶-凝胶法、强制水解法、气溶胶法等主要制备非金属纳米粒子。模板诱导策略则可以制备金属与非金属纳米粒子。

4 一维纳米结构材料

一维纳米结构材料是指在两维方向上为纳米尺度，长度为宏观尺度的新型纳米材料，包括纳米线、纳米棒、纳米带、纳米管及纳米核壳结构等。纳米线包括纳米纤维、纳米晶须，一般长径比大于10；纳米棒呈细棒状结构，一般长径比小于10；纳米带的尺寸范围一般为长宽比大于10，一般宽厚比大于3。通常认为晶须及纳米棒要比纤维和纳米线短。纳米管也是一种内部为空心的一维纳米结构，其结构形貌总是与纳米尺度的主体材料相关[228]。纳米管的研究已从早期的碳纳米管发展到氧化物、硫族化合物及氢氧化物纳米管等。碳纳米管已作为模板用于合成各种结构与形貌的一维氧化物纳米管，如 SiO_2、Al_2O_3、MoO_3、RuO_2 或 ZrO_2 纳米管[229]。许多技术已用于合成一维纳米结构材料，如自发生长、模板合成、静电纺丝等。自发生长和模板合成法被认为是原子或分子组装法。自发生长通常导致单晶纳米线或纳米棒沿着依赖于晶体结构和纳米线材料表面性质的择优晶体生长方向而形成。模板合成大都产生多晶，甚至非晶产物。本章主要讨论一维纳米结构材料的所有上述制备技术，覆盖纳米线、纳米棒、不同材料的纳米管等，包括金属、半导体、聚合物和绝缘氧化物[230]。

与纳米粒子相比，一维纳米结构材料具有独特的物理化学性质及巨大的应用潜力。首先，一维纳米结构材料被认为是能够有效传输载流子的最低维度结构，是未来纳米电子领域内传输信息最理想的工具。其次，一维纳米结构材料还因其较小的维度和尺寸而表现出独特的电学、光学和力学特性，在激光、传感、电子显微镜探针等方面有着广泛的应用[231-235]。此外，一维纳米结构材料在构造纳米器件方面也发挥着重要作用，既可以作为导线，也可以作为基本的功能结构单元[236-241]。在一维纳米结构材料的制备合成中，最重要的原则就是在保证材料向一维方向生长的同时控制其形貌及单分散性。基于这种设计思想，已有多种化学合成技术被应用于一维纳米结构材料的控制合成，例如化学气相沉积、液相沉淀、水热/溶剂热法、微乳液法等。

4.1 自发生长

自发生长是一个由吉布斯自由能或化学势减小所驱动的过程。吉布斯自由能的减小通常由相变、化学反应或应力释放来实现。纳米线或纳米棒的形成，要求各向异性生长。例如，沿着某一方向的晶体生长快于其他方向的生长。均匀尺寸纳米线沿其轴向具有相同的直径，这种纳米线是晶体沿着某一方向生长而在其他方向没有生长所形成的。在自发生长过程中，对于特定的材料和生长条件，生长表面上的缺陷和杂质对决定最终产物形貌起到非常重要的作用。

4.1.1 蒸发-冷凝生长

蒸发冷凝制备晶须或纳米线一般通过轴向螺形位错诱导各向异性生长。在此过程中，温度、原材料的过饱和度及压强是重要的制备参数。汞晶须是首先被制备出来的一维纳米结构材料，汞晶须的合成在真空状态、冷凝温度为−50℃、过饱和度（定义为压强与平衡压强之比）为100的条件下完成。在生长过程中，汞晶须轴向生长速率约为1.5μm/s，半径保持恒定，这意味着横向生长可以忽略。此方法还可以合成出锌、镉、银和硫化镉等材料的纳米晶须，合成条件随所涉及的材料而变化。尽管大量的研究已证实纳米线在生长过程中存在轴向螺形位错，但在大多数情况下各种技术包括电子显微镜和刻蚀，都未能揭示轴向螺形位错的存在。在蒸发-冷凝法制备出的纳米线或纳米棒中，显微孪晶和堆垛层错均被观察到，这可能是引起各向异性生长的原因。然而，许多研究表明在生长的纳米棒和纳米线中根本不存在轴向缺陷。显然，纳米棒或纳米线的生长不一定由显微孪晶所控制，但孪晶的形成对决定最终晶体形貌依然非常重要。这种各向异性生长也不能用各向异性晶体结构来解释。显然还需要做更多的工作来理解蒸发-冷凝法生长纳米线和纳米棒的机制。

另外，观察到的纳米线生长速率高于利用式(2-67)计算得到的平面冷凝速率。这意味着纳米线的生长速率快于生长物质到达生长表面的速率。为了解释这种大幅度提高的晶须或纳米线的生长速率，位错扩散理论被提出。这个模型表明快速生长速率取决于从气相中直接冷凝的生长物质和从侧面迁移到生长端部的吸附生长物质。然而，吸附原子从侧面跨越边棱向端部生长表面的迁移是不可能的，因为边棱起到能量势垒的作用。

各种半导体氧化物单晶纳米带是蒸发-冷凝法合成的典型代表，这些氧化物包括六方纤锌矿晶体结构的ZnO、金红石结构的SnO_2、C-稀土晶体结构的In_2O_3、氯化钠立方结构的CdO。在合成过程中，被放置于石英管式炉里的氧化铝基板上的金属氧化物原材料低温冷凝，通过控制炉管的真空压力、温度及合成时间，最后氧化物纳米带在基板上形成。ZnO纳米带是在双温区高温管式炉中由原材料蒸发形成的[242]。ZnO纳米带的SEM照片和TEM照片如图4-1显示[242]。氧化锌纳米带的典型宽/厚比为5～10，并观察到（0001）和（01$\bar{1}$0）两个生长方向。除了在平行于（01$\bar{1}$0）生长轴方向有一堆垛层错外，整个纳米带中没有发现螺形位错。纳米带表面光洁，没有任何非晶相壳层，纳米带的尖端也不存在非晶球。这表明纳米带的生长不是VLS机制。纳米带的生长既不能归因于螺形位错诱导各向异性生长，也不能归因于杂质抑制生长。这里提到的四种氧化物都有不同的晶体结构，因此也不能将纳米带的生长直接与其晶体结构相关联。单斜晶体结构的Ga_2O_3和金红石结构的PbO_2也能以同样的技术合成[243]。不同温度下生长的单晶汞既可能是小片状，也可能是晶须。因此，纳米线和纳米带的形状可能取决于生长温度。

为了进一步理解氧化物纳米带生长的动力学机制，蜷缩单晶ZnO纳米带被制备出，并能够形成左手螺旋纳米结构和纳米环，如图4-2所示[244]。采用固气反应工艺，首先把ZnO粉末置于双温区管式炉的高温区，在10^{-3}torr（1torr=133.3Pa）真空条件下加热到1350℃使其分解，再通入载流气体Ar，运送分解产物到达400～500℃的低温区的氧化铝衬底上，在250torr压强下沉积纳米带。这种现象归因于自发极化和弹力引起的总能量最小化。自发

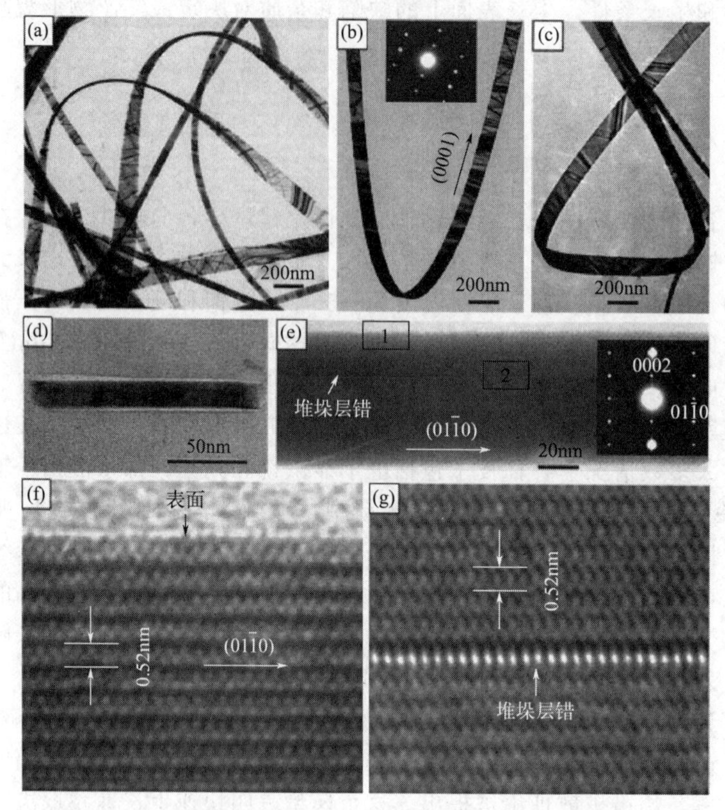

图 4-1　ZnO 纳米带的 SEM 照片和 TEM 照片[242]

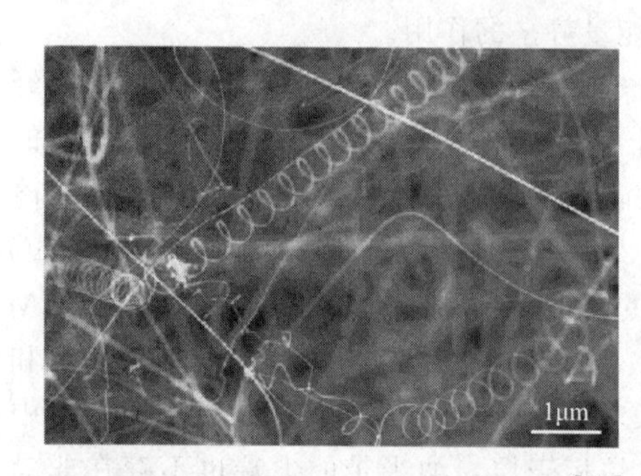

图 4-2　单晶 ZnO 纳米带 SEM 显微图片[244]

极化源于非中心对称的 ZnO 晶体结构。在以(0001) 面为主晶面的单晶纳米带中，在锌和氧占据的±(0001) 表面上形成正、负离子电荷。

同样，蒸发-冷凝法也能合成出纳米棒。Liu 等人在高温下通过纳米粒子转化合成出 SnO_2 纳米棒[245]。纳米粒子是使用非离子性表面活性剂及 $SnCl_4$ 反相微乳液通过化学合成得到，粒子平均粒径为 10nm，并高度团聚。SnO_2 纳米粒子在空气中被加热到 780～820℃时，形成金红石结构的单晶 SnO_2 纳米棒。纳米棒具有均匀的尺寸，直径为 20～90nm，长度为 5～10μm，长度和直径依赖于温度和在峰值温度下的浸泡时间。这种蒸发-冷凝法也能合成各种不同的氧化物纳米线，如 ZnO、Ga_2O_3、MgO 和 CuO[246-248]。Xia 等人在空气中直接将铜网加热到 500℃得到铜纳米线，如图 4-3 所示[246]。此外，Si_3N_4 和 SiC 纳米线也可通过简单的高温加热这些材料的商业粉末而被合成出来[248]。

在用蒸发-冷凝法合成纳米线的过程中，化学反应和中间体化合物的形成起到至关重要的作用。还原反应往往用来产生易挥发的沉积物前驱体，氢、水和碳常用作还原剂。例如，氢和水用于生长二元氧化物纳米线，通过还原和氧化两个步骤形成中间体氧化物 Al_2O、ZnO 和 SnO_2 纳米线。硅纳米线可通过在还原环境中热蒸发 SiO 而得到[249]。简单加热 SiO

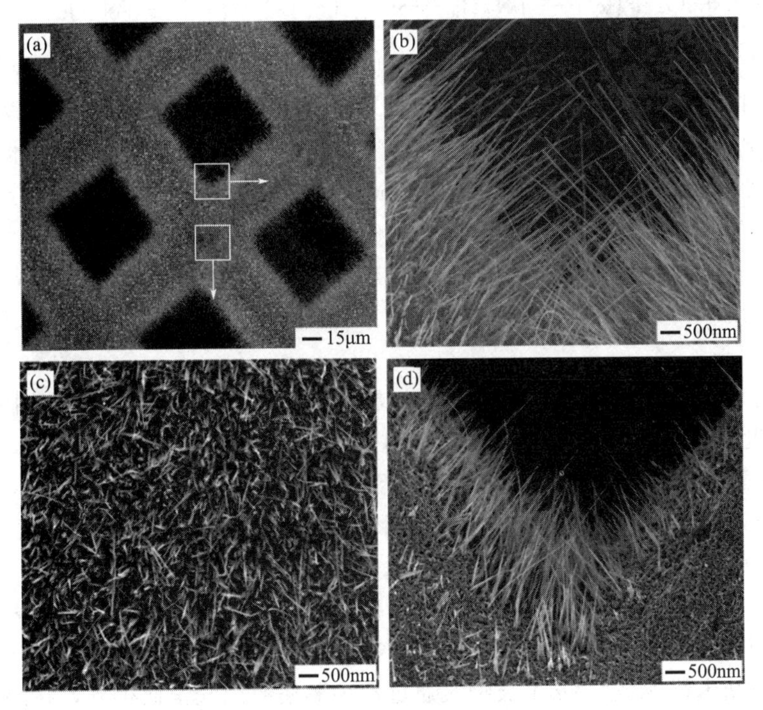

图 4-3 在空气、500℃条件下直接加热铜 TEM 网格制备的 CuO 纳米线的 SEM 图像[246]

(a)～(c) 4h；(d) 2h

粉末到 1300℃，以氩和 5%氢气的混合气体为载气带出 SiO 蒸气，硅纳米线在保持 930℃的硅基体（100）面上生长。制备态的硅纳米线直径为 30nm，由 20nm 直径的硅核和 5nm 的 SiO_2 壳所组成。硅核为 SiO 的还原产物。SiO_2 壳可能阻止侧面生长，并使得纳米线具有均一的直径。对于给定晶体的不同晶面，杂质具有不同的吸附能力并将阻碍其生长过程，但没有通过杂质的中毒作用与蒸发-冷凝法结合生长的纳米棒。杂质中毒仍然是在合成纳米线和纳米棒过程中导致各向异性生长的原因之一。

4.1.2 溶解-冷凝生长

溶解-冷凝过程不同于生长介质中的蒸发-冷凝过程。在溶解-冷凝过程中，生长物质首先溶解到溶剂或溶液中，然后在溶剂或溶液中扩散并沉积到表面，形成纳米棒或纳米线。Gates 等通过溶解-冷凝方法制备出了均匀的单晶硒纳米线[250]。首先，用 100℃的过量肼还原硒酸，制备直径约为 300nm 的非晶态硒球形胶体粒子的水溶液。溶液冷却到室温，直到沉淀出三角结构的硒纳米晶。在室温无光条件下进行老化，非晶硒胶体粒子便溶解到溶液中，而硒晶粒长大。由于三角结构硒的无限制、螺旋链的一维特征，在这种固溶转化过程中，各向异性生长决定晶体硒的形貌，三角结构的硒晶体主要沿（001）方向生长。这种方法生长的纯硒纳米线没有任何缺陷，如扭折和位错。

化学溶液法也用于合成晶态 Se_xTe_y 化合物纳米棒[251]。在含水介质中，用过量肼还原硒酸和锑酸混合物：

$$x H_2SeO_3 + y H_6TeO_6 + \left(x+\frac{3y}{2}\right) N_2H_4 \longrightarrow Se_xTe_y(s) + \left(x+\frac{3y}{2}\right) N_2(g) + (3x+6y) H_2O \tag{4-1}$$

在实验条件下通过均匀成核，很容易沉淀得到六方结构碲的纳米板。可以推测，通过以上还原反应得到的硒、碲原子在碲纳米板种子上沿着（001）方向生长成纳米棒。合成的纳米棒平均长度小于500nm，平均直径约为60nm，具有SeTe的化学计量成分和三角晶体结构，类似于Se和Te的情形。肼还可以促进溶液中的金属粉末直接生长出纳米棒。例如，利用Zn和Te金属粉末作为反应物、水合肼作为溶剂，通过溶剂热过程合成出直径为30～100nm、长度为500～1200nm的单晶ZnTe纳米棒。可见，除了作为还原剂以外，肼还可以促进各向异性生长。

溶解-冷凝生长法也能合成出氧化物纳米线。Wang等人在熔融的NaCl中合成出直径为4～80nm、长度可达150μm的单晶Mn_3O_4纳米线[252]。在合成过程中，$MnCl_2$、Na_2CO_3、NaCl和壬苯基醚（NP-9）混合，并被加热至850℃。冷却后，通过蒸馏水洗去除NaCl。NP-9用来防止以消耗纳米线为代价的小粒子形成。纳米线通过Ostwald熟化生长，NP-9可以降低系统的共晶温度，并能稳定较小的前驱体粒子。

通过溶液工艺，贵金属和氧化物纳米线可以在生长种子的异相纳米粒子表面非均相外延生长。Sun等人以铂和Ag纳米粒子作为生长种子，合成出直径在30～40nm、长度约为50μm的晶体银纳米线[253]。Ag生长物质通过乙二醇还原硝酸银而得到，在溶液中加入表面活性剂PVP可以实现各向异性生长，如图4-4所示。聚合物表面活性剂吸附在一些生长表面上，动力学阻碍生长，最终形成均匀的晶体银纳米线。面心立方Ag纳米线的生长方向为$(2\bar{1}\bar{1})$和$(0\bar{1}\bar{1})$。溶解-冷凝还可以在基板上生长纳米线。在室温条件下，Govender等人用乙酸锌或甲酸锌和六亚甲基四胺溶液在玻璃基板上合成了ZnO纳米棒[254]。这些有刻面的纳米棒沿（0001）方向（即沿c轴）优先生长，直径约为266nm，长度约为3μm。

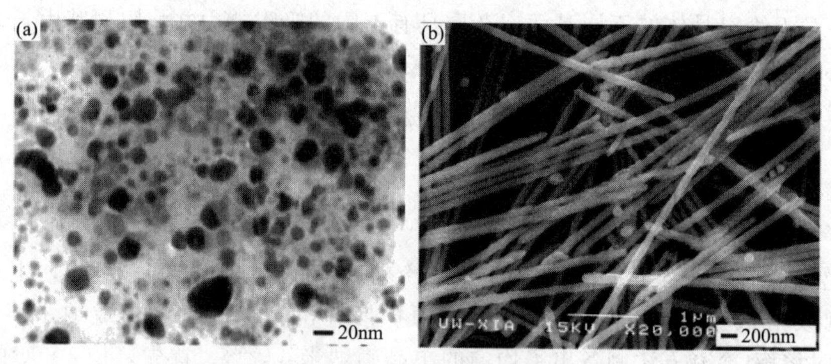

图4-4　银纳米线的SEM显微图片

(a) $PVP/AgNO_3$（摩尔比）=18；(b) $PVP/AgNO_3$（摩尔比）=1.5

纳米线也可以使用与合成纳米晶一样的方法来生长，即在存在调和有机物的条件下分解有机金属化合物。例如，Urban等人通过$BaTi[OCH(CH_3)_2]_6$溶液相分解的方法合成出直径为5～70nm、长度大于10μm的单晶$BaTiO_3$纳米线[255,256]。在100℃条件下，在$BaTi[OCH(CH_3)_2]_6$与油酸的摩尔比为10∶1的正十七烷溶液中加入过量的30%的H_2O_2，然后将反应混合物加热至280℃，反应6h，生成纳米线聚合体组成的白色沉淀物。通过超声分馏水分和正十七烷，获得分散良好的纳米线，制备出的$BaTiO_3$纳米线的TEM形貌和聚束电子衍射图像如图 4-5 所示[255]。生长的 $BaTiO_3$ 纳米线是单晶钙钛矿结构，生长轴方向为 (001)。应当指出的是，生长的纳米线直径和长度差别很大，没有办法控制均匀尺寸纳米线的生长。通过蒸发溶液-冷凝沉积的纳米线或纳米棒最有可能形成有刻面的形貌，特别是在液体介质中生长时一般比较短，具有较小的长径比。然而由于轴向缺陷诱导的各向异性生长，如螺形位错、显微孪晶和层错，或杂质中毒，可导致具有非常大长径比纳米线的生长。

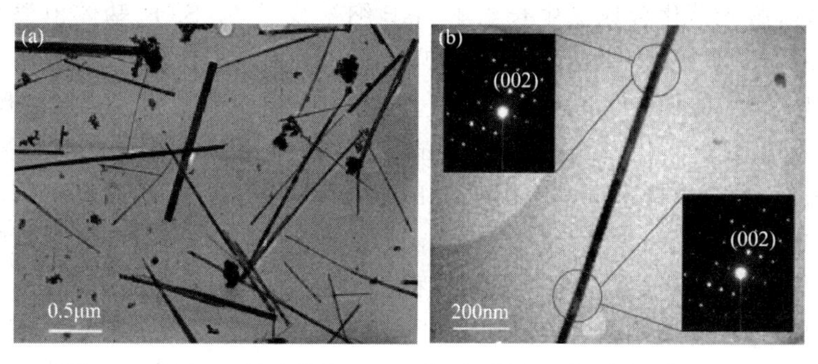

图 4-5 $BaTiO_3$ 纳米线的 TEM 图（插图为聚束电子衍射图像）

4.1.3 气相-液相-固相生长

气相-液相-固相（VLS）生长法的核心是使用异质元素催化剂（FECA）调节生长，即使反应条件发生变化，FECA 介导的液滴也不会被消耗，因此被认为是非常稳定的。最近发现，诸如对纳米粒子种子的介观作用，FECA 诱导液滴中的电荷分布，液滴相对于反应性纳米线蒸气种类的负电性，生长温度和腔室压力等参数在 VLS 生长中起重要作用[257]。此外，液滴成分的最佳组成对于 VLS 纳米线的生长至关重要。

VLS 制备纳米线首先在合成单质纳米线中得到应用。最初，VLS 生长法使用贵金属 Au 作为催化剂生长 Si 纳米线，同时其他催化剂在形成各种纳米线时也有效。例如，在 1200℃下，Fe 作为催化剂合成 Si 纳米线。纳米线的直径约为 15nm，长度在几十到几百微米之间变化，非晶氧化物层很可能是少量氧气渗入沉积室时形成的。单晶金属氧化物纳米线也可以采用 VLS 生长法制备。在制备过程中，氧化物纳米线的直径和空间位置具有高度可控性，同时也具有轴向和/或径向异质结构的适用性。尽管如此，用于金属氧化物纳米线的 VLS 生长的材料种类也受到一定的限制。Klamchuen 等人基于“材料通量窗口”论证了各种金属氧化物纳米线的 VLS 生长的合理设计，描述在有限的材料通量范围内 VLS 生长法纳米线生长的概念[258]。实验和理论证明，材料通量是金属氧化物纳米线 VLS 生长的重要实验变量。基于此，MnO、CaO、Sm_2O_3、NiO 和 Eu_2O_3 组成的新型金属氧化物纳米线通过 VLS 路线被制备出来。由于单结晶性，新生长的 NiO 纳米线表现出优于常规多晶器件的稳定忆阻性能。

VLS 生长法生长的纳米线的尺寸完全由催化剂液滴大小所决定。为了生长细纳米线，可以简单地减小液滴的大小。形成小液滴的常用方法是，在生长基体上涂敷一层薄薄的催化剂，并在高温下退火。在退火过程中，催化剂与基体反应形成共晶溶液并进一步球化以减小总表面能。Au 作为催化剂、硅作为基体就是一个典型的例子。可以通过基体上催化剂膜的厚度来实现对催化剂液滴尺寸的控制。一般情况下，较薄的膜形成较小的液滴，并在后续生长中形成小直径纳米线。例如，10nm 厚的 Au 薄膜能生长出直径约为 150nm 的单晶锗纳米线，而 5nm 厚的 Au 薄膜能生长出直径约为 80nm 的锗纳米线[259]。然而，继续减小催化剂膜的厚度并不能进一步减小锗纳米线的直径。纳米线直径不再减小意味着由薄膜催化剂形成的液滴存在最小尺寸。

在基体表面分散单一尺寸催化剂胶体的方法可以进一步减小纳米线的直径[260,261]。利用 Au 胶体，通过激光催化合成法生长出了 GaP 纳米线[260]。SiO_2 基体担载金胶体或纳米团簇，激光熔融的 GaP 靶材产生 Ga 和 P。单晶 GaP 纳米线表现为（111）方向生长，元素成分化学计量比为 1∶0.94。GaP 纳米线的直径决定于金纳米团簇催化剂的尺寸大小。Au 胶体粒子直径为 8.4nm、18.5nm 和 28.2nm，获得的 GaP 纳米线直径分别为 11.4nm、20nm 和 30.2nm。类似的技术也可应用于 InP 纳米线的生长。在生长过程中，控制生长基体为 500～600℃、氩气的流量为 $100cm^3/min$、气压维持在 200torr。熔融所使用的激光是波长为 193nm 的 ArF 准分子激光器，最后获得沿（111）方向生长的单晶 InP 纳米线。图 4-6 为通过催化剂胶体粒子尺寸和生长时间来控制纳米线直径和长度的模型。所有纳米线外层都存在厚度为 2～4nm 的非晶氧化层，这可以解释为非晶 InP 的侧面过度生长，当样品暴露于空气中时被后续氧化。侧面的过度生长不是催化活化的结果，而是由体系中生长组分的过饱和蒸气浓度所造成的。

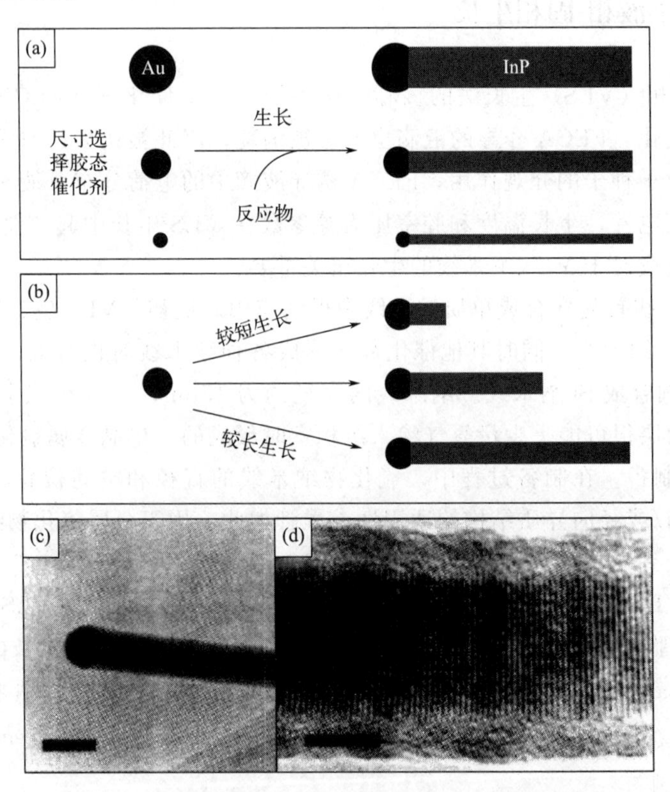

图 4-6　通过催化剂胶体粒子尺寸和生长时间来控制纳米线直径和长度的一般概念示意图

VLS 生长法生长的纳米线的直径完全由催化剂液滴大小所控制，较小的液滴能生长出比较细的纳米线，较大的液滴可长出较粗的纳米线。由式(2-72) 可以知道，固态表面的平衡蒸气压依赖于表面曲率。溶质在溶剂中的溶解度也有同样的依赖关系。液滴尺寸减小，溶解度将会提高，就会生长出细纳米线。然而，具有很小半径的凸表面将会有很高的溶解度，必然产生气相中的高过饱和度。根据气固生长机制，气相中的高过饱和度可能促进纳米线侧面的纵向生长。因此，可能形成一个圆锥形结构，而不是大小均一的纳米线。此外，高过饱和度可导致气相中初始均匀成核或纳米线表面的二次成核。

根据开尔文方程，生长物质在大的催化剂液滴中达到平衡溶解度和过饱和度要比在小液滴中容易。只有当生长物质浓度达到平衡溶解度以上时，纳米线的生长才能进行。适当控制气相的浓度和过饱和度，保持小液滴蒸气压在平衡溶解度以下，则最细纳米线的生长将被终止。如果在高温下进行生长并长出很细的纳米线，则可观察到径向尺寸的不稳定性。这种不稳定性可由生长尖部的液滴大小和液滴中的生长物质浓度的波动来解释。这种不稳定性可能是合成非常细纳米线的另一种障碍，这可能需要更高的沉积温度。VLS 生长法生长的纳米线直径由平衡条件下催化剂液滴的最小尺寸所决定。获得小尺寸催化剂液滴的方法很简单。例如，通过控制压力和温度，激光熔融催化材料形成纳米尺寸的团簇。利用相似的方式，许多其他蒸发技术也用于在基体上沉积纳米催化剂团簇来生长纳米线。

VLS 生长法生长的纳米线或纳米棒一般是圆柱状，即侧面没有小平面并具有均匀的直径。切克劳斯基（Czochraski）生长法和 VLS 生长法的物理条件非常相似：生长过程非常接近于熔点或液-固平衡温度。表面可能会经历从小光滑平面向粗糙表面的过渡，即所谓的粗糙化转变。在粗糙化转变温度以下表面是小平面，超过这一温度，表面原子的热运动就能克服界面能，并造成晶面的粗糙化。对于熔融体，只有一些有限的材料包括硅和铋可以生长出有小平面的单晶体。然而，如果在侧面进行气固（VS）沉积，小平面可能进一步变化。在给定的温度下，虽然 VS 沉积速率远小于 VLS 生长速率，但其在控制形态上仍然有效。两种机制的沉积速率差异随温度升高而减小，因此在高温范围内 VS 沉积将对形貌有很大的影响。需要注意，生长条件改变、催化剂蒸发或结合到纳米线中，则纳米线的直径可能改变。

与蒸发-冷凝方法一样，许多前驱体可用于 VLS 生长。气态前驱体是方便的原料，如 $SiCl_4$ 用于合成硅纳米线。加热使固体蒸发也是一种常见的方法[262]。激光烧蚀固体靶材也是用于产生气态前驱体的一种方法[263]。为了促进固态前驱体蒸发，形成中间化合物可能是一种合适的途径。例如，Wu 和 Yang 使用 Ge 和 GeI_4 混合物为前驱体来生长 Ge 纳米线[259]。前驱体形成挥发性化合物而蒸发，发生如下化学反应：

$$Ge(s)+GeI_4(g)\longrightarrow 2GeI_2(g) \tag{4-2}$$

GeI_2 蒸气输送到生长室，再凝结进入催化剂（Au/Si）液滴中，并按照如下反应式分解：

$$2GeI_2(g)\longrightarrow Ge(l)+GeI_4(g) \tag{4-3}$$

其他前驱体也可用于 VLS 生长纳米线，如氨水和乙酸丙酮镓用于生长 GaN 纳米棒，闭合式 1,2-二碳代十二硼烷（$C_2B_{10}H_{12}$）用于生长 B_4C 纳米棒，甲基三氯硅烷用于生长 SiC 纳米棒。在恒定氩气流中、900～925℃条件下，加热按 1∶1 混合的 ZnO 和石墨粉 5～30min，可在涂敷 Au 膜（厚度范围为 2～50nm）的硅基体上生长出 ZnO 纳米线[264,265]。生长的 ZnO 纳米线随初始 Au 涂层厚度而变化。沉积 5nm 厚的 Au 涂层，纳米线的直径通常在 80～120nm 范围内，而长度在 10～20μm 范围内。沉积 3nm 厚的 Au 涂层，则可长出直径在 40～70nm 范围内的细纳米线，而长度在 5～10μm 范围内。长出的 ZnO 纳米线是单晶，优先生长方向为（100）。ZnO 纳米线的生长过程将不同于单质纳米线的生长过程。其过程包括：在高温（900℃以上）下利用石墨还原 ZnO 形成 Zn 和 CO，Zn 蒸气输送到基体上，并与已经与硅反应形成二元 Au-Si 共晶液体的 Au 催化剂发生反应，形成 Zn-Au-Si 合金液滴。随着液滴中的锌变为过饱和状态，形成晶体 ZnO 纳米线。这是一个在 900℃附近的可逆反应。虽然存在少量的 CO，但不会明显改变相图，在缺少石墨的情况下，没有 ZnO 纳米线的生长。上述过程很容易按如下反应理解：

$$ZnO + C \longrightarrow Zn + CO \tag{4-4}$$

VLS 生长法生长的纳米线可用不同的材料催化剂。例如，使用铁作为催化剂来生长硅纳米线。只要满足 Wagner 所描述的要求，任何材料和混合物都可以用作催化剂，如 Au 和 Si 的混合物可用于合成锗纳米线[259]。传统直流电弧放电法也可以合成出单晶单斜结构的氧化镓（β-Ga_2O_3）纳米线[266]。GaN 粉末与 5%过渡金属粉末（Ni/Co=1∶1 和 Ni/Co/Y=4.5∶4.5∶1）混合压制成有小孔的石墨阳极。在生长过程中，保持氩气和氧气比例为 4∶1、总气压为 500torr。合成的纳米线直径约为 33nm，生长方向为（001），在表面并没有非晶层。形成 Ga_2O_3 可能的化学反应为

$$2GaN + \left(\frac{3}{2} + x\right) O_2(g) \longrightarrow Ga_2O_3 + 2NO_x(g) \tag{4-5}$$

在氩气流量为 130mL/min、气压为 200torr、温度为 820℃的条件下，蒸发 Ge 粉和 8% Fe 的混合物就能生长出单晶 GeO_2 纳米线，其直径范围为 15～80nm。虽然添加 Fe 作为催化剂来直接生长纳米线，但在纳米线尖端并没有发现球状物。GeO_2 纳米线是通过其他机制生长的，而不是 VLS 生长法。在合成过程中，氧可能泄漏到反应室中，并与 Ge 发生反应生产 GeO_2。

催化剂也能原位引入。在这种情况下，前驱体与催化剂混合，在高温下同时蒸发。当温度低于蒸发温度时达到过饱和，生长前驱体和催化剂都在基体表面上凝结。前驱体和催化剂的混合物在气相或基体表面上发生反应，形成液滴。随后的纳米线生长按前面所讨论的那样进行。Yu 等人通过 VLS 生长法合成出非晶 SiO_2 纳米线，使用 246nm 准分子激光器在 100torr 氩气气流中熔化硅和 20%（质量分数）SiO_2 以及 8%（质量分数）Fe 的混合物。Fe 作催化剂，生长温度为 1200℃。纳米线的化学成分为 Si∶O=1∶2，直径为 15nm，尺寸均匀，长度可达数百微米。使用铟作催化剂，镓和氨反应可制备 GaN 纳米线[267]。纳米线的直径在 20～50nm 范围内，是优先生长方向为（100）的高纯晶体。GaN 纳米线的生长必须以 Fe 作为催化剂[268]。然而，金作催化剂不能生长出 GaN 纳米线。NiO 和 FeO 作催化剂也可生长出 GaN 纳米线[269]。固体镓与氨在 920～940℃反应。单晶 GaN 纳米线的直径为 10～40nm，最长长度约为 500μm，优先生长方向为（001）。在此生长条件下，NiO 和 FeO 首先被还原成金属，金属与镓反应形成液滴，并通过 VLS 生长法合成出 GaN 纳米线。

4.1.4 溶液-液态-固态生长

溶液-液态-固态（SLS）生长法由 Buhro 等人提出，实验在相对低温（≤203℃）的条件下通过溶液相反应合成出 InP、InAs 和 GaAs 纳米线[270]。SLS 生长法类似于 VLS 生长法，这两个方法的差异及相似性比较示于图 4-7。纳米线为多晶或接近单晶，直径为 10～150nm，长度可达几微米。In 金属作为液滴或催化剂在 InP 纳米线生长中发挥作用。In 在 157℃熔化形成液滴。假设 P 溶解在 In 液滴中，沉淀形成 InP 纳米线。当前驱体是典型的有机金属化合物 $In(t\text{-}Bu)_3$ 和 PH_3 时，其与质子催化剂如 MeOH、PhSH、Et_2NH_2 或 $PhCO_2H$

一起溶解到烃类化合物溶剂中形成前驱体溶液，再通过有机金属反应形成用于生长 InP 纳米线的 In 和 P 物质，最后形成 InP 纳米线。InP 纳米线的生长方向主要是（111），与 VLS 机制相类似。这种反应常用于化学气相沉积中：

$$In(t-Bu)_3+PH_3 \longrightarrow InP+3(t-Bu)H \quad (4\text{-}6)$$

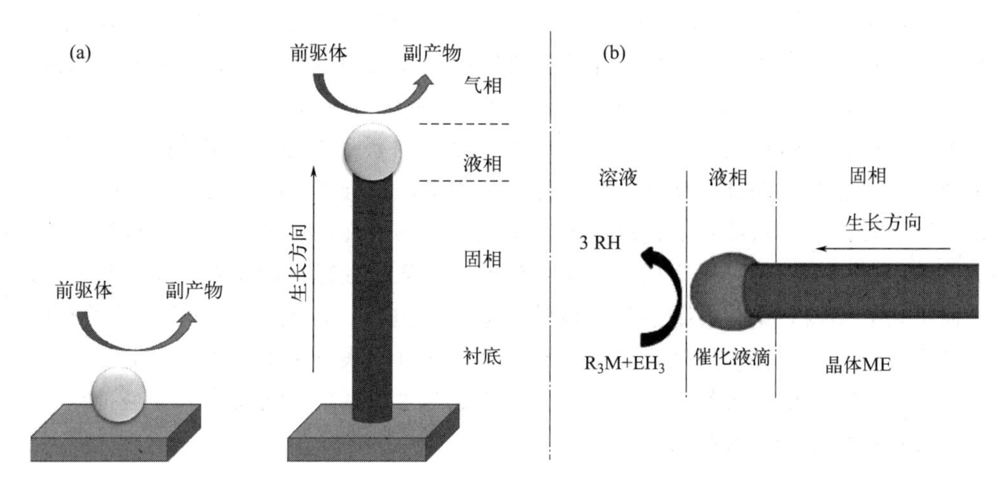

图 4-7 VLS（a）与 SLS（b）生长技术之间的差别和相似性比较

Holmes 等人利用胶态催化剂控制 SLS 生长法合成 Si 纳米线，制备出大量无缺陷、均匀、直径为 4～5nm、长度为几个微米的 Si 纳米线[271]。将溶液加热、加压到临界点以上，利用直径为 2.5nm 的烷基硫醇包覆金纳米团簇直接生长硅纳米线。若采用正己烷和二苯硅烷组成的溶液作为硅前驱体，需先把前驱体溶液加热至 500℃、加压至 200～270bar（1bar=10^5Pa），二苯硅烷分解为硅原子，硅原子扩散与金纳米团簇反应形成硅金合金液滴。当 Si 浓度达到过饱和时，Si 从合金液滴中析出，形成硅纳米线。要求超临界条件以利于形成合金液滴和促进硅的晶化。Si 纳米线的生长方向依赖于压强，在压强为 200bar 时，纳米线表现为（100）取向优势，而在 270bar 时产物几乎完全沿（111）方向取向。所有采用 SLS 生长法合成出的纳米线都被发现有薄的氧化物或烃类化合物覆盖层，但无法知道覆盖层是在生长期间还是生长之后形成的。与 VLS 生长法一样，SLS 生长法合成的纳米线的直径和长度可以通过控制催化剂液滴尺寸和生长时间来控制。采用 SLS 生长法合成出的 GaAs 纳米线的直径与 In 催化剂纳米粒子尺寸之间的线性关系如图 4-8 所示[270]。

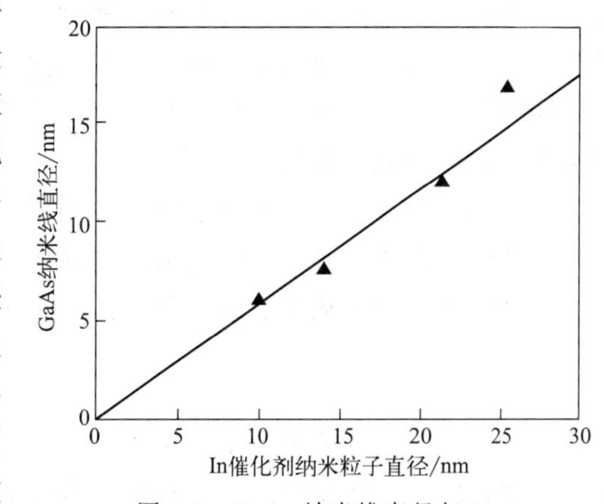

图 4-8 GaAs 纳米线直径与 In 催化剂纳米粒子尺寸之间的关系

4.2 模板合成

模板合成纳米材料是一个通用的方法，可用于制备纳米棒、纳米线以及聚合物、金属、半导体和氧化物的纳米管等[272]。最常用的模板是阳极氧化铝膜（AAO）和辐射径迹蚀刻聚合物膜。其他隔膜也可用作模板，如纳米通道阵列玻璃、辐射径迹蚀刻云母和介孔材料、电化学腐蚀硅晶圆得到的多孔硅、沸石和碳纳米管。多孔结构氧化铝膜可利用硫酸、草酸或磷酸溶液中的阳极氧化铝的薄片制得，孔径均匀且平行。微孔按规则六角阵列排列，密度高达 10^{11} pores/cm^2，孔径范围为 10nm～100μm。核裂变碎片辐射厚度在 6～20μm 的无孔聚碳酸酯薄片可以产生损伤径迹，然后化学蚀刻这些径迹成为小孔。在辐射径迹蚀刻聚合物膜中，微孔尺寸均匀，可小到 10nm，但分布无序，孔密度可高达 10^9 pores/cm^2。

除了具有理想的微孔尺寸、形态和密度外，模板材料还必须符合其他一些要求。第一，模板材料必须符合加工条件。例如，在电化学沉积中，模板要求电绝缘。除模板的定向合成外，模板材料在合成和后续加工过程中应当是化学和热惰性的。第二，沉积材料或溶液必须润湿微孔的内壁。第三，纳米棒或纳米线的沉积应该从模板通道的底部或端部开始，从一面到另一面进行。然而，纳米管的生长应该从孔壁向内进行。向内生长可能导致微孔的堵塞，因此在“实”纳米棒或纳米线的生长中应该避免。充分的表面弛豫在动力学上允许最大堆积密度，因此扩散限制过程比较适合。其他一些考虑因素包括纳米线或纳米棒是否容易从模板中取出和合成过程是否容易控制。

4.2.1 电化学沉积

电化学沉积可以理解为一种特殊电解造成电极上固体物质的沉积。这种过程涉及：①外场作用下带电生长物质（通常为带正电荷的阳离子）在溶液中的定向扩散；②带电生长物质在生长或沉积表面上被还原，这个表面也作为电极。一般情况下，电化学沉积只适用于导电材料，如金属、合金、半导体和导电聚合物，因为在初始沉积以后，电极表面与沉积溶液被沉积物分开，电流必须穿过沉积物才能够使沉积过程持续下去。电化学沉积广泛用于制备金属涂层，这个过程也被称为电镀。当沉积限于模板膜的微孔内部，就会产生纳米复合材料。去除模板膜是形成纳米棒或纳米线的最后步骤。在详细讨论电化学沉积生长纳米棒之前，先简要回顾一下电化学基础内容。

当固体浸没在极性溶剂或电解质溶液时，固体表面将产生电荷。电极和电解质溶液的界面发生表面氧化或还原反应，伴随着电荷转移穿过界面，直至达到平衡。对于一个给定系统，电极电势或表面电荷密度由能斯特（Nernst）方程描述：

$$E = E_0 + \frac{RT}{n_i F}\ln(a_i) \tag{4-7}$$

式中，E_0 是标准电极电势，或者当离子活度 a_i 为 1 时电极和溶液之间的电势差；F 是法拉第常数；R 是气体常数；T 是温度。当电解质溶液中的电极电势比空分子轨道能级更负（高）时，电子将会从电极转移到溶液中，伴随着电极的溶解或还原。如果电极电势比占位的分子轨道能级更低，电子将从电解质溶液转移到电极，电极上将会进行电解液离子的沉积或氧化。当达到平衡时，反应将停止。

当两个不同的电极材料浸没在一个电解质溶液中时，每个电极将与电解质溶液建立平衡。如果有两个电极与外部电路连接，这种平衡将被破坏。因为不同电极具有不同的电极电势，这种电极电势的差异将驱动电子从具有较高电势的电极向具有较低电势的电极迁移。假设浸没在水溶液中的电极分别为 Cu 和 Zn，水溶液中的 Cu^{2+} 和 Zn^{2+} 的离子活度最初都为

1，铜电极（0.34V）具有比锌电极（−0.76V）更正的电极电势，外电路中的电子从负电极（锌）流向正电极（铜）。锌-溶液界面发生下列电化学反应：

$$Zn \longrightarrow Zn^{2+} + 2e^{-} \tag{4-8}$$

这个反应在界面产生电子，通过外电路流向另一个电极（Cu）。同时，Zn 电极不断地溶解到溶液中。铜-溶液的界面发生还原反应，并导致在电极上沉积 Cu，反应如下：

$$Cu^{2+} + 2e^{-} \longrightarrow Cu \tag{4-9}$$

当新的平衡建立时，这个自发过程将会结束。从能斯特方程可以看出，随着两个电化学反应的进行，溶液中的铜离子活度降低，铜电极的电势减小，而锌电极的电势随溶液中锌离子活度的提高而提高。这个系统是原电池的一个典型例子，可以将化学能转变为电能。当外电场作用于系统时，反应过程可以被改变，甚至被逆转。

在两个不同电极上施加外加电场时，电极电势可以被改变，因此在两个电极-溶液界面上的电化学反应可以被逆转，电子从电极电势正的一个电极向负的一个电极流动。这个过程称为电解，把电能转化为化学能，这是一个广泛应用于能量存储和材料加工的过程。用于电解过程的系统称为电解池。在这个系统中与电源正极相连的电极是阳极，发生氧化反应，而与电源负极相连的电极是阴极，发生还原反应并伴随沉积。因此，有时电解沉积也称为阴极沉积。在一个电解池中，阳极不一定溶解到电解液中，并沉积相同的材料到阴极上。在电极上发生的电化学反应行为决定于系统中材料的相对电极电势。在电解池中，贵金属通常作为一种惰性电极。一个典型的电解过程由一系列步骤构成。每个步骤都可以是速率限制过程：①物质通过溶液从一个电极传输到另一个电极；②化学反应发生在电极-溶液之间的界面处；③电子转移发生在电极表面上，并流经外部电路；④其他表面反应，如吸附、脱附或再结晶。

电化学沉积用于制备金属、半导体和导电聚合物纳米线，导电纳米线的生长是一种自蔓延的过程。一旦小波动形成小棒，棒或线的生长将持续下去，这是由于纳米线尖端和相反电极之间的距离比两个电极间的距离更短，电场和电流密度都很大。生长物质更有可能沉积到纳米线尖端，形成纳米线的连续生长。但这个方法很难应用到实际纳米线的合成中，因为它很难控制生长。因此，具有理想孔道的模板才用于电化学沉积纳米线。图 4-9 为利用电化学沉积模板生长纳米线的常见装置。模板固定在阴极上，随后沉浸到沉积溶液中，阳极与阴极平行放置在沉积溶液里。当施加外电场时，阳离子向阴极扩散并被还原，纳米线在模板孔内生长。当施加恒定电场时，不同沉积阶段的电流密度也不同。辐射径迹蚀刻云母微孔是电化

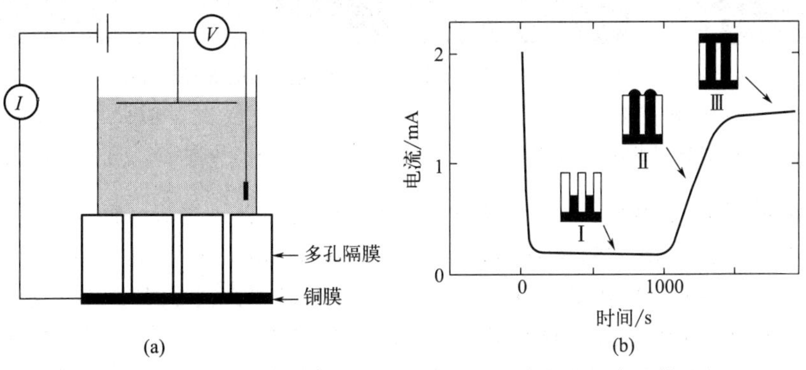

图 4-9　利用电化学沉积法基于模板生长纳米线的常见装置

(a) 沉积纳米线时电极排列示意图；(b) 电流-时间关系曲线（在孔径为 60nm 的聚碳酸酯模板中沉积 Ni，电压为 0.1V）

学沉积各种金属纳米线的最初模板。采用此法可制备出镍和钴纳米线阵列。AAO 模板也是制备纳米线的模板。脉冲电沉积法在 AAO 模板上也可制备出单晶或多晶锑、铅及 Co 纳米线，以及 CdSe 和 CdTe 半导体纳米棒。

化学电解过程也用于制备纳米线或纳米棒。化学镀层实际上是一种化学沉积，利用化学试剂从周围液相中镀一层材料到模板表面。电化学沉积和化学沉积最大的差异是，前者沉积始于电极底部和沉积材料必须导电，而后者并不需要导电的沉积材料，沉积从孔壁开始并向内进行。因此，一般来说，电化学沉积导致导电材料形成“实”的纳米棒或纳米线，而化学沉积往往生长出中空纤维或纳米管。纳米线或纳米棒的长度可以用沉积时间来控制，而纳米管的长度则完全依赖于沉积孔道或微孔长度，往往与模板厚度相同。沉积时间的变化会导致不同的纳米管管壁厚度。沉积时间延长会产生厚壁纳米管，延长沉积时间可能形成实的纳米棒。但是延长沉积时间并不能完全保证形成实的纳米棒。例如，聚苯胺管不能闭合，即使延长聚合时间也不能得到实的聚苯胺管。

利用 AAM 模板，可以合成半导体纳米线和纳米棒阵列，例如 CdSe、CdTe 及 Bi_2Te_3 纳米线阵列[273]。Bi_2Te_3 纳米线阵列在热-电能量转换方面将会提供较高的品质因数。多晶和单晶的 Bi_2Te_3 纳米线阵列也能通过电化学沉积在阳极氧化铝模板内生长。Sander 等人通过电化学沉积法在相对于 Hg/Hg_2SO_4 参比电极 0.46V 的条件下，使用含有 0.075mol/L Bi 和 0.1mol/L Te 的 1mol/L HNO_3 溶液，合成出直径小到约 25nm 的 Bi_2Te_3 纳米线阵列，得到多晶 Bi_2Te_3 纳米线阵列，后续熔化-再结晶未能形成单晶 Bi_2Te_3 纳米线阵列。使用含有 0.035mol/L $Bi(NO_3)_3 \cdot 5H_2O$ 和 0.05mol/L $HTeO_2^+$ 的溶液，电化学沉积法也可生长出单晶 Bi_2Te_3 纳米线阵列。图 4-10 为 Bi_2Te_3 纳米线阵列的横截面形貌 SEM 图片。高分辨 TEM 和电子衍射以及 XRD 揭示（110）方向为 Bi_2Te_3 纳米线的优先生长方向。单晶纳米线或纳米棒阵列也可通过严格控制初始沉积而获得。与此类似，大面积 Bi_2Te_3 纳米线阵列也通过基于模板的电化学沉积法成功获得，但是生长的纳米线为多晶且没有清晰的优先生长方向。

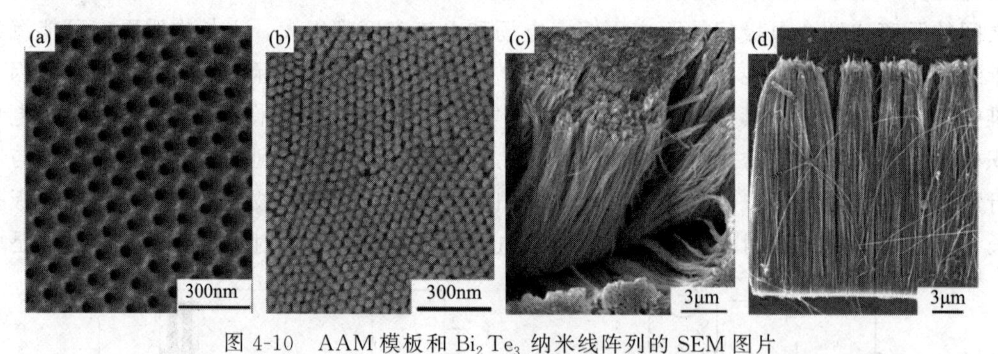

图 4-10　AAM 模板和 Bi_2Te_3 纳米线阵列的 SEM 图片

(a) AAM 模板的 SEM 图片；(b) Bi_2Te_3 纳米线阵列表面（腐蚀时间为 5min）；
(c) Bi_2Te_3 纳米线阵列表面（腐蚀时间为 15min）；(d) Bi_2Te_3 纳米线阵列横截面（腐蚀时间为 15min）

超声辅助模板电沉积法是一种合成单晶纳米棒阵列的有效方法。例如，利用这种方法合成出单晶 p 型半导体 CuS 纳米棒阵列，直径为 50～200nm，原子比 Cu∶S=1∶1。该实验将 $Na_2S_2O_3$(400mmol/L) 和 $CuSO_4$(60mmol/L) 溶解于去离子水中作为电解液，酒石酸 (75mmol/L) 用于保持溶液的 pH 值低于 2.5，液态 GaIn 用作工作电极，Pt 螺旋棒作为对电极。CuS 的电沉没在恒电压下进行，电化学沉积槽全部沉没在装有水的超声振荡器中。显著的高电流意味着电解液中物质传输过程的低阻力。

与金属纳米棒或纳米线相比较，电化学沉积法也可以制备中空金属纳米管、聚合物纳米管及碳纳米管等[274]。对于金属纳米管的生长，模板的孔壁首先需要化学衍生化，使金属优先沉积到孔壁而不是电极底部。这样的孔壁表面化学特性通过固定硅烷分子来实现。例如，阳极氧化铝模板的微孔表面用氰基硅烷覆盖，随后电化学沉积金纳米管。在模板微孔内部聚合物的沉积或凝固始于表面并向内进行，这归因于生长的聚阳离子型聚合物和沿聚碳酸酯模板孔壁的阴离子之间的静电吸引力。尽管单体有高度溶解性，但是聚合物的聚阳离子形式是完全不溶的。因此，需要一个增溶剂成分使得能在微孔表面形成沉积。此外，通过微孔的单体扩散可能受到限制，微孔内单体可能迅速枯竭。聚合物在微孔内的沉积将停止，入口成为瓶颈。固相的几种物理化学作用和性质涉及相邻材料及形态之间的纳米级相互作用。二元纳米结构的阵列可以在不同子组件之间产生紧密的相互作用，但是制造二元纳米结构是具有挑战性的。在这里，Lei Yong 等人提出一个实现对每个子组件（包括材料、尺寸和形态）都具有高度可控性的多样的二元纳米结构阵列，获得的二元纳米阵列产物如图 4-11 所示[275]。这种二元纳米结构的概念起源于独特的二元孔阳极氧化铝模板，该模板在一个基质中包括两组不同的孔，其中两组孔的开口朝向模板的相对侧。使用相同的增长机制，二元孔模板可以扩展为具有更多几何选项的多孔模板。这种二元纳米结构阵列使用不同的材料和形态组合可制成性能优越的光电极、晶体管和等离激元器件。

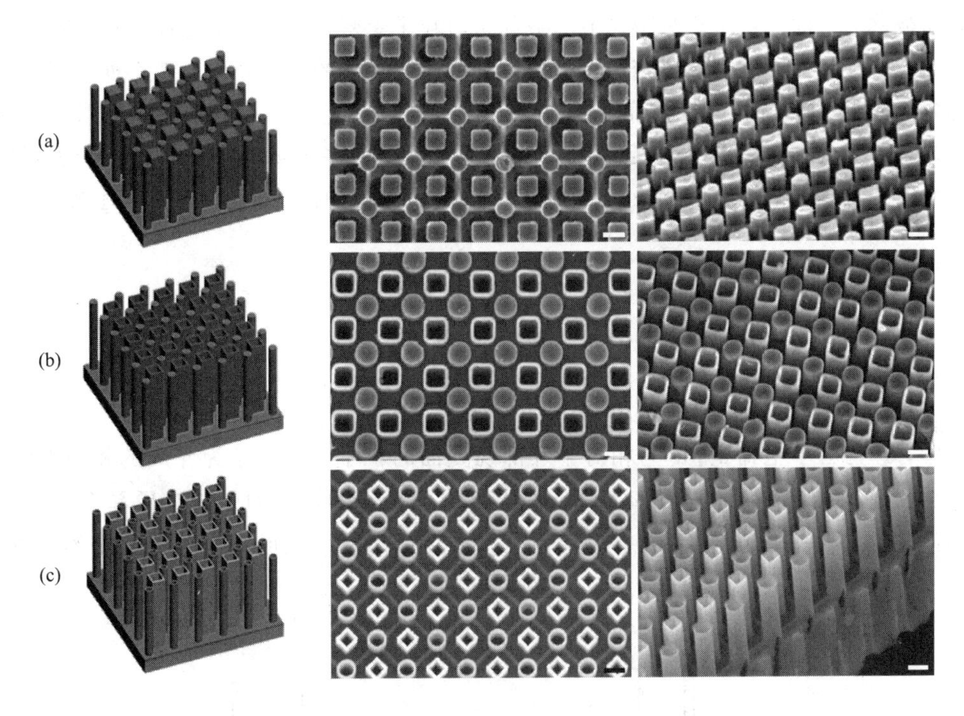

图 4-11 二元纳米结构阵列示意图及对应俯视图和倾斜视 SEM 形貌图（标尺为 200nm）
(a) Ni 纳米线/Ag 纳米线阵列（Ni 为圆形）；(b) Cu_2O 纳米线/TiO_2 纳米管阵列；(c) TiO_2 纳米管/SnO_2 纳米管阵列

4.2.2 电泳沉积

电泳沉积是指胶体粒子在稳定的悬浮液中由直流电场引起的沉积过程。本质上，电泳沉积是一个两步过程：第一步，向悬浮液施加电场（电泳），悬浮在液体中的颗粒向电极移动；第二步，颗粒聚集在一个电极上并形成连续的沉积物。因为该方法仅产生粉末压块，电泳沉积的产物需要进行致密化（烧结或固化），以使获得的材料完全致密。如果悬浮液中的粒子带有电荷，它们将仅响应电场而移动。已经确定有四种传输机制，颗粒上的电荷通过这几种机制产生：①离子从液体中选择性吸附到固体颗粒上；②离子从固相中解离到液体中；③偶极分子在颗粒表面吸附或取向；④由功函数不同而引起的固相和液相之间的电子转移。

电泳沉积与电化学沉积不同的是：电泳沉积技术沉积物不需要导电，胶态分散体中的纳米粒子通常由静电或静电－空间机制来稳定。当纳米粒子分散在极性溶剂或电解质溶液中，纳米粒子表面通过一个或多个以下机制带有电荷：①优先溶解；②电荷或带电物质的沉积；③优先还原；④优先氧化；⑤带电物质如聚合物的吸附。在溶剂或溶液中，带电表面将通过静电引力吸引反离子物质。静电力、布朗运动和渗透力的结合将导致一个所谓的双电层结构形成。双电层模型描述带正电荷粒子的表面、反离子和正离子浓度分布以及电势分布的剖面图。反离子浓度随与粒子表面距离的增大而逐渐减小，正离子浓度随距离的增大逐渐增加，电势随距离的增大逐渐减小。粒子表面附近，电势线性减小，该区域被称为 Stern 层。在 Stern 层以外，电势呈指数关系减小，在 Stern 层和电势为零点之间的区域称为扩散层。

对胶态体系或溶胶施加外电场，带电粒子响应电场而产生运动，如图 4-12 所示。这种类型的运动被称为电泳。由于部分溶剂或溶液与带电粒子紧密结合，当带电粒子运动时，粒子周围的溶剂或溶液将一同运动。紧密结合的液体层和其余液体的分界面称为滑移面。滑移面上的电位称为 Zeta 电位。Zeta 电位在确定胶态分散体或溶胶稳定性时是一个重要的参数，通常需要大于约 25mV 的 Zeta 电位来稳定系统。Zeta 电位值受许多因素的影响，如粒子表面电荷密度、溶液中的反离子浓度、溶剂极性和温度。球形粒子周围的 Zeta 电位可以描述为[276]：

$$\xi=\frac{Q}{4\pi\varepsilon_{r}a(1+\kappa a)} \tag{4-10}$$

而

$$\kappa=\left(\frac{e^{2}\sum n_{i}z_{i}^{2}}{\varepsilon_{r}\varepsilon_{0}kT}\right)^{1/2} \tag{4-11}$$

式中，Q 为粒子电荷量；a 为相对于外部切变面的粒子半径；ε_r 为介质的相对介电常数；n_i 和 z_i 分别为体系中的体浓度和第 i 个离子的价态。值得注意的是，在稀释系统中一个带正电荷的表面产生一个正的 Zeta 电位，但是高浓度反离子可能形成一个负号的 Zeta 电位。

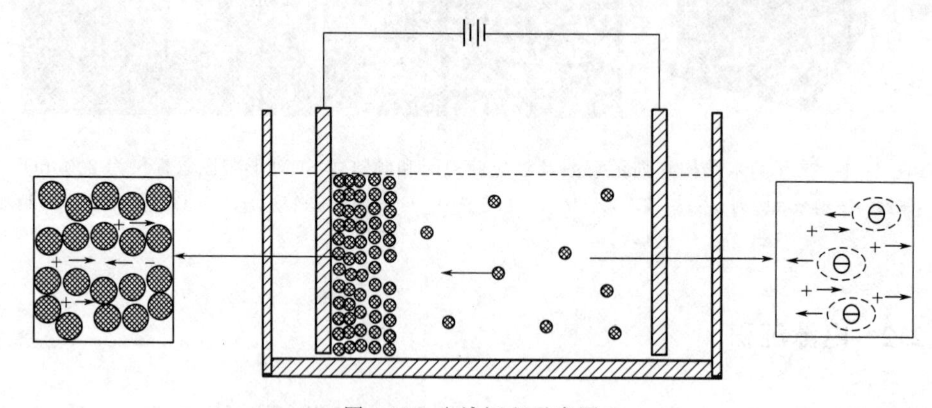

图 4-12　电泳沉积示意图

纳米粒子在胶态分散体或溶胶中的迁移量 μ 取决于液体介质的介电常数 ε_p、纳米粒子的 Zeta 电位 ξ 以及流体的黏度 η。已经提出几种形式的关系式，如休克尔（Hiickel）方程：

$$\mu = \frac{2\varepsilon_r \varepsilon_0 \xi}{3\pi\eta} \tag{4-12}$$

电泳沉积是简单利用带电粒子的定向运动，使来自胶态分散体或溶胶中的固体粒子富集到电极表面，并生长出薄膜。如果粒子带正电荷（正 Zeta 电位），固态粒子就沉积在阴极上，否则将沉积在阳极上。在电极上，表面电化学反应会产生或接收电子。在生长表面的沉积物上，双电层结构坍塌而粒子凝结。粒子在生长表面上的沉积行为存在表面扩散和弛豫。一旦粒子凝结，将会形成相对强的吸引力，包括两个粒子间化学键的形成。在胶态分散体或溶胶中，电泳沉积生长的薄膜或块状结构实际上是纳米粒子的堆积体。这种薄膜或块状结构是多孔的，即内部有空隙。通常堆积密度定义为固体分数（或压块密度），均小于 74%，这是均匀尺寸球形粒子的最高堆积密度。电泳沉积的薄膜或块状结构的压块密度强烈依赖于溶胶或胶态分散体中的粒子浓度、Zeta 电位、外加电场和粒子表面之间的反应动力学。缓慢反应和纳米粒子缓慢到达表面使得粒子在沉积表面有充分的弛豫，因而可获得高的堆积密度。

电泳沉积表面或电极上的电化学过程很复杂，并随体系而变化。总的来说，在电泳沉积过程中，电流的存在表明在电极和沉积表面上发生还原和氧化反应。在许多情况下，电泳沉积生长的薄膜或块状物是绝缘体。然而，薄膜或块状物是多孔的，而微孔表面像纳米粒子表面一样是可以带电的，因为表面电荷依赖于固态材料和溶液。此外，微孔充满溶剂或溶液，含有平衡离子和电荷决定离子。在生长表面和底电极之间的电传导可以通过表面传导或溶液传导进行。

传统的溶胶－凝胶工艺适用于各种溶胶的合成，再结合模板、溶胶－凝胶制备及电泳沉积可生长出不同氧化物的纳米棒[277-279]。这些材料包括锐钛矿型 TiO_2、非晶态 SiO_2、钙钛矿结构 $BaTiO_3$ 和层状结构钙钛矿 $Sr_2Nb_2O_7$，如图 4-13 所示[279]。适当控制溶胶制备，形

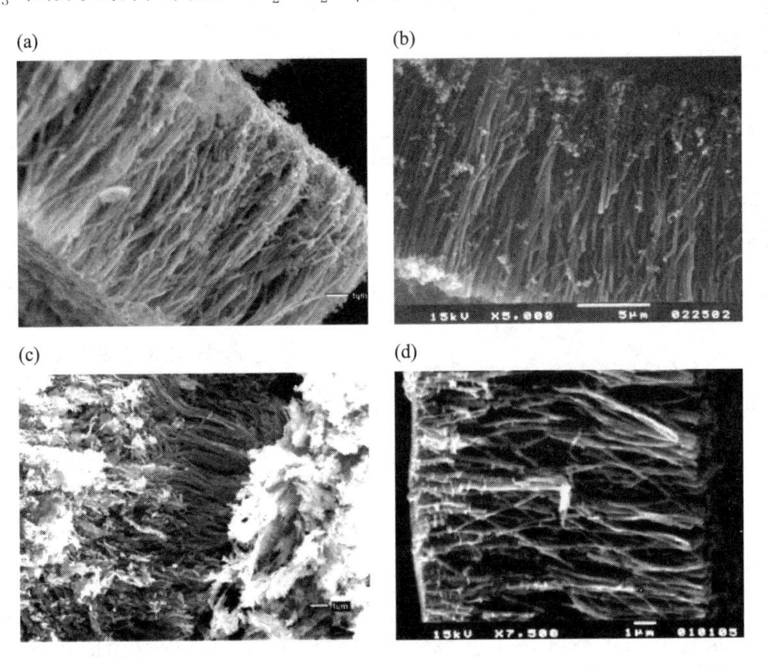

图 4-13 结合模板、溶胶-凝胶、电泳沉积生长的纳米棒的 SEM 图像

(a) SiO_2；(b) TiO_2；(c) $Sr_2Nb_2O_7$；(d) $BaTiO_3$

成具有理想化学计量组成的纳米粒子，并通过适当调整 pH 值和溶剂中的均匀分散实现静电稳定化。当施加外加电场时，这些静电稳定的纳米粒子将做出响应，向阴极或阳极方向移动并沉积其上，这取决于纳米粒子的表面电荷（Zeta 电位）。溶胶与电泳沉积结合生长的纳米棒是多晶或非晶，这种复合制备路线适用于各种材料。Wang 等人结合电泳沉积与溶胶-凝胶技术合成了 ZnO 纳米棒[280]。ZnO 胶体溶胶制备是，利用 NaOH 水解乙酸锌酒精溶液，并添加少量硝酸锌作为黏合剂。在 10～400V 的电压下，这种溶液沉积到阳极氧化铝模板的微孔中。结果发现，低电压形成致密的实心纳米棒，较高电压导致空心管的形成，这是由于高电压引起阳极氧化铝介质击穿，使其成为和阴极一样的带电体。ZnO 纳米粒子和孔壁之间的静电吸引导致管的形成。

同样，模板电化学诱导溶胶一凝胶沉积法也可以制备出单晶 TiO_2 纳米线[281]。通过阴极还原而产生氢氧根离子，然后电极表面的局部 pH 值增加，模板的孔中开始形成羟基氧化钛凝胶，最后进行热处理和去除 AAO 模板，TiO_2 单晶纳米线阵列形成。在此过程中，溶胶颗粒的形成和凝胶化过程均发生在 AAO 孔中。具体过程分几步完成：首先，将 Ti 粉溶解在 H_2O_2 和氨溶液中；然后，通过在电热板上加热将多余的 H_2O_2 和氨分解，获得黄色的凝胶；再然后，通过将黄色凝胶溶解在 4mol/L H_2SO_4 溶液中，得到红色溶液，用作电沉积的储备溶液；最后，将一定量的 KNO_3 溶解在储备溶液中（约 145mmol/L），通过使用氨溶液将溶液的 pH 值调节至 2～3，并将该溶液在随后的电沉积中用作电解质溶液。电沉积在室温下进行，使用三电极恒电位系统，以饱和甘汞电极（SCE）作为参比电极，并使用 2cm×1.5cm 的铂板作为对电极。将一小块带有 Au 基板的 AAO 模板作为工作电极，多孔面暴露于电解质溶液中。在恒电位条件下，在－0.9～－1.2V 的电位范围内进行沉积。获得的样品在 450℃ 退火 24h，制备出锐钛矿型 TiO_2 纳米线。但结果没有证实晶体取向轴的存在。单晶 TiO_2 是通过非晶相高温结晶得到的，而通常认为纳米晶 TiO_2 粒子外延聚集形成单晶纳米棒。模板电化学诱导溶胶-凝胶沉积法生长模型如图 4-14 所示[281]。

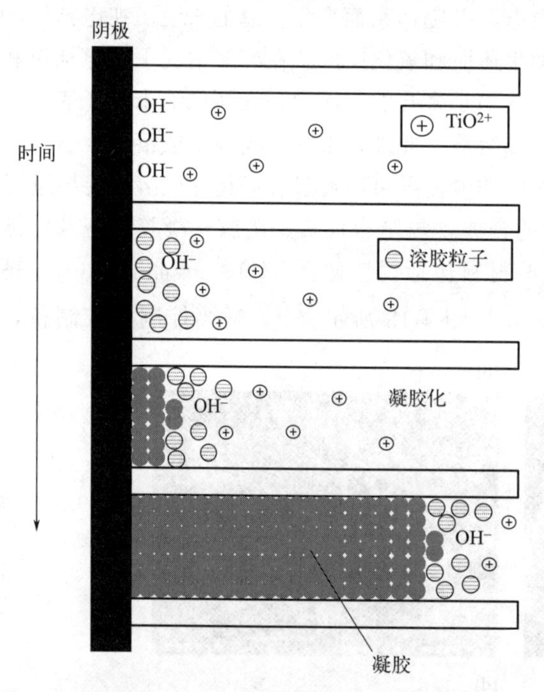

图 4-14　模板电化学诱导溶胶-凝胶法生长模型示意图（溶胶颗粒的形成和凝胶化过程都发生在 AAO 孔中，并用均匀的羟基氧化钛凝胶填充孔）

4.2.3　模板填充

直接填充法是合成纳米线和纳米管最简单且通用的方法，将液态前驱体或前驱体混合物填充到微孔中最常见。模板填充需要关注以下几个方面：第一，孔壁应有良好润湿性，以保证前驱体或前驱体混合物能够渗透和完全填充。低温条件下的填充需要引入单层有机分子使得孔壁的表面改性为亲水性或疏水性。第二，模板材料应当是化学惰性。第三，凝固过程中能够控制收缩。如果孔壁和填充材料之间的黏结力很弱或凝固始于中心，或者从孔的末端或均匀进行，则最有可能形成实心纳米棒。但是，如果黏结力很强，或凝固始于界面并向里面进行，则最有可能形成中空纳米管。

（1）胶态分散体填充

利用胶态分散体简单填充模板可形成各种氧化物纳米棒和纳米管，适当的溶胶－凝胶工艺可制备出胶态分散体。模板填充就是把模板在溶胶中放置一段时间，使胶态分散体填充到孔中。当模板经过适当改性后，微孔表面对溶胶有良好的润湿性，毛细管力驱动溶胶进入孔中。在微孔充满溶胶后，从溶胶中抽出模板，在高温处理前进行干燥。高温处理有两个目的：去除模板以获得直立纳米棒；致密化溶胶-凝胶衍生的毛坯纳米棒。图 4-15 为通过溶胶-凝胶模板填充法制备的 TiO_2 纳米棒的 SEM 图像。

图 4-15　通过溶胶-凝胶模板填充法制备的 TiO_2 纳米棒的 SEM 图像

在溶胶-凝胶工艺中，典型的溶胶溶剂的体积分数高达 90%或更高[282]。虽然毛细管力可确保胶态分散体完全填充到模板的微孔内，但填充到微孔内的固态物质可能非常少。经干燥和随后的热过程，纳米棒可能将会产生很大的收缩。与模板微孔尺寸相比较，大部分纳米棒仅仅产生少量的收缩。这可能意味着存在一些未知的机制，使微孔内部固态物质的浓度增大。一种可能的机制是溶剂通过模板扩散，导致固态物质沿模板微孔内表面增多，而这一过程在陶瓷粉浆浇铸中得到了应用。但是，考虑到模板通常在溶胶中浸入仅几分钟的时间，模板中的扩散和微孔内固态物质的富集必须是一个相当快的过程。这是一个非常通用的方法，可以应用于溶胶－凝胶工艺制备的任何材料，但缺点是难以保证模板微孔完全被填充。也应注意到模板填充制备的纳米棒通常是多晶或非晶。也有例外情况出现，当纳米棒的直径小于 20nm 时，也可制备出单晶 TiO_2 纳米棒。

（2）熔融填充和溶液填充

金属纳米线可以通过在模板中填充熔融金属来合成。例如，通过压力注射熔融的铋金属进入阳极氧化铝模板的纳米孔道中来制备铋纳米线。阳极氧化铝模板脱气后在 325℃（Bi 的 T_m＝271.5℃）浸入液体铋中，然后用高压氩气将液体 Bi 注入模板的纳米孔道中，持续 5h，获得了直径为 13～110nm、横径比为几百的铋纳米线，单个纳米线为单晶体。当暴露在空气中时铋纳米线很容易被氧化，48h 后，在铋纳米线表面可观察到约 4nm 厚的非晶氧化层；4 周后，直径为 65nm 的铋纳米线已完全被氧化。其他金属纳米线也可以通过注射熔融液体到阳极氧化铝模板中来制备，如 In、Sn、Te、GaSb 和 Bi_2Te_3。

所需单体和聚合剂的溶液填充到模板微孔中，并发生聚合反应，获得聚合物纤维。聚合物在孔壁上优先成核和生长，聚合物管在短时间内可以沉积形成。溶液填充技术也能合成金属和半导体纳米线。例如，Han 等人使用合适的金属盐（如 $HAuCl_4$）水溶液填充介孔氧化硅模板的微孔，合成出 Au、Ag 和 Pt 纳米线[283]。Chen 等人使用 Cd 和 Mn 盐的水溶液填充介孔氧化硅模板的微孔，制备出（Cd，Mn）S[284]。Matsui 等人使用 $Ni(NO_3)_2$ 酒精溶液填充碳包覆阳极氧化铝模板，生长出 $Ni(OH)_2$ 纳米棒[285]。化学气相沉积（CVD）也可以作为一种填充手段来合成纳米线，主要利用前驱体与模板中残余的表面羟基基团反应生长半导体纳米线。Lee 等人使用铂金属有机化合物填充介孔氧化硅模板的微孔，制备出 Pt 纳米线[286]。

（3）离心沉积

离心力辅助模板填充纳米团簇也是一种重要的纳米棒阵列的制备工艺，该技术可用于制备各种氧化物。离心的优势是适用于任何胶态分散体系，包括那些对电解质敏感的纳米团簇或分子组成物。为了长出纳米线阵列，离心力必须大于两种纳米粒子或纳米团簇之间的排斥力。溶胶与膜接触后，溶胶通过毛细作用被吸入膜孔中。在旋转过程中，离心力引发颗粒从溶胶向膜孔中迁移，从而使固体在膜内富集在毛孔内。采用离心力辅助模板填充法制备出的尺寸均匀和单向排列的 PZT 纳米棒阵列的 SEM 图像如图 4-16 所示[287]。合成过程如下：使用厚度为 10μm、孔径为 200nm 的径迹蚀刻亲水性聚碳酸酯（PC）膜，将每个 PC 膜牢固地平放在 13mm 直径注射器管的底部，加入 3mL 溶胶，用封口膜将管密封，并放置在离心管中；以大约 1400r/min 的速度离心 60min；所有样品均用去离子水冲洗，并在约 100℃ 的空气中干燥 24h，用一滴 ITO 溶胶将样品附着到石英玻璃上，并在 100℃的空气中干燥 24h；再将获得的 SiO_2、TiO_2 和 PZT 样品分别在 500℃、600℃ 和 650℃的温度下烧结 60min，升温速率约为 2℃/min。最后进行高温烧结以烧掉 PC 膜并致密化纳米棒结构。

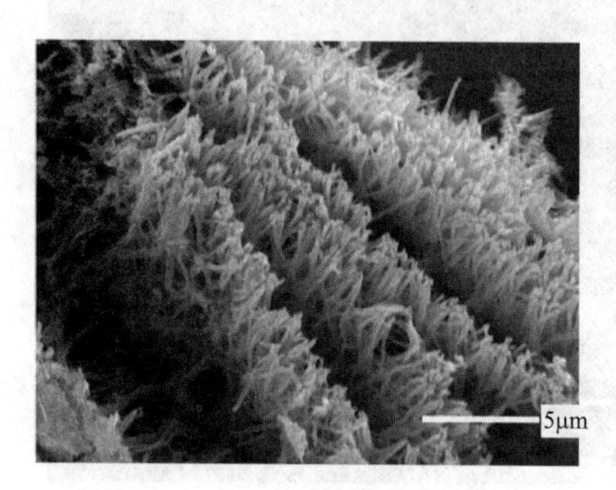

图 4-16　PZT 纳米棒阵列的 SEM 图像

4.2.4　化学反应转换

模板引导合成代表一种生成一维（1D）纳米结构的直接方法。在这种方法中，模板用作支架，其他材料以类似或互补的形态与模板组装在一起。可用于此过程的各种 1D 模板包括多孔材料中的通道、表面活性剂或嵌段共聚物的六边形组装体以及使用其他化学方法合成的 1D 纳米结构。这些模板化过程通常会形成多晶 1D 纳米结构，而该结构在器件制造或性能测量中的使用受到限制。当碳纳米管在适当控制的条件下与适当的化学物质反应时，才会在 800～1200℃左右的温度下形成高度结晶的纳米线或纳米棒。Gates 等将三角结构单晶硒纳米线与 $AgNO_3$ 水溶液在室温下反应，得到了单晶 Ag_2Se 纳米线[288]。三角结构硒纳米线通过溶液合成法制备，硒纳米线与 $AgNO_3$ 水溶液反应时可以分散在水中或在 TEM 栅网上。发生下列化学反应：

$$3Se(s)+6Ag^{+}(aq)+3H_2O \longrightarrow 2Ag_2Se(s)+Ag_2SeO_3(aq)+6H^{+}(aq) \quad (4\text{-}13)$$

获得的产物都有准确的化学计量组成，不管是四方结构低温相或正交结构高温相（块体相变温度为 133℃）的纳米线都是单晶体，直径大于 40nm 的纳米线都倾向于正交结构，模板的结晶度和形态都高保真保留。其他的化合物纳米线也可以通过类似方法合成，如将硒纳米线与所需化学试剂进行反应，形成 Bi_2Se_3 纳米线、实心碳化物纳米棒等。氧化金属锌纳米线也能形成 ZnO 纳米线[289]。利用阳极氧化铝膜作为模板，电沉积制备没有优先晶体取向的多晶锌纳米线，锌纳米线在300℃的空气中氧化35h，可形成直径为15～90nm、长度达50μm的多晶 ZnO 纳米线。此外，ZnO 纳米线嵌入阳极氧化铝膜中可选择性地溶解氧化铝模板形成直立的纳米线。

某些聚合物和蛋白质也能引导金属或半导体纳米线的生长。Zhang 等人将含有 Cd^{2+} 的聚合物加入170℃的乙二胺中，与硫脲一起进行溶剂热处理，导致聚丙烯酰胺的退化，然后过滤溶剂获得直径为40nm、长度达100μm、优先取向方向为（001）的单晶 CdS 纳米线[290]。钯纳米线可以通过在单个 DNA 分子上化学沉积薄的钯连续膜而获得[291]。Pd 纳米线的电导率低于块体钯一个数量级。为了制备均匀的金属纳米线，溅射是对悬浮 DNA 分子包覆金属的另一种方法[292]。这种方法能够在 TEM 中视觉控制聚焦电子束，获得的纳米线直径小于10nm。由80% DNA 和20%十六烷吡啶基团（PVPy-20）组成的 DNA 混合物也能作为模板合成一维纳米结构材料，例如 CdSe 纳米棒，它表现出正电极电势，并具有强烈的线性极化光致发光现象。利用自组装过程可以合成由三个双螺旋 DNA 构成的新型 DNA 纳米结构模板[293]。三螺旋 DNA 分子瓦自组装进入点阵或细丝中，可以作为模板用于制备其他纳米材料，如银纳米线[294]。获得的银纳米线具有高传导性和均匀宽度。其他的 DNA 模板是利用三交叉 DNA 分子瓦作基本构筑单元制备得到的[295]。这些纳米管直径约为25nm，长度达20μm。DNA 纳米管可以进一步金属化以形成金属纳米结构，用于分子尺度器件的相互连接。线性 λ-DNA 分子可以伸展和排列形成平行或交叉图案，化学沉积钯工艺也能制备一维平行或二维交叉的金属纳米线阵列[296]。

某些长分子链的胺分子可作合成氧化物纳米管的模板。氧化钒（VO_x）纳米管具备电化学插入/脱出锂离子的能力，其在电池电极材料领域具有巨大的应用前景[297]。利用长烷基链的胺分子为模板，能够合成 VO_x 纳米管。VO_x 纳米管的长度可在0.5～15μm范围内改变，外径可在15～150nm范围内调控。VO_x 纳米管具有柔韧结构，可促进各种交换反应。VO_x 纳米管也可通过在其合成过程的水解步骤中加入氨来制备，其直径可以达到200nm[298]。Zhou 等人使用十二烷基胺和十六烷基胺作模板制备出 VO_x 纳米管[299]。其合成过程为：将 V_2O_5（10mmol）和伯胺 $C_nH_{2n+1}NH_2$（摩尔比1∶1）加入5mL乙醇溶液（70%，质量分数）中搅拌2h，将15mL水加入该混合物中并继续搅拌48h，所得的复合物再转移到带特氟龙内衬的高压釜中，恒温180℃保持7天，随后依次用乙醇和己烷洗涤得到的黑色产物，然后用乙酸乙酯洗涤。最后在环境条件下于70℃干燥，获得 VO_x 纳米管。

AAO 模板是一种重要的合成氧化物纳米管的模板。TiO_2 纳米管是一种常见的氧化物纳米管，在热处理中比 VO_x 纳米管更加稳定。TiO_2 纳米管可以利用多孔氧化铝或聚合物纤维作为模板来制备[300,301]。Liu 等人用 AAO 模板合成出 TiO_2 纳米管[302]。合成过程如下：使用 HCl 和 NH_4OH 将去离子水的 pH 值调至2.1，然后将 TiF_4 溶解在该溶液中，使其浓度为0.04mol/L，pH 值调为1.6，再将100mL的 TiF_4 溶液和 AAO 膜板转移至密闭的玻璃烧瓶中，在60℃下保持一定的时间；最后用去离子水洗涤产物，并在60℃下干燥24h，产物的 HRTEM 图像如图4-17所示。

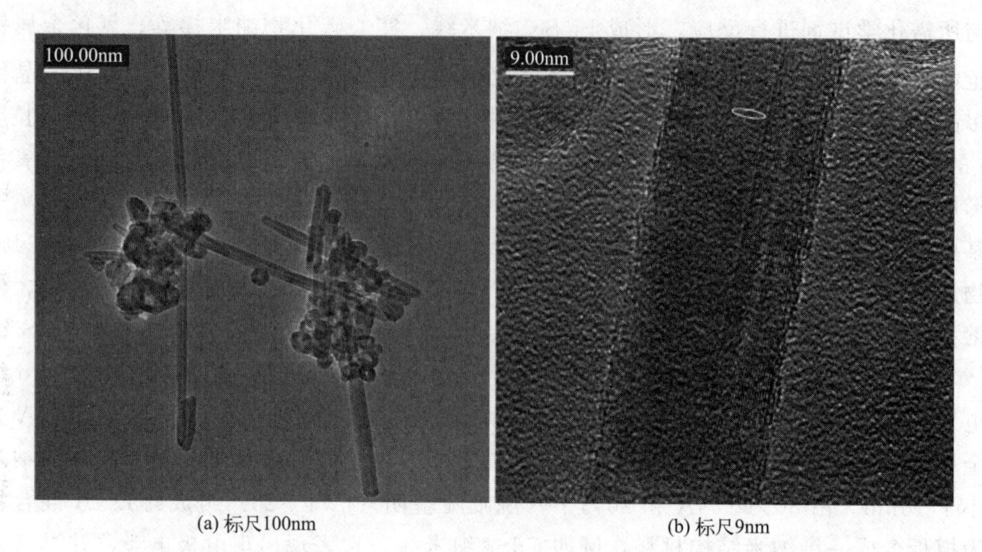

(a) 标尺100nm　　(b) 标尺9nm

图 4-17　合成时间为 12h 的单晶锐钛矿型 TiO_2 纳米管的 HRTEM 图像

4.3　水热/溶剂热法合成

水热合成的研究从模拟地矿生成到沸石分子筛和纳米晶体材料的合成已历经 100 多年的发展。相对而言，水热/溶剂热法获得的产物纯度较高、粒径均一且晶型完美。它能被用来制备多种多样的纳米材料，包括氧化物、氟化物、硫化物、氮化物、有机－无机杂化材料、碳材料、金属材料、金属－有机框架材料等。

水热/溶剂热合成是指在一定温度（100～1000℃）和压强（1～100MPa）下利用溶液中物质的化学反应进行合成的技术[303]。由于反应在高温、高压条件下进行，水热/溶剂热法的合成反应往往需要在特定类型的密闭容器（高压釜）中发生，这样一些常温常压下反应的动力学速率将显著提高。水热/溶剂热法为各种前驱体的反应和结晶提供一个在常压条件下无法得到的特殊物理和化学环境。在水热条件下，水既作为溶剂又作为矿化剂，是传递压力的媒介，同时由于在高压下绝大多数反应物能部分溶于水，从而促使反应在液相或气相中进行，改善反应物的扩散传质。如果反应体系溶剂中含有液态有机物或完全以有机物为溶剂则可以称为溶剂热法。以非水溶剂代替水，不仅可扩大水热法的应用范围，而且能够实现通常条件下无法实现的反应，可以用来制备具有亚稳态结构的材料。

4.3.1　水热/溶剂热法合成纳米材料的影响因素

水热/溶剂热合成过程中的温度、压力等诸多参数都会对反应产物的结构、组成、尺寸、形貌等产生显著影响。实际上这些影响因素不是单一变化的，往往改变其中一种因素也会造成其他因素的显著变化，这里对水热/溶剂热体系的主要影响因素进行介绍。

（1）溶剂

溶剂是水热/溶剂热反应中最重要的影响因素之一。溶剂不仅为反应提供液态环境，还决定反应需要选择的温度范围、压力大小，有时还可以起到模板、矿化剂等作用，影响产物的尺寸和形貌。在水热/溶剂热合成纳米材料的过程中，主要有以下几组溶剂特征需要考虑：①溶剂的物理性质（介电常数、极性、密度等）；②溶剂的化学性质（主要是溶剂对产物某种特定形貌的稳定作用）；③溶剂与反应物、添加剂的相互作用。除水以外，越来越多的有机溶剂被用于溶剂热合成，这些非水溶剂的使用拓宽了高温高压下合成纳米材料的种类。用于溶剂热合成的有机溶剂种类繁多、性质各异。常见有机溶剂的主要物理参数参考附表1[304]。

溶剂对于水热法合成纳米材料的影响可以从以下两个角度来分析：①纳米粒子尺寸和形貌的控制；②复合纳米材料的制备。溶剂主要通过晶体成核和生长两个过程影响纳米粒子的尺寸和形貌。具体来看，不同溶剂的物理性质会影响晶体成核反应的动力学。例如，在合成 TiO_2 纳米晶体的过程中，使用不同介电常数的溶剂可以调控 TiO_2 产物的结晶度[305]。研究发现，以2-丙醇作溶剂时，制得的 TiO_2 纳米晶的结晶度最佳。形成这一结果的原因在于：2-丙醇溶剂的介电常数相对较低，导致反应体系在成核之前具有更大的过饱和度，由此影响随后的结晶成核过程。

溶剂的化学性质对晶体的生长也有显著的影响。有些溶剂会与底物在反应过程中形成中间化合物，这种中间化合物可以作为模板使产物取向生长，从而影响产物的最终形貌。以金属氯化物或氮化物和硒粉作为反应物、水合肼作为溶剂，在溶剂热法合成一维金属硒化物的过程中，“NH_2NH_2”可以作为双齿配位基团与两个金属阳离子结合形成团簇，这种线型中间化合物会进一步诱导产物一维形貌的生成[306]。另外，溶剂的物理性质也会对晶体生长产生影响。使用 $In(NO_3)_3 \cdot nH_2O$ 和 $SnC_{14} \cdot 5H_2O$ 作为反应物、NH_4OH 作为矿化剂，在溶剂热法合成氧化铟锡的过程中，溶剂的黏度对得到的ITO晶体的尺寸和性质具有重要的影响。当采用不同的溶剂（乙醇、乙二醇、聚乙二醇）时，随着溶剂黏度的增加，晶体生长速率增大，同时产物的氧空位增多，因而产物具有更多的自由电子和更强的导电性[307]。此外，在稀土氧化物纳米粒子的溶剂热合成中，也可通过改变溶剂黏度调控产物的形貌[308]。值得注意的是，改变一种溶剂就改变了大量的相关合成参数，如沸点、黏度、介电常数等，因此往往难以直接说明哪个参数的改变显著地影响了产物形貌。

在纳米复合材料中，体系可以被看作不同纳米单元的组合，溶剂在某些复合纳米材料制备过程中可以起到决定性作用。例如，利用碳纳米管（CNTs）作为模板，使用 $Ce(NO_3)_3 \cdot 6H_2O$ 作为前驱体，在溶剂热反应中通过均相包覆的方法可以制备 CeO_2 纳米管[309]。但是研究发现，当采用乙醇、二甲基甲酰胺、甲苯、吡啶等不同的溶剂时，只有在使用吡啶作为溶剂的反应条件下，CeO_2 才能均匀沉积在CNTs上。这可能是因为溶剂吡啶中含有N，在反应初期先将CNTs表面改性，使得 CeO_2 更容易沉积在CNTs上。

（2）反应物

反应物在水热反应中的具体作用是由化学反应的类型决定的。在水热反应中常见的基本反应类型包括离子交换反应、脱水反应、分解反应、氧化还原反应、溶胶-凝胶晶化反应、水解反应等。反应物除了作为最终产物化学元素的来源，在不同反应类型的水热反应中还可以起到脱水剂、氧化剂、还原剂等作用。一般来讲，反应物的以下各种性质会对最终产物造成重要影响：反应物的种类、反应物的物态、反应物的组成。下面分别介绍这些性质如何影响最终产物。

反应物的种类可以直接影响产物的最终结构。例如，在使用氨基硫脲作为硫源、$CdCl_2$ 作为含Cd前驱体、乙二胺作为溶剂制备CdS纳米晶须的过程中，乙二胺中强亲核的N会进攻氨基硫脲分子，导致 C ═S 键弱化；在加热条件下，C ═S 键会进一步弱化，并缓慢解离，从而提供硫元素。由于采用氨基硫脲作为反应物的这一过程比较缓慢，获得的产物就形成细长的须状结构。若将氨基硫脲换成硫、硫脲则不能生成这种细长的结构。硫源的种类往往通过释放硫的速率不同而显著影响硫化物的最终形貌，这在其他硫属化合物的合成中至关重要。反应体系中的阴离子也会对产物造成决定性的影响，这主要是因为不同类型的阴离子对阳离子的配位能力不同，造成反应体系中裸露的阳离子的浓度发生变化。

大多数情况下，水热/溶剂热反应中的反应物都溶于溶剂中形成溶液，以利于反应产物的均一性。但是，反应物有时在反应体系中仍然以不溶的固态形式存在，它就很有可能成为模板，诱导产物生长。例如，在将 ZnO 纳米棒转化为 ZnS 纳米管的水热过程中，以预先合成的 ZnO 纳米棒作为模板，然后以硫代乙酰胺作为硫源，ZnO 纳米棒转化为 ZnO/ZnS 核壳结构，产物再经过 KOH 处理，ZnO 溶解，可得到 ZnS 纳米管[310]。在这个过程中，反应物 ZnO 起到模板的作用。在一些溶剂热反应中，不同反应物组成比例的不同会造成产物晶体结构的差异。在以 Y_2O_3、NaF 为前驱体、EDTA 为络合剂、水为溶剂合成 $NaYF_4$ 的过程中，Y^{3+} 与 F^- 的比例决定了所得到的 $NaYF_4$ 是立方晶系（萤石结构）还是六方晶系（$Na_{1.5}Nd_{1.5}F_6$ 型）。当 Y^{3+}/F^- 为化学计量比时，得到立方晶系产物；而当 F^- 过量时（$Y^{3+}/F^-=1/7.5$）时，得到的产物是六方晶系。另外，EDTA/Y^{3+} 的比例也是影响产物形貌的主要因素。在这个过程中，F^- 既作为反应物，又起矿化剂的作用[311]。

（3）添加剂

添加剂是指不直接形成产物的物质，通常可以用来调节溶剂的性质或反应过程中的某个或多个步骤。在反应过程中，添加剂主要影响反应物或产物的一些物理性质或化学性质。对于反应物，添加剂可以影响其溶解性。例如，矿化剂可改变反应物溶解度的温度系数，从而促进产物在水热条件下的析出。使用碱金属盐作为矿化剂，在水热条件下合成 $Cd(OH)_2$ 单晶纳米线，产物的形貌和尺寸很大程度上依赖于碱金属盐的种类（KCl、KNO_3、K_2SO_4、NaCl、$NaNO_3$ 和 Na_2SO_4）[312]。如果不使用以上矿化剂，只能得到纳米颗粒产物，得不到长的纳米线。使用 $Ce(NO_3)_3 \cdot 6H_2O$ 作铈源、$Na_3PO_4 \cdot 6H_2O$ 作矿化剂，在温和的水热条件下，粒径均一的 CeO_2 纳米八面体和纳米棒单晶被合成出来[313]。与合成 CeO_2 纳米结构用强碱作沉淀剂相比，Na_3PO_4 的添加可使产物更纯净，并且更容易形成和分离八面体及棒状形貌的产物。添加剂也可以对产物的性质产生较大的影响。晶体生长过程中通常会使用封端剂、表面活性剂或生物分子来实现取向生长，从而得到各向异性的产物。例如，在制备 TiO_2 纳米棒时使用油酸作为封端剂，是由于其残酸官能团可以与 TiO_2 晶核表面紧密结合[314]。生物分子在溶剂热合成过程中可直接作为模板控制最终产物的形貌（如使用海藻酸制备单晶二氧化碲纳米线，或者利用胡萝卜素制备单晶硒），也可作为自组装反应剂[315]。

（4）温度

温度是所有溶剂热反应的关键合成参数，不仅可以控制溶剂的两个物化状态——亚临界状态和超临界状态，还可以调控反应物动力学参数以及产物的热力学平衡状态等。调节温度不仅可以控制产物结构，还可以调节元素价态。例如，在氟氧化钒的溶剂热合成中，随着温度的升高，氟氧化钒单元的结构从单体、双聚物演变成四聚物，最终成为链状结构。在 Na-V-(O)F 和 K-V-(O)F 体系的溶剂热合成过程中，改变反应温度可调节钒的价态[316,317]。V^{4+} 的氟氧化钒可在 100℃条件下制备，而 V^{3+} 的氟氧化钒只有在 220℃条件下才能制得。

温度还可以调节粒子尺寸和结晶度。例如，CdS 的尺寸和结晶度可以通过对温度和反应时间的控制得到调控：在 120℃反应 10h 得到针状结构的产物，在 160℃反应 10h 则可以得到纤锌矿结构的纳米棒单晶[318]。

（5）压力

压力是区分水热/溶剂热与其他液相合成方法的因素之一。在密闭的水热/溶剂热反应釜中，当所容物组成固定时，压力是随着温度、填充度变化的，如图 4-18 所示[319]。由于在溶剂热反应中大多是自生压力，压力在溶剂热反应中的作用并没有得到非常全面的研究，仅有少数文献报道了压力与产物的关系。例如，在使用硅和碳酸钙合成硅灰石的过程中，随着压力的增加，硅灰石产率提高[320]。

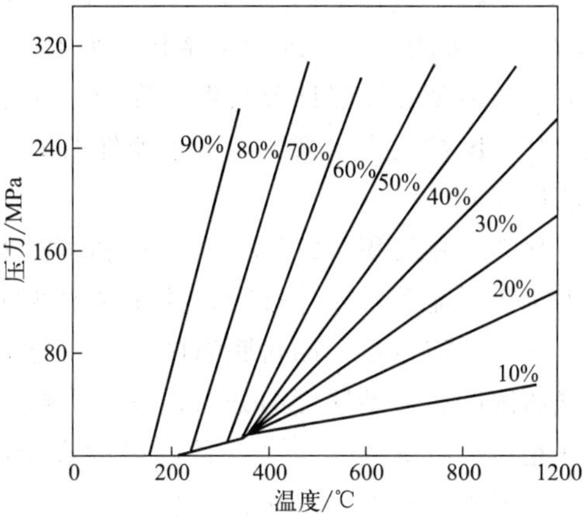

图 4-18　水的压力随温度和填充度的变化[319]

（6）填充度

填充度是指加入的物料占反应釜的总体积分数。填充度对反应的影响相应地就体现在，一定温度下压力对反应的影响。一般地，实验室合成采用的填充度在 50%～80%。例如，在 CdS 纳米棒的溶剂热合成中，当填充度在 15%～90%内变动时，随着填充度的增加，CdS 纳米棒长径比会相应变小，同时其带隙宽度也会相应变窄[321]。

（7）pH 值

根据不同水热/溶剂热反应的特征，pH 值会对产物的尺寸、形貌、组成或结构产生相应影响。例如，在水热合成不同形貌的 $In(OH)_3$ 微纳结构过程中，pH 值对形貌的调节起到非常重要的作用。当反应体系的 pH 值由 5 下降至 3 时，$In(OH)_3$ 的形貌会由棒状结构逐渐转化成线型团聚体结构[322]。

（8）水热/溶剂热法与其他技术的联用

其他如电化学、微波、机械混合、超声、外磁场等一些相关技术与水热/溶剂热法的联用极大地促进了水热/溶剂热法的发展。这些技术的应用或可以提高反应速率或可以改变产物的形貌与性能等。随着微波合成技术日益成熟，微波与水热法的联用已经有很多实例，如 SAPO-34 纳米分子筛的合成、锂电池材料 $LiFePO_4$ 的合成等[323-325]。外加磁场在磁性纳米材料的合成过程中也起到了独特的作用。张立德等采用添加外加磁场的溶剂热反应合成出一维链状 $NiO_{0.33}CoO_{0.67}$ 合金纳米结构和金属丝状的 $NiO_{0.33}CoO_{0.67}$ 合金纳米结构[326]。由此可见，外磁场的使用不仅可以形成链状和金属丝状的产物形貌，与同等条件下没有加外磁场的合成方法相比，该方法还可以增强产物的饱和磁感应强度、剩余磁感应强度、矩形比、矫顽力等磁性质。电化学与水热法的结合也有很重要的应用。例如，使用水热-电化学联用的技术可在碳纳米管阵列上沉积具有生物活性的纳米羟基磷灰石，或者制备 ZnO 纳米棒等[327,328]。

4.3.2　水热/溶剂热法合成一维纳米线

一维纳米结构材料，是指在三维空间中有两维处于纳米尺度并受到约束的纳米材料，如纳米棒、纳米线及纳米管等[329,330]。纳米棒是指长度较短（<1μm）、长径比较小且纵向形貌笔直的一维柱状实心纳米材料，而纳米线通常指长度较长（>1μm）、长径比较大且形貌笔直或者弯曲的一维实心纳米材料。纳米棒与纳米线之间的界限并没有统一的标准，其最主要的差别在于长径比的不同[331]。1991 年，日本科学家 Iijima 发现了不同于碳的其他体相（如石墨、金刚石等）或纳米结构（如 C_{60} 等）的碳纳米管，并且其具有独特的性质，如极高的机械强度、导热性及与螺旋度相关的导电性等。碳纳米管这种独特的结构特性与理化性能使其一度被视为未来纳米电子器件的最佳结构基元，并由此推动了对整个一维纳米结构材料的研究。

化学气相沉积（CVD）法是指利用挥发性的金属化合物蒸气，通过化学反应在衬底表面上沉积所需单质或化合物，并在保护性气体中快速冷凝，从而制备各种一维纳米结构材料的方法。反应过程中的衬底温度、气体流动状态等参数决定了反应室内衬底附近的温度、反应气体浓度和流动速度的分布，进而影响产物的生长速率、均匀性及结晶质量[332]。液相沉淀法是指将沉淀剂加入含一种或多种离子的可溶性盐溶液中，盐在一定温度下发生水解反应，生成不溶性的氢氧化物、水合氧化物、盐类等中间产物，随后热解脱水即得到所需的一维纳米结构材料[333]。

在水热/溶剂热法中，以水/非水有机溶剂为反应体系，选择合适的添加剂（表面活性剂或盐离子等），并对反应体系加热，控制釜内反应溶液的温度或压强差，以产生对流形成过饱和状态，从而使产物析出或生长[334]。由于具有温和、高效及易调节等特点，水热/溶剂热合成法具有明显的优势。目前，作为材料合成及晶体生长的一种重要方法，水热/溶剂热法已在一维纳米结构材料的设计合成领域获得了广泛应用。下面以纳米棒、纳米线及纳米管为例，分别介绍水热/溶剂热法在构筑一维纳米结构材料中的设计思想及合成策略。

贵金属及其合金的一维纳米材料不仅能保持金属的导电性等物理性质，还拥有大量的表面原子和高化学活性。实际上，纳米棒及纳米线等一维纳米材料的控制合成工艺是伴随着液相合成体系的发展而发展的。在引入液相合成法（特别是水热/溶剂热法）以后，一维纳米结构材料的合成才真正变得简单高效。以 Au 纳米棒为例，最早合成 Au 纳米棒的方法是以硅或铝的微孔为模板，电化学还原 Au^{3+}，这种方法耗能高、无法大规模制备且得到的 Au 纳米棒纯度不高。Murphy 研究团队首先引入液相法合成 Au 纳米棒[336-339]。在液相条件下，反应可以被更加精确地调控，但这种方法制备出的 Au 纳米棒产率仍然偏低，且得到的样品需要分离提纯。以十六烷基三甲基溴化铵（CTAB）和辛烷作表面活性剂、甲酰胺作还原剂、丁醇作溶剂，Ji 等人在无水条件下通过一锅法制备得到 Au 纳米棒[340]。这种方法操作更加简便，合成过程更加容易控制，且产物的单分散性较好。在此基础上，很多研究团队对 Au 纳米棒的水热/溶剂热合成体系进行了优化。Ye 在 Au 纳米棒合成时加入少量芳香族化合物，能够显著减少合成过程中球形纳米粒子的含量，如图 4-19 所示[335]。通过这种方法制备的 Au 纳米棒具有非常好的单分散性，其长轴等离子体共振能量峰位置可以从 627nm 调至 1246nm，最大长径比达到 7 左右。2013 年以后，Au 纳米棒的合成体系逐渐趋于完善，各种尺寸、长径比及具备特异光学性能或其他结构的高纯度 Au 纳米棒均可制备。

其他金属纳米棒或纳米线，如同为贵金属的 Ag、Pd 等，由于与 Au 具有相似的物性结构及结晶行为，也可由类似的方法制备合成。在这方面，夏幼南等人已做了一系列一维贵金属纳米材料合成的开创性工作。目前，Ag 及其他贵金属纳米棒的水热/溶剂热法合成体系和其纳米线的水热/溶剂热法合成体系已日趋完善[107,341]。例如，钱逸泰课题组和李亚栋课

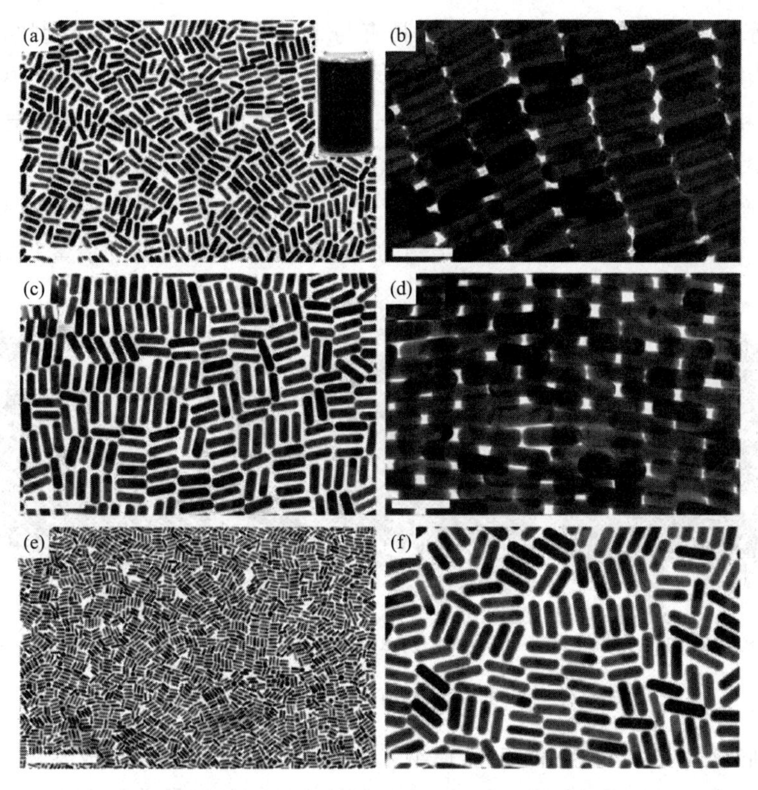

图 4-19 使用芳香酸添加剂合成具有纵向表面等离子共振、大于 700nm 的单分散金纳米棒的 TEM 图像

(a)、(b) 使用 5-溴水杨酸作为添加剂；(c)、(d) 使用 2,6-二羟基苯甲酸作为添加剂；(e)、(f) 使用 4-甲基水杨酸作为添加剂 [标尺：(a) 200nm；(b) 50nm；(c) 400nm；(d) 100nm；(e) 100nm；(f) 50nm][335]

题组分别以葡萄糖为还原剂，控制 Ag^{+} 的还原速率，通过 PVP 或其他结构导向剂，采用水热法合成出 Ag 纳米线，如图 4-20 所示[342,343]。

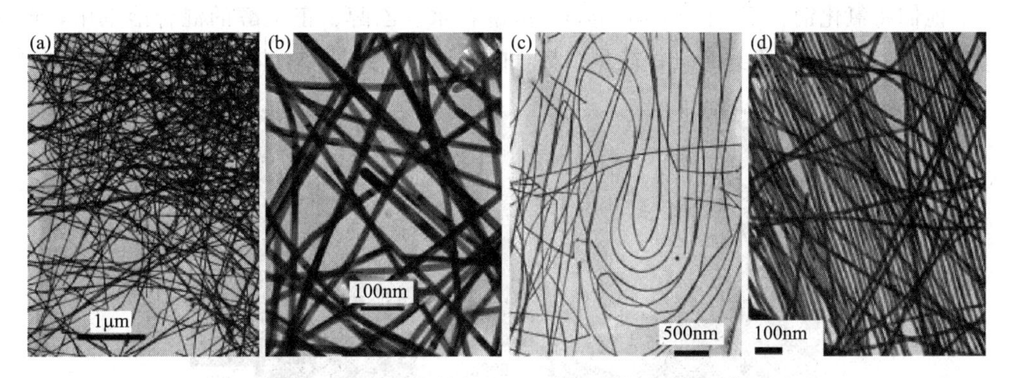

图 4-20 水热法制备的 Ag 纳米线的 TEM 图像

拥有五重孪晶结构的晶种可以演化成为一维纳米结构。但是 Pt 的五重孪晶结构比 Au、Ag 等贵金属的五重孪晶结构具有更高的能量，极不稳定。即便如此，Pt 纳米棒依然可以通过水热/溶剂热法制得。2013 年，Lee 等人采用 $Pt(ACAC)_2$ 作为 Pt 源，油胺（OAm）分子作为配体，在 1,2-十六烷二醇中合成出 Pt 纳米棒[344]。制得的五重孪晶 Pt 纳米棒长度可达 (19±5)nm，长径比在 4～5 之间，且具有优异的电催化活性。

Cu、Co等过渡金属一维纳米结构材料具有与Au相同的面心立方晶型结构，也可以由水热/溶剂热法制得[345,346]。2013年，段镶锋等人发现，在合成体系中引入Cl^-（NH_4^+或CTAC），Cl^-和O_2会共同作用氧化刻蚀成核过程中产生的五重孪晶晶种，导致最后仅能产生Cu的立方体纳米晶；在合成体系中引入Fe^{2+}或Fe^{3+}，由于体系内的O_2在反应过程中被消耗，反应产生的五重孪晶晶种不会被氧化刻蚀，最后得到的产物全部为Cu纳米线，如图4-21所示[347]。这项合成工作对纳米结构的选择性调控具有重要的借鉴和指导意义。

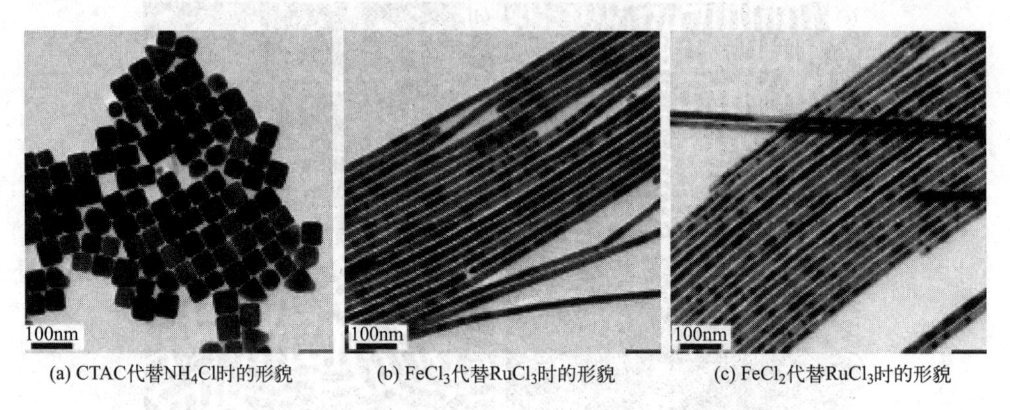

(a) CTAC代替NH_4Cl时的形貌　(b) $FeCl_3$代替$RuCl_3$时的形貌　(c) $FeCl_2$代替$RuCl_3$时的形貌

图4-21　不同形貌Cu纳米结构的选择性调控[347]

水热/溶剂热法不仅可以制备各种金属纳米棒或纳米线，也可以合成各种金属化合物一维纳米结构，如ZnO、VO_2及MnO_2等。由于六方晶体结构各向异性的本质，ZnO纳米棒可以轻易地被调控形成一维纳米结构。以硝酸锌为前驱体，并加入环六亚甲基四胺，同时控制体系的pH值，Baviskar等人采用低温水热法在90℃条件下制备出ZnO纳米棒，如图4-22所示[348]。反应体系中合适的Zn^{2+}/OH^-浓度比是ZnO纳米棒形成的重要条件，因为其决定还原体系中ZnO纳米晶的成核速率，从而影响整个反应过程中的结晶行为。以线型配位团簇化合物为前驱体，通过其自身的有限线型结构提供导向，熊宇杰等人合成出Cu_2O一维纳米线[349]。他们将氯化铜、丁二酮肟（dmgH）溶解在水、乙醇、正辛醇的混合溶剂中，形成的$Cu_3(dmg)_2Cl_4$前驱体胶束具有一维线型结构，随后通过水热还原，即可得到Cu_2O纳米线。

图4-22　水热法合成的ZnO纳米棒[348]

反应溶液的pH值、反应温度、反应时间等条件参数对水热反应产物形貌的控制起着至关重要的作用。2003年，Manthiram等人通过水热法在KBH_4溶液中还原KVO_3得到直径为100～150nm的VO_2纳米材料，但其形貌不是纳米棒状结构[350]。李亚栋等人以偏钒酸铵（NH_4VO_3）为前驱体，通过水热法在180℃条件下合成出VO_2纳米棒及纳米线，如图4-23所示[351]。王训等

人将一定比例的 $MnSO_4 \cdot H_2O$ 及 $(NH_4)_2S_2O_8$ 溶液混合均匀后转移至水热釜中，在 120～180℃条件下反应 12h，制备得到 α-MnO_2 及 β-MnO_2 的单晶纳米线[352]。这种选择控制水热合成法仅通过调节反应离子浓度就制备出了 MnO_2 单晶纳米线，产物形貌均一，纯度高，非常适合大规模工业生产。

图 4-23　水热法合成的 VO_2 纳米棒及纳米线[351]

水热/溶剂热法不仅可以用于制备上述氧化物纳米结构，还适用于硫化物一维纳米结构材料的合成。2000 年，钱逸泰等人以溶剂热法制备出 CdS 纳米棒，并且通过观察不同反应时间条件下得到的中间产物，归纳出了 CdS 纳米棒的生长机理，如图 4-24 所示[353]。反应过程如下：首先是硝酸镉与硫脲反应生成 CdS 层状结构，薄层上有许多皱褶，此时结晶性能很差，如图 4-24(a) 所示；随后褶皱的数量增加，并且这些褶皱自发地聚在一起如图 4-24(b) 所示；然后聚集的皱褶破裂形成针状碎片，此时的结构为 (002) 优先取向，如图 4-24(c) 所示；最后这些碎片成长为结晶性良好的纳米棒，较大的尺寸结构由短的纳米棒组成，宽度为 12～17nm，长度为 40～160nm，如图 4-24(d) 所示。他们认为吸附在 CdS 表面的乙二胺分子与 CdS 的分离对于控制形貌的转变起到至关重要的作用。这种研究思路为控制纳米棒形貌的探索和发展奠定了重要基础。

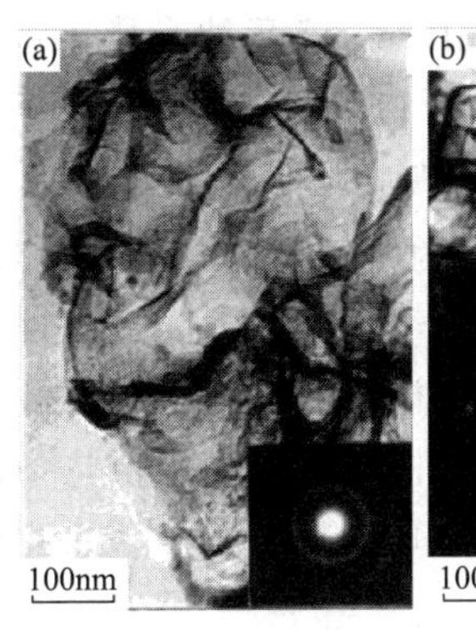

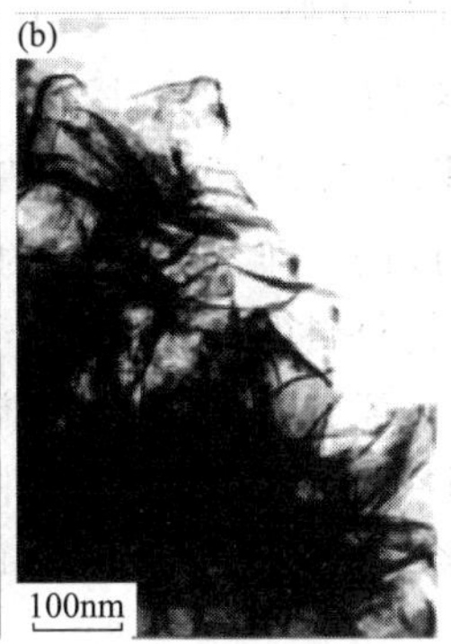

图 4-24　CdS 纳米棒的形成过程（插图为电子衍射图）[353]

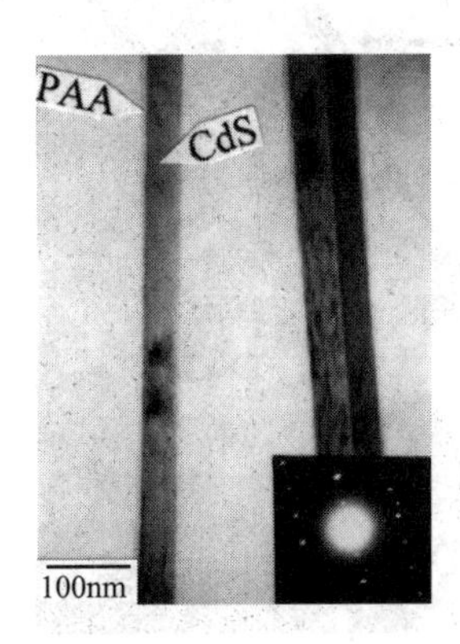

图 4-25　溶剂热法合成的 CdS 纳米线的 TEM 图像（插图为 SAED 图）[356]

乙二胺（en）在 CdS 纳米线的水热/溶剂热法合成中是一种特殊的调和反应剂，可与众多金属离子作用形成络合物[353-357]。首先，Cd^{2+} 与 en 分子结合形成 $[Cd(en)_3]^{2+}$，硫脲在低温下分解产生 S^{2-}；然后，$[Cd(en)_3]^{2+}$ 和 S^{2-} 反应生成表面吸附有 en 分子的 CdS 中间体。同时，结合 Cd^{2+} 的 en 分子的结构由邻位交叉转变为反式结构。当 en 分子成为反式结构时，CdS 表面的 en 分子与 Cd^{2+} 之间的反应变弱，这种中间体结构在高温下被破坏。CdS 表面的 en 分子的解离造成形态结构的转变。en 是一种强极性的碱性溶剂，能为反应提供动力以增强溶液中离子的溶解分散性、传输和结晶性，让固相产物比较温和地在溶剂中慢慢生长，制备出的 CdS 纳米线如图 4-25 所示。表面活性剂在 CdS 纳米线的生长过程中也起着至关重要的作用[353]。PAA 层包裹在纳米线外，限制纳米线的径向生长，使得其沿轴向生长形成纳米线。en 在 CdS 纳米线合成过程中的作用机理如式（4-14）所示：

$$[Cd(en)_3]^{2+} + S^{2-} \longrightarrow CdS(en)_m \longrightarrow CdS(en)_{m-n} + n(en) \quad (4\text{-}14)$$

钱逸泰等人还提出了 CdS 纳米线生长的化学溶剂运输机制：液相中的小颗粒晶体倾向于解散运输到大颗粒上去，侧面的生长受到聚合物层的限制使得晶体沿着轴向生长最为有利。当使用氨基硫脲作为反应原料时，溶剂热法合成的 CdS 纳米线长度可达 12～60μm[355]。在分子结构层面上，CdS 纳米线的形成机理可以描述如下：首先，氨基硫脲分子受到乙二胺的强亲核氮原子作用，C═S 双键的作用被削弱，加热到较高的温度使得双键打开，然后缓慢产生 S^{2-}，最后 S^{2-} 和络合在乙二胺分子上的 Cd^{2+} 作用。因为氨基硫脲解离较慢和 Cd^{2+} 比较自由的浓度控制，反应速率较低，最后可以生成具有较好结晶性的 CdS 纳米线。如果采用金属镉作为原料，Cd 需要先解离为 Cd^{2+}，然后进行上述反应。用硫脲或硫作为硫源都没有用氨基硫脲作硫源生成的纳米线好，这可能是不同硫源的硫离子的解离速率不同，导致反应速率的可控性不同，这在溶剂热法制备一维结构材料的调控中是相当重要的[355]。

水热/溶剂热法不仅可以用于合成二元硫属化合物纳米结构，还可以制备三元甚至多元硫族化合物一维纳米结构材料。钱逸泰等人通过溶剂热法制备出 CdS_xSe_{1-x}（$0<x<1$）纳米线，调控 x 的值纳米线可以获得更好的光学性能，这些性能在光学开关、光电效应器件等方面有广泛的应用前景。谢毅等人通过溶剂热法制备出了 $CuInSe_2$ 三元纳米棒，将 Cu、In、Se 的粉末按特定比例溶解在乙二胺中，体系在 280℃条件下反应 48h 即可生成 $CuInSe_2$ 纳米棒。此外，这种简单的一锅合成法还可以延伸到其他三元纳米棒的合成，如 $CuInS_2$ 等，具有一定的普适性[358]。对于其他元素组成的一维纳米结构的控制合成，水热/溶剂热法也具有广泛的应用，如稀土材料一维纳米结构材料的合成。由于氢氧化物在液相条件下通过简单的离子沉淀的方法即可获得，所以稀土元素氢氧化物的一维纳米结构可由水热/溶剂热法轻易获得。2002 年，李亚栋等人基于稀土氢氧化物自身的结构特性，利用水热条件下稀土氢氧化物的沉淀-溶解-平衡，通过液相体系中化学势的调节，成功地合成出一系列稀土氢氧化物纳米线，如图 4-26 所示[359]。

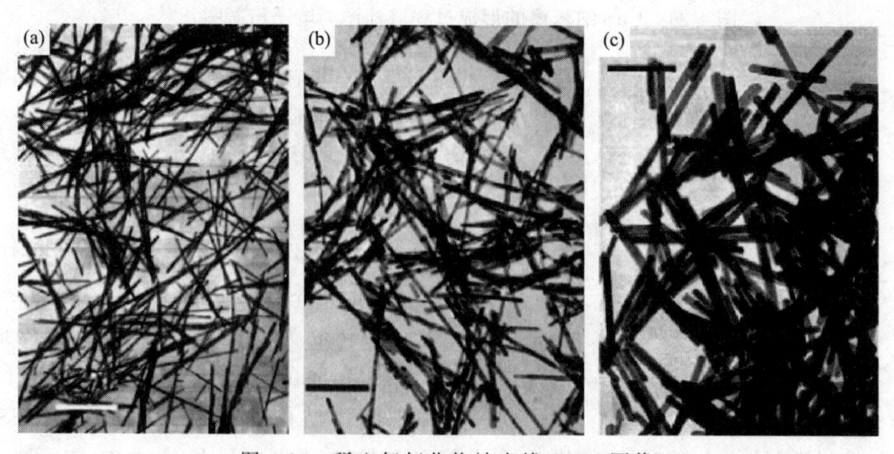

图 4-26　稀土氢氧化物纳米线 TEM 图像

(a) La（OH）$_3$（标尺 1μm）；(b) Pr（OH）$_3$（标尺 500nm）；(c) Eu（OH）$_3$（标尺 250nm）[359]

稀土钒酸盐纳米棒的水热/溶剂热合成主要有两种思路：一种是直接利用 NaOH 在合成反应中的矿化和调节 pH 值的双重作用，主要以 Ostwald 熟化机制为主；另一种是以 EDTA 为模板剂，主要以 EDTA 的络合作用和诱导作用来调控生长。Fan 等人以 $NaVO_3$ 和 $La(NO_3)_3$ 为前驱体，以水热法得到四方相的 $LaVO_4$ 纳米棒[360]。随后，他们用 NaOH 调节 pH 值得到单斜相或四方相的不同形貌的 $LaVO_4$ 纳米棒，这说明 NaOH 的引入导致体系中纳米颗粒表面自由能的不同是形成一维形貌的主要原因[361]。EDTA 是一种非常好的稀土元素络合剂，严纯华等人通过加入弱配合物型表面活性剂（如乙酸钠、柠檬酸钠等）来调节水热合成稀土无机酸盐的生长，合成出性能更加优越的四方相 t-$LaVO_4$ 纳米棒[362]。他们也以 EDTA 为模板剂的热水合成法生成四方相的 $LaVO_4$ 棒[362]。用 Na_3VO_4 和 $La(NO_3)_3$ 作为前驱体，用 NaOH 调节 pH 值至 2～13 之间，由于 EDTA 的络合作用使配位数由 9 变为 8。Liu 等人利用 EDTA 的络合作用合成出 $CeVO_4$ 纳米棒，如图 4-27 所示[363]。更重要的是，这种简单的一步合成法可以在 $CeVO_4$ 纳米棒向一维方向生长的同时引导其结构自组装形成阵列结构，这种全新的一维纳米结构组装模式为未来超级纳米结构的构筑提供了可能的方向。

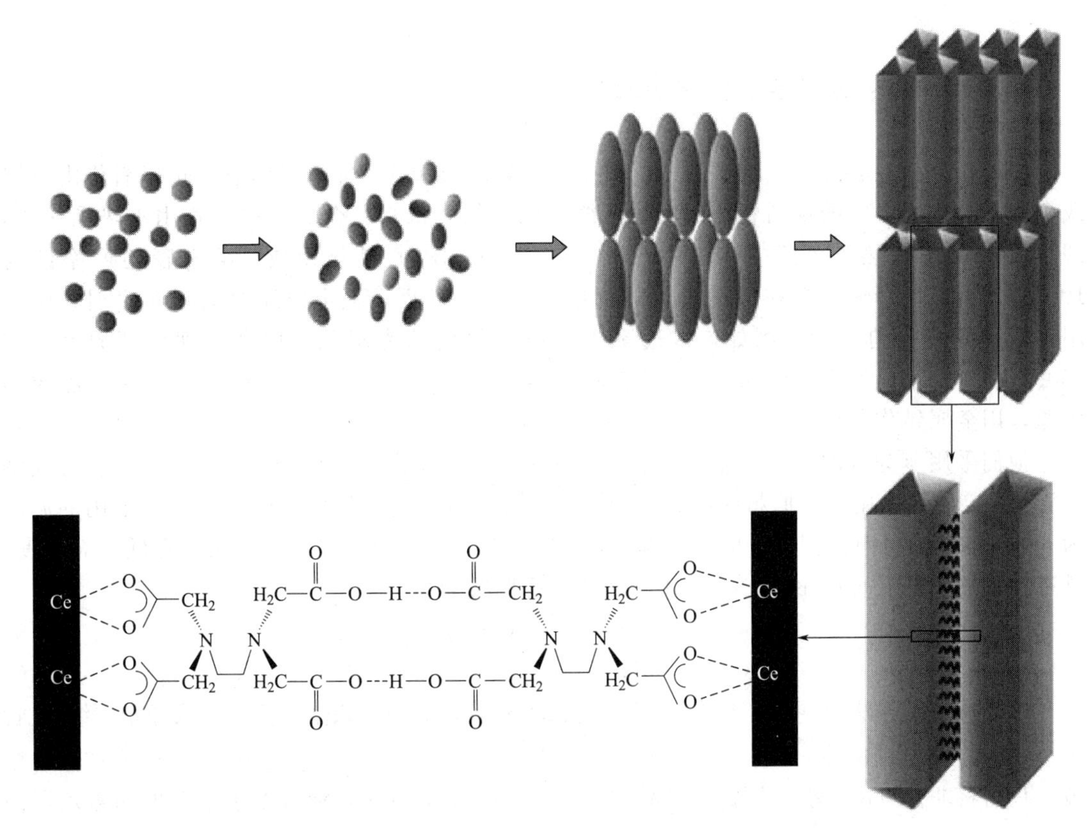

图 4-27 水热法合成 $CeVO_4$ 纳米棒阵列的生长及组装示意图[363]

此外，稀土元素掺杂的一维纳米结构也能通过水热/溶剂热法合成。Liu 等人通过第一性原理计算发现，利用镧系元素离子半径或极化率不同，可以通过掺杂来调控 $NaYF_4$ 的晶体结构和尺寸[364]。Wang 等人在溶剂热合成 $NaYF_4$ 的过程中引入 71.4% 的 Eu^{3+} 或 Tb^{3+}，制备出了单分散性较好的 $NaYF_4$：Eu^{3+} 和 $NaYF_4$：Tb^{3+} 纳米棒，如图 4-28 所示[365]。

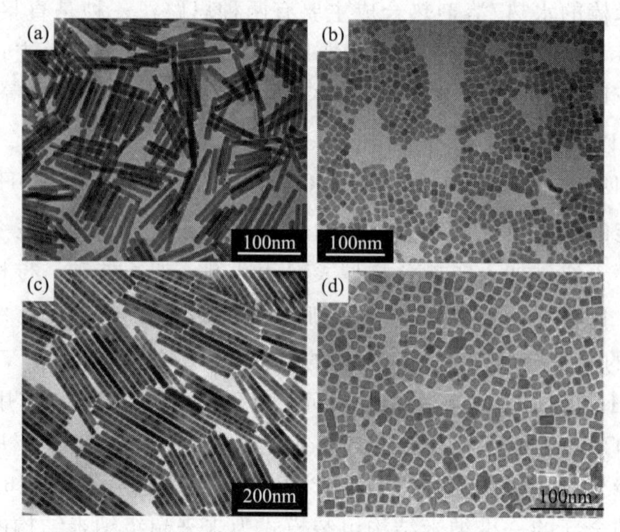

图 4-28 掺杂浓度对纳米晶体结构的影响

（a）71.4%Eu^{3+}；（b）5%Eu^{3+}；（c）71.4%Tb^{3+}；（d）5%Tb^{3+}[365]

4.3.3 水热/溶剂热法合成纳米管

纳米管是指空心的一维纳米结构材料。纳米管的典型代表是碳纳米管，可以看作由单层或多层石墨按照一定的规则卷绕而成的无缝管状结构。最初，合成碳纳米管用水热晶化法，即直接将碳在水热条件下（700～800℃、60～100MPa）晶化而成，纳米管的产率约为10%。这可以解释煤中存在碳纳米管的现象[366,367]。随后，强金属还原剂和催化剂共同作用也能制备出碳纳米管。例如，钱逸泰等人以六氯代苯为碳源，用金属钾作还原剂，在350℃、钴/镍催化剂存在的条件下，制备出碳纳米管[368]。2002 年，他们又用四氯乙烯为碳源，用金属钠作还原剂，在 200℃、铁/金催化剂存在的条件下，制得碳纳米管[369]。随后，他们采用苯为碳源，不需要还原剂，在铁/镍合金催化剂的作用下，于 480℃制得碳纳米管[370]。虽然采用苯为原料制备碳纳米管已有先例（采用的是催化热解法，所采用的温度为 600～950℃），但他们设计的反应温度只需 480℃，说明溶剂热法能极大地降低反应温度，具有独特的优势。金属 K 和 Na 作还原剂的反应路线为：

$$C_6Cl_6 + 6K \longrightarrow 6KCl + \text{碳纳米管} \tag{4-15}$$

$$C_2Cl_4 + 4Na \longrightarrow 4NaCl + \text{碳纳米管} \tag{4-16}$$

水热/溶剂热法还可用于合成氧化物纳米管，例如 TiO_2、VO_x 及 ZnO 纳米管等[371-373]。最早，Kasuga 等人采用水热法合成了 TiO_2 纳米管。该方法不需要任何辅助模板，只需将非晶 TiO_2 粉末与高浓度的 NaOH 溶液（10mol/L）混合置于带有聚四氟乙烯内衬的反应釜中高温处理若干时间即可。实验证明，在碱性水热条件下任何结构形态的 TiO_2 都能被转化为纳米管或其他一维纳米结构材料。Li 等人采用 CTAB 辅助的水热合成路线制备出了 TiO_2 纳米管，如图 4-29 所示[373]。CTAB 加入以后，TiO_2 纳米管形成，并且随着 CTAB 加入量的增加，纳米管长度增加。但当 CTAB 加入量增加到 0.2mol/L 时，TiO_2 纳米片形成。纳米片的形成机制为：在水热反应开始时，TiO_2 纳米粉会转变为层状钛，在碱溶液的作用下，薄片化成纳米片；随后，由于电荷的作用，负电纳米片聚集体与正电 CTAB

结合在一起形成结构定向剂，形成介孔的周期性结构，这导致纳米片的表面能降低，从而增强系统的稳定性；随着CTAB加入量的增加，系统的稳定性也会增强，这将形成更大尺寸的纳米片。因此，在CTAB浓度不同的情况下，通过卷起各种尺寸的纳米片，可以制造出具有不同长度的 TiO_2 纳米管。当CTAB的加入量足够大时，由于 TiO_2 纳米片和表面活性剂之间的协同作用，TiO_2 纳米片的表面能降低。相对于模板法，水热合成法可以制备出直径更小且比表面积更大的 TiO_2 纳米管。

图4-29 不同CTAB加入量条件下合成的 TiO_2 纳米管前驱体的TEM照片

(a) TiO_2 纳米粒子；(b) 0.00mol L；(c) 0.01mol/L；(d) 0.02mol/L；(e) 0.04mol/L；(f) 0.2mol/L

在 TiO_2 纳米管的合成过程中，Du等人发现在130℃下采用同样的水热过程，不经水洗和酸洗也可得到纳米管，但是纳米管的组成并非 TiO_2 而是 $H_2Ti_3O_7$。Sun等人随后采用类似的方法来合成纳米管，得到的纳米管是钛盐 $Na_xH_{2-x}Ti_3O_7$[374]。Wang等人采用化学方法处理 TiO_2 纳米粉体与NaOH水溶液得到了 TiO_2 纳米管，并且证明纳米管是在碱液处理过程中形成的，随后的酸处理对纳米管结构的形成及其形状没有影响[375]。

水热法制备 TiO_2 纳米管的形成机理主要有两种观点：一种是超薄片卷曲而成；另一种是晶种导向模式。超薄片卷曲机制显示，TiO_2 纳米粒子在强碱的作用下首先形成片状钛酸盐，然后卷曲形成纳米管，这种自发卷曲可能是静电、表面积和弹性形变等多因素共同作用的结果，表面能降低，当延长水热时间时，纳米管可能通过溶解、长大机理而增长[376]。这种机理可以归结为3D→2D→1D模型。Ákos等人提出一种晶种导向模式形成 TiO_2 纳米管的机制，认为纳米管不是由片状钛酸盐卷曲形成，而是少量的原料从锐钛矿相微晶上去除下来，这些原料重结晶形成片状钛酸盐，然后卷曲成单螺旋、多螺旋或葱状截面的纳米环，大多数的原料以这些纳米环为晶种，通过晶体取向生长机制生长为纳米管[377]。

氧化钒纳米管也能通过水热/溶剂热法合成。最初，碳纳米管是制备氧化钒管状纳米材料的模板，碳纳米管的表面应力使得钒氧化物附着于其表面生长，并在 c 轴方向上有择优取向，最后在空气中、适当的温度下通过热处理将碳纳米管模板氧化，附着于碳纳米管表面的片层状钒氧化物则被留下，形成纳米管。Spahr 等则以三异丙醇氧化钒为钒源，利用脂肪胺或脂肪双胺以及芳香胺（3-苯丙胺）作为结构导向模板，采用溶胶-凝胶法结合水热处理，成功合成出钒氧化物纳米管。Niederberger 等人以水热法为基础，通过两种途径获得钒氧化物纳米管：一种是将 $VOCl_3$ 和伯胺混合，用醋酸盐缓冲液调 pH 值到中性，将陈化后得到的钒前驱体置于盛有 2-丙醇水溶液的聚四氟乙烯高压釜中水热反应得到产物；另一种则是将 HVO_3 与伯胺混入乙醇中搅拌，然后再加水搅拌陈化得到钒氧化物前驱体，最后通过水热反应合成钒氧化物纳米管[378]。Chen 等人通过自组装的方法得到钒氧化物纳米管[379]。用 NH_4VO_3 作钒源，与结构导向模板混合后调 pH 值至适当值，然后对悬浊液进行水热处理，最终得到有开口末端的、外径约为 70nm 的钒氧化物纳米管。氧化钒纳米管的形成需要三个步骤：首先，表面活性剂分子与 VO_3^- 缩聚形成层状结构；然后，水热环境促使缩聚反应持续进行，使层状聚合体内部结构排列更加有序；最后，这种片层的边缘开始松散并自发卷曲，最终形成纳米管。另外，水热反应的时间对纳米管的形成有很重要的影响。

硫化物纳米管也能使用水热/溶剂热法合成。赵东元等人采用溶剂热法制备出硫化铜纳米管[380]。在低温溶剂热条件下，CuS 纳米晶会首先成核，然后在三乙烯二胺等表面活性剂的交联作用下聚集形成 CuS 纳米管或其他一维纳米结构。俞书宏等人通过类似方法制备出具有特殊结构的六方片 CuS 纳米管，即将硫代乙酰胺（TAA）、氯化铜和乙酸混合，采用一锅法即可得到产物[381]。生成的 CuS 纳米管形貌特殊，其结构由六方纳米片拼接形成。他们认为，TAA 首先与 Cu^{2+} 络合形成 $[Cu(TAA)_2]Cl_2$ 前驱体，乙酸调节的 pH 值可有效地控制反应起始阶段 $[Cu(TAA)_2]Cl_2$ 的解离速率和 TAA 水解释放硫离子的速率，从而导致 CuS 六方片生长并“取向搭接”，最终形成管状结构。除以上介绍的各种纳米管外，还有许多其他类型的无机纳米管材料可以由水热/溶剂热法制得。李亚栋等人采用低温水热合成路线制备出铋纳米管。以硝酸铋为前驱体、水合肼为还原剂，用氨水或盐酸调节 pH 值，在 100℃条件下反应 12h 得到结晶性较好的 Bi 纳米管[382]。这种高效的低温水热法还能用来合成其他半导体纳米管，如 As、Sb、SnS、SnSe 和 GaSe 等。

4.4 总结

本章总结了制备一维纳米结构的基本原理和一般方法。针对一个给定的基本原理，可以利用许多不同的方法去实现。但是本章没有介绍所有的合成方法，由于篇幅限制，只包含通常使用的合成技术相关的重要原理和概念。

5 二维纳米结构材料

二维纳米材料指空间一个维度上尺寸为纳米尺度（100nm 以内）的材料，如单层膜、超薄膜、多层膜、超晶格及纳米片等，具有高表面积、低密度及特殊的电学特性。自从 Geim 成功地制备出能够稳定存在的石墨烯以来，二维单层材料的研究已取得巨大的飞跃[383]。二维单层材料是由单层原子组成的晶体材料，一般可分为各种元素或化合物的二维同素异形体，都是由两种或两种以上的共价键合元素组成[384-386]。不同二维材料的分层组合通常称为范德瓦耳斯异质结构。预计约有 700 种 2D 单层材料是稳定的，未来将有许多单层材料和纳米片材料被合成出来。本章主要讨论单层石墨烯片、过渡金属硫族化合物、金属及氧化物纳米片等不同的制备方法。

5.1 石墨烯材料的制备

5.1.1 剥离法

剥离法是制备石墨烯的经典方法，包括机械剥离法和化学剥离法。机械剥离法是利用机械外力克服石墨层与层之间较弱的范德瓦耳斯力，经过不断地剥离从而得到少层，甚至单层石墨烯的一种方法，采用此法获得的石墨烯通常具有完整的晶格结构，所制得的器件性能优异。根据作用尺度的不同，这类方法可分为微机械剥离法和宏观机械剥离法（包括插层、研磨等方法）。相比而言，利用胶带黏附力克服层间作用力的微机械剥离法最简单。这种方法可以追溯到 1956 年，Frindt 等人利用这种方法成功获得了小于 10nm 的薄层 MoS_2。诺贝尔奖获得者 Geim 和 Novoselov 最初获得石墨烯的方法十分简单：通过外力将用于剥离的胶带紧紧黏附在一片高定向热解石墨（HOPG）表面，撕下胶带使二者分开，这样就会有一部分石墨片层克服层间作用力而留在胶带上；然后将粘有石墨片的胶带与新胶带的黏性面按压贴合在一起，再轻轻地撕开两块胶带，这样使得一块石墨片分成两片更薄的片层；通过重复剥离，便可以使所得石墨片的厚度不断减小。将这些胶带粘在硅片上，由于范德瓦耳斯力和

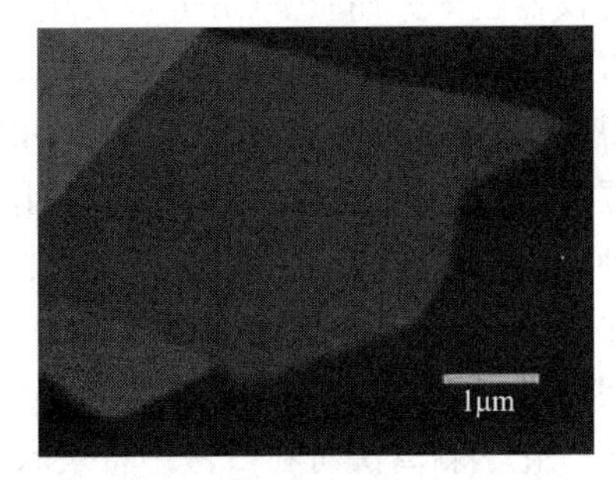

图 5-1　单层石墨烯（厚度约 0.8nm）的 AFM 图像[383]

毛细张力的作用，剥离所得的石墨烯便会附着在硅片上，最后再将产物放入丙酮中溶去残留胶。在对1mm厚的HOPG进行反复剥离后，最终获得稳定的单层石墨烯，如图5-1所示。

铅笔在纸上写字是利用摩擦力克服石墨笔芯中的范德瓦耳斯力，使薄层石墨留在纸上。Geim等人基于相似的原理提出摩擦剥离制备石墨烯的方法[387]。具体来说，将一块石墨的干净面蹭到SiO_2/Si基层表面，这样就可以在衬底表面留下一部分石墨薄片，这种方法获得的石墨薄片中可以找到单层的石墨烯。但是这种石墨烯产物中所含的单层石墨烯是极少量的，并且由于其极高的透光性，很难用光学显微镜（OM）观察到，即使在透射电子显微镜下也没有很明显的特征，而用来鉴定产物层数的原子力显微镜并不适合寻找。此后，还采用这个方法对多种其他层状材料进行了剥离，成功地制得多种可以稳定存在的二维材料，如MoS_2、$NbSe_2$，以及$BiSe_2CaCu_2O_x$等。

胶带剥离法虽然可以获得单层或少层的石墨烯，但是这种方法却很难精确地对层数进行控制。Dimiev等人利用锌膜进行剥离获得了层数可控的石墨烯[388]。实验过程为：在覆盖少层石墨的SiO_2/Si衬底上溅射一层锌膜，然后将衬底置于盐酸中，溶解掉上面的锌层，便会将最顶层的石墨烯除去；通过锌膜的不断沉积和石墨烯层的不断移除，控制留在衬底上的石墨烯的层数。此外，利用电子束光刻还可以对溅射锌膜的形状进行调节，从而改变除去的石墨层的形状，因此这种方法可以用来制备各种各样的石墨烯图像。虽然这种方法对层数有极高的可控性，但是会对石墨烯结构造成损伤，因为沉积锌层并将其放入盐酸中快速溶解的过程很容易破坏下层的石墨，而且直接对石墨进行锌膜剥离的过程非常耗时。

一些剥离制备石墨烯的过程可以进行精确操控。Ruoff等人在1999年利用AFM针尖剥离制备出石墨烯片层。他们首先在新剥离的HOPG表面沉积一层SiO_2，再利用氧等离子体刻蚀的方法获得一定厚度和形状的HOPG，之后再用氢氟酸除去SiO_2，最后通过与其他衬底的摩擦使之转移到目标衬底上。利用这种技术，通过AFM的针尖对SiO_2衬底上的HOPG进行有效分离和精确操控，可以在Si衬底上得到形状可控的石墨烯片。然而，这种方法获得的石墨烯层数往往不可控，而且利用AFM针尖进行剥离操作困难、费时，因而这种方法并不适合大量制备石墨烯。

胶带剥离和摩擦剥离制取的石墨烯产量低且尺寸较小，不适合大规模制备石墨烯。为了克服上述剥离石墨烯方法产量低的缺点，机械切割石墨法和机械研磨石墨法也得到一定程度的发展。Subbiah等人使用一个超锐利、可高频振动的钻石楔作为切割工具对HOPG进行剥离，获得了大面积的少层石墨片[389]。这种方法可以剥离出毫米级的大面积石墨片，其具有20～30nm的厚度。但是，用这种方法获得的石墨片表面非常粗糙，且层数不均一，使用的仪器也十分昂贵。Chen等人则使用一种机械研磨石墨的方法制备石墨烯[390]。他们首先将较厚的石墨分散在N,N-二甲基甲酰胺中，然后使用球磨机对其进行研磨，这样便可以获得少层的石墨片，经过离心分离和反复清洗除去未被剥离的厚层石墨和溶剂，得到单层和少层的石墨片。研磨过程的主导作用力应是剪切力，否则会对石墨烯的晶格结构产生破坏。这种剥离方法可方便、廉价、大量地得到少层石墨片，但是石墨片的尺寸通常很小。机械剥离法被证明是一种有效的制备石墨烯的方法，然而产量低、可控性差是限制其发展的主要问题。

化学剥离法可在溶液中将块状石墨剥离成大量石墨薄片，有望实现薄层石墨的大规模制备。在早期的研究中，人们对富勒烯和碳纳米管等sp^2杂化碳材料在溶剂中的分散行为已有一定的认知，采用化学剥离法制备石墨烯很自然地成为被关注的研究方向。为了实现石墨层的分离，必须考虑以下两个问题：第一，向石墨层间输入能量实现层与层的分离，温和的超声处理是一个行之有效的方法；第二，抑制石墨烯片层的重新团聚，使其维持孤立的薄片状态。根据溶剂的不同，化学剥离法可以分为非水溶剂法和表面活性剂辅助法。

非水溶剂法。2008 年，Blake Peter 等人提出一种通过微波辅助化学剥离石墨获得石墨烯的方法：他们将石墨放入 DMF 中超声处理 3h，得到含有石墨烯的稳定分散液，接着将得到的溶液以 13000r/min 的速度离心分离 10min，使厚层石墨和石墨烯分离[392]。但在当时这仅仅是一个初步的尝试，石墨烯的产率和含量均有待提高。常用于分散石墨烯的有机溶剂有 N-甲基吡咯烷酮（NMP）、N,N-二甲基乙酰胺（DMAC）、γ-丁内酯（GBL）和 1,3-二甲基-2-咪唑啉酮（DMEU）等。Hernandez 等人采用 NMP、DMEU、GBL 三种溶液分散出石墨烯，如图 5-2 所示[391]。他们首先制得浓度为 0.1mg/mL 的石墨分散液，然后低功率超声处理，接着低速离心 90min，最后得到均匀、稳定的分散液。他们发现在溶剂表面张力为 $40\sim50mJ/m^2$ 时最利于石墨烯的分散，并能够获得浓度高达 0.01mg/mL 的石墨烯分散液。这项工作表明，溶剂的选择对于化学液相剥离石墨烯的产量有决定性的作用，这是由于不同溶剂的表面能与石墨烯的匹配度不同所导致的。此外，Warner 等人提出一种在 1,2-二氯乙烷（DCE）中超声剥离石墨得到石墨烯的方法[393]。相较于其他常用的极性有机溶剂，DCE 的沸点很低因而更容易被除去，所以这种方法得到的石墨烯更干净。Bourlinos 等人将全氟芳香环溶剂用于液相剥离石墨烯，发现在剥离过程中电子很容易从富电子的碳层中转移到缺电子的全氟芳香环上[394]。

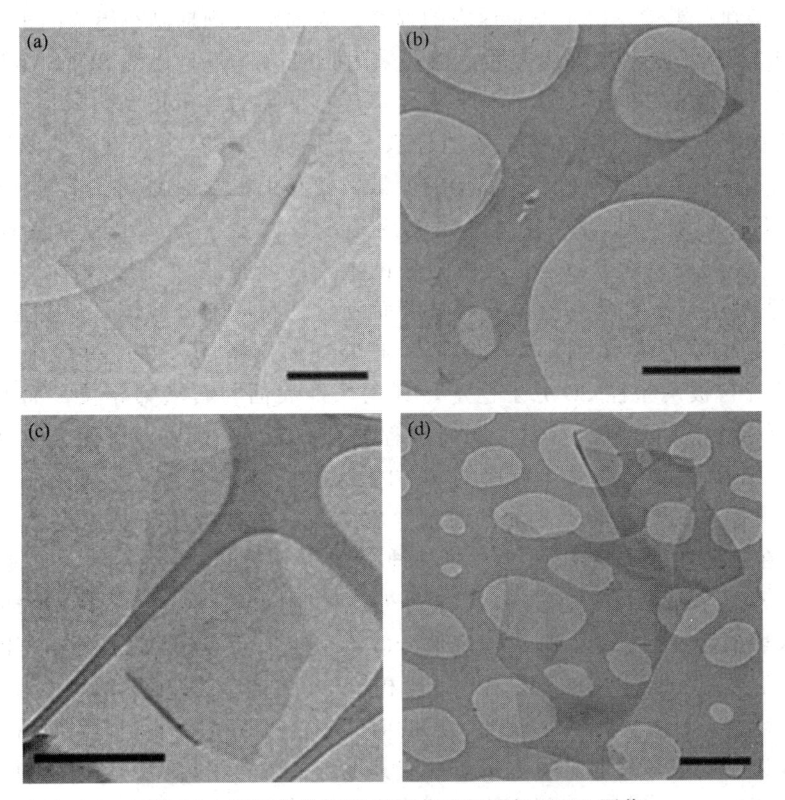

图 5-2 沉积的单层石墨烯薄片的明场 TEM 图像

(a) GBL；(b) DMEU；(c) NMP；(d) 由 NMP 获得的石墨烯片（标尺：500nm）[391]

石墨原料也是影响剥离效果的一个因素。Li 等人通过在混合气体（含有 3% H_2 的 Ar）中高温加热处理商业可膨胀石墨制备石墨烯纳米带[395]。高温加热处理使得石墨层间缺陷处的气体剧烈膨胀，导致石墨层间的堆叠趋于松弛，然后置于聚对亚乙烯基苯-2,5-二辛氧基-对亚乙烯基苯共聚物（PmPv）的 DCE 溶液中进行超声处理。PmPv 能以非共价键的方式修饰剥离的石墨烯，有助于获得均匀稳定的分散液。由这种方法制得的石墨烯纳米带宽度分布广，从几纳米到几十纳米不等，层数约为 1～3 层。在后续研究中，他们又成功制备出具有高导电性的石墨烯片[396]。与之前实验不同的是，高温热处理后的产物与 NaCl 晶体一起研磨，得到灰色的混合物，再经过洗涤和过滤得到石墨片；最后用硫酸溶液进行插层处理，硫酸分子有效地插入石墨层间；接着不断地过滤和清洗以除掉酸液，将得到的产物置于四丁基氢氧化铵（TBA）和 DMF 中进行超声处理，使 TBA 能够充分地插入石墨层中；TBA 进入经过发烟硫酸处理的可膨胀石墨层间，进一步增大石墨层间距，这样可以更有效地分离获得单层石墨烯片；随后再加入一定量的甲氧基聚乙二醇-磷脂酰乙醇胺（mPEG-DSPE）进行超声处理，得到均匀的分散液，最后再通过离心分离获得单层石墨烯。

表面活性剂辅助化学剥离法。采用非水溶剂剥离石墨时，石墨烯分散液的稳定性很大程度上取决于所选择的溶液，而表面活性剂的加入可以弱化对溶剂的挑剔性，因此这个方法很快被应用于石墨烯的化学剥离中。Lotya 等人提出一种表面活性剂辅助的化学剥离石墨烯的方法[397]。其剥离过程如下：将石墨分散于浓度为 5～10mg/mL 的十二烷基苯磺酸钠（SDBS）水溶液中，低功率超声 30min，然后将所得分散液依次进行静置和离心处理，除去未剥离的厚层石墨得到石墨烯。由于库仑斥力的存在，表面活性剂抑制石墨烯的重新聚集，这样可以获得大约 3% 的单层石墨烯。之后，他们采用胆酸钠（SC）代替 SDBS 作为表面活性剂辅助剥离，获得浓度更高的石墨薄片分散液，单层石墨烯的含量得到明显提高[398]。低功率超声的时间延长使得石墨烯能够更有效地分散，最后获得的石墨烯溶液的浓度可以达到约 0.3g/mL。引入表面活性剂有利于石墨烯的分散，使利用密度梯度离心分离不同厚度的石墨片成为可能。Green 等人使用密度梯度超速离心法在溶液中分离出厚度受控的石墨烯薄片[399]。这些稳定的石墨烯分散体是使用胆酸钠生产的，胆酸钠促进石墨的剥落并导致石墨烯-表面活性剂复合物的浮力随石墨烯厚度而变化。石墨烯分散体是通过在 20g/L SC 水溶液中对天然存在的石墨薄片进行喇叭超声波处理而制备的。在此过程中，脱落的高度疏水的石墨烯片材被两亲性 SC 分子稳定，其两亲性表面与石墨烯相关，而亲水性表面则与周围的水性环境相互作用，石墨烯剥离过程如图 5-3(a) 所示，制备出的沉淀石墨烯分散体如图 5-3(b) 所示，石墨烯上有序的 SC 单层如图 5-3(c) 所示。

作为一种与石墨烯表面能不匹配的溶剂，乙醇被认为很难用于剥离石墨烯。然而，Liang 等人通过在乙醇中添加乙基纤维素成功地分离得到大量的石墨烯[400]。在此分离过程中，乙基纤维素是一种聚合物稳定剂。Das 等人通过原位聚合法在石墨烯的表面包覆一层聚酰胺，在加入表面活性剂后把石墨烯稳定地分散于水相中[401]。除此之外，官能化的芘分子也被证明可以有效地稳定水中的石墨烯[402]。相较于机械剥离法的低产出，化学剥离法可以大量制备石墨烯片，并且可以通过改变超声的时间和强度、离心过程、表面活性剂或溶剂对整个剥离过程进行调控，从而获得大量单层或其他层数的石墨烯片。采用表面活性剂辅助剥离可弱化对溶剂的选择限制，使得水或乙醇等一些常见溶剂也可以用于剥离石墨烯。但是相较于使用非水溶剂，这种方法引入难以去除的化学物质，会对所获得的石墨烯质量产生影响。因此，如何除去残留在产物上的溶剂和其他化学分子也是一个需要考虑的问题。无论是

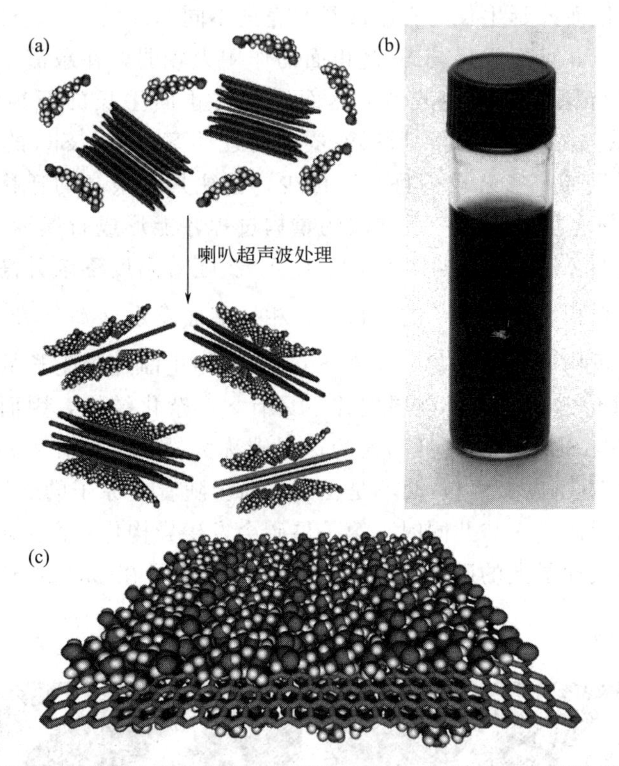

图 5-3 石墨烯剥落过程的示意图（a）；制备六周后，在 SC 中 90μg/mL 石墨烯分散体的照片（b）；石墨烯上有序的 SC 单层的示意图（c）

高质量的机械剥离法，还是高产出的化学剥离法，都是通过外力剥离石墨得到石墨烯，由于剥离过程的不可控性，得到的石墨烯片在形状、层数、大小等方面都是随机的，这不利于石墨烯后续的应用。

5.1.2 SiC 表面外延生长法

外延生长法是制备超薄薄膜的重要方法。Badami 等人首先发现在超高真空下将 SiC 加热到 2150℃后，其表面会产生石墨烯。其原理是：在高温高真空的条件下，SiC 表面的 Si 会发生升华，为了降低能量，表面剩下的少层碳会发生重构形成石墨烯[403]。在此过程中，石墨烯的形成速率及其结构和性质与反应压力、保护气种类等有很大关系[404-410]。目前，通过对生长条件以及 SiC 衬底的调控，已能在 SiC 表面外延生长出大面积且均匀的石墨烯[411]。在 SiC 表面，石墨烯的外延生长速率会随着层数的增加而变慢，这是由于内层的 SiC 与表面的 SiC 相比更难脱去 Si 原子[404]。在表层的石墨烯形成后，内层 SiC 中的 Si 原子几乎只能从表层石墨烯的缺陷处逃逸，进而在内层形成石墨烯，因而表层石墨烯的缺陷程度会直接影响最终获得的石墨烯的层数。在超高真空中加热 SiC 到 1100～1200℃也可在 SiC 表面外延生长出石墨烯，但生成的石墨烯的缺陷较大，碳原子的迁移速率较慢[412,413]。Heer 等人通过高真空的高频加热炉在 1400℃生长出质量更好的石墨烯，产物表面非常平，缺陷极少，表现出很高的迁移率。

SiC 单晶的 Si 终止面 SiC(0001) 和 C 终止面 SiC($000\bar{1}$) 均可在一定条件下外延生长出

石墨烯，而这两个极性面外延生长的石墨烯具有完全不同的性质[407]。Si终止面可以生长出单层和双层的石黑烯，并且石墨烯与Si终止面的作用力较弱，在载流子中性点（即狄拉克点）0.2eV处可以保持原有的线性波谱。然而，Si终止面生长的石墨烯往往呈现重掺杂（约为$10^{13}cm^{-2}$），缺陷浓度也较高，所得石墨烯的迁移率也低。SiC的C终止面则会生长出无序堆积的多层石墨烯，掺杂较少且缺陷极少，往往具有很高的迁移率[414,415]。随着温度的升高，SiC的热分解会先经历一系列碳的重构过程才能形成石墨烯，6H-SiC(0001）表面上的亚单层石墨烯的AFM图像如图5-4所示[407]。随着温度逐渐升高，SiC的Si终止面会从富含硅的（3×3）相，经过SiC的（1×1）相，继而发生（$\sqrt{3}\times\sqrt{3}$)R30重构，最后发生（$6\sqrt{3}\times6\sqrt{3}$)R30重构形成石墨烯。由于SiC的Si终止面外延生长的第一层碳会与顶层的Si原子之间形成共价键，这使得该层碳并不具有sp^2杂化结构，因而它不具有石墨烯特有的电子特性，通常与Si终止面共价相连的这层碳称为缓冲层。在缓冲层形成后，C原子会更容易吸附在其与SiC衬底之间，而不是在其表面。随着C原子的继续增加，在第一层碳的下方形成一层新的缓冲层。与此同时，第一层碳会发生异构化从而形成石墨烯。随着缓冲层的不断形成，同时缓冲层上的碳不断转化成石墨烯，便可在SiC的Si终止面上逐渐外延生长出少层石墨烯。

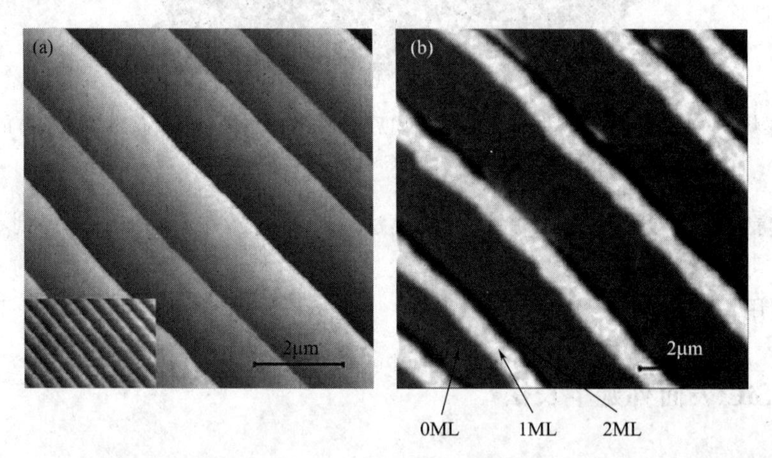

图5-4　6H-SiC(0001）表面上的亚单层石墨烯的AFM图像（a）和LEEM图像（b）
[（a）中的插图为在相同横向尺寸下进行氢蚀刻后获得的初始SiC产物的形态；
（b）中的对比度分别归因于缓冲层（0ML）、单层石墨烯（1ML）和双层石墨烯（2ML）]

SiC(000$\bar{1}$）面生长的石墨烯是无序堆积的，相比于Si终止面外延生长石墨烯，基于C终止面的研究较少。然而，Hass等人的研究表明，SiC的C终止面上会以无序堆积的方式形成多层石墨烯[416]。正是这种层与层之间的无序堆积，使得C终止面上生长的石墨烯层间偶合相对较弱，进而使得每层石墨烯近似独立，因而C终止面外延生长的石墨烯可以保持单层石墨烯的电子传输特性。Robinson等人的研究表明，C终止面外延生长的石墨烯的无序堆积会减弱衬底的声子散射作用，从而使得石墨烯室温下载流子迁移率可达$1.81\times10^4cm^2/(V\cdot s)$[417]。与Si终止面生长石墨烯相比，在C终止面生长的石墨烯层数较难控制。为此，Camara等人在高温退火4H-SiC(000$\bar{1}$）的过程中，用额外的碳覆盖SiC表面控制Si原子的升华速率，成功地在C终止面上实现均匀单层石墨烯的外延生长[418]。与机械剥离法制备的石墨烯相比，SiC表面外延生长的石墨烯具有许多优势。首先，SiC表面外延生长的石墨烯面积较大。此外，由于SiC表面较为平整，台阶宽度可达近百微米，因而在其上外延生长的石墨烯也非常平整。另外，SiC表面的石墨烯层电子浓度相对低，石墨烯的费米面非常靠近狄拉克点，这使得SiC表面外延生长石墨烯成为研究石墨烯本征性质的理想方法。可以预见，在SiC上外延生长的石墨烯将在狄拉克电子体系领域的基础研究中获得越来越多的重视。

5.1.3 化学气相沉积法

化学气相沉积（CVD）法是合成纳米材料的一种常用方法[419,420]。早在20世纪六七十年代，就已发现在高温处理某些金属时通入烃类气体便会在金属表面沉积一层超薄的石墨层。然而，在金属衬底上生长的石墨烯或少层石墨无法直接用于制备电子器件。为了实现其在半导体领域的应用，必须将在金属上获得的石墨烯转移至绝缘衬底上。在聚甲基丙烯酸甲酯（PMMA）辅助转移法成功地应用于石墨烯的转移之后，CVD法制备石墨烯的优势就引起了广泛关注[421-424]。目前，采用CVD法可以在铜箔上制得大面积且均匀的单层石墨烯薄膜，并在某些领域（如触摸屏）成功地实现了应用。随着转移方法的改进，已经可以实现平方米级石墨烯的转移，并且CVD法制得的石墨烯的质量已经达到剥离石墨烯的水平[425,426]。

（1）金属表面的化学气相沉积

在CVD生长石墨烯过程中，影响CVD过程的因素较多，如催化衬底的类型、碳源种类、气体流速、生长温度、体系压力以及生长时间等[427]。作为一种复杂的多相催化体系，金属表面CVD生长石墨烯的过程通常可以被简化为4个基元步骤：①碳源气体吸附在金属催化剂表面，进而被催化分解；②分解得到的碳原子在金属表面扩散，部分溶解到金属内部；③溶解在金属内的碳原子在表面析出；④析出的碳原子在金属表面成核形成石墨烯。在溶碳量极低的金属表面生长石墨烯时，不存在碳原子的溶解与析出的过程，此时生长石墨烯的过程便可被简化为2个基元步骤：①碳源的吸附与分解；②碳原子在金属表面的扩散，形成石墨烯。对于金属催化剂而言，这两个生长石墨烯的过程往往是共存的，而二者所占比例会随着金属衬底性质的不同而不同。因而，金属衬底的选择对于CVD生长石墨烯的过程至关重要。选择合适的催化衬底，调节其他关键因素（如碳源种类、气体流速、生长温度、体系压力等）及对特定基元步骤速率进行调控就可实现石墨烯的可控制备。

（2）金属衬底的选择

在CVD生长石墨烯时，首先需要选择合适的金属催化衬底。对于石墨烯的生长而言，第一个基元步骤是碳源在金属表面吸附，并分解为单个碳原子或原子簇，这就要求所选的金属衬底对碳源的分解具有一定的催化作用，以便碳源能够在特定的生长温度下发生分解，进而通过后续的基元步骤生长出石墨烯。金属衬底对碳源的催化分解能力将直接影响碳源的分解温度和分解产生的碳原子的供给量，进而会对石墨烯的生长条件（温度、碳源流量等）产生影响。与此同时，金属衬底还对碳原子的石墨化具有催化作用，从而进一步降低石墨烯生长所需的温度，使得石墨烯的生长能够在常用的CVD系统（生长温度为1000℃左右）中实现。

当金属的催化活性能够满足石墨烯生长的基本要求时，不同金属之间最重要的差别便是它们的溶碳性，因为溶碳量将决定生长过程是以渗碳析碳机制为主，还是以表面扩散生长机制为主，如图 5-5 所示[428]。d 轨道电子未满的过渡金属通常对碳原子具有较强的亲和性，它们或具有一定的溶碳性，或能够与碳原子形成特定的碳化物，石墨烯在这类金属表面生长主要遵循渗碳析碳机制；而 d 轨道填满的金属（如 Cu、Ag、Zn 等）则对碳原子的亲和性较弱，因而它们的溶碳性较差，此时石墨烯的生长主要遵循表面扩散机制[427]。对于这两类溶碳性不同的金属衬底而言，控制碳源的供给量以及碳原子在金属表面的扩散速率，可实现石墨烯在金属表面的均匀可控生长[429]。除了金属对碳源分解的催化活性以及金属的溶碳性以外，金属与石墨烯的晶格适配度、金属的熔点以及化学稳定性也会影响石墨烯的生长。

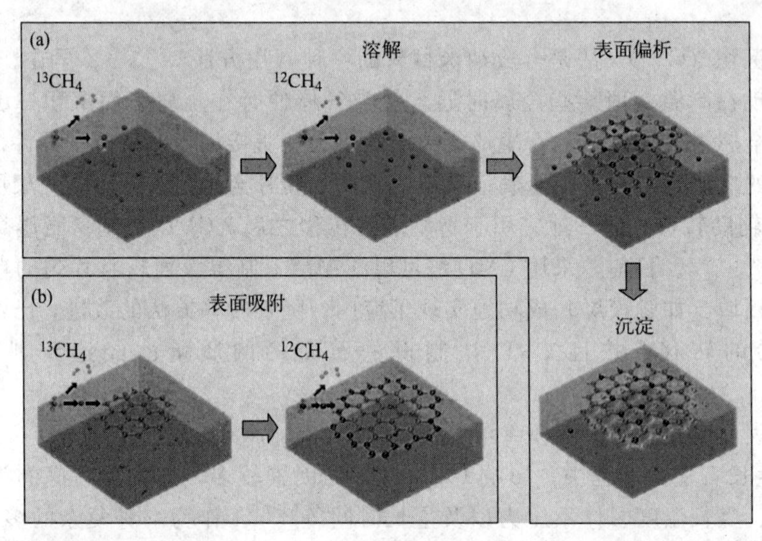

图 5-5　基于顺序输入 C 同位素的不同生长机制，石墨烯薄膜中 C 同位素可能分布的示意图[428]

（a）具有随机混合同位素的石墨烯（可能由于表面偏析和/或沉淀而产生）；

（b）具有分离同位素的石墨烯（可能通过表面吸附而出现）

（3）金属衬底的前处理

无论是遵循渗碳析碳生长机制的溶碳金属，还是遵循表面扩散生长机制的不溶碳金属，它们的表面形貌都会对石墨烯生长的均匀性产生较大影响。受金属的制备工艺限制，商业金属衬底表面往往具有较多的缺陷以及压痕。在运输储存过程中，金属表面的杂质还会增多，而石墨烯往往倾向于在这些缺陷、压痕以及杂质处成核，这使得长出的石墨烯畴区较小、晶界较多、层数不均一。因此，在生长石墨烯之前，需要对金属衬底进行预处理，减少金属表面的缺陷、压痕以及杂质，提高石墨烯的质量和均匀性。电化学抛光以及高温退火是常用的金属衬底预处理方法[430-432]。待处理的金属衬底需要接在电解池的阳极上。当通入电流后，金属表面会失去电子，即发生氧化，金属表面凸出的部分优先发生氧化进而溶解到溶液中，在牺牲衬底表面凸出部分的金属后，金属衬底的表面粗糙度便有所降低。在电化学抛光的过程中，金属表面的杂质也会由于失去电子发生氧化进而溶解到溶液中。在电化学抛光后，金属表面不但更加平滑，而且杂质含量更少，从而使得生长的石墨烯更加均匀、质量更高。对于高温退火而言，需要将待处理的金属衬底在还原气氛下进行长时间退火。首先，金属表面的杂质会在高温、还原气氛下发生分解或还原；其次，高温退火还会使金属表面部分原子蒸发并重新沉积到金属表面，使得表面更加平滑。因此，在长时间高温退火处理后，金属表面的杂质会大大减少，同时表面的起伏度也更小，从而有利于石墨烯的生长。

（4）Ni 和 Cu 衬底催化生长石墨烯

CVD 法生长石墨烯使用最多的是 Ni 和 Cu 两种衬底，它们也分别对应于溶碳金属和不溶碳金属[423,424]。在 Ni 衬底表面生长石墨烯时，首先需要将 Ni 衬底置于 Ar/H_2 气氛中高温退火，降低 Ni 表面的晶界，提高 Ni 的晶畴尺寸；之后再将体系的气氛改变为 H_2/CH_4，在这个过程中，CH_4 会发生分解生成碳原子进而溶解到 Ni 中；最后将产物置于 Ar 气氛中冷却至室温，获得的产物形貌如图 5-6 所示。在高温下，Ni 对碳原子具有较高的溶解性；然而随着温度的降低，Ni 的溶碳性会逐渐降低。因而在降至室温的过程中，溶解在 Ni 中的碳原子将在 Ni 的表面析出从而形成石墨烯。由于 Ni（111）具有与石墨烯类似的六方晶格结构，并且它与石墨烯的晶格常数也相近，这使得 Ni 表面与石墨烯之间具有良好的晶格适配度，有利于石墨烯在 Ni 表面的生长。

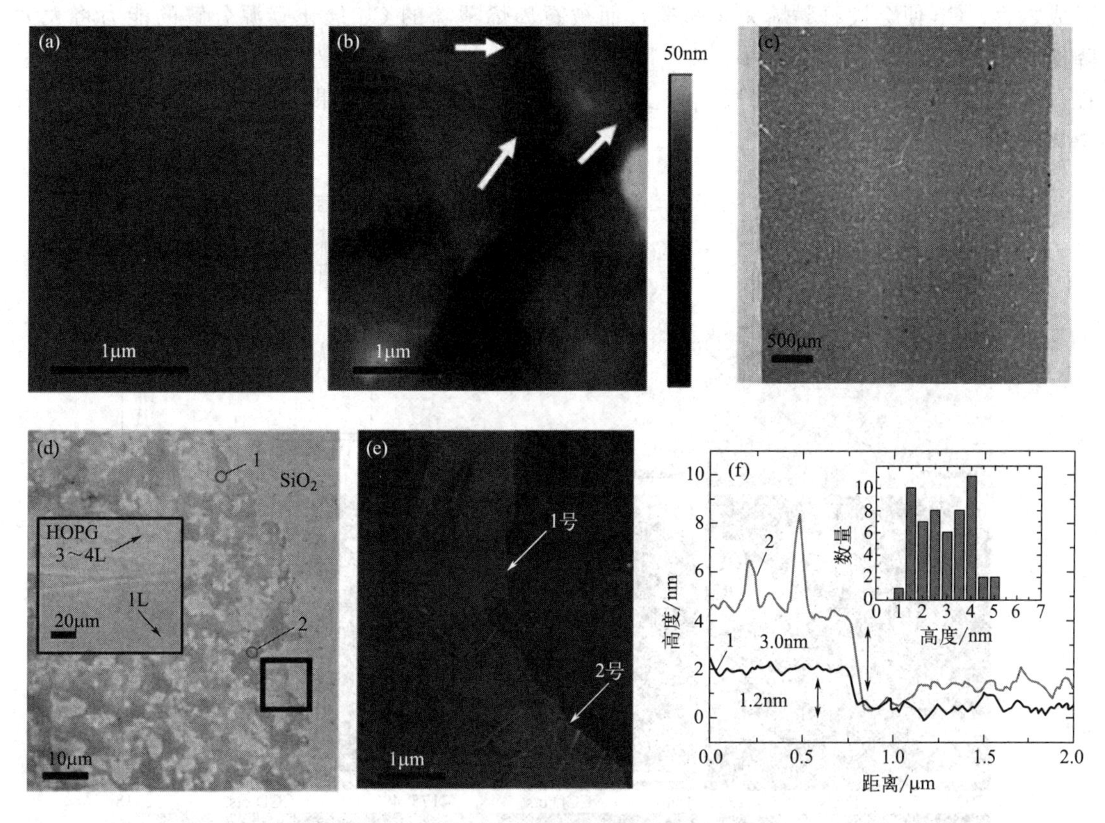

图 5-6　Ni 衬底上 CVD 生长的石墨烯薄膜

（a）退火后具有原子平坦平台和台阶的镍晶粒表面的 AFM 图像；（b）多晶 Ni 上的石墨烯膜的 AFM 图像［凹槽边缘的波纹（由白色箭头指出）表明，薄膜的生长跨过晶粒之间的间隙］；（c）将 CVD 生长的石墨烯薄膜（深色背景）转移到 SiO_2/Si 基板（浅色背景）的光学图像；（d）SiO_2/Si 衬底上的石墨烯膜的边缘的光学图像（插图表示通过 HOPG 裂解获得的 SiO_2/Si 上的石墨烯）；（e）图（d）中黑色正方形所包围区域的 AFM 图像［1 号（2 号）箭头对应于面板（d）中的 1 号（2 号）区域］；（f）在图（e）中指示的两个位置上的高度测量值［1 号（2 号）曲线对应于面板（e）中 1 号（2 号）箭头标识的区域，通过从面板（d）中胶片边缘拍摄的 AFM 图像测量的高度分布显示为插图］[424]

石墨烯在 Ni 表面的生长主要是碳原子的析出过程，因此降温速率会直接影响所得石墨烯的层数以及质量。对于 Ni 衬底而言，中等的降温速率对碳原子的析出最为有利，此时会长出少层石墨烯。除了降温速率以外，Ni 的表面结构也会对石墨烯的生长产生重大影响。

多晶 Ni 的表面存在大量的晶界，而溶解的碳原子恰恰容易在 Ni 表面的晶界处析出，因此在这些晶界处非常容易过量成核从而生长出多层石墨，这使得 Ni 衬底表面生长的石墨烯通常是不均匀的。高温氢气气氛下的退火可以减少 Ni 衬底表面的晶界，同时还能除去 Ni 中的部分杂质，利于石墨烯的生长。此外，生长时间与碳源流量会影响 Ni 中的溶碳量，进而影响石墨烯的层数。

Ni 衬底上生长石墨烯遵循渗碳析碳机制，因此产物中通常含有较多的多层区域。即使用单晶的 Ni(111) 作为生长衬底，所得产物仍然有 8% 左右的多层区域。与 Ni 不同的是，Cu 具有极低的溶碳性，即使在碳源量过大或生长时间过长时，Cu 中的溶碳量仍然很少，这可从本质上避免碳析出导致的大量多层区域。在高温下，Cu 会催化碳源分解为碳原子，分解得到的碳原子在 Cu 表面上扩散从而形成石墨烯。在这种情况下，一层石墨烯在 Cu 表面形成之后，Cu 便会被石墨烯完全覆盖，而被石墨烯覆盖的 Cu 催化碳源分解的能力将大大降低，从而限制多层石墨烯的生长。因此，石墨烯在 Cu 表面的生长是一个表面自限制过程，获得的石墨烯几乎都为单层。拉曼光谱对 ^{13}C 进行检测的结果也证实了 Cu 衬底生长石墨烯的表面扩散生长机制。

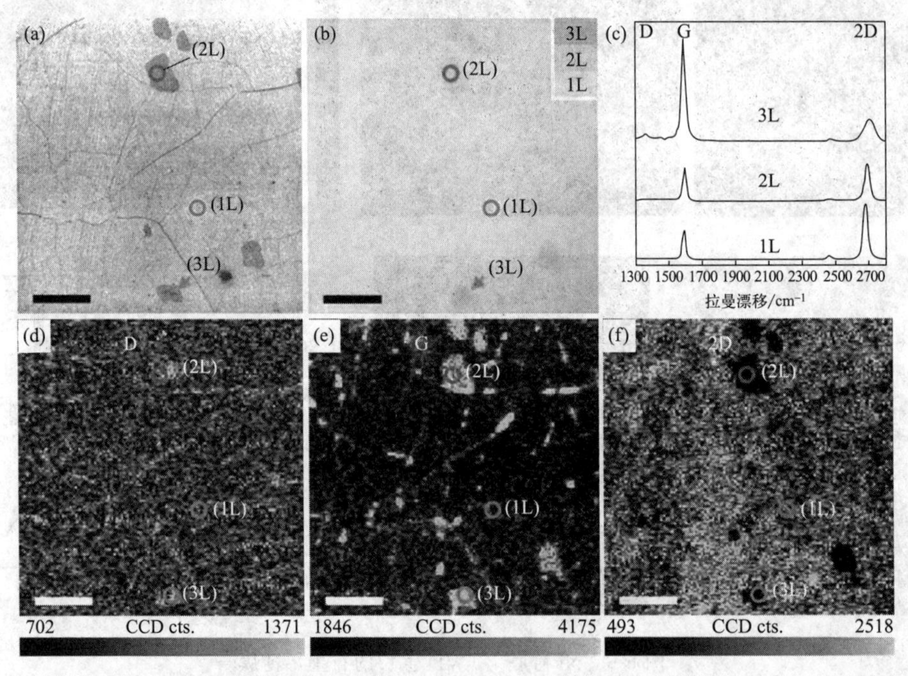

图 5-7 转移到 SiO_2/Si（厚度为 285nm 的氧化层）上的石墨烯的 SEM 图像（显示出褶皱以及两层和三层区域）(a)；与（a）相同区域的光学显微镜图像（b)；标记斑点的拉曼光谱（带有相应的圆圈或箭头，表示存在一层、两层和三层石墨烯）(c)；分别为 D（$1300\sim1400cm^{-1}$）、G（$1560\sim1620cm^{-1}$）和 2D（$2660\sim2700cm^{-1}$）波段的拉曼图（$\lambda_{laser}=532nm$；约 500nm 的光斑尺寸，100×；CCDcts. 表示电荷偶合器件计数；标尺为 5μm）(d)～(f)[423]

多晶 Cu 表面 CVD 生长高质量单层石墨烯是一种能够低成本、可控制备高质量石墨烯的有效方法[423]。H_2 气氛保护下的高温退火是首要步骤，然后在 H_2/CH_4 的气氛中生长石墨烯，Cu 箔上生长出的石墨烯的表征结果如图 5-7 所示。产物中的单层石墨烯区域所占比例超过 95%，双层区域仅占 3%～4%，多层区域所占比例小于 1%。石墨烯的褶皱源于石墨烯与 Cu 的热膨胀差异。褶皱是跨 Cu 晶界的，这表明石墨烯在 Cu 表面的生长可以跨过 Cu 晶界进行。Cu 箔上生长的石墨烯可以转移到硅片或玻璃上用于后续的表征。此外，由于石墨烯在 Cu 衬底上是表面扩散生长，因此 Cu 箔的厚度以及降温速率对石墨烯的生长影响较小，影响生长过程的主要因素是 H_2/CH_4 比例，以及生长温度和时间。

（5）Cu 衬底上石墨烯的成核与生长

石墨烯在 Cu 表面的生长首先经历一个成核过程，然后再在成核点的基础上继续长大成石墨烯单晶或连续膜，这就意味着石墨烯在 Cu 衬底表面的生长是由许多小晶畴拼接而成的[433]。石墨烯的成核过程与 CH_4 的流量大小密切相关[434]。当 CH_4 流量较大时，石墨烯的成核速率较快，但是石墨烯晶畴的形状会变得不规则，这是由生长速率过快造成的。当 CH_4 流量较小时，石墨烯的成核过程需要的时间长，生长速率慢，碳原子能扩散到能量更低的位置，有利于石墨烯的生长，这使得在小 CH_4 流量下形成的石墨烯晶畴的形状更加规则，此时长出的石墨烯晶畴往往呈规则的六边形。因为石墨烯的成核过程需要有足够的碳原子或原子簇聚集，分解得到的碳原子需要达到一定的浓度和扩散速率，成核过程才能得以进行。在石墨烯的成核过程之后，成核点会继续长大，石墨烯的生长速率决定最终所得的石墨烯晶畴形状的规整性。图 5-8 是 Cu 表面的碳原子浓度与生长时间的关系[434]。由图可见，随着生长时间的延长，CH_4 会逐渐在 Cu 表面分解从而形成碳原子或原子簇，这使得 Cu 表面的碳原子浓度逐渐增大；当碳原子浓度达到临界值（石墨烯成核的临界碳原子浓度）时，成核便可以发生，此时的时间便记为成核时间。在 CH_4 流量较小时，碳原子浓度达到成核的临界浓度则需要较长的时间，此时的成核时间较长，石墨烯的生长速率也较慢，但此时长出的石墨烯晶畴的形状更加规则。然而，当 CH_4 流量极小时，成核时间则显著增加，生长过程也需要较长的时间，这显然不具有现实意义。因此，采用 CVD 法在 Cu 表面生长石墨烯时，需要选择一个合适的 CH_4 流量，以保证石墨烯的成核以及所得石墨烯晶畴的规整性。

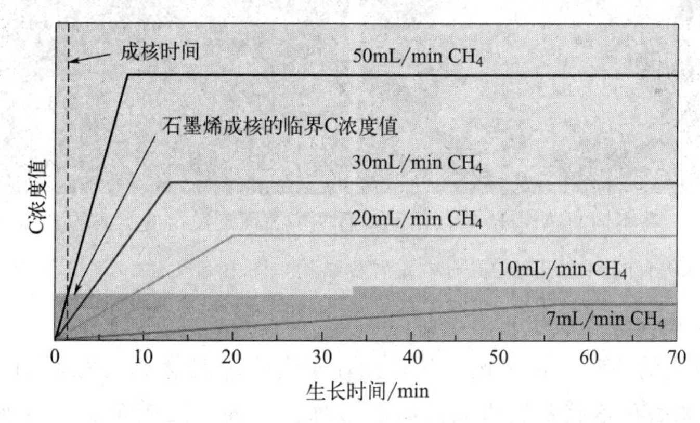

图 5-8 不同 CH_4 流量下，Cu 箔表面的碳原子浓度与生长时间的关系[434]

（6）H_2 在化学气相沉积过程中的作用

对于 CVD 法在金属表面生长石墨烯而言，除了 CH_4 之外，H_2 也极其重要。在退火的过程中，H_2 可以增大金属表面的晶畴尺寸，同时它还可以还原衬底表面的金属氧化物。此外，H_2 的存在还可除去金属表面的部分杂质，这有利于降低石墨烯的成核密度，提高石墨烯的质量。在石墨烯生长的过程中，H_2 起到双重作用：一方面，H_2 的存在有利于增强石墨烯边缘的碳原子与金属衬底之间的键合作用，有利于石墨烯的生长；另一方面，H_2 的存在会对已经形成的石墨烯产生刻蚀作用，抑制石墨烯的生长。

H_2 会对石墨烯产生各向异性的刻蚀效果，刻蚀出的形状往往呈六重对称形[435]。在不同的 Ar/H_2 流量比下，石墨烯表面刻蚀出的图案的 SEM 图像如图 5-9 所示。当 Ar/H_2 流量比为 800mL/min/100mL/min 时，刻蚀出的图案为正六边形；随着 Ar/H_2 流量比的逐渐增大，刻蚀出的六边形的边缘逐渐向中间凹陷，并且凹陷的程度也会随着 Ar/H_2 流量比的增大而增大；当 Ar/H_2 流量比进一步增大到（800mL/min）/（20mL/min）（标准状况）时，会刻蚀出类似雪花状的分形结构。分形结构中的直线片段长度约为 1μm，刻蚀的转角约为 120°。当刻蚀的直线长度以及转角极其均匀时，便蚀得到均匀的六边形石墨烯阵列。可见，Ar/H_2 流量比对石墨烯的刻蚀具有重大的影响。当 H_2 流量合适时，可以直接将石墨烯刻蚀为六边形阵列[434]。计算得出刻蚀的沟道产生偏转需要克服 4.66eV 的活化能（1140℃），而这个数值比从石墨烯中移除单个碳原子所需要的能量（0.518～1.853eV）更大，因而刻蚀出的沟道通常为直线，这有利于刻蚀出更加规则的石墨烯阵列。通过优化 H_2 刻蚀的条件，最终得到了均匀的尺寸为 100nm 左右的石墨烯阵列。

图 5-9　在不同的 Ar/H_2 流量比下，石墨烯表面刻蚀出的图案的 SEM 图像（所有的刻蚀图案均具有六重对称结构，图中标尺为 5μm）[435,436]

（7）其他金属及合金表面生长石墨烯

与催化活性较高的 Ni、Cu 相比，ⅣB～ⅥB 族的过渡金属往往具有较弱的催化活性，采用 CVD 法通常无法在这类金属表面长出石墨烯。然而，这类金属在与碳形成过渡金属碳化物以后对石墨烯生长的催化活性将显著提高[437]。此外，TMCs 的表面自限制生长行为非常明显，一旦在 TMCs 表面长出一层石墨烯后，TMCs 的催化活性便大大降低，这会抑制多层石墨烯的生长。刘忠范等人在这类ⅣB～ⅥB 族的过渡金属表面生长出均匀的单层石墨烯，如图 5-10 所示，其中在 Mo 和 W 上生长的石墨烯的迁移率分别为 115～630cm^2/(V·s) 和 45～130cm^2/(V·s)。

由于碳在 Cu 中的溶解度极低，石墨烯在 Cu 表面的生长遵循表面自限制的机理，这使得 Cu 表面长出的石墨烯以单层为主。如果采用 Cu-Ni 合金衬底生长石墨烯，便可打破 Cu 表面的自限制行为，长出层数可控的石墨烯[438]。如果在 SiO_2/Si 表面镀上 Ni 层和 Cu 层

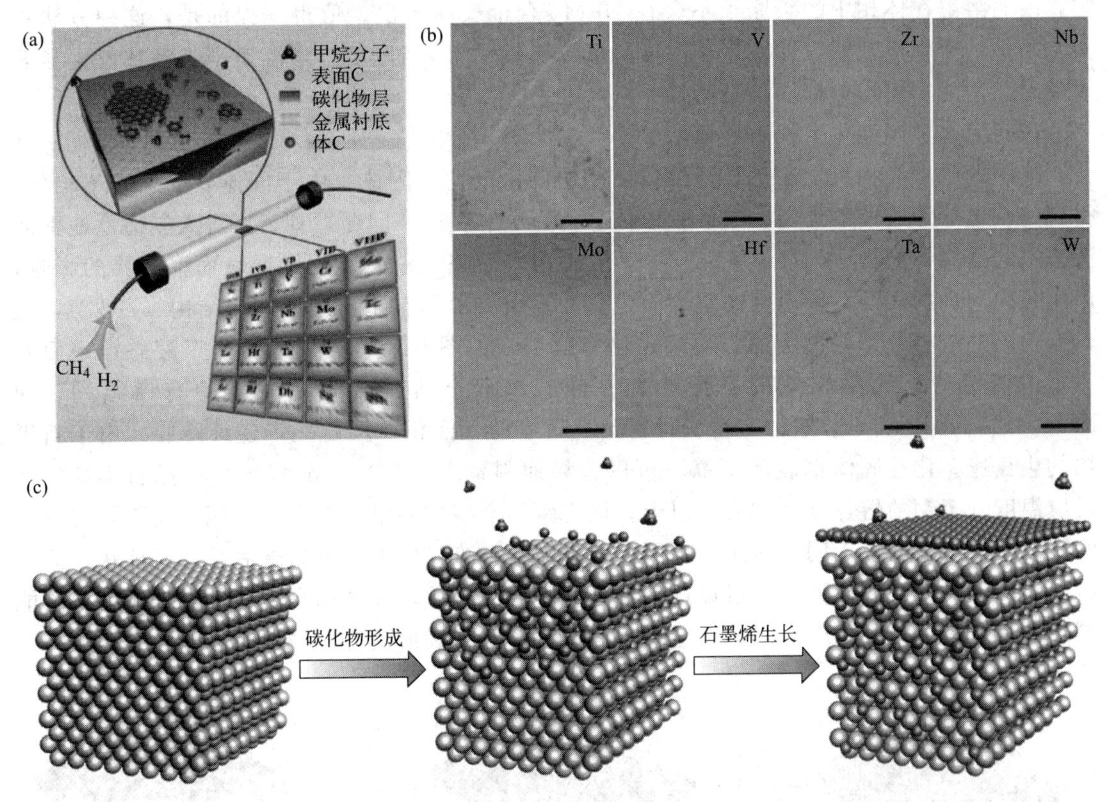

图 5-10　元素周期表中的新区域，用于催化均匀石墨烯的 CVD 生长

(a) 通过碳化物的形成促进ⅣB～ⅥB 族过渡金属箔上石墨烯生长的示意图；(b) 如此生长的石墨烯的光学显微照片（转移到 285nmSiO_2/Si 衬底上，生长全部在 1050℃进行，图像按照周期表中的顺序排列，标尺 20μm）；(c) ⅣB～ⅥB 族过渡金属箔上渗碳和石墨化过程的球模型说明示意图［理想的 Mo（110）（左）和 Mo_2C（0001）（中、右），从左到右的三个阶段分别表示 CVD 前的纯过渡金属，没有石墨烯形成的金属渗碳和石墨烯生长，在达到临界成核浓度之后］[437]

膜，就会形成 Cu/Ni/SiO_2/Si 的多层结构，对石墨烯层数的控制就可以较好地实现。在此多层结构中，Ni 起到固碳析碳即层数控制的作用。随着 Ni 膜厚度的增加，石墨烯的层数越来越多。改变 Cu-Ni 合金中 Ni 所占的百分比也可以实现单层区域占 95%及双层区域占 89%的石墨烯薄膜。与纯 Ni 衬底相比，Cu-Ni 合金表面生长的石墨烯更加均匀。利用 Cu、Ni 这两种溶碳性完全不同的金属的调和作用能够实现对石墨烯层数的精确控制。在真空高温（900℃）退火的过程中，Ni 原子会扩散到 Cu 内部从而形成 Cu-Ni 合金，而在扩散过程中，Ni 原子会携带碳原子进入 Cu 体相。由于 Cu 对 C 的溶解度极低，碳原子会进一步扩散到 Cu 表面析出从而生成石墨烯。因此，控制 Ni 的含量就可轻松实现对石墨烯层数的精确控制。

虽然 Cu-Ni 合金衬底可以实现对石墨烯层数的精确控制，但却很难实现严格均匀单层石墨烯的生长。利用 Mo 的固碳效应，刘忠范等人成功地在 Ni-Mo 合金表面长出面积覆盖率为 100%的严格单层石墨烯[439]。首先，他们将 200nm 厚的 Ni 沉积于 Mo 箔上，然后在 900℃下退火形成 Ni-Mo 合金。Ni-Mo 合金上生长的石墨烯相比于纯 Ni 表面生长的更加均匀。石墨烯在 Ni/Mo 衬底上的生长严格遵循表面自限制机理，这是由于 Ni-Mo 合金中溶解的 C 会与 Mo 形成 Mo_2C 从而被固定在衬底内部，而 Mo_2C 无法在 Ni-Mo 合金中扩散或分解，因而溶解在体相中的碳原子不会在 Ni-Mo 合金表面析出。值得一提的是，这种方法对实验条件的变化不敏感，即在生长温度、碳源流量、Mo 箔厚度、降温速率等参数发生显著改变时，均能长出均匀单层的石墨烯。

（8）液态金属催化生长石墨烯

传统的化学气相沉积法生长石墨烯使用的催化剂均为固体。由于固体表面能的不均匀，得到的石墨烯片成核不均匀，层数难以控制。为了解决这个问题，刘云圻等人创造性地引入液态铜的概念，如图 5-11(a) 所示[440]。液态铜表面完全消除了固态铜表面上晶界的影响，产生各向同性的表面，使得液态铜表面生长的石墨烯片具有正六边形几何结构（HGF），且具有均匀的成核分布，单层的石墨烯占绝对优势，如图 5-11(b) 所示。由于液态铜表面有一定的流动性，大小相似的石墨烯片在液态表面上排列成近乎完美的有序结构，如图 5-11(c)、(d) 所示。进一步生长可得到高质量的大面积单层石墨烯连续薄膜。由于石墨烯的生长速率比在固体铜表面上高，可以容易地制备大片（100μm 以上）单晶石墨烯。将反应温度升至铜的熔点（1083℃）以上，固态铜箔会变成熔融状态即液态铜。在不同衬底上的液态铜由于浸润性不同会显示出不同的状态，在石英衬底上，铜熔融后会变成球状；而以金属钨和铝作为衬底，液态铜可以均匀铺展成平面。可见，在液态铜上，化学气相沉积法能制备出高质量、规则排布的六角石墨烯片和石墨烯的连续薄膜[440]。

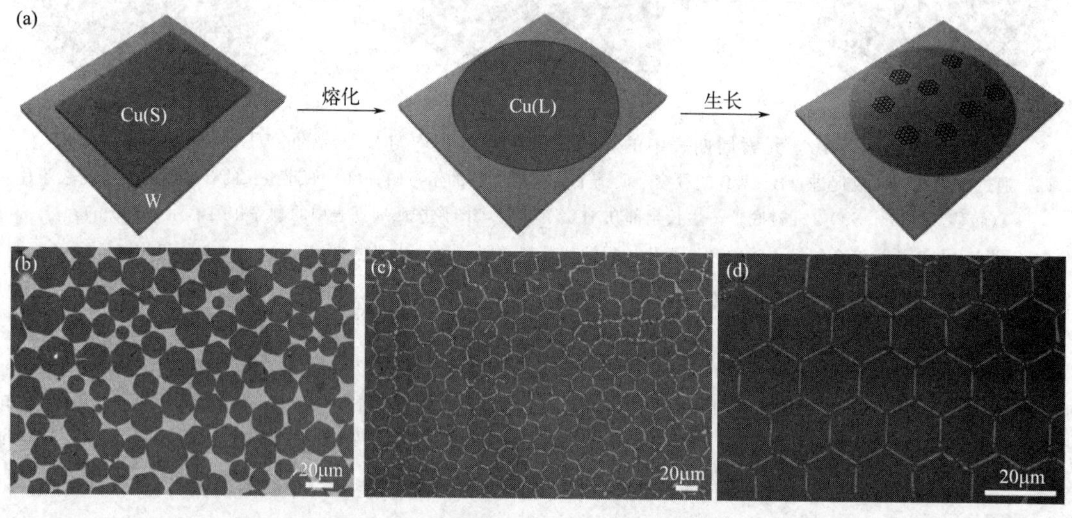

图 5-11　HGF 在 W 衬底上平坦的液态 Cu 表面上的生长[440]

(a) 在液态 Cu 表面合成 HGF 的 CVD 工艺的示意图；(b) SEM 图像显示在 1120℃下使用 6mL/min CH_4/300mL/min H_2 在 30min 内得到的部分覆盖和分散良好的 HGF；(c) HGF 的 SEM 图像（显示 HGF 的紧密组装，其中深色部分和亮部分分别代表 HGF 和 Cu 表面）；(d) 由相似大小的 HGF 组成的近乎完美的 2D 晶格的 SEM 图像

液态金属具有较高的溶碳性，结合液态金属特殊的各向同性性质，液态金属表面石墨烯的生长机理与固态金属表面有很大差异。Cu 元素的熔点为 1083℃，与 Cu 元素相比，Ga 元素的熔点仅为 29.76℃，沸点为 2403℃，有较宽的液相区间，更加适合在液态下制备石墨烯。在液态金属 Ga 表面生长石墨烯，消耗极少量的 Ga，就能获得大面积高质量的均匀石墨烯，如图 5-12 所示[441]。由于 Ga 表面具有较低的蒸气压，Ga 的液态表面极其均匀平滑，这有利于降低石墨烯的成核密度。液态 Ga 表面石墨烯的成核密度可低至 $1/1000\mu m^{-2}$。由于液态 Ga 具有较高的表面能，Ga 表面会吸附大量的碳原子或原子簇，从而降低表面能，

而这些被吸附的碳原子或原子簇会在 Ga 表面成核并形成石墨烯。在 Ga 表面覆盖石墨烯之后，表面吸附的碳原子或原子簇便会被固定在 Ga 表面，限制下一层石墨烯的形成。此外，在 Ga 表面生长的石墨烯质量很高，单晶迁移率可达 $7400cm^2/(V \cdot s)$。

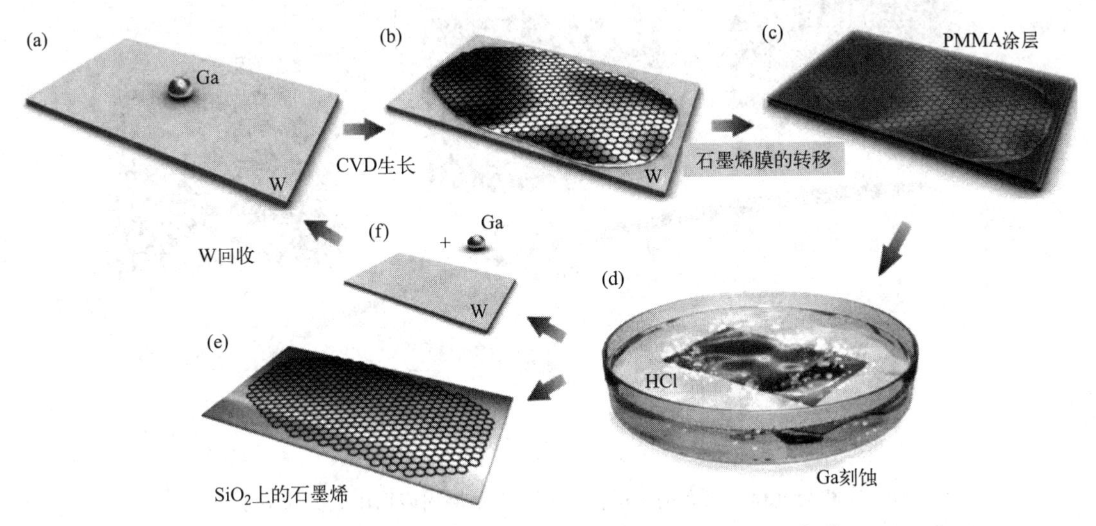

图 5-12　液态金属 Ga 表面生长石墨烯的过程示意图[441]

液态金属 Cu、In 表面也能形成严格单层的石墨烯薄膜[442]。在碳源量、生长时间、生长温度以及降温速率发生改变时，在这些液态金属表面均可获得面积覆盖率为 100%的均匀单层石墨烯。生长石墨烯后的液态 Cu 和固态 Cu 衬底具有完全不同的溶碳性。相比几乎不溶碳的固态 Cu，液态 Cu 内部溶有大量碳原子，这是由于 Cu 熔化以后使得铜原子之间产生空隙从而能够溶入碳原子。而在降温的过程中，液态金属表面会首先发生凝固，表面的金属原子会重新转变为不溶碳的固态金属，封住了金属内部的碳原子，使其无法向金属表面析出，如图 5-13 所示。这使得石墨烯的生长严格遵循表面自限制机理，同时也使得生长条件对石墨烯的生长产生的影响较小。

付磊等人首次观察到圆形石墨烯单晶在液态金属表面的生长，如图 5-14 所示。这种圆形石墨烯单晶在具有固定晶型的固态衬底上是无法形成的，它的产生得益于液态金属表面的各向同性[443]。拼接后的两个石墨烯单晶具有相同的晶体取向以及电学性质。这种石墨烯单晶无缝拼接的实现得益于液态衬底表面的高流动性，这使得相邻的石墨烯单晶能够自行对准取向从而拼接成大面积的石墨烯薄膜，这预示着液态金属表面生长的石墨烯有望具有媲美石墨烯单晶的均匀性与高质量。

此外，为了深入理解液态金属表面石墨烯的组装行为，Zeng 等人利用液态金属的高流动性，首次实现石墨烯单晶在液态衬底表面的超有序自组装，这也是人们第一次得到超有序结构的二维材料，如图 5-15 所示[444]。在实验中，他们首先在高温下将铜箔熔融，在 H_2 气氛下使铜箔上事先旋涂的 PMMA 热解炭化从而成为成核点，随后引入 CH_4，通过 CH_4 与 H_2 流量调节石墨烯单晶的尺寸，并使其晶体结构更完整、形状更接近六边形。在这个过程中，生长的石墨烯单晶会在气流和静电力的共同驱动下组装成阵列，形成超有序结构的石墨烯。这是一种流变行为：液态金属和载气分别提供流动性和驱动力，使石墨烯单晶可以自由调整其位置和取向。由于石墨烯单晶具有各向异性的静电场，当石墨烯微片相互靠近时，倾向于以能量最低的方式排列，于是产生取向性，最终形成有序的阵列。整个超有序结构的石

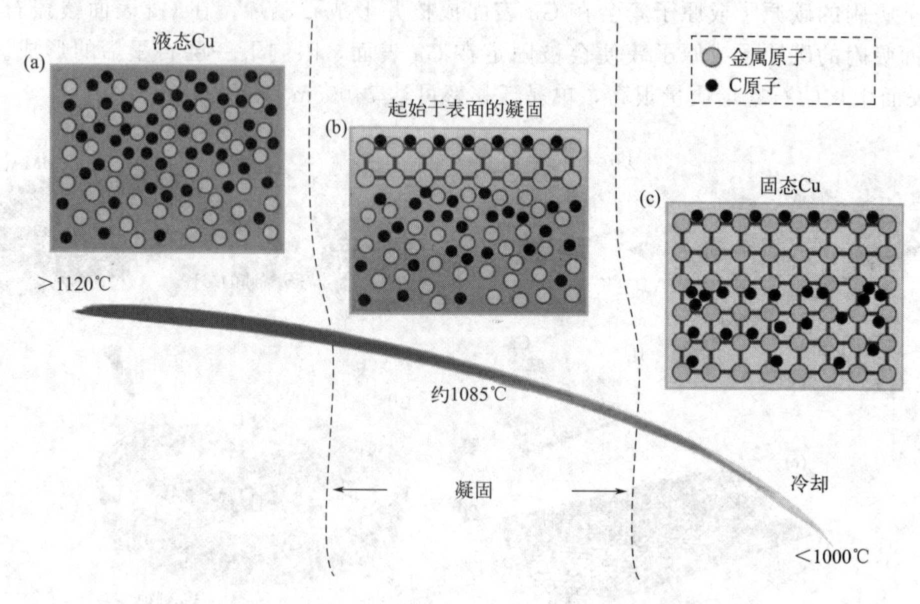

图 5-13　在相变过程中液态铜、固态铜和液态铜凝固表面中碳分布的示意图[442]

(a) 催化分解的碳原子无规地混合在液态 Cu 的本体相中；(b) 过渡态的凝固表面和大量液态 Cu 表现出不同的溶碳行为（碳原子以确定的原理排列在凝固的表面上，而在下面的主体中碳原子保持随机分布）；

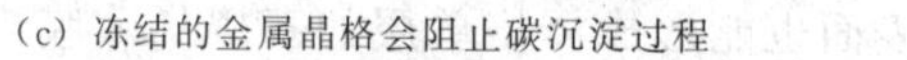

(c) 冻结的金属晶格会阻止碳沉淀过程

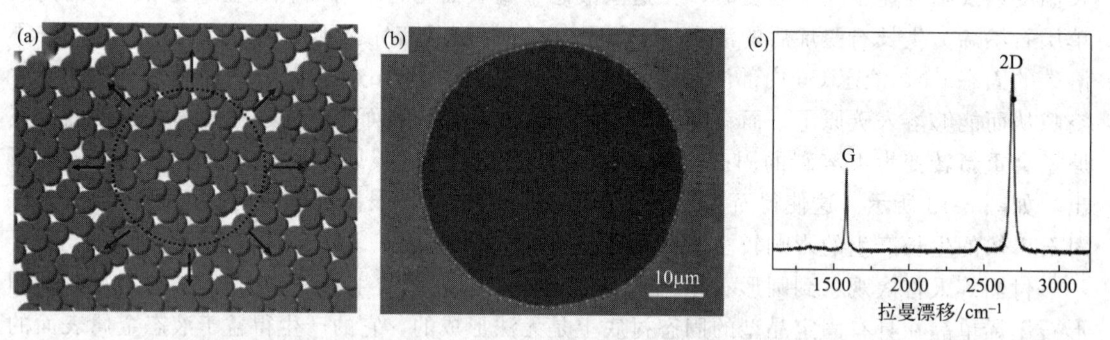

图 5-14　液态铜上生长的各向同性石墨烯晶粒[443]

(a) 通过在液态铜上各向同性生长的 IGG 方案；(b) 单个 IGG 的圆形 SEM 图像；

(c) 转移到 SiO_2/Si 上的 IGG 的典型拉曼光谱

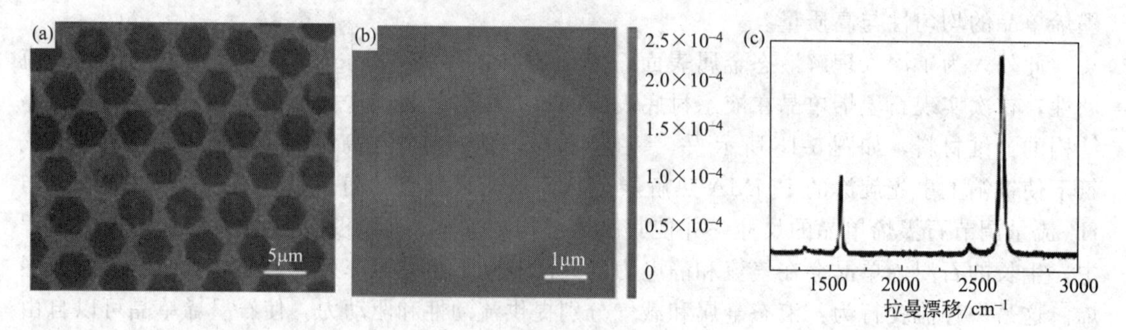

图 5-15　石墨烯超有序结构表征[444]

(a) SEM 图像；(b) 单个石墨烯单晶的典型拉曼光谱；(c) 单个石墨烯单晶的 2D 峰强度的拉曼映射

墨烯表现出非常优异的周期性特征，每个石墨烯结构单元的尺寸和彼此间间距均一。超有序结构的石墨烯单晶的取向也高度一致，这得益于石墨烯在生长过程中产生的各向异性的静电力。有趣的是，通过改变扰动气流的大小，石墨烯超有序结构的周期性可以被精确调控。通过固态碳源的设计，石墨烯单元的化学性质也能被有效调节。液态金属表面石墨烯的均匀生长、无缝拼接以及有序组装，为石墨烯在未来集成器件中的工业化应用提供了有益的尝试。

在金属催化剂表面生长的石墨烯往往需要面临后续的转移过程，而在转移过程中，石墨烯表面将产生大量的杂质、褶皱以及破损等。如果可以在绝缘衬底表面直接生长石墨烯，则能避免这一不利情况。由于不需要转移，在绝缘衬底上生长石墨烯还能简化石墨烯器件的加工制备过程。然而，在绝缘衬底上生长的石墨烯往往晶畴较小且质量不高。为此，刘云圻等人提出一种利用氧辅助催化直接在 SiO_2 或石英衬底上制备高质量石墨烯的方法[446]。在实验中，他们首先将 SiO_2 或石英衬底放入石英管中，在通入空气载气的情况下加热至800℃，然后抽去空气再将温度升高到1100℃，调节 Ar、H_2 和 CH_4 流量进行石墨烯的生长。通过调节生长参数，在 SiO_2/Si 的表面长出几百纳米的石墨烯单晶。SiO_2 或石英表面吸附氧以后，可以更好地吸附碳源从而有利于石墨烯的生长。石墨烯在成核过程中需要的碳源浓度比在生长过程中需要的碳源浓度要高得多。在绝缘衬底上，石墨烯的生长速率极慢，较长的生长时间引起重复成核，这导致石墨烯的晶畴尺寸较小[447]。如果在石墨烯成核过程中提供较高的碳源浓度，而在生长过程中降低碳源浓度，这样也许可以避免石墨烯在生长过程中重复成核，增大石墨烯的晶畴尺寸。通过优化生长参数，分别在 Si_3N_4 和 SiO_2/Si 衬底表面制备出了微米级的石墨烯单晶，如图 5-16 所示。

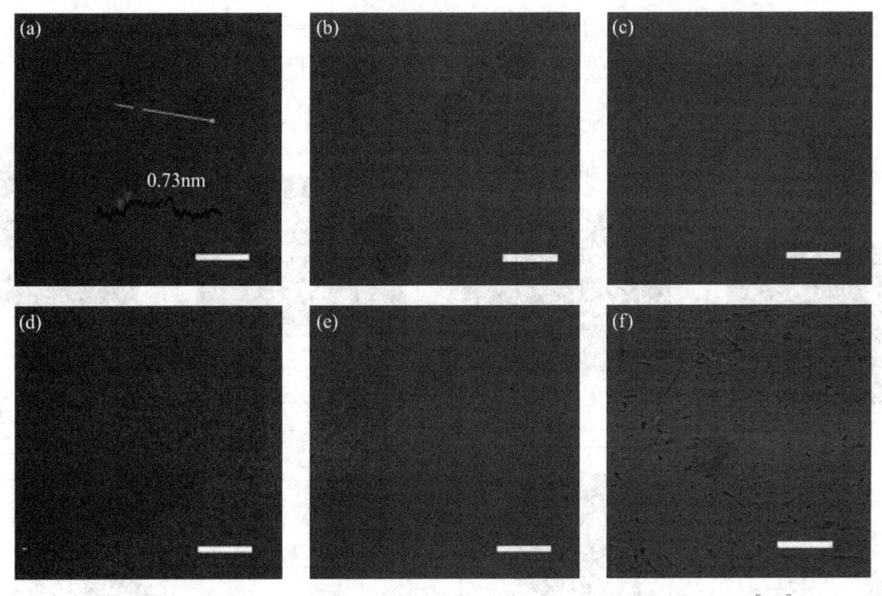

图 5-16 不同衬底上的单晶石墨烯的 AFM 图片（标尺是 500nm）[445]

(a) $Si_3N_4/SiO_2/Si$ 衬底；(b) $Si_3N_4/SiO_2/Si$ 衬底；(c) SiO_2/Si 衬底；(d) 石英；(e) 蓝宝石；(f) ST-cut 石英

由于绝缘衬底表面的催化活性较差，石墨烯在绝缘衬底表面的生长速率通常较慢，长出的石墨烯晶畴也较小。唐述杰等人在用 CVD 法生长石墨烯的过程中，引入具有高催化活性的气态催化剂硅烷，实现了 h-BN 表面 20μm 石墨烯单晶的快速生长[448]。在乙炔为碳源的情况下，通过 Si 原子在石墨烯边缘的吸附，降低石墨烯生长的能垒，有利于加快石墨烯的生长速率，增大石墨烯的晶畴尺寸。除了衬底对石墨烯中载流子的散射作用以外，绝缘衬底的介电常数也对石墨烯器件的性能具有较大的影响。使用高介电常数的绝缘衬底作为石墨烯的衬底可以有效降低栅极漏电，进而可以降低栅极厚度、缩小器件尺寸。刘忠范等人在高介电常数 $SrTiO_3$ 衬底表面采用CVD法直接生长石墨烯[449]。除了硅烷辅助催化在绝缘衬底表面生长石墨烯以外，液态金属Ga也可提高催化活性，从而加决绝缘衬底表面石墨烯的生长速率，并提高石墨烯的生长质量。付磊等人将Ga球放在用于生长石墨烯的石英衬底的上游，通过Ga蒸气的远程辅助催化碳源分解，在石英衬底表面长出大面积连续的石墨烯薄膜[450]。

5.1.4 偏析生长石墨烯

碳在金属表面的偏析现象从钢铁冶炼、单晶提纯到多相催化剂的失活都发挥着不可忽视的作用。碳在金属表面以石墨形态的吸附实际上就是石墨烯在金属表面的生长。刘忠范等人率先利用含有痕量碳的金属Ni获得大面积的石墨烯薄膜，在优化的实验条件下，1～3层石墨烯的比例可达90%以上[451]。石墨烯在金属衬底上的偏析生长过程主要包括以下基元步骤：①碳原子在金属内部的扩散；②碳原子从金属内部至表面的偏析；③碳原子在衬底表面的迁移；④石墨烯的成核与生长。偏析生长法仅要求在退火温度下体系维持一定的真空度即可，易于实现大面积石墨烯的规模制备。在退火过程中，碳原子在Ni内部可发生间隙扩散，其中一部分能量较高的碳原子可以越过较大能垒，继而到达金属表面，并在缺陷或台阶处成核，退火温度对石墨烯偏析的影响如图5-17所示。与碳原子在金属内部扩散相比，表面迁移要更加容易，这对初始石墨烯成核点的进一步生长在能量上是有利的，因此会迅速铺展并

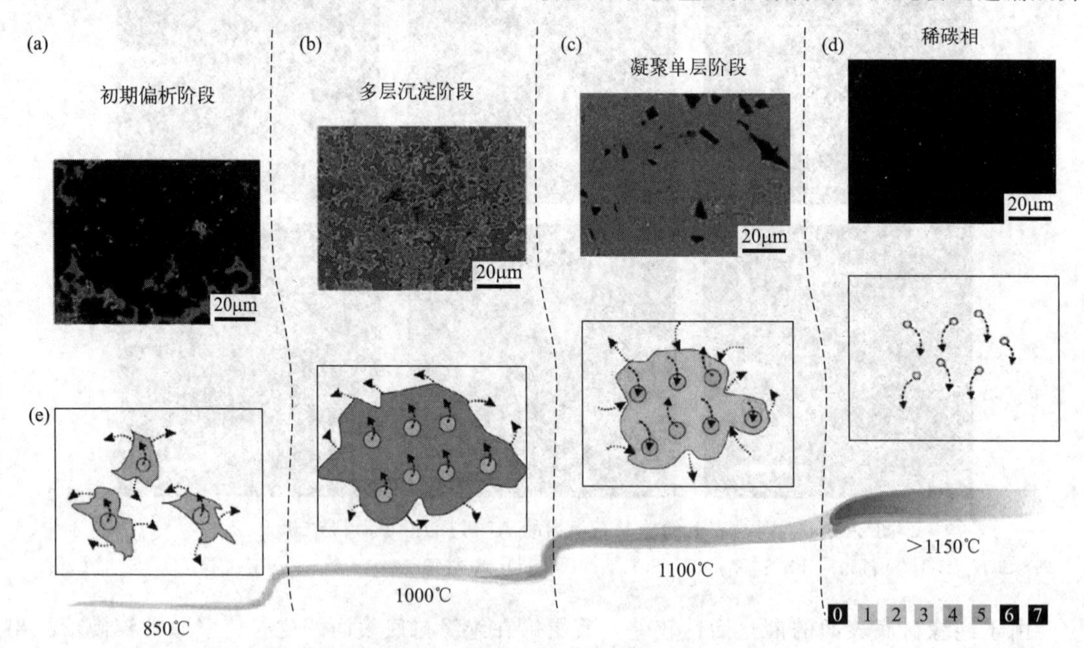

图5-17　退火温度对石墨烯偏析的影响[451]

(a)～(d) 分别在850℃、1000℃、1100℃和1150℃的温度下、在200nm Ni衬底上生长的，并转移到300nm SiO_2/Si衬底上的石墨烯层分布；(e) 与石墨烯偏析过程中的温度变化相对应的各种平衡状态的示意图

最终接合成为一片。在这个过程中，高温和低压均有利于碳原子的扩散，使得石墨烯的生长在几分钟内即可完成。从热力学角度看，碳在表面富集形成石墨烯有利于表面能降低及化学势减小，从而达到能量上的稳态；而随着温度降低，碳在 Ni 中的溶解度也相应下降，进一步促进了碳的析出。这些因素共同决定 Ni 表面石墨烯的偏析生长。

利用高温退火下碳和氮的共偏析现象，可制备出掺杂度可控的氮掺杂石墨烯，并可通过衬底的图案化实现对石墨烯的选区掺杂。刘忠范等人采用蒸镀氮掺杂的硼膜作为衬底，使其成为生长掺杂石墨烯的固态氮源，采用镍作为偏析生长氮掺杂石墨烯的催化剂[452]。镍的催化活性较高，且所溶解的碳足以用于石墨烯的生长。硼和镍具有较强的相互作用，在高温退火时，硼会留在镍的体相内而难以析出。与此相反，氮被硼携带而进入体相之后，却会由于氮在镍中的低溶解度而倾向于从镍中析出，并与碳原子共偏析至金属表面，从而形成氮掺杂石墨烯。在氮掺杂石墨烯中没有硼元素存在，而氮元素则以吡啶氮、吡咯氮等形式存在。利用这种共偏析方法生长的氮掺杂石墨烯除有零星的小面积厚层区域外，在大范围内具有相对均匀的厚度。均匀区域为少层的氮掺杂石墨烯，比例可达 90%以上。以氮掺杂石墨烯为沟道构筑背栅场效应晶体管，在真空中测试表现出 n 型半导体的输运特性。根据典型的半导体电阻随温度下降而增大的关系，估算出所获得的氮掺杂石墨烯的有效带隙为 0.16eV。由于采用的是固态氮源，利于对石墨烯中氮的掺杂浓度进行调节。改变蒸镀的硼膜和镍膜的厚度比，可以调控引入的氮和碳的相对含量，从而获得 N/C 原子比在 0.3%～2.9%之间的氮掺杂石墨烯，掺杂浓度的不同反映在拉曼光谱中特征峰强度、峰形和位置的变化上。选区掺杂对于构建器件、石墨烯 p-n 结以及构筑石墨烯微纳结构等均具有重要意义，通过将氮源选择性地植入衬底，可以定位生长出本征和氮掺杂的石墨烯。

5.1.5 石墨烯的转移

胶带剥离法得到的石墨烯薄片具有优异的物理化学性质，但剥离的石墨烯尺寸较小，并不适合实际应用；而 CVD 法可以获得大尺寸、高质量的石墨烯[453-455]。为了满足石墨烯的基础研究以及应用需求，金属表面 CVD 法合成的石墨烯应被转移至绝缘衬底上。然而，任何转移方法都无法完全避免转移过程中引入缺陷和污染，这使得进一步优化现有的转移方法和探索新的转移方法成为石墨烯相关研究中最具活力的领域之一。

(1) 聚甲基丙烯酸甲酯湿法转移

聚甲基丙烯酸甲酯简称 PMMA，是一种高分子聚合物。2009 年，Li 等人实现用 PMMA 对生长在 Cu 箔上的石墨烯进行转移[423]。其转移方法为：在平整的石墨烯/Cu 箔表面旋涂一层 PMMA 膜，再加热固化；然后将层状 PMMA/石墨烯/Cu 箔置于刻蚀液中，对 Cu 箔进行刻蚀，最终获得漂浮于溶液表面的 PMMA/石墨烯。当 Cu 被完全刻蚀后，将 PMMA/石墨烯从刻蚀液中移出，再用去离子水清洗，然后用目标衬底捞取 PMMA/石墨烯，烘干后用丙酮除去 PMMA，便可完成转移。Cu 的刻蚀时间取决于刻蚀剂的浓度以及 Cu 箔的面积和厚度。面积为 $1cm^2$、厚度为 $25\mu m$ 的 Cu 箔在 0.05g/mL 的 $Fe(NO_3)_3$ 溶液中需要刻蚀一夜。除 $Fe(NO_3)_3$ 溶液以外，$FeCl_3$ 溶液也被用于刻蚀 Cu 衬底[456]。其他金属表面 CVD 法生长的石墨烯也可以用类似的湿式刻蚀法实现转移。此方法简单，但其存在的主要问题是转移后石墨烯易出现裂纹、褶皱，以及 PMMA 残胶无法完全去除，还会在石墨烯表面残留少量金属颗粒。

PMMA 对转移的石墨烯的物理化学特性有一定的影响。Li 等人发现固化后的 PMMA 膜是硬质涂层，PMMA/石墨烯很难和目标衬底完全贴合，除胶之后的石墨烯无法自发弛豫，石墨烯在与衬底未完全贴合的区域会产生破损和裂纹[457]。在转移过程中，首先将 PMMA/石墨烯置于衬底上，并旋涂 PMMA 溶液，使得 PMMA 固化膜部分溶解，进而“释放”下层的石墨烯，提高石墨烯与衬底的贴合性[457]。Suk 等人在用目标衬底捞取 PMMA/石墨烯之前，先对目标衬底实施亲水性处理，使 PMMA/石墨烯在衬底表面的贴合性得到提高，然后又在高于 PMMA 玻璃化转变温度（T_g）的 150℃下烘烤，使 PMMA 膜层发生软化并除去水分，这使得 PMMA/石墨烯具有柔性，从而提高 PMMA/石墨烯与衬底的贴合性，并减少石墨烯表面的破损及褶皱[458]。通常情况下，在用丙酮除去 PMMA 层后，石墨烯的表面往往会残留少量的聚合物杂质，这些残胶会影响 SiO_2/Si 衬底上石墨烯场效应晶体管的电学性质[459]。当残留的 PMMA 表面吸附甲酰胺时，在栅电压接近 0V 时，会有较强的 p 型掺杂，这使得室温下的载流子迁移率至少会增加 50%；当石墨烯表面残留的 PMMA 吸附 H_2O/O_2 分子时，在栅电压接近 0V 时，p 型掺杂则较弱，对迁移率的影响也较弱。旋涂的 PMMA 溶液的浓度越大，对石墨烯电学性质的影响也越大[460]。而通常可以用 IPA 冲洗石墨烯以减少聚合物的残留，还有一种方法是将转移的石墨烯进行低压（通入 Ar、H_2 或 N_2/H_2 混合气）退火（温度 200～400℃，时间约 3h），这两种方法都可以有效地除去残留的 PMMA[460-462]。

机械剥离石墨烯通常需要转移至 SiO_2/Si 衬底上，以利于观察所得到的石墨烯。Reina 等人提出一种将石墨烯从 SiO_2/Si 衬底转移至任意其他衬底上的新方法，这使得研究石墨烯在不同衬底上的性质成为可能，图 5-18 为石墨烯的转移过程示意图[422]。其转移步骤如下：首先在沉积有石墨烯的 SiO_2/Si 衬底上旋涂一层 PMMA，之后在 179℃下加热 10min 使聚合物固化。值得注意的是，旋涂和固化聚合物的参数往往会受经验的影响。石墨烯在转移的过程中需要与衬底分离，又不能自支撑，因而这种聚合物在转移石墨烯的过程中是不可或缺的。由于碳碳键的结合力相对较强，石墨烯会优先黏附到固化后的聚合物表面。待聚合物固化后，将整个产物浸泡于 1mol/L 的 NaOH 溶液中，只需要一部分 SiO_2 层被刻蚀掉便可释放出 PMMA/石墨烯。由于石墨烯的疏水性以及水的表面张力，释放出的 PMMA/石墨烯会

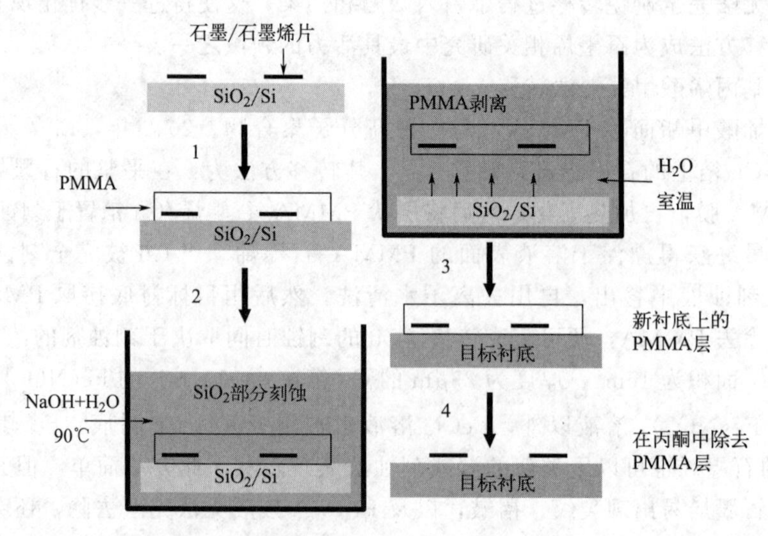

图 5-18　把微机械剥离 HOPG 所得的石墨烯从 SiO_2/Si（氧化层为 300nm）衬底上转移至目标衬底上[422]

漂浮在水面上，而刻蚀后的 SiO_2/Si 衬底会沉入溶液底部，借此将 PMMA/石墨烯与 SiO_2/Si 衬底分开。由于少量刻蚀液会残留在 PMMA/石墨烯上，因而需将分离得到的 PMMA/石墨烯在去离子水中漂洗数次以除去这些杂质。在把 PMMA/石墨烯转移至目标衬底上时，需注意将有石墨烯的一面贴在目标衬底上。随后，再用丙酮溶解石墨烯表面的 PMMA，即可完成石墨烯的转移。

（2）异丙醇辅助 TEM 载网转移法

Zettl 等人提出将剥离得到的石墨烯从 SiO_2/Si 衬底上转移至电镜载网上的新方法，分别转移得到自支撑的石墨烯[463]。第一种方法：他们首先用光学显微镜确定单层石墨烯在 SiO_2/Si 衬底上的位置，然后将 TEM 载网覆有碳膜的一面朝下放置在石墨烯上，在 TEM 载网上滴一滴异丙醇（IPA）并让其自然挥发。随着 IPA 的挥发，液体的表面张力会使 TEM 载网上的碳膜与石墨烯紧密接触。当 IPA 完全挥发后，在紧挨着 TEM 载网的位置再滴一滴 IPA。随着液滴漫延并浸润 TEM 载网，IPA 会渗入 TEM 载网上的碳膜以及 SiO_2/Si 衬底的表面。为了提高石墨烯与碳膜之间的黏附力，将产物在 200℃下加热 5min。待冷却至室温后，再将整个衬底以及 TEM 载网浸入 30%的氢氧化钾溶液中，此时氢氧化钾会逐渐刻蚀二氧化硅，最终使附有石墨烯的 TEM 载网与 SiO_2/Si 衬底分开。然后用镊子将附有石墨烯的 TEM 载网在水和 IPA 中进行漂洗，再将其置于空气中晾干，便可在 TEM 载网的多孔碳膜表面得到自支撑的单层或少层的石墨烯。第二种方法：首先在 SiO_2/Si 表面旋涂一层 10～30nm 厚的 PMMA，然后将石墨烯剥离至 PMMA 表面，接着按第一种方法中的步骤依次进行，随后用热丙酮或甲基吡咯烷酮去除衬底上的聚合物，从而使附有石墨烯的 TEM 载网与 SiO_2/Si 衬底分离，在 TEM 载网完全干之前再次将其浸入 IPA 中，最后将其置于空气中晾干，便可得到自支撑的单层或少层的石墨烯。第三种方法：直接将 TEM 载网放在石墨烯上，然后滴加一滴 IPA 使石墨烯黏附在 TEM 载网的碳膜上，待 IPA 完全蒸发后，再次在 TEM 载网旁滴加一滴 IPA，使附有石墨烯的 TEM 载网与 SiO_2/Si 衬底分开并悬浮在 IPA 表面。在上述三种方法中，第三种方法最简单，尽管所转移的石墨烯的面积覆盖率只有 25%，但这是转移石墨烯无酸、碱或 PMMA 残留的最有效的一种方法。

（3）逐层剥离转移法

SiC 表面外延生长法可以制备出大面积、高质量的石墨烯，然而 SiC 衬底具有很强的抗腐蚀性，常用的湿式转移法并不适用于转移 SiC 外延生长的石墨烯，需要用干式转移法来转移 SiC 外延生长的石墨烯。最初，Lee 等人使用透明胶带将 SiC 外延生长的石墨烯转移至其他衬底上[464]。但是这种方法同样很难获得大面积单层的石墨烯，根本原因是胶带与石墨烯之间的作用力比石墨烯与 SiC 衬底之间的作用力更弱。为此，Unarunotai 等人对上述方法进行如下改进：首先在石墨烯/SiC 衬底上用电子束蒸镀沉积一层 100nm 的 Au，然后旋涂一层厚度约为 1.4μm 的聚酰亚胺（PI）聚合物，并在 110℃下加热使其固化，作为外加的支撑层[465]。将除去 SiC 的多层石墨烯转移至其他衬底上，再分别用氧等离子体刻蚀和湿式化学刻蚀来除去 PI 和 Au 支撑层。后来此方法得到进一步改进，实现了石墨烯的逐层剥离，转移示意图如图 5-19 所示[466]。首先用电子束在石墨烯/SiC 衬底表面蒸镀一层 Pd 膜，再旋涂一层 PI 聚合物，接着剥离一层石墨烯至目标衬底上，然后除去 Pd 膜，便可使目标衬底上获得一层石墨烯，重复以上步骤便一层一层地将石墨烯转移至同一衬底上。虽然该法可以实现将外延生长的大面积的石墨烯转移至其他衬底上，但支撑层的沉积和后续的移除过程容易引入缺陷[467]。

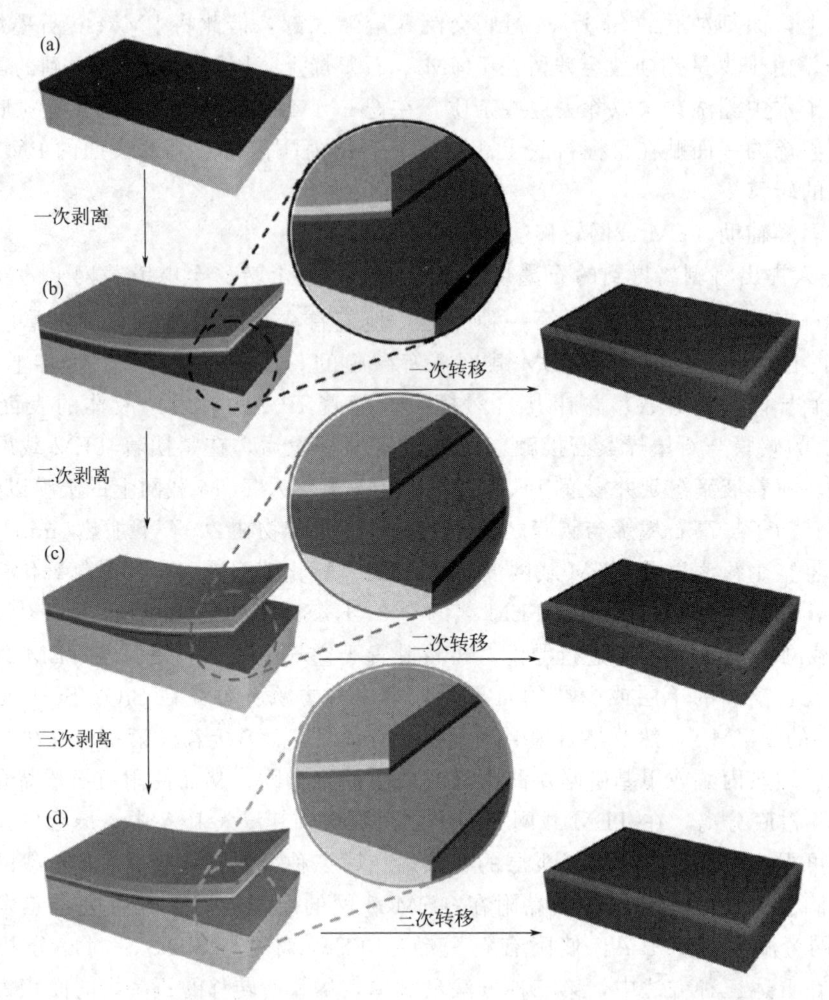

图 5-19　将 SiC 外延生长的多层石墨烯逐层转移至其他衬底上的过程示意图[466]

(a) 生长于 6H-SiC 的 Si 面的多层石墨烯；(b) 沉积在 SiC 上分别作为黏结层和支撑层的 Pd 和 PI，用于剥离并温和地转移石墨烯至目标衬底上；(c) 同一 SiC 衬底上再次沉积 Pd 和 PI，用于剥离和转移至下一层石墨烯；(d) 第三次重复同样的转移过程

此后，Caldwell 等人提出另一种改良的干式转移法[467]。他们使用热释放胶带替代普通的透明胶带，并施加外力来提高胶带和石墨烯间的作用力，然后对目标衬底进行预处理，再进一步增强衬底对转移石墨烯的黏附。这种转移方法的具体步骤如下：首先将一片 TRT 压在外延生长的石墨烯上，并用不锈钢板覆盖在 TRT 表面上，将其放于真空室内，抽真空至约 6.67×10^{-2}Pa 后，在钢板上施加 3～6N/mm^2 的压力，从而将 TRT 均匀地压在石墨烯/SiC 上。随着压力从 3N/mm^2 增加至 6N/mm^2，转移所得的石墨烯的质量也会提高。接着将 TRT/石墨烯一起从 SiC 衬底上剥离，便可实现石墨烯与 SiC 衬底的分离，从而将石墨烯从 SiC 衬底转移至目标衬底上。为了在转移后移除 TRT，需要将产物加热至 TRT 的释放温度以上，此时 TRT 的黏合力会变弱，利于它的除去。但是，利用 TRT 转移的石墨烯表面会残留一些污染物，因而需要在转移后用有机溶剂对所得石墨烯进行清洗，然后置于 250℃ 下退火除去有机溶剂。虽然干式转移法是目前转移 SiC 上外延生长石墨烯的唯一可行的方法，但上述方法并不能将 SiC 上生长的石墨烯完整地转移到目标衬底上，因而需要进一步探

索更好的将 SiC 上外延生长的石墨烯转移至目标衬底上的方法。

(4) 鼓泡转移法

针对 Cu 箔在刻蚀过程中容易形成氧化物颗粒残留的问题，Liang 等人将刻蚀 Cu 衬底后的 PMMA/石墨烯浸入 $H_2O:H_2O_2:HCl=5:1:1$ 的溶液中去除离子和重金属原子，再将其放入 $H_2O:H_2O_2:NH_4OH=5:1:1$ 的溶液中去除难溶的有机污染物[468]。此外，还引入了电化学刻蚀法来避免氧化物残留的问题：将 PMMA/石墨烯/Cu 箔放入硫酸电解液中作工作电极，以 Pt 作对电极，使 Cu 箔表面发生 $Cu-2e^- = Cu^{2+}$ 的氧化反应，这使得 Cu 箔的刻蚀效率大大提高[469]。此外，这种方法还能除去石墨烯表面的金属杂质。受此启发，Gao 等提出电化学鼓泡法用于 Pt 表面上石墨烯的转移，如图 5-20 所示[470]。由于 Pt 具有化学惰性，不能通过湿式刻蚀将其除去，因而需要用电化学鼓泡法转移石墨烯。首先在石墨烯/Pt 表面旋涂一层 PMMA，将其烘干后浸入 NaOH 溶液中，用作电解池中的阴极。根据电解的原理，水会在阴极表面发生还原反应析出 H_2，反应式如下：$2H_2O(l)+2e^- \longrightarrow H_2(g)+2OH^-$。在电解过程中，石墨烯与 Pt 之间会产生大量的氢气泡，使得 PMMA/石墨烯在几十秒内便可从表面分离，这比常规的刻蚀金属的过程要快很多。之后，再用去离子水漂洗 PMMA/石墨烯，然后将其转移至目标衬底上，晾干后用热丙酮除去 PMMA，并用高纯氮气吹干，即可成功得到转移后的石墨烯。值得注意的是，整个 Pt 衬底在这个转移过程中不会发生任何化学反应，因此这种电化学鼓泡分离法能够实现 Pt 衬底的重复利用，从而降低石墨烯生长以及转移的成本。

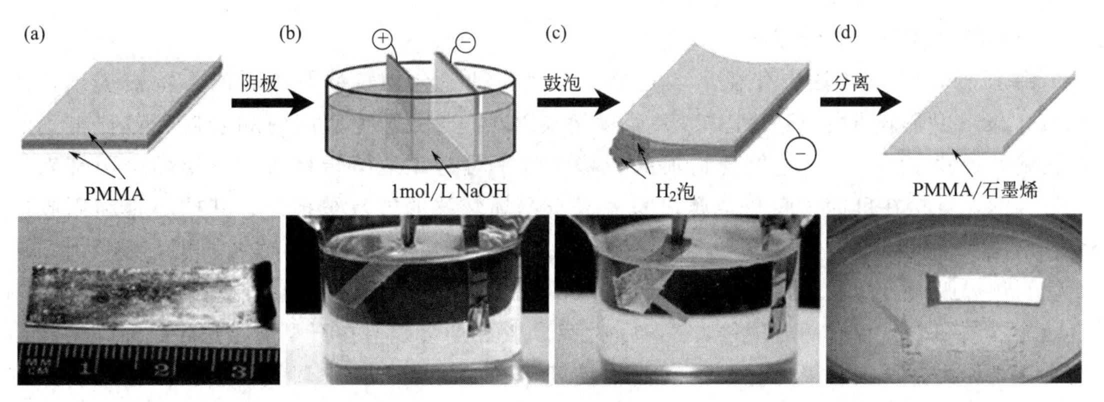

图 5-20 将 Pt 表面上生长的石墨烯用电化学鼓泡转移法转移至目标衬底上的示意图[470]

(a) 在石墨烯上旋涂一层 PMMA；(b) PMMA/石墨烯/Pt 作为阴极，另外一个 Pt 箔作为阳极；
(c) 施加一个稳定的电流，在阴极端产生氢气，氢气泡使 PMMA/石墨烯与 Pt 分离；
(d) 经过几十秒的鼓泡得到完全与 Pt 分离的 PMMA/石墨烯膜

SiO_2 上的石墨烯可以采用传统的聚合物辅助法转移，而具有化学惰性的蓝宝石衬底却无法利用这种方法转移。Gorantla 等人提出一种特殊的湿式化学转移法，用于转移在蓝宝石上生长的石墨烯，具体转移过程如图 5-21 所示[471]。首先他们在石墨烯/蓝宝石上旋涂 PMMA 并将其固化，然后将 PMMA/石墨烯/蓝宝石放入 $NH_4OH:H_2O_2:H_2O=1:1:3$ 的溶液中，再将溶液置于热台上加热到 50℃。此时溶液会分解产生 O_2，从而产生大量的气泡。这些气泡会将 PMMA/石墨烯膜与蓝宝石分开。待溶液中的 H_2O_2 完全分解以后，便可将 PMMA/石墨烯/蓝宝石浸入去离子水中，从而利用水的表面张力将 PMMA/石墨烯膜从蓝宝石衬底上分离下来。这种鼓泡分离的机理与电化学分离机理类似，但操作更为简便，而

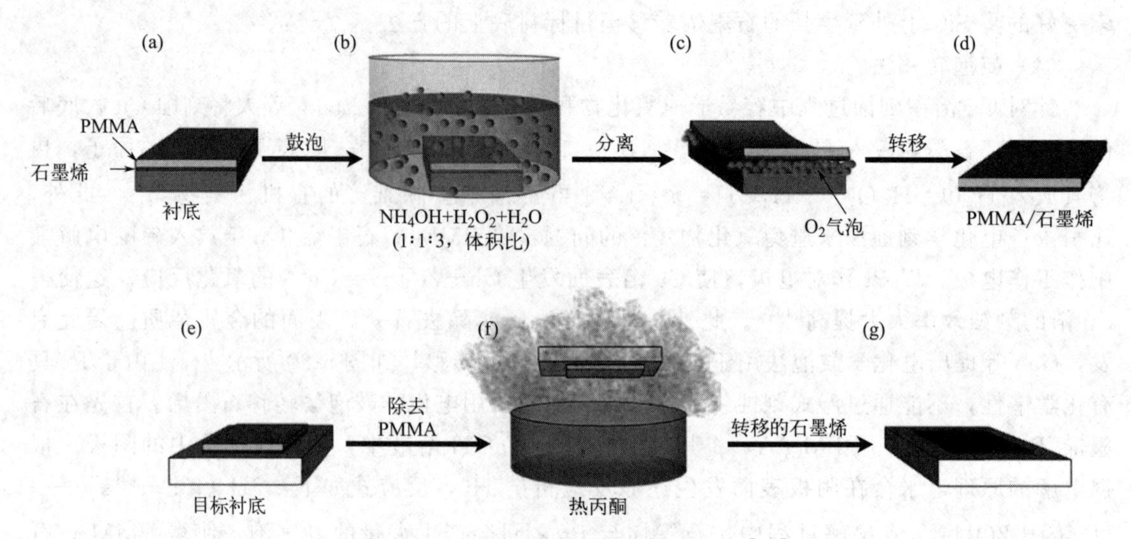

图 5-21 石墨烯的通用转移过程示意图[471]

(a) 在石墨烯/衬底上旋涂一层 PMMA；(b) 将产物放入混合溶液热浴中，由于 H_2O_2 分解释放 O_2 而产生气泡；(c) 氧气泡进入石墨烯/衬底界面；(d) PMMA/石墨烯膜与蓝宝石逐渐分离；(e) 完全分离后的 PMMA/石墨烯膜转移至目标衬底上；(f) 用热丙酮蒸气去除 PMMA；(g) 石墨烯成功转移至目标衬底上

且不需要发生电化学反应。此外，通过这种方法，还可以在无须刻蚀衬底的情况下转移 Cu、Mo/Ni、SiO_2 等衬底上生长的石墨烯。

(5) 静电辅助直接转移法

由于 PMMA 转移法中存在诸多问题，其他各种聚合物转移石墨烯的方法被提出，如 TRT、聚二甲基硅氧烷（PDMS)、聚碳酸酯（PC)，试图避免使用丙酮或提高转移得到的石墨烯的尺寸[472-475]。上述聚合物辅助转移法将不可避免地给转移后的石墨烯表面带来污染。为此，直接在目标衬底和金属之间完成石墨烯转移的方法被提出，其核心是利用胶黏剂、层压贴合、静电力吸附等方式，使目标衬底和石墨烯之间产生足够强的相互吸引力，从而使石墨烯脱离金属表面。环氧基树脂是最重要的一类胶黏剂，它的使用可有效降低石墨烯表面的褶皱和破损。然而，这种方法转移之后，胶黏剂会残留在石墨烯和衬底之间，对石墨烯有掺杂作用并增大石墨烯薄膜的表面粗糙度。Kim 等人将紫外环氧树脂胶涂覆在目标衬底表面后，用紫外灯在高温下进行固化，该胶在固化时会收缩，由此产生的应力可以降低石墨烯的方块电阻[476]。Han 等人提出一种无聚合物的 MET（mechano-electro-thermal）转移法，实现石墨烯向多种衬底的转移[477]。这种转移法的关键在于，通过施加机械压力、热和静电使石墨烯与目标衬底之间充分接触，使石墨烯与目标衬底的黏附能大于石墨烯与 Cu 衬底之间的黏附能，从而实现石墨烯与 Cu 衬底的分离，并黏附在目标衬底上。其过程是：先将目标衬底置于石墨烯/Cu 箔上，再通过适当加热、低真空及在整个区域内施加机械压力，然后再施加静电力和降温，将产物从设备中取出，最后用镊子小心地将 Cu 箔剥开，便可完成石墨烯与 Cu 箔的分离。对于 PET 及 PDMS 这类衬底而言，只有当温度高于 360℃且施加的电压大于 600V 时，石墨烯才能完全从 Cu 箔上剥离。此外，MET 过程还需在低真空条件下进行。较苛刻的转移条件使得这种方法难以应用于大规模生产中。Chen 等人提出一种不需要任何有机物支撑层或黏结剂的转移方法，即利用静电力作用从 Cu 箔表面转移出清洁石墨烯[478]。首先他们使用静电发生器在目标衬底间发生放电作用，使目标衬底表面带上均匀的负电荷；之后将石墨烯/Cu箔放在目标衬底上，目标衬底表面的静电会对石墨烯产生作用力，此时再施加一定压力使石墨烯/Cu与目标衬底接触更充分，然后将石墨烯/Cu/目标衬底置于硝酸铁溶液（浓度为0.4g/mL）中刻蚀Cu，便可使石墨烯与目标衬底完全接触；最后再用去离子水漂洗石墨烯/目标衬底除去金属离子及刻蚀液，然后再用高纯氮将产物吹干即可。采用CLT法将石墨烯转移到硅片和PET膜上能够得到大面积无残胶的石墨烯膜。然而，由于刻蚀过程中溶液向下的表面张力会使石墨烯膜受力不均匀，这导致转移所得的石墨烯有很多褶皱。

（6）面对面直接转移法

当青蛙跳至荷叶表面时，其足底会与荷叶之间产生大量气泡，这些气泡会使得足底与荷叶之间产生强烈的吸引力，面对面转移法受自然界中青蛙能在荷叶上稳固立足现象的启发而产生，如图5-22所示[479]。这种面对面转移法采用标准化的操作流程，这使得它不会受操作技巧的影响，对衬底的形状以及大小并无要求，而且能够在SiO_2/Si衬底上获得连续的石墨烯薄膜。其具体流程为：首先将SiO_2/Si片用N_2等离子体预处理，从而使得局域形成SiON，再溅射Cu膜，生长石墨烯，此时SiON在高温下分解，在石墨烯层下形成大量气孔。在刻蚀Cu膜时，气孔在石墨烯和SiO_2衬底之间形成的毛细管桥能使Cu刻蚀液渗入，也能使石墨烯和SiO_2衬底产生黏附力。这种方法实现生长与转移在同一衬底上进行，能够实现半导体生产线批量生产。

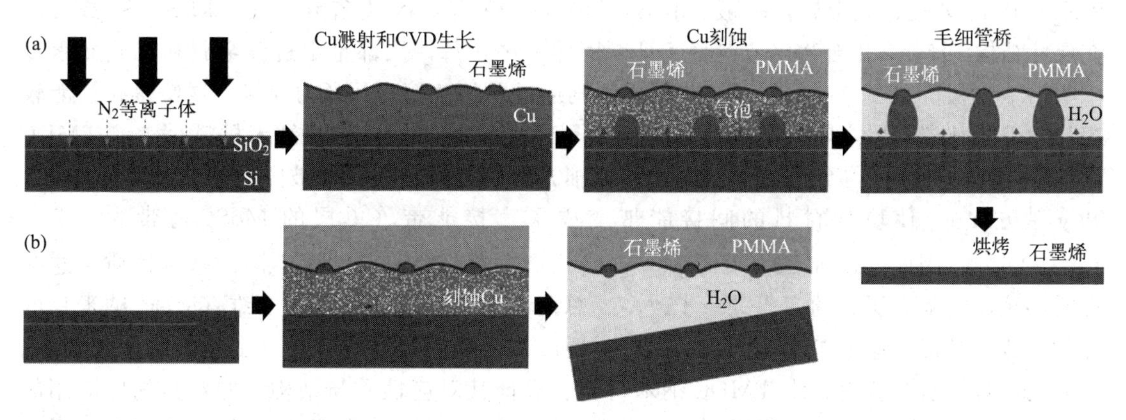

图5-22 采用毛细管桥的“面对面”转移法示意图[479]

（a）等离子处理产生“气泡”、CVD、Cu膜刻蚀、形成毛细管桥以及去除水和PMMA的示意图；（b）没有等离子体处理而进行刻蚀后石墨烯膜分离的结果示意图

然而，对于石墨烯的实际量产而言，则需要兼顾转移得到的薄膜质量、转移效率以及工艺成本。石墨烯可以在柔性金属箔上生长，同时也可转移至柔性衬底上。基于此，Bae等人提出一种大面积卷对卷连续转移石墨烯的方法，如图5-23所示[426]。具体过程如下：①在铜箔上制备石墨烯，利用聚合物载体与铜箔上的石墨烯的黏合性，将生长在铜箔上的石墨烯膜通入两个辊之间，黏附到涂有黏合剂层的聚合物膜上；②刻蚀铜层，通过与0.1mol/L过硫酸铵［$(NH_4)_2S_2O_8$］水溶液进行电化学反应去除铜层；③再把目标衬底与聚合物上的石墨烯粘起来，通过夹辊释放石墨烯层并转移到目标衬底上，即可在目标衬底上获得大面积连续的石墨烯膜。与PMMA辅助转移法类似，这种方法也可以实现多层石墨烯的逐渐堆叠。然而在卷对卷过程中，如果速度过快或目标衬底为刚性，剪切应力便会对石墨烯造成破坏[480]。

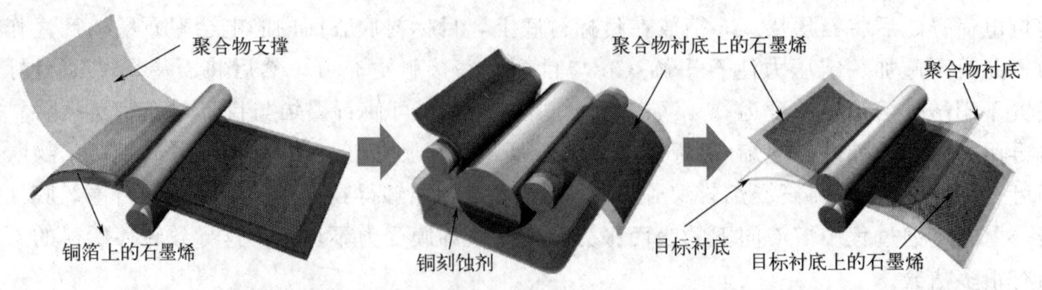

图 5-23 辊式生产在铜箔上生长的石墨烯薄膜的示意图（该过程包括聚合物载体的黏附、铜刻蚀和在目标衬底上的干转移印刷，湿化学掺杂可以使用与刻蚀类似的装置来进行）[426]

5.2 过渡金属双硫化合物

由于石墨烯特殊的二维结构和优异的性质，各种新型二维类石墨烯结构的纳米材料也取得了巨大的进步，如石墨烯类似物（h-BN 和 C_3N_4）、层状双氢氧化物、过渡金属硫族化合物（TMDC）、过渡金属氧化物（TMO）等，包含六十多种不同的材料，其中 2/3 具有层状结构[481-486]。它们不仅具备与石墨烯类似的结构和性质，还可以通过调控化学元素、组成和晶形等来进一步优化性质，因而有希望满足不同应用的多种需求。TMDC 的化学通式为 MX_2，其中 M 是过渡金属，一般指ⅣB～ⅦB 族的元素；X 指硫族元素，即 S、Se 或 Te。在层状结构的 MX_2 化合物（或范德瓦耳斯固体）中，每一层都是由过渡金属和硫族元素以三明治结构共价结合形成的，而层与层之间则通过弱的范德瓦耳斯力连接。这使得我们能较容易地破坏其层与层之间的弱作用力，制备得到二维的 TMDC 层状纳米材料。二维 TMDC 层与层之间的分离，导致载流子缺少了在 z 轴方向的相互作用，而被限制在二维结构中（x 和 y 轴方向），使块状材料的间接能带变成了直接能带（单层的 MoS_2 能带为 1.2～1.9eV）[487]。因此，二维 TMDC 纳米片与块状形态对应物有着截然不同的基本性质，这些性质甚至还会随着层数的变化进一步改变。总而言之，可以通过改变二维 TMDC 纳米片的化学组成、晶形、厚度等来调制它们的各项性质，这能够提高它们在众多领域的应用潜能。可靠的制备方法是获得二维 TMDC 纳米材料、表征其对应性质与结构，并对其加以应用的第一步。二维 TMDC 纳米材料的合成主要利用物理、化学或电化学方法，破坏 TMDC 层与层之间的弱相互作用力，具体方法包括机械剥离法、溶剂超声法、锂离子插层剥离法、电化学插层剥离法等，原料一般为相应的块状材料[488-494]。也可以采用气态的物理和化学气相热沉积、液态的溶剂热法和高温液相法以及固态的热分解法等，比较容易通过调节反应条件来控制产物的组分、形貌、尺寸和表面化学状态[495-504]。

5.2.1 剥离法

（1）机械剥离法

二维 TMDC 纳米材料的结构与石墨烯类似，层与层之间也是弱 π 键，这就可以像石墨烯一样通过物理作用力直接从块状材料上将单层的 TMDC 纳米片剥离出来。最原始的是用简单的物理作用力进行剥离，这些机械剥离法包括微机械力剥离法、透明胶带剥离法及研磨剥离法等。最近 Geim 等用这种机械剥离法制备得到单层的 $NbSe_2$、BN、MoS_2、WS_2 及

$Bi_2Sr_2CaCu_2O_x$ 等[488]。这种机械剥离是依赖将层状晶体的新鲜表面与另一个表面摩擦来实现的。这种摩擦过程可以描述为类似于“在黑板上用粉笔绘制”，从而使各种薄片附着在其上。出乎意料的是，生成的薄片总有单层产物，这些较厚的薄片和其他残留物的初步鉴定是在光学显微镜下进行的。二维微晶在氧化的硅晶片顶部变得可见，即使单层也足以增加反射光的光路，使得干涉色相对于空基板之一发生变化。整个鉴别过程实际上需要半小时才能实施和识别可能的 2D 晶体，获得的产物也经过 AFM、FESEM 及 HRTEM 观察，发现 2D 微晶在环境条件下仍为单晶，并且在数周时间内均未观察到降解。二维 $Bi_2Sr_2CaCu_2O_x$ 纳米片的上层结构具有 28Å 的单向调制周期，这与在为 HRTEM 准备的大量 $Bi_2Sr_2CaCu_2O_x$ 的稀薄产物中观察到的超结构相似。Yin 等人从块状天然单晶 MoS_2 产物上剥离出单层 MoS_2 片[489]。这种剥离实验通过使用玻璃纸胶带来实现，然后使用光学显微镜定位目标 MoS_2 薄片，采用 AFM 测量 MoS_2 薄片的厚度并观察其形貌，以确认其层数。虽然机械剥离法操作简单，且产物晶形完好，但是产率很低，只适用于对材料基础性质的研究。

（2）溶剂超声波剥离法

溶剂超声剥离法也能被用于剥离二维 TMDC 纳米材料。通过选择适合的溶剂（如 DMF、NMP）或调控混合溶剂的比例（水与乙醇），可制备出 WS_2、MoS_2、$MoSe_2$、$MoTe_2$、BN 等多种二维纳米材料，溶剂剥离的原理如图 5-24 所示[492,493]。这种方法的产率较单纯的机械剥离法有所提高，且由于纳米片的表面能与溶剂的表面能相近，制得的纳米片稳定性较好。Yuan 和 Liu 等人提出一种超声辅助剥离法来制备水溶性 WS_2 纳米片，并应用于生物传感平台[505]。PAA 修饰的 WS_2 纳米片是由在水中超声辅助液体剥离大块 WS_2 合成的。典型的制备步骤如下：首先配制 WS_2 粉末和 NMP 的超纯水溶液，然后超声处理混合物，最后高速离心处理。另外，可以将所获得的黑色沉淀物分散在水中以进一步表征和应用。

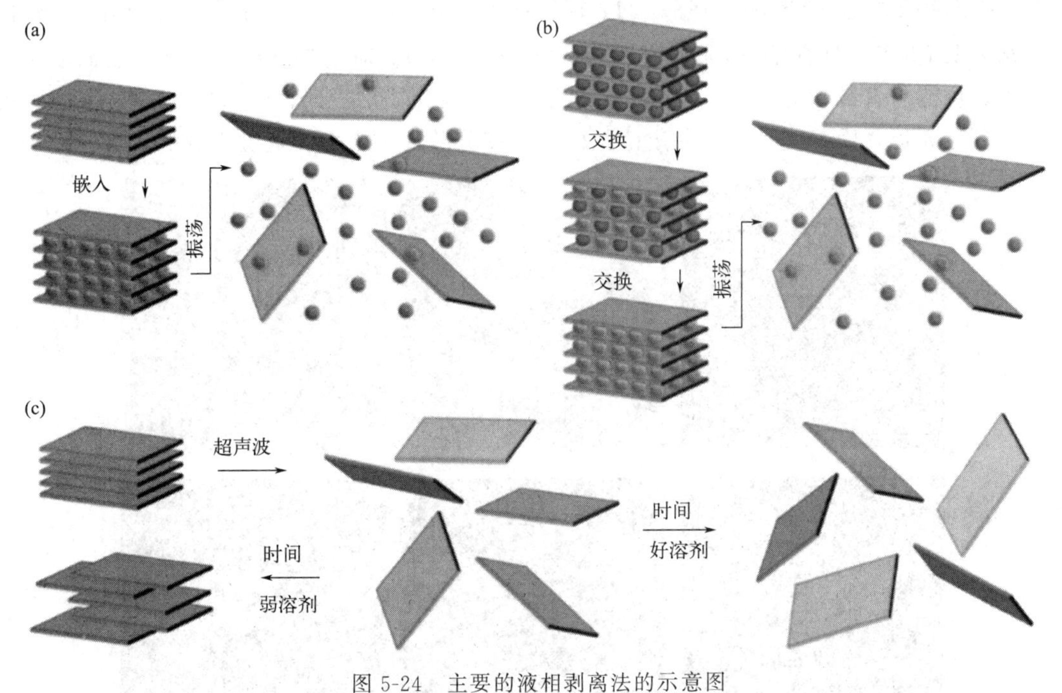

图 5-24 主要的液相剥离法的示意图

（a）离子插层；（b）离子交换；（c）超声辅助剥离

（3）插层剥离法

Morrison等人通过介入在TMDC层与层之间的锂与之后加入的去离子水进行反应，产生大量的氢气将TMDC层推开，伴随着剧烈的超声，微弱的层间作用力断裂，得到单层或多层的TMDC纳米片[506]。类似地，也有人用其他碱金属有机化合物如萘基钠等来实现对TMDC的插层和剥离[507]。这种方法相对简单易行，产量较高且产物直接分散在水溶液中，方便进行随后的生物学应用。但是正丁基锂具有一定的危险性，需要在手套箱中谨慎操作。此外，用这种方法制备的TMDC纳米片缺陷较多，尺寸和层数不均一，需要进一步分离纯化。除了用碱金属离子来插层剥离TMDC纳米片，还有一些人利用其他化学试剂（胆酸钠、聚苯乙烯、浓硫酸、壳聚糖）或生物大分子（牛血清蛋白、丝素蛋白粉、单链DNA）等来辅助化学剥离[508-514]。插层剥离法因产量较大，产物能直接溶于水，具有一定的稳定性且易于修饰而被应用于生物医学领域。然而，这种方法使用的强力超声会在一定程度上破坏晶形，在表面形成大量缺陷，活性位点增多，甚至导致表面化学发生变化，会对其光电性质有一定的影响。张华等人发明一种高效的电化学插层法，能够对锂离子插层的程度进行精确控制，既不会太少以至于剥离效果不好，也不会太多导致材料分解或产生金属颗粒和Li_2S[494]。因此，将这种插层好的材料转移到水或乙醇溶液中进行超声，能够获得产率和质量都很好的TMDC纳米片。这种精准的插层剥离方法不仅可以提高产物的产率和质量，也可以保证实验过程的安全。然而，这种电化学插层法需要特殊的装置和技术，难以普及。

（4）溶剂剥离法

为了探讨剥离的纳米片的化学结构与其分散性之间的关系，Coleman等人采用不同的溶剂超声分散BN、WS_2、MoS_2大颗粒粉末，制备出的纳米片如图5-25所示[515]。层状化合物在溶剂中进行超声处理通常得到横向尺寸为几百纳米的几层纳米片。但是，各溶剂之间的分散浓度差异很大。MoS_2和$MoSe_2$的表面能约为75mJ/m^2，与分散性测量结果非常吻合。该方法表明$MoTe_2$具有相当大的表面能（约120mJ/m^2）。对于二维材料，基于表面能的溶解度参数可能更直观，但是Hansen溶解度参数可能更有用。因此只需要根据Hansen溶解度参数理论，选择内聚能密度在一定范围内且具有分散性、极性和氢键组分的溶剂，将相应

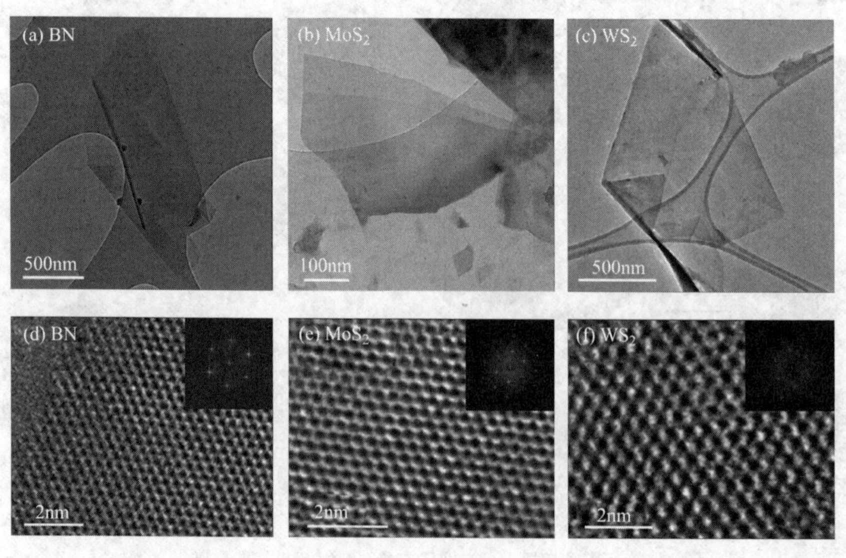

图5-25 纳米片的TEM图像［(a)～(c)］和HRTEM图像［(d)～(f)］(插图为图像的快速傅里叶变换)

的块状材料溶于该溶剂中分散并剥离即可。研究发现，每种材料的分散浓度与溶液热力学预测的 χ 呈指数关系下降。在良好的溶剂中，分散体在时间上稳定，在 100h 以后，超过 90% 的材料仍保持分散状态。

5.2.2 化学气相沉积法

化学气相沉积法是通过不同化合物在反应室中进行气相反应，可以用含硫族元素和过渡金属的蒸气直接在选定的衬底上生长二维 TMDC，也可以先放一层很薄的有机或无机的前驱体，随后在高温下进行热处理或硫化[495-497]。焦丽颖等人以蒸镀硫化 MoO_2 微晶制备出高度结晶的超薄 MoS_2 二维纳米材料[498]。Zhang 等人用低压气相沉积法制备出大量 WS_2 纳米片[499]。Li 等人采用两步热分解法，通过浸泡附着在 SiO_2/Si 衬底上的 $(NH_4)_2MoS_4$ 前驱体制备出结晶性良好且尺寸较大的 MoS_2 纳米片，制备示意图及获得产物的拉曼谱如图 5-26 所示[495]。利用这些方法可以在衬底上合成大面积的二维 TMDC 纳米材料，但是难以实现大量的均匀生长。利用这些方法制备出的 TMDC 纳米片可以被转移到任意衬底上以便进行表征和器件制造，也可以通过刻蚀衬底分离得到纯的 TMDC 纳米片。

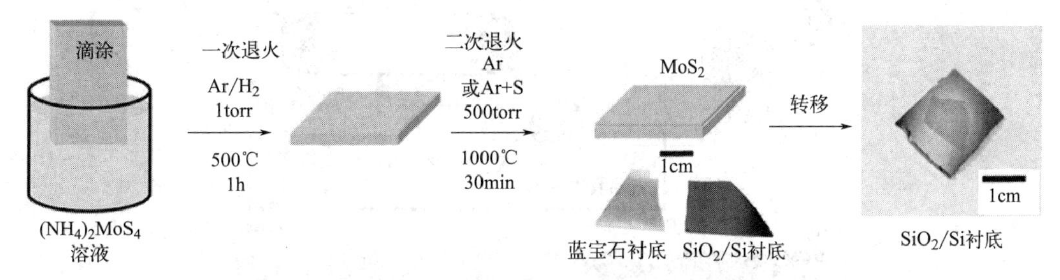

图 5-26 在绝缘衬底上合成 MoS_2 薄层的两步热解过程的示意图［将前驱体 $(NH_4)_2MoS_4$ 浸涂在 SiO_2/Si 或蓝宝石衬底上，然后进行两步退火工艺，可以将生长的 MoS_2 薄膜转移到其他任意基材上］

5.2.3 液相法

高温液相法制备二维 TMDC 纳米材料，一般会将前驱体溶在高沸点的有机溶剂中，在三颈烧瓶中，在惰性气体保护下进行加热反应。这些有机溶剂不仅能很好地溶解前驱体和产物，还能促进二维 TMDC 纳米材料的成核与平面方向的生长，并控制它们的尺寸和形貌。Seo 等人发现一种“变形”现象，在十六烷基胺溶剂中，用后加的二硫化碳对氧化钨纳米棒进行原位硫化，可将其变为尺寸为 100nm 左右的 WS_2 纳米片，还可以通过改变反应时间来调控 WS_2 纳米片的层数[516]。而 Altavilla 等人发现，$(NH_4)_2MoS_4$ 或 $(NH_4)_2WS_4$ 作为单一前驱体，可以直接在油胺中加热反应生成 MoS_2、WS_2 纳米片[517]。但这种既含有过渡金属又有硫族元素的化合物种类较少，不利于这种单一前驱体制备方法的推广。而刘庄等人通过过渡金属氯化物和油胺（OM）形成的 M-OM 配体，与后加入的硫粉在高温下快速反应来制备二维 TMDC 纳米材料，这种合成方法可以得到不同种类、大小比较均匀的二维 TM-DC 纳米材料。如 WS_2、TiS_2、$MoS_{2(1-x)}Se_{2x}$ 等，还可以通过掺杂不同的元素来进一步优化纳米材料的性质与功能[518,519]。类似地，FeS_2 纳米片、$FeSe_2/Bi_2Se_3$ 纳米片等也可以用这种方法制备得到[520,521]。这类高温液相法可以通过改变反应条件来调节材料的尺寸形貌、元素组成和复合结构等。但反应需要在较高的温度条件下进行，合成的 TMDC 纳米片一般有很多褶皱，而且使用的有机溶剂沸点高且易黏附在产物表面，需要多次洗涤才能除去。

在液相合成二维 MoS_2 纳米片的基础上，Wells 等人通过连续液-液界面自组装的方法对二维 TMD 纳米片状薄膜进行卷对卷（R2R）沉积，沉积设备如图 5-27 所示[522]。在膜沉积期间，不需要除去溶剂，在溶剂浴中也没有纳米薄片的积累，从而使得连续操作成为可能。在此沉积系统中，TMD 纳米薄片（薄片平均厚度为 9nm，长为 50～500nm）被自动组装成宽度最大为 100mm 的大面积薄膜，并可在 10mm/s 的情况下重复印刷纳米薄片。组装的大面积 MoS_2 纳米膜在透明导电氧化物涂覆的柔性塑料衬底上光学均匀覆盖，并且坚固耐用。通过此方法已经制备出大面积 MoS_2/WSe_2 异质结纳米片状薄膜，此方法也适用于多层连续片状层沉积。这种大面积薄膜沉积的方法将是二维 TMD 薄膜的大规模生产向低成本、高性能的光电器件发展的重要里程碑。

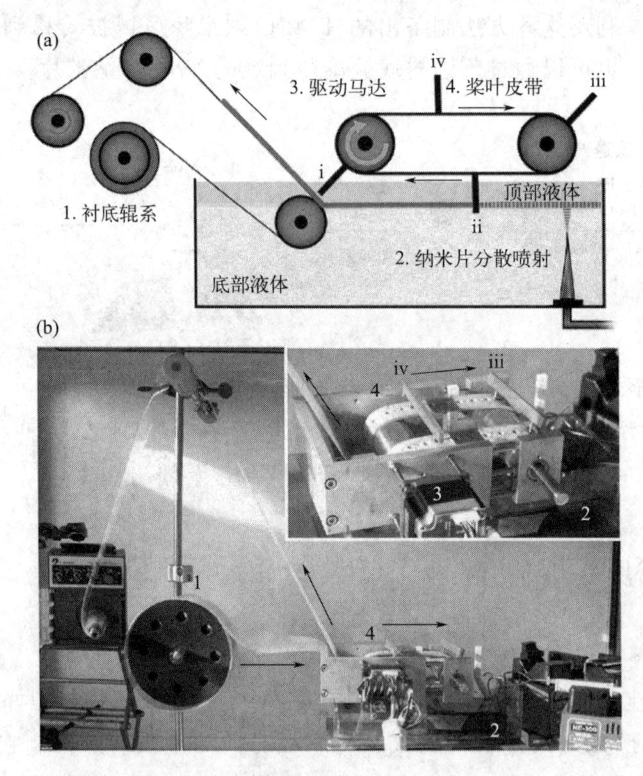

图 5-27　R2R 沉积设备的示意图

(a) 侧视图；(b) 系统照片［插图为近距离俯视图；柔性衬底经由基板辊（1）引入基板，连接到注射泵的一系列针（2）将纳米片状分散体加载到溶剂浴中，计算机控制的驱动马达（3）转动桨叶皮带（4）和附加的推动器桨叶（iv），以推动 2D TMD 纳米片状薄膜，该薄膜在顶部和底部之间的液-液界面处自组装液体到连续移动的基材上］

5.2.4　水热/溶剂热法

水热/溶剂热反应是将反应原料配成溶液封在聚四氟乙烯的高压反应釜中进行的。由于整个环境维持一定的压力，往往使用较低的温度就能制备出性质优良的材料。Rao 等人分别采用三种方法制备单层及多层类石墨烯结构的 MoS_2 及 WS_2 材料[523]。方法①为锂嵌入水溶液玻璃法，嵌入 MoS_2 和 WS_2 层中的锂与水反应形成氢氧化锂和氢气，并导致硫化物层的分离和沿 c 轴的周期性丧失。方法②为钼酸和钨酸在 773K 的 N_2 气氛中用过量的硫脲处理。方法③涉及 MoO_3 和 KSCN 在水热条件下的反应。方法①和②都合成出了单层或双层的类石墨烯 WS_2 膜；三种方法制备出的单层和多层类石墨烯 MoS_2 膜都不显示（002）取向，层间距离为 0.65～0.7nm，Mo 与 S 原子间距为 2.3Å，结构为密排六方结构。施剑林等人则通过调节溶剂（H_2O 与 PEG400）、反应前驱体（$(NH_4)_2MoS_4$ 或 $(NH_4)_6Mo_7O_{24}4H_2O$ 与 $(NH_2)_2CS$ 原料的浓度，采用水热法合成了 MoS_2 纳米片，实现了对 MoS_2 纳米片尺寸大小和表面化学的控制，合成的 MoS_2 纳米片粒径为 50～300nm[500]。

5.2.5 二维 TMDC 纳米材料的表面修饰

表面修饰对纳米材料在生物体内外的行为有非常重要的影响，如生物相容性、在生理溶液中的稳定性、血液循环时间、生物分布、代谢行为以及毒性等。二维 TMDC 纳米片大量的作用位点如边缘、缺陷、空位适于进行配位螯合，极大的比表面积可以发生静电引力、疏水作用力及范德瓦耳斯力等物理吸附，而丰富的化学元素也使其能进行 C-S 这类化学键合。通过锂离子插层剥离法获得的二维 TMDC 纳米材料表面由于硫原子的缺失形成大量的缺陷，而这些缺陷很容易和末端带巯基的分子结合。也有研究显示，硫醇化分子也可以锚定在 MoS_2 表面的纳米片缺陷部位。尽管用这种方法除去多余的锂离子后所制得的 MoS_2 纳米片起初是水溶性的，但由于负电荷的作用，这些纳米片会由于电子屏蔽作用而在盐的存在下聚集。因此，在将这些二维纳米片用于任何生物应用之前，都需要对其进行表面修饰。Liu 等人设计出一种末端有双硫键的聚乙二醇高分子（LA-PEG），用它来修饰二维 MoS_2 纳米材料的示意图如图 5-28 所示，进一步验证了带巯基的高分子可以与 MoS_2 纳米片结合[524]。这种高分子用硫辛酸与氨基聚乙二醇反应来制备，其一端有两个硫元素，相比单硫原子能够更高效地结合到 WS_2、MoS_2 二维纳米片上，而聚乙二醇可以使纳米片在生理溶液中具有很好的稳定性和生物相容性[525-527]。反应后电位的显著变化证实 TMDC 纳米片表面化学发生改变。傅里叶变换红外光谱学表明，与 MoS_2 纳米片作用后，这些分子 $2563cm^{-1}$ 处的巯基峰消失，而 $2854cm^{-1}$、$2930cm^{-1}$ 处的 C—H 脂质峰出现，证明这些高分子通过硫醇插入 MoS_2 纳米片中。通过原子力显微镜表征发现，经过 LA-PEG 的修饰，MoS_2 纳米片的厚度由于高分子的存在稍有增加，而平均尺寸因修饰时的作用力和超声作用从 120nm 减小至 50nm。用这种高分子修饰的 MoS_2-PEG 纳米片不仅对细胞没有任何毒性，在活体小鼠实验中也显示出了优良的生物相容性。特别地，这种 LA-PEG 的另一端还可以接上有主动靶向作用能力的叶酸小分子（LA-PEG-FA）。这种 LA-PEG-FA 高分子的修饰使 MoS_2/DOX 纳米片可以实现靶向药物输送，提高治疗效果。

高温液相法制得的 TMDC 纳米片的表面通常带有疏水性的有机高分子，需要用双亲性高分子如聚乙二醇嫁接的马来酸酐/1-十八烯交替共聚物等通过疏水作用力与之结合来进行表面修饰。刘庄等人发现经 C_{18}PMH-PEG 修饰的 WS_2、TiS_2、FeSe/Bi_2Se_3 等二维纳米材

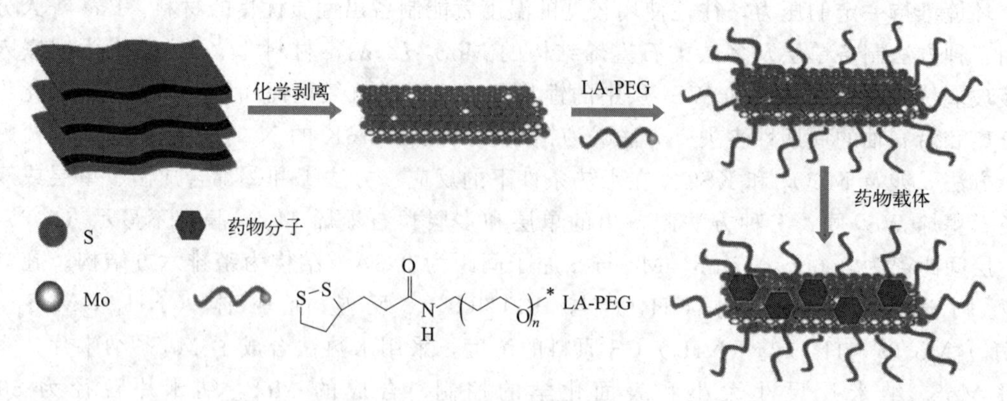

图 5-28　用 LA-PEG 修饰 MoS_2 纳米片[524]

料在生理溶液中具有很好的稳定性[519-521]。而在对表面为三辛基氧膦（TOPO）疏水分子的 FeS_2 纳米片的修饰中，Yang 等人则使用层层自组装的策略，即首先用油胺-聚丙烯酸共聚高分子与 FeS_2 纳米片表面的 TOPO 通过疏水作用力包裹纳米片，随后通过静电作用力和共价交联结合聚丙烯氯化铵（PAH），最后通过酰胺键再与六氨基聚乙二醇（6-arm-PEG）结合完成修饰[524]。这种用层层包裹法修饰的 FeS_2-PEG 纳米片也有很好的生理溶液稳定性和生物相容性。

除了巯基化学外，也有人利用静电引力来进行修饰，如在超声过程中加入聚丙烯酸，通过羧基和钨原子的螯合作用使 WS_2 纳米片有更好的分散性[528]。但是这种修饰好的纳米片有较高的正电荷，容易引起生物大分子的吸附，从而使纳米颗粒团聚及水合粒径增大，不适合用于小鼠活体。在超声过程中加入壳聚糖，也可用于修饰发烟硫酸插层剥离的 MoS_2 纳米片。壳聚糖这种阳离子多聚糖的修饰使 MoS_2 纳米片表面带上了极高的正电荷，从而使其在生理溶液中具有很好的长期稳定性[529]。而对采用同样方法制备的 WS_2 纳米片，他们又尝试用牛血清白蛋白来进行修饰，发现牛血清白蛋白中的苯环和双硫键与 WS_2 纳米片进行键合也可以增强纳米片在生理溶液中的稳定性[510]。这两种方法修饰的 TMDC 纳米片都有足够的生物相容性，使其能在生物体内实现它们的功能。

Li 等人则使用氯高铁血红素（hemin）通过范德瓦耳斯力来修饰溶剂超声法制备得到的 MoS_2 纳米片，这种修饰不仅能提高 MoS_2 纳米片在水溶液中的稳定性，还会导致一小部分 MoS_2 纳米片发生相变，从半导体（2H）变成金属相（1T）[530]。虽然 hemin-MoS_2 纳米片在溶液中有很好的稳定性，对 3,3′,5,5′-四甲基联苯胺（TMB）也有很好的催化氧化能力，但其在生物体内的行为仍然是未知的。这些经修饰的 MoS_2 纳米片在极性溶剂如水、甲醇和二甲基甲酰胺中都有很好的分散性，具有很好的结构稳定性，还能进一步偶合无机纳米颗粒或有机高分子。除了通过与 TMDC 纳米片的边缘、缺陷或空位结合来修饰外，还可以利用电子转移与整个 TMDC 纳米片上的硫族元素形成牢固的化学键来进行表面修饰和功能化。由于锂离子插层剥离的 TMDC 纳米片带有大量的负电荷，Chhowalla 等人通过亲电体有机卤化物（碘乙酰胺、碘甲烷）与二维 TMDC 纳米材料（MoS_2、WS_2 和 $MoSe_2$）之间的电子转移，使官能团与 TMDC 纳米片上的硫族元素共价结合来进行修饰[531]。Backes 等人则使用另一种亲电体重氮盐（4-甲氧苯重氮四氟硼酸盐）对锂离子插层剥离得到的富电子 1T 相 MoS_2 纳米片进行修饰，使 MoS_2 纳米片在苯甲醚中具备很好的分散稳定性[532]。产物有

10%～20%的原子修饰率，且这个比率可以通过化学剥离过程中的反应条件来调控。这种用电子转移实现化学键合来进行修饰的方法具有较强的结合能力和很好的稳定性，但目前研究较少，一般适于将 TMDC 纳米片转移到有机相中进行光电器件或催化剂方面的应用。

总之，二维 TMDC 纳米材料的表面修饰的方法和化学试剂会受到其制备方法的限制。一般来说，反应过程中使用有机溶剂和有机高分子制备的二维 TMDC 纳米片表面比较疏水，需要使用两亲性高分子修饰。而另一些合成方法制备的 TMDC 纳米片在水溶液中已经具备一定的分散性，但是在生理溶液中还是会发生团聚沉淀或因吸附蛋白导致水合粒径增大，需要带合适基团的高分子通过化学作用修饰来使其适于体内生物实验。除了这些修饰方法外，还有一步法制备修饰好的 TMDC 纳米片，如上文中提到的在 PEG400 溶剂中用水热法直接合成 MoS_2-PEG 纳米片，直接用壳聚糖、牛血清白蛋白或单链 DNA 辅助剥离制备得到修饰好的纳米片等。

5.3 二维纳米片

二维晶体仅在 c 轴上具有纳米尺度的尺寸，并且在平面上具有无限长的长度，由于其独特的性质以及在从电子学到催化学等领域的潜在应用，已成为重要的新材料。这种二维纳米结构材料包括纳米片和纳米板等，厚度从几纳米到几十微米不等，其主要特征是在一个方向的发展受限。合成纳米片的方法有液相还原法、形状转变法、原位生长法及水热合成法等。最近，通过侧向限制将这些二维结构进一步小型化的纳米制备路线得到快速发展，这种侧向受限的二维纳米片晶体在凝聚态物理和电子学领域引发出新发现，不仅带来了电子传输现象的调制，还增强了其 2D 宿主功能。但此类侧向受限的 2D 晶体的合成路线颇具挑战性，因为它们不稳定，外围悬空键的增加会引起向上滚动成诸如准 0D 洋葱或 1D 管之类的封闭结构。

5.3.1 液相还原法

制备形貌可控金属纳米晶的方法可为合成单原子层结构提供借鉴。在合成过程中，使用特殊的表面活性剂会显著影响纳米晶的成核及生长过程，进而决定纳米晶的最终形貌。对于各向异性的金属超薄二维材料的合成，使用强配位的表面活性剂能够强烈抑制晶体在一个维度上的生长，同时不限制晶体在另外两个维度上的原子堆积，可以形成超薄二维结构。郑南峰等人使用 CO 作为表面活性剂强烈抑制钯纳米晶（111）面的生长，配合使用溴代无机盐控制（100）面的生长，有效合成出超薄钯纳米片[533]。钯纳米片的典型合成工艺为：将乙酰丙酮钯（Ⅱ）、聚乙烯基吡咯烷酮（PVP）和卤化物盐溶解在溶剂二甲基甲酰胺（DMF）中以形成前驱体溶液，再通入 CO 气体、加热及搅拌。随着反应的进行，反应混合物的颜色从黄色变为浅蓝色，最后变为深蓝色。离心收集得到的蓝色胶体产物，反复用乙醇和丙酮洗涤几次。在 PVP 和十六烷基三甲基溴化铵（CTAB）的存在下，反应可产生胶体钯蓝，产物由边长为 60nm 的均匀六边形纳米片组成，如图 5-29(a) 所示。通过改变反应溶剂和时间，均匀纳米片的边缘长度可在数十纳米和数百纳米之间调节。

Yin 等人借助第一性原理计算证明了一种可控的 Ru 纳米板水热合成法的可行性，制备出的 Ru 纳米板如图 5-29(b) 所示[534]。与钯纳米片合成工艺不同的是，Ru 三角形纳米板

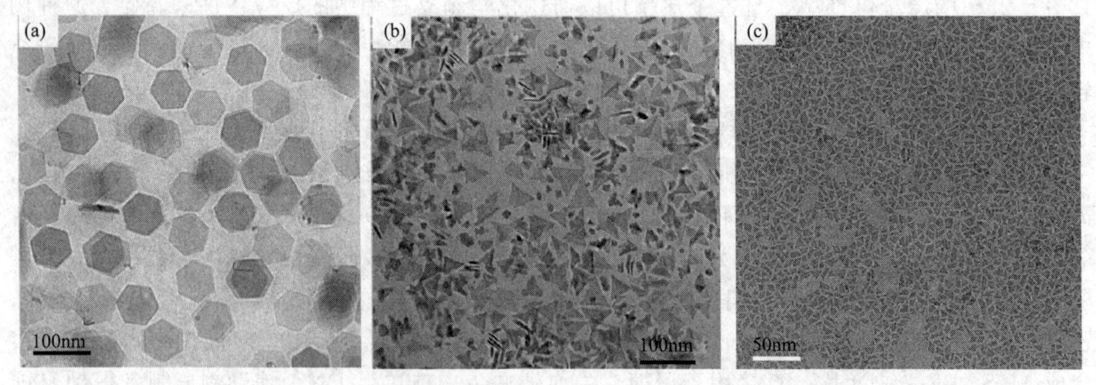

图 5-29　利用液相合成方法得到的自支撑的贵金属超薄结构的 TEM 照片[533-535]
(a) 超薄钯六边形纳米片；(b) 超薄 Ru 三角形纳米片；(c) 超薄 Rh 纳米片

的合成采用水热反应。其典型合成工艺为：用 $RuCl_3 \cdot xH_2O$ 作原材料，PVP 和 HCHO 分别用作还原剂和形貌调控剂。实验首次制备出 Ru 三角形和不规则的纳米板。实验结果与密度泛函理论的计算结果一致，证实 Ru 晶体的固有特性和某些反应物种的吸附均是控制 Ru 纳米晶体形状的因素。由于 Ru (0001) 面具有较低的表面能，超薄 Ru 纳米板暴露大部分 (0001) 面。草酸盐物种在 Ru $(10\bar{1}0)$ 上的选择性吸附将阻碍 Ru 纳米晶体侧面的生长，而草酸盐物种的逐渐热解将消除其吸附作用，从而导致 Ru 纳米晶体从棱柱形演化成锥顶柱状。Jang 等人将四羰基二氯二铑 $\{[Rh(CO)_2Cl]_2\}$ 在室温下溶于油胺，配合合适的反应温度和时间，成功制备出超薄铑纳米片[535]。使用此类方式制备所得的纳米片可以均匀分散于良性溶剂中。根据需要，表面活性剂在后处理过程中可以通过配体交换方式进行表面改性，还可以通过焙烧、抽真空方式去除，以拓展二维材料的应用空间[536-538]。这类通过表面活性剂辅助制备的二维材料也可以称为自支撑的二维材料。自支撑的超薄二维金属材料仍处于发展初期，材料的厚度远远没有达到单原子层的要求，仍有极大的发展空间。

以苯甲醇为溶剂、弱配体聚乙烯吡咯烷酮为表面活性剂，利用甲醛还原乙酰丙酮铵可以得到自支撑的单原子层铑纳米片，所获产物的 TEM 照片如图 5-30 所示[539]。单原子层铑纳米片为半透明状，具有均一的近似平行四边形的片状形貌，尺寸在 500～600nm，与碳支持铜网的背底相比具有很低的衬度，暗示具有超薄厚度。产物中仅存在少量颗粒，表明具有高的收率。片状结构自身或片之间没有团聚，显示出良好的分散性。利用多种先进表征手段从不同方面证明铑纳米片厚度为一个原子层。首先利用原子力显微镜（AFM）测量纳米片厚度不到 0.4nm，再使用球差校正 TEM 证明衍射图案与单原子层唯一符合，最后使用同步辐射技术表征结构中铑原子配位数与单层结构一致，并且借助理论计算说明了单原子层铑纳米片能稳定存在的原因。铑纳米片中存在一种新型的离域大 δ 键（由两个 d 轨道沿着轨道对称方向四重交叠所形成），用于稳定单原子层结构。

虽然在使用表面活性剂控制二维超薄材料的形成方面获得了一些进展，但仍缺乏重要的理论支撑，同一方法无法指导其他金属超薄片甚至片状结构的形成。郑南峰等人采用水热法，同样使用甲醛作为还原剂和结构导向剂，却得到钯凹四面体结构[540]。主要原因是表面活性剂只能弱配位于表面，部分控制纳米晶的成核以及生长行为，最终形貌在很大程度上仍取决于金属本征属性。相对于表面活性剂，载体可以提供一个更为有效的模板，金属前驱体可在载体上原位还原并生长为超薄结构。张华等人利用石墨烯作为载体，原位生长金的超薄

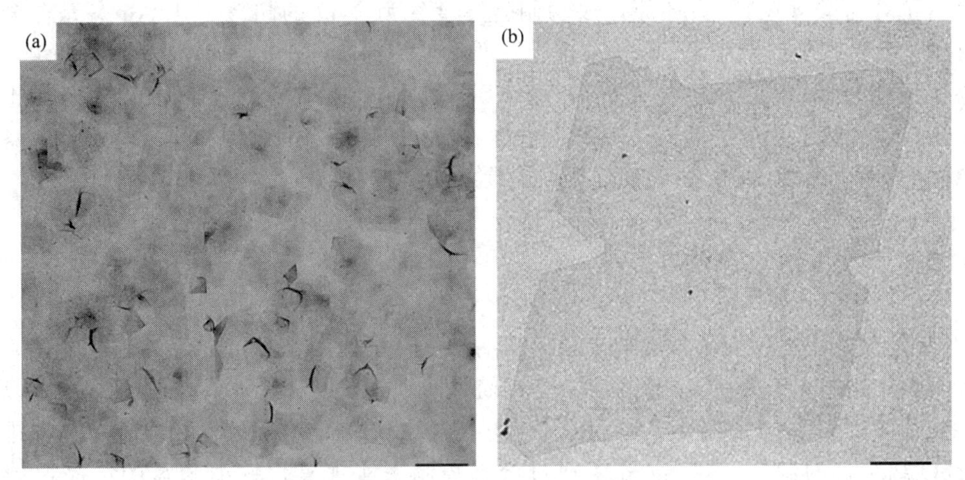

图 5-30 超薄铑纳米片的 TEM 照片[539]

(a) 低倍率照片（标尺为 1μm）；(b) 典型铑纳米片的高倍率照片（标尺为 100nm）

纳米结构[541]。使用载体诱导超薄金属的形成具有很强的适用性，也为精细研究催化机理和设计优秀催化剂提供材料基础。然而超薄材料中的金属元素与载体之间存在强的化学键合，因此负载型的超薄金属层并不能表现出本征化学性质。例如，外延生长法得到的硅片负载的单原子层铅和铟中存在明显的 Pb-Si 和 In-Si 共价键，其超导性能也与之有密切关系[542]。从这个角度看，自支撑超薄金属材料具有无法取代的地位。

Faisal Saleem 等人已经成功地合成出 4～6 原子厚度的独立式超薄 Pt-Cu 合金纳米片，其横向尺寸在 10～50nm 之间可调[543]。直径＞20nm 的纳米片能够以可控的方式转化为纳米锥。与商业化的 Pt 黑和 Pt/C 催化剂相比，这些纳米片和纳米锥对乙醇的氧化显示出优异的电催化活性。超薄 10nm 纳米板的合成通过两步法进行，合成步骤为：第一步，将 PVP 和三羟甲基氨基甲烷溶解在 HCHO 溶液中，将该均相溶液转移到衬有特氟龙的不锈钢高压釜中，随后进行密封、加热及冷却，再将合成的材料用丙酮离心处理，然后将棕色凝胶状材料在 70℃下干燥；第二步，将干燥后的凝胶状材料加入具有 $Cu(ACAC)_2$、$Pt(ACAC)_2$ 和 KI 的甲酰胺溶剂的小烧杯中，然后搅拌处理，再将该混合物转移至衬有特氟龙的不锈钢高压釜中，将其密封并在 130℃的烘箱中保持 3h，随后将高压釜在室温下冷却，把黑色粗产物与过量的乙醇和丙酮离心 3 次，最后将产物分散在乙醇溶剂中。

Hu 等人采用两步法合成出 PdAg 双金属纳米片。实验第一步制备出 Pd 纳米片，第二步制备双金属纳米片[544]。制备 Pd 纳米片的典型实验步骤为：配制含有原材料、还原剂及形貌保护剂的前驱体溶液，即含有 $Pd(ACAC)_2$、PVP、TBAB 与 DMF 的溶液，然后是促进和稳定反应的加热、搅拌、洗涤等工艺，最后把制得的含有产物的蓝色胶体存于 PVP 的水溶液中。在完成第一步的基础上，配制含有 Pd 纳米片、$AgNO_3$ 和柠檬酸钠的前驱体溶液，随后进行控温及搅拌以稳定反应过程，再把获得的产物用丙酮沉淀和分离，最后用乙醇-丙酮混合物进一步纯化。此外，使用增强的 CO 限制策略也能形成 PtNi、PdCu、PdFe 及 PdFeNi 等 Pd 基合金纳米片[545]。Han 等人提出一种制备超薄自立式三元合金纳米片的路线[546]。在 CO 存在下，通过以适当的摩尔比共还原金属前驱体，成功制备出厚度约为 3nm 的超薄 PdPtAg 纳米片。制备的 PdPtAg 纳米片由于其特定的结构和组成特征而成为乙醇电氧化的优良催化剂。实验在十六烷基三甲基氯化铵（CTAC）和 CO 存在下将 Pd、Pt 和 Ag

前驱体与抗坏血酸（AA）共还原，成功制得厚度约为3nm的超薄PdPtAg三元合金纳米片。在纳米片的形成过程中，CO在稳定生长的纳米片的基础平面方面起着关键作用，从而促进各向异性的2D生长。此外，三种组成金属（即Pd、Pt和Ag）之间的相互作用也对形成三元PdPtAg纳米片至关重要。值得注意的是，由于其特定的结构和组成特征，制备出的PdPtAg合金纳米片对EOR的电催化活性大大提高。

5.3.2 水热/溶剂热法

水热/溶剂热法不仅能够合成纳米颗粒和纳米线，也能用于合成二维纳米材料，尤其是氧化物材料。Zhang等人在Cu箔衬底上采用简单的水热合成法制备出CuO纳米片，以用来构造纳米片阵列[547]。Lai等人使用顺序水热法制得ZnO纳米薄片[548]。对于单晶密排六方结构ZnO纳米盘的制备，Wang等人通过溶剂控制来实现氧化锌纳米盘的结晶形貌的调控[549]。此实验直接把乙酸锌和HMTA溶解在水和乙醇的混合溶剂中以形成澄清溶液，然后把所得溶液进行恒温油浴回流以控制反应，获得的沉淀物即是期望的产物。然而，Alenezi等人不使用乙醇，直接把等摩尔的乙酸锌和HMTA混合，电磁搅拌并在恒温箱中保温，经冷却与分离即可获得密排六方结构的单晶ZnO纳米盘，如图5-31所示。复杂的纳米片结构纳米材料仅仅用一步水热反应是无法合成的，往往需要多步、多种方法联合使用。Chen等人利用微波辅助水热合成-低温转化法成功合成出具有互连结构的介孔Co_3O_4纳米片[550]。

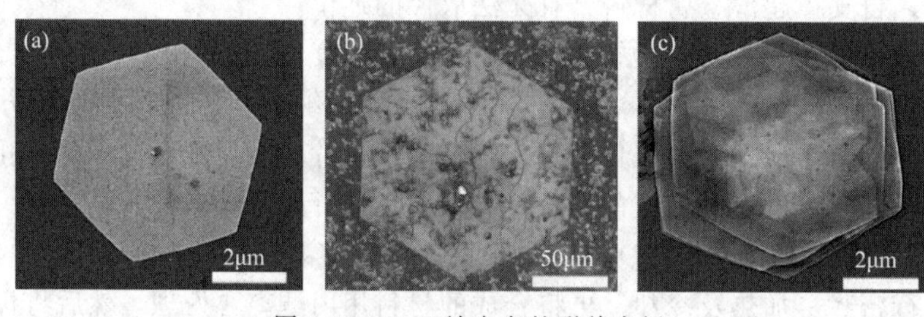

图5-31　ZnO纳米盘的形貌表征

(a) 直径为5μm；(b) 直径为200μm；(c) 一叠超薄ZnO纳米盘的SEM图像

5.3.3 化学浴沉积法

化学浴沉积（CBD）法是通过将衬底浸入液体溶液中，在相对较低的温度下来制备功能性氧化膜和纳米材料的。利用该方法已经合成出数十种单组分和多组分氧化物材料的薄膜，这些薄膜主要是在低于100℃的温度下以及在化学和形貌差异很大的基材上，由前驱体水溶液制成。需要控制的主要因素有溶液温度、pH值、衬底和生成氧化物材料所需溶液的浓度，这些因素会影响膜沉积过程。Kim等人通过一种简便的CBD法在FTO玻璃基板上原位生长出具有新型纳米六边形纳米板结构的$NiCo_2S_4$，这种结构的形成基于柯肯德尔(Kirkendall)效应[551]。实验使用$NiCl_2 \cdot 6H_2O$作镍前驱体、$CoCl_2 \cdot 6H_2O$作钴源、C_2H_5NS作硫源，并使用CH_4N_2O作为试剂。尿素起稳定剂的作用，在制备过程中相对于S原子富集S^{2-}浓度。$NiCo_2S_4$产物形貌的变化取决于沉积时间，但结构是稳定的，都是面心立方，形貌演化模型如图5-32所示。实验证实没有尿素的FTO基材上没有观察到可见的涂层。为了合成出结构和性质符合要求的氧化物，结合化学浴与后续的工艺形成的多步合成工艺也是合成纳米片的一条重要路线。Wang 等人在 FTO 基板上通过化学浴沉积法和后续的退火合成出多孔 β-Bi_2O_3 纳米板[551]。获得的产物为多孔片状、四方相 β-Bi_2O_3 结构，并显示出比无孔的更高的光感应电流密度。另外，无孔 β-Bi_2O_3 纳米板也可以通过相似且典型的方法来制备[552]。

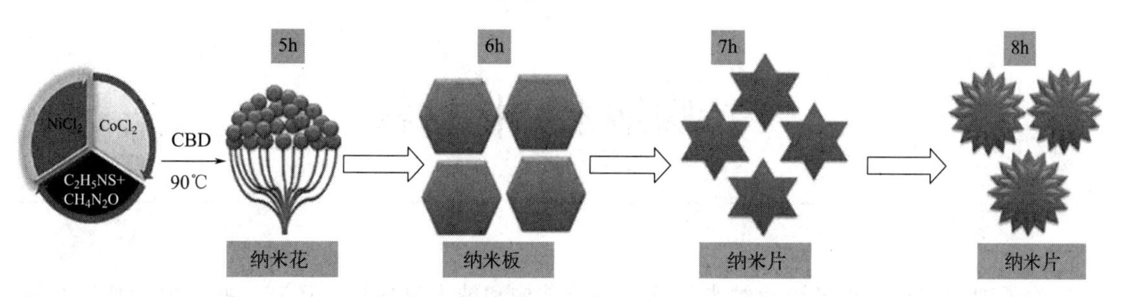

图 5-32　使用 CBD 法沉积不同时间 $NiCo_2S_4$ 纳米结构的形态演化过程示意图

5.4 总结

本章主要讨论了几种典型的二维纳米材料的制备，例如单层及少层的石墨烯、硫族化合物及金属或氧化物纳米片等。石墨烯和硫族化合物的主要制备方法是化学气相沉积法和剥离法，而金属及氧化物纳米片的主要制备方法为液相还原法及水热/溶剂热法。

特殊纳米结构材料

除了纳米颗粒、纳米线及纳米片这些纳米结构和纳米材料外，还有一些重要的特殊结构纳米材料，如微孔纳米球、有序介孔纳米结构、氧化物-金属核壳结构及纳米阵列结构等材料。这些特殊纳米材料的结构和形貌与制备工艺密切相关。由于结构和形貌独特及具有特殊的功能特性，这些特殊结构的纳米材料应用前景巨大，有些已在能源存储及转换、信息及医学等领域得到应用。因此，进一步探讨这类特殊结构的纳米材料不仅有助于深入理解纳米材料的合成机制，也对纳米材料结构在相关领域的应用具有积极的意义。

6.1 微孔和介孔纳米材料

许多天然材料是带负电荷的矿物质骨架，带有空腔、笼子或会阻塞水分子、无机阳离子隧道的空间。在这些固体中，沸石为结晶微孔铝硅酸盐的大家族，其孔径（d）<1nm，不仅可用于工业催化，在人们的日常生活中也占有一席之地。由于水和阳离子的高迁移率及清晰的孔隙，这些固体作为选择性离子交换剂和吸附剂非常有效。最初的合成程序使用铝硅酸盐凝胶作为前驱体和强碱性条件。将有机分子引入反应混合物中，这些有机分子充当分子模板，在其周围构建无机相。有机模板的形态与无机结构的空腔或通道的形态之间有着密切的关系。通过这种方式，可以在有机矿物凝胶中合成出一组令人惊奇的微孔固体，该固体具有可变成分和微结构的结晶壁。根据国际纯粹与应用化学联合会的分类，多孔固体材料依据直径可分为三类：微孔纳米材料（$d<2$nm）、介孔纳米材料（2nm$<d<$50nm）和巨孔纳米材料（$d>50$nm）。几乎所有的沸石及其衍生物都是微孔结构，而表面活性剂为模板介孔材料，大多数干凝胶和气凝胶都是介孔材料。Soler-Illia 等人已经对微孔及介孔纳米结构材料做了详细的评论[553]。

6.1.1 有序介孔纳米材料

有序介孔纳米材料是以自组装表面活性剂为模板，并在其周围同步进行溶胶-凝胶凝结过程来制备的。介孔纳米结构材料有许多重要的技术应用，如载体、吸附剂、分子筛或纳米级化学反应器。这种材料具有均匀尺寸和形状的微孔，直径为 3nm 到几十纳米，长度甚至达到微米级，而且通常有非常大的孔隙率（高达 70%）和非常高的比表面积（$>700m^2/g$）。

在合成微孔及介孔纳米结构材料的工艺中，由表面活性剂等组成的胶束等软模板能引导结构的形成。表面活性剂是有机分子，由两个具有不同极性的部分所组成。一部分是烃链，通常被称为聚合物的尾部，是无极性的，有疏水性和亲油性；而另一部分具有极性和亲水性，通常被称为亲水首部。由于这样的分子结构，表面活性剂往往在溶液表面或水与烃类化合物溶剂的界面处富集，使亲水首部可以转向水溶液中，从而减小表面能或界面能。这种浓度偏析是自发进行且热力学有利的。表面活性剂通常可以划分为 4 大类，分别称为阴离子表面活性剂、阳离子表面活性剂、非离子表面活性剂和两性表面活性剂。典型的阴离子表面活性剂是通式为 $R—SO_3Na$ 的磺化化合物和通式为 $R—OSO_3Na$ 的硫酸盐化合物，其中 R 为一个由 11～21 个碳原子组成的烷基链。阳离子表面活性剂通常由一个烷基疏水尾部和一个甲基铵离子化合物首部所组成，首部如十六烷基三甲基溴化铵［$C_{16}H_{33}N(CH_3)_3Br$，CTAB］和十六烷基三甲基氯化铵［$C_{16}H_{33}N(CH_3)_3Cl$，CTAC］。非离子表面活性剂在溶解于溶剂中时不分解成离子，不同于阴离子表面活性剂和阳离子表面活性剂的情况。其亲水首部是一个极性基团，如醚基、羟基、羰基、氨基。两性表面活性剂的性质类似于非离子表面活性剂或离子表面活性剂，例如甜菜碱和磷脂。

当表面活性剂溶解到溶剂中形成溶液时，溶液的表面能将迅速减小并与浓度增加呈线性关系。这种减小是由于表面活性剂分子在溶液表面的优先富集和有序排列，即亲水首部进入水溶液中并/或远离非极性溶液或空气。然而，这种减小在达到临界浓度时就会停止，进一步增加表面活性剂浓度，表面能保持不变，如图 6-1 所示。溶液表面能随一般有机或无机溶质的加入而发生变化。当表面活性剂浓度低于 CMC 时，表面能减小的原因是由于表面活性剂分子浓度增加而形成的表面覆盖面积的增大。当表面活性剂浓度在 CMC 时，表面活性剂分子将完全覆盖表面。当表面活性剂浓度高于 CMC 时，进一步增加表面活性剂的浓度将会导致相偏析和胶体团聚或胶束的形成。最初的胶束是球形的并单个分散在溶液中，随着表面活性剂浓度的进一步提高，胶束会转变成圆柱形。继续增加表面活性剂的浓度会导致形成的圆柱形胶束进行有序平行六边形堆积。当表面活性剂的浓度足够高时，将形成层状胶束。当表面活性剂的浓度更高时，将形成反胶束。图 6-2 为表面活性剂在高于 CMC 时不同表面活性剂浓度下形成的各种胶束的示意图。

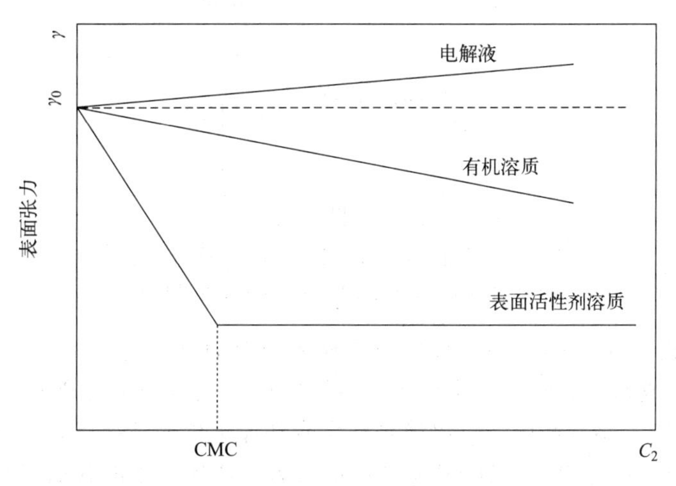

图 6-1　不同溶质的浓度对溶液表面张力的影响

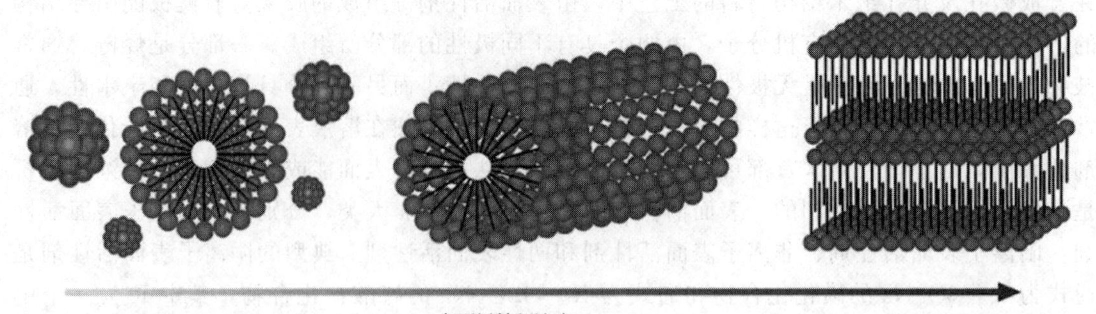

图 6-2 胶束形成示意图

圆柱形胶束的六边形或立方堆积形式特别适合作模板，通过溶胶-凝胶工艺合成有序介孔材料。这种新的材料类型首次合成的有序介孔材料被命名为 MCM-41 和 MCM-48。MCM-41 是一种具有六角排列一维微孔、直径介于 1.5～10nm 的硅酸铝，而 MCM-48 是一种具有三维微孔体系、直径为 3nm 的硅酸铝。应当指出，介孔材料 MCM-41 和 MCM-48 的无机部分为非晶态硅酸铝。这种胶束形成的工艺过程如下：具有一定长度的表面活性剂分子溶解到极性溶剂中，当浓度超过 CMC 时，体系在大部分情形下会形成圆柱形胶束的六边形或立方堆积形式。与此同时，所需氧化物的前驱体和其他必要的化学品，如催化剂，也溶解到相同的溶剂中。在溶液内部，几种过程同时进行，如表面活性剂偏析和胶束形成，而在胶束周围同时进行氧化物前驱体的水解和缩合，如图 6-3 所示[554]。表面活性剂分子形成六方堆积柱形结构，同时在胶束周围无机前驱体通过水解和缩合反应形成框架。

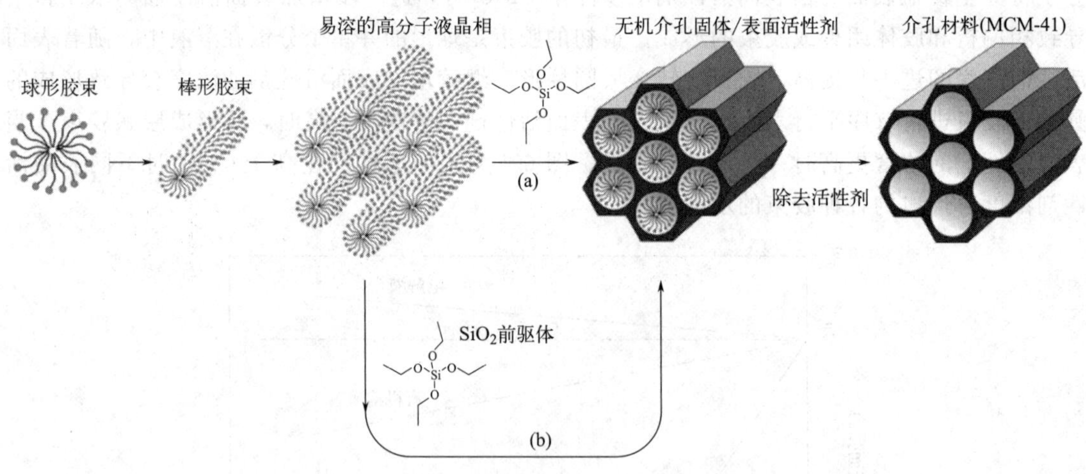

图 6-3 通过结构导向剂形成介孔材料的机理

(a) 真正的液晶模板机理；(b) 协同液晶模板机理

蒸发-诱导自组装（EISA）法是合成介孔材料简单而新颖的方法[555]。这种 EISA 技术能够以薄膜、纤维或粉体等形式快速形成具有图案的多孔或纳米复合材料，例如介孔 SiO_2 纳米晶膜及介孔 TiO_2 纳米晶膜。自组装是在没有外部干预的情况下，通过非共价相互作用的材料的自发组织过程。EISA 法的典型过程依次为：选择合适的起始材料，初始溶胶的制备，薄膜沉积，湿度老化及热处理。选择合适的起始材料，尤其是钛源和嵌段共聚物，对于成功制备高度组织化的 TiO_2 薄膜介孔结构至关重要。合适的钛源非常有限，仅无水 $TiCl_4$

或浓酸稳定的钛醇盐可用于合成高度组织化的介孔 TiO_2 膜。可用的烷氧基钛包括乙醇钛、异丙醇钛和丁醇钛，能够增强在水解中的反应性。可以使用两亲性的聚环氧乙烷-嵌段-聚环氧丙烷-嵌段-聚环氧乙烷（PEO-PPO-PEO）三嵌段共聚物构建 TiO_2 的高度组织化的介孔结构。均质的初始溶胶溶液可以通过将无水 $TiCl_4$ 或稳定化的钛醇盐溶解在含有适量水和预溶解的嵌段共聚物的富醇溶液中来制备，反应中产生的 HCl 不仅可以提供强酸性介质，而且还容易与烷氧基钛形成配合物。然后把制备好的溶胶沉积成膜，以获得以嵌段共聚物为模板的 TiO_2 杂化膜。随后，对薄膜进行湿度老化处理，以促进 Ti 物质与嵌段共聚物分子之间的协同组装，构建坚固且高度有序的介观结构。经过两步热处理，在烘烤温度下凝胶化，然后在高于 300℃的温度下煅烧，可以从逐渐固化的膜中完全除去嵌段共聚物，从而获得中孔 TiO_2 膜。在 EISA 膜沉积过程中，介观结构的形成和演变如图 6-4 所示，图中的 RH 表示环境相对湿度。介观相起源于已经存在的、初期的 TiO_2 表面活性剂介观结构，这个结构作为晶核最终导致快速形成相对于基体表面的高度取向的薄膜介观相。通过最初的乙醇/水/表面活性剂之间的摩尔比的变化，可以按照不同的成分轨迹实现不同的最终介观结构。例如，CTAB 可用于验证一维六角和立方、三维六角和层状氧化硅-表面活性剂介观结构的形成。用于以嵌段共聚物为模板制备高度组织化的中孔 TiO_2 膜的典型 EISA 方法如图 6-5 所示。实验从制备包含稳定的 Ti 物质和嵌段共聚物的酸性醇溶液开始，然后进行膜沉积以获得嵌段共聚物模板的 TiO_2 杂化膜。

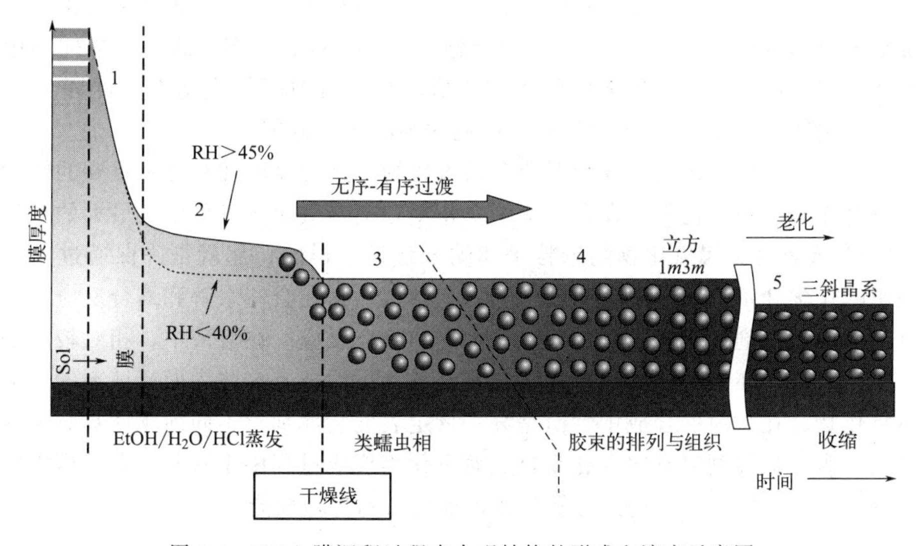

图 6-4　EISA 膜沉积过程中介观结构的形成和演变示意图

各种有机分子包括表面活性剂和嵌段共聚物，可用于形成有序介孔纳米结构材料[556]。除了 SiO_2 和硅酸铝以外，其他氧化物也可以形成有序介孔纳米结构，如钇稳定的氧化锆（YSZ）及金属钇锆固溶体[557,558]。介孔 YSZ 的固溶体通过水和非水改性溶胶-凝胶法合成，即利用乙二醇（EG）作为溶剂和试剂，阳离子表面活性剂作为结构中间相，随后进行水解，在碱性条件下产生所需的二元介孔 YSZ 材料。其详细过程为：适当物质的量的乙醇酸锆溶解在乙二醇中，并在加入氢氧化钠后长时间回流，直到形成浓稠透明的乙醇酸锆凝胶；而乙酸钇溶解在乙二醇中数分钟即可产生乙醇酸钇凝胶。乙二醇具有较高的介电常数和配位能力，这将有助于将钇前驱体的聚合物结构分解为有用的可溶形式，以促进中间相的合成。这

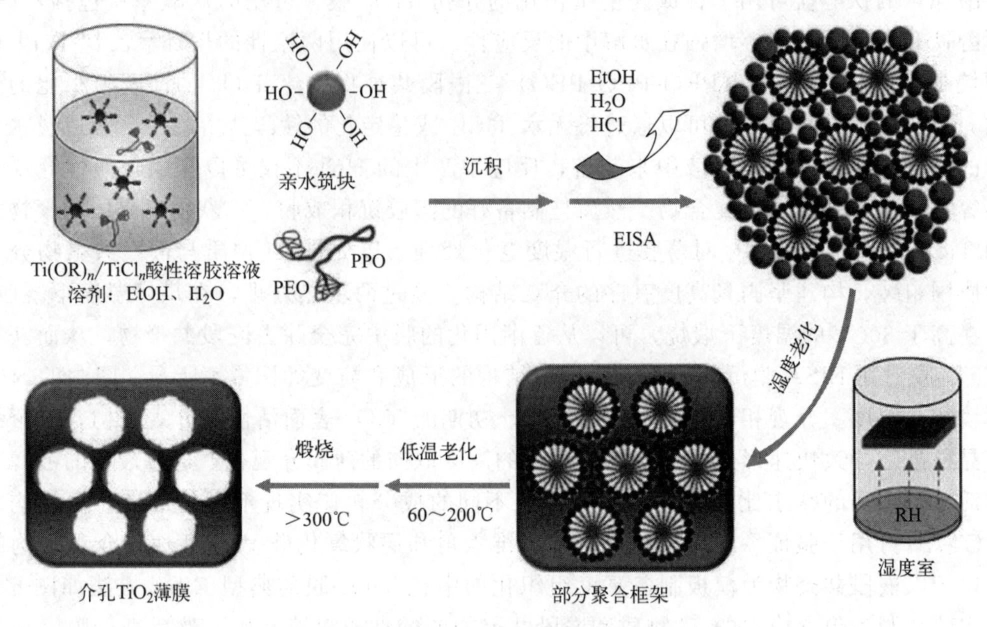

图 6-5　通过 EISA 工艺合成高度组织化的介孔 TiO_2 薄膜的示意图

些澄清溶液被以逐滴方式混合在一起形成更稠的乳状凝胶状悬浮液，再把混合溶液添加到含有十六烷基三甲基溴化铵（CTAB）和氢氧化钠（NaOH）的水溶液或乙二醇体系中，最后经过长时间的水解控温反应即形成白色蜡状产物。制备出的产物为钇原子含量 12%～56% 的中孔钇锆氧化物，与本体 YSZ 相具有一样宽的固溶行为范围。

有序介孔复合金属氧化物也称为混合金属氧化物，这类物质拥有许多重要的物理化学性质，特别适合作非均相催化剂。在合成有序介孔复合金属氧化物过程中，最大的挑战与利用溶胶-凝胶法合成复合金属氧化物纳米粒子和纳米线是一样的，那就是确保通过异质凝结形成均匀理想的化学计量组成，因为溶液中表面活性剂的存在会使水解和缩合反应动力学变得复杂。有些表面活性剂将充当催化剂以促进水解和缩合反应。在溶液中，相对较大的表面活性剂分子和胶束的存在将对扩散过程产生空间效果。虽然所有这些表面活性剂的影响存在于单一金属氧化物介孔材料的合成中，但是某一特定表面活性剂对不同前驱体具有不同程度的影响。因此，表面活性剂对有序介孔复合金属氧化物形成过程中水解和缩合反应的影响应予以认真考虑。表 6-1 总结了一些介孔复合金属氧化物的物理性能。

表 6-1　介孔复合金属氧化物的物理性能

氧化物	孔径/nm	BET 表面积/(m^2/g)	BET 表面积/(m^2/cm^3)	孔隙率/%
$SiAlO_{3.5}$	6	310	986	59
Si_2AlO_5	10	330	965	55
$SiTiO_4$	5	495	1638	63
Al_2TiO_5	8	270	1093	59
$ZrTiO_4$	8	130	670	46
ZrW_2O_8	5	170	1144	51

铟锡氧化物（ITO）是一种光学透明、电子电导型复合金属氧化物，也能制备出具有介孔结构的纳米材料[559]。在制备介孔ITO时，主要障碍是控制水解和缩合反应之间的竞争，这可以通过使用杂氮三环复合物作为前驱体降低水解动力学来实现。其典型的实验过程为：在 N_2 气氛下，将乙酸铟和异丙醇锡按照理想的化学计量比溶解到超过10倍物质的量的三乙醇胺中，然后将体积分数约10%的干燥甲酰胺加入溶液中以降低黏度，再以金属摩尔浓度3.5倍的比例加CTAB到混合溶液中，最后用氢氧化钠调节pH值，使之在碱性条件下水解形成产物。由此形成的产物是In：Sn（摩尔比）为1：1的ITO粉末，比表面积高达 $273m^2/g$，孔径约为2nm。将其在一定温度下煅烧后，可形成ITO晶体，TEM图像显示为蠕虫洞形貌。在无水加压小球上测得的室温电导率平均值为 $\sigma=1.2\times10^{-3}S/cm$，这比相同条件下ITO薄膜的电导率大约低3个数量级。此外，通过各种表面改性（包括包覆、嫁接和自组装），可以在有序纳米介孔材料中引入物理和化学性能[560-562]。

典型的介孔材料以粉末、块体及薄膜三种形式存在。块体介孔材料由宏观尺寸晶粒组成，高达几百微米。在每一个晶粒中都存在晶体学有序介孔结构，但是所有晶粒都是随机堆积的。这阻碍了物质扩散进入介孔结构，从而限制了有序介孔材料的实际应用。然而，调整介孔薄膜可使其与基板表面大面积平行或在微孔道内实现。但是，由于微孔是水平排列于基板表面而不是理想的垂直排列，这将会限制物质进入孔洞的能力。要实现介孔 SiO_2 与基板表面的垂直排列需要在小样品尺寸上施加一个强磁场，但这在实际操作中非常受限。导向或分层结构的介孔材料也能被合成[563]。

6.1.2 表面修饰的有序介孔纳米材料

在两亲分子存在条件下，通过协同组装制备周期性介孔材料已取得显著进展。在二氧化硅基材料中，还有一些特殊有序的有机-无机纳米复合材料被合成出来，包括①未煅烧的两亲物质/二氧化硅中间相、②具有有机改性表面的中孔二氧化硅、③膨胀的中孔二氧化硅、④中孔有机硅酸盐、⑤具有封闭有机材料的中孔二氧化硅。这种纳米复合材料的多样性为材料科学、催化、分离和环境修复创造了新的潜在机会。通过有机分子的共价键实现周期性介孔二氧化硅的化学表面修饰，一般使用两种策略，即合成后接枝程序和一锅法共缩合合成程序[564]，详述如下。

（1）合成后接枝程序

通过直接接枝进行初级改性，包括在回流条件下使用适当的溶剂将合适的有机硅烷试剂与二氧化硅表面反应。在无水条件下，用硅烷偶联剂接枝通常被称为硅烷化。在温和条件下，硅烷化的接枝反应可以在二硅氮烷酶［$HN(SiR_3)_2$］存在的条件下、在二氧化硅表面上实现。表面硅烷醇有三种不同的类型，即单一型、氢键型和双晶羟基型。只有游离硅烷醇基团（SiOH）和双晶硅烷醇基团［$Si(OH)_2$］参与硅烷化反应，而氢键化硅烷醇基团不太容易被修饰，因为它们会形成亲水网络。当在受控的湿条件下进行硅烷化过程时，由于表面羟基的密度增加，接枝的有机硅烷物质在二氧化硅表面形成连续层，此过程称为涂层。尽管大多数初级表面改性使用煅烧，并且经常在水化的介孔二氧化硅中进行，但同时提取表面活性剂和接枝有机官能团而无须事先煅烧也被证明是可行的。二级修饰、先前嫁接物种进一步反应的高阶修饰及对前述处理材料进行额外处理转化也是可行的表面纳米介孔的修饰方法。

除了 MCM-41 外，其他类型的有序中孔二氧化硅也能用合成后接枝程序进行表面改性。在最早的表面改性工艺中，使用单体配体如三甲基硅基、丁基二甲基硅基、辛基二甲基硅基、聚合型 3-氨基丙基硅基和辛基硅基配体可以修饰 5nm 孔 MCM-41 二氧化硅。根据对所获材料的广泛表征，可得出以下结论：①表面覆盖率在 $2.5\sim3\mu mol/m^2$ 之间；②孔径随着配体尺寸的增加而减小；③化学键合程序未改变起始材料的结构顺序；④表面对水的亲和力强烈取决于配体的本性。使用三甲基氯氢硅，在其他相同条件下，母体材料的预除气温度从 373K 增加到 723K，表面覆盖率相应地从 30%线性增加到 85%。这是由于氢键键合的—OH 基团逐渐脱羟基导致游离 $-\overset{|}{\underset{|}{Si}}OH$ 基团的密度增加。乙烯基的合成后接枝主要发生在材料的外表面和孔口附近。Shephard 等人提出一种内表面选择性功能化的两步法，首先着手于与二苯基二氯硅烷（Ph_2SiCl_2）反应后钝化外表面，再用 $(CH_3O)_3Si-(CH_2)_3NH_2$ 对内表面进行功能化，然后用 HBF_4 进行质子化，把配位络合物锚定到铵链上[565]。发现使用通式为 $HN\text{-}(SiR^1R^2_2)_2$ 的各种二硅氮烷试剂的 MCM-41 的硅烷化程度取决于 R 基团的空间体积/形状。FSM-16 介孔二氧化硅也使用不同的硅烷偶联剂进行表面改性，煅烧 FSM-16 材料的最大表面覆盖率为 73%，而酸处理材料的最大表面覆盖率达到 100%，因为表面存在大量的硅烷醇基团。

具有碱性官能团的介孔二氧化硅的合成后表面改性是通过初级或二级改性实现的。将 3-氨基丙基三乙氧基硅烷直接接枝到 MCM-41 中可以得到带有—NH_2 的介孔二氧化硅。合成具有哌啶改性表面的介孔二氧化硅可以分两步进行，首先接枝氯丙基三乙氧基硅烷，然后在甲苯中在哌啶存在下回流，通过在与仲胺接触之前或之后与六甲基二硅氮烷反应来中和残留的—OH 基团。与制备具有碱性功能的介孔二氧化硅相似，通过布朗斯台德丙磺酸基团在 MCM-41 表面上的接枝可以制备具有酸性功能的类似杂化材料。两步改性是通过使用 3-巯基丙基三甲氧基硅烷（MPTMS）进行表面涂层，然后在过氧化氢存在下氧化并用稀硫酸溶液酸化。使用二甲基二氯硅烷（DMDCS）作偶联剂在 MCM-48 表面接枝 VO_x，也可以用两步来实现。首先用 DMDCS 对该材料进行硅烷化，然后将其水解生成 Si—O—Si$(CH_3)_2OH$ 表面物质，用于锚定 $VO(ACAC)_2$，所得材料在 450°C 下煅烧得到表面负载 VO_x 的介孔二氧化硅，其反应机理如图 6-6 所示。

MCM-41 与适当配体的表面后合成衍生化可用于合成手性催化剂或将产物作为手性高效液相色谱（HPLC）中的固定相。改性过程通常包括使二氧化硅的外表面失活，然后使载体与手性催化前驱体反应，最后再与有机金属络合物反应。通过使用分子印迹技术，可以在有序纳米孔通道中组装的长链分子层内创建具有良好尺寸和形状选择性的定制微腔[566]。微腔可以通过改变分子链的构象来打开或关闭。此过程需要合成三脚架和二脚架分子，这些分子用 3-氨基丙基三甲氧基硅烷（APTMS）处理并接枝到内部二氧化硅表面上。然后使用长链烷基三甲氧基硅烷与剩余的 SiOH 基团反应来覆盖自由表面。最后一步是通过酸水解去除三脚架和二脚架分子，从而产生具有设计形状的空腔。

（2）一锅法共缩合合成程序

通过溶胶-凝胶技术将硅氧烷和有机硅氧烷前驱体共缩合以生产官能化的无定形干凝胶二氧化硅。在这些材料中，有机部分通过不可水解的 Si—C 键与硅氧烷物质共价连接，硅氧烷物质水解形成二氧化硅网络。将这种方法与超分子模板技术相结合，可在一个步骤中生成

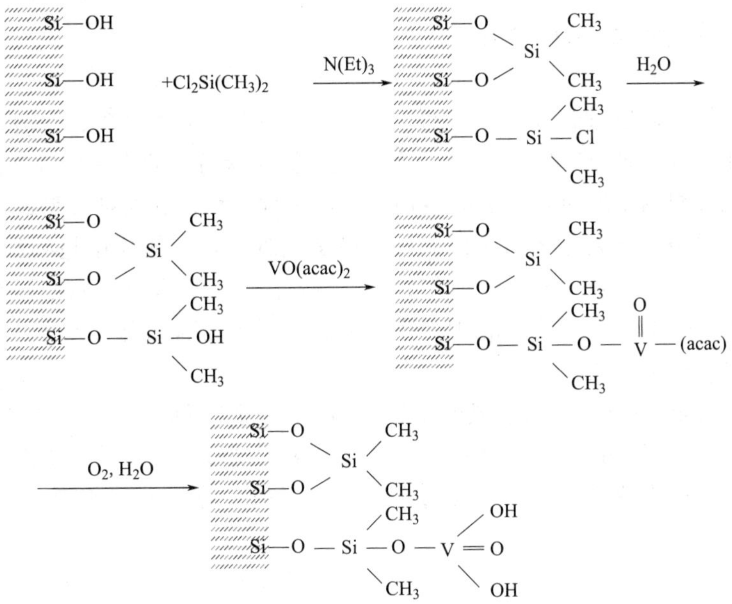

图 6-6 MCM-48 与二甲基二氯硅烷、水、VO(ACAC)$_2$ 的反应机制及最终煅烧的反应机理

有序的介孔二氧化硅基纳米复合材料，该复合材料具有从无机壁突出到孔中的共价连接的有机官能团。采用此技术可制备出带有苯基的 MCM-41，或者通过氰乙基配体修饰的非离子胺途径合成出六方介孔二氧化硅。Stein 等人提出一步合成含有乙烯基官能团的 MCM-41 型杂化材料[567]。一锅法合成的产物显示乙烯基配体大多出现在通道开口附近，而合成后处理制备的含乙烯基材料的官能团均匀分布在整个材料中。

对于合成含有苯基、烯丙基、氨基丙基和巯基丙基官能团的立方杂化介孔二氧化硅（MCM-48），立方中间相仅在物质的量含量为 10%的苯基三乙氧基硅烷（PTES）存在下形成。在 MCM-41 六方相的情况下，在不破坏长程介观有序的情况下，将有高达 20%（摩尔分数）的两种有机官能团结合到有序二氧化硅骨架中。

表面功能化介孔二氧化硅的一锅法合成可扩展到通过非离子表面活性剂或聚合物-二氧化硅自组装来实现。四乙氧基硅烷（TEOS）和有机三烷氧基硅烷分子通过中性烷基胺表面活性剂组装（SOI0）共缩合是一步制备有机功能化介孔结构材料的便捷合成方法。Mercier 等人采用模板替代和直接添加有机硅烷两种方法及使用不同的有机三乙氧基硅烷来形成杂化有机-无机纳米复合材料[568]，即①模板替代是用 x mol 的 TEOS 和烷基胺表面活性剂部分替代相等物质的量的有机硅烷；②直接添加有机硅烷是同时保持烷基胺表面活性剂与用于合成未官能化六方介孔二氧化硅（HMS）的 TEOS 的相同比例。前一种方法适合掺入大小与胺表面活性剂相当的有机基团，而后者便于掺入大小小于胺表面活性剂的有机基团。这表明，将有机硅烷成功掺入介孔结构的孔壁需要至少三个亚甲基单元的链长，以确保与表面活性剂胶束的疏水核相互作用。具有磺酸基团功能化的不同介孔二氧化硅也能用一锅法合成。在大多数情况下，首先通过 TEOS、四甲氧基硅烷（TMOS）和巯丙基三乙氧基硅烷（MPTES）的共缩合来实现合成含硫杂化介孔分子筛，然后巯丙基被硝酸或过氧化氢氧化，产生磺酸基。

6.1.3 无序介孔纳米材料

介孔纳米结构可以通过各种方法得到，其中包括滤取相分离剥离、在酸性电解质中薄金属箔的阳极氧化、辐射径迹刻蚀和溶胶-凝胶工艺等，但无序介孔结构主要通过溶胶-凝胶法的衍生工艺合成。根据干燥过程中去除溶剂的应用条件，可得到两种类型的介孔材料：一种是干凝胶，在室温条件下去除溶剂获得；另一种是气凝胶，一般采用超临界干燥工艺合成。气凝胶是指具有非常高孔隙率和比表面积的介孔材料。干凝胶和气凝胶都具有高孔隙率，典型的平均孔径为几个纳米。干凝胶的典型孔隙率仅为50%，也可能会小于1%；但气凝胶的孔隙率则显然要高得多，通常为75%～99%。

干凝胶是通过溶胶-凝胶工艺形成的多孔结构。在溶胶-凝胶工艺中，前驱体分子经过水解和缩合反应形成纳米团簇。老化过程将使这种纳米团簇形成凝胶，它是由溶剂和固体的三维渗透网络所构成。当溶剂在后续干燥过程中被去除时，由于毛细管力（P_c）的作用而使凝胶网络部分坍塌，由拉普拉斯方程给出：

$$P_c = -\gamma_{LV}\cos\theta\left(\frac{1}{R_1}+\frac{1}{R_2}\right) \tag{6-1}$$

式中，γ_{LV} 是气-液界面的表面能；θ 是液体在固体表面上的润湿角；R_1 和 R_2 是弯曲液-气表面的主曲率半径，对于球形界面，$R_1=R_2$。毛细管力作用驱动的固体凝胶网络的坍塌会造成孔隙率和比表面积的损失。然而，这样一种过程一般不会导致致密结构的形成。这是因为凝胶网络的坍塌将促进表面凝结并造成凝胶网络的强化。当凝胶网络强度达到足以抵御毛细管力的作用时，凝胶网络的坍塌将停止，孔隙将被保留下来。尽管在动力学和凝胶网络强度上存在明显差异，溶胶经过老化变成凝胶及溶剂蒸发形成膜也会发生类似的过程。通常溶胶-凝胶法合成的多孔材料的孔径为亚纳米至几十纳米，孔径取决于溶胶-凝胶工艺条件和后续热处理。由溶胶-凝胶法合成的多孔氧化物的一些性能参见附表2。对于特定体系，较高的热处理温度造成大的孔径。最初的孔径在很大程度上取决于溶胶中形成的纳米团簇的尺寸及这些纳米团簇如何堆积起来，但 SiO_2 体系可以形成最小的孔隙。当硅醇盐前驱体以酸作为催化剂进行水解和缩合时，将形成 SiO_2 线链。这种线型结构 SiO_2 链在溶剂被去除后几乎完全坍塌，从而形成较为致密的材料。当把基体作为催化剂时，将会形成一种高度分支的纳米团簇结构，随后形成高孔隙材料。有机组分也往往被纳入凝胶网络中以利于增大孔径和孔隙率。例如，烷基链被纳入 SiO_2 凝胶网络中，形成相对致密的有机—SiO_2 混合物。当有机成分发生热解时得到多孔结构。应当指出，尽管孔隙尺寸分布相对狭窄，但由溶胶-凝胶工艺形成的多孔结构是无序的，并且孔隙是扭曲的。

气凝胶是一种衍生自凝胶的合成多孔超轻材料，其中凝胶的液体成分已被气体替代，结果是形成具有极低密度和极低热导率的固体，半透明且对光具有散射作用，是一种蓝色烟雾，感觉像易碎的发泡聚苯乙烯。气凝胶可以由多种化合物制成，一般通过在超临界条件下干燥湿凝胶合成[569]。超临界干燥过程是在温度和压力都高于溶剂临界点的压力容器中加热湿凝胶，在温度高于临界点的条件下通过减小压力而缓慢排除液相的过程。通常湿凝胶被老化一段时间后凝胶网络会增强，然后溶剂的温度和压力都达到超临界点以上，溶剂从凝胶网络中去除，从而形成气凝胶。在超临界点以上，固体和液体之间的差别消失，这样毛细管力就不再存在，结果是凝胶网络的高孔隙结构得以保留。这样制备的气凝胶的孔隙率可高达

99%，而比表面积超过 1000m²/g。图 6-7 表示利用 CO_2 溶剂的两种常见超临界干燥路径：①提高压力至溶剂超临界点以上，然后加热样品至超临界温度以上，同时保持压力值不变；②室温提高压力至蒸气压以上，然后通过加热同时提高温度和压力。表 6-2 列出了一些常见溶剂的临界点参数。

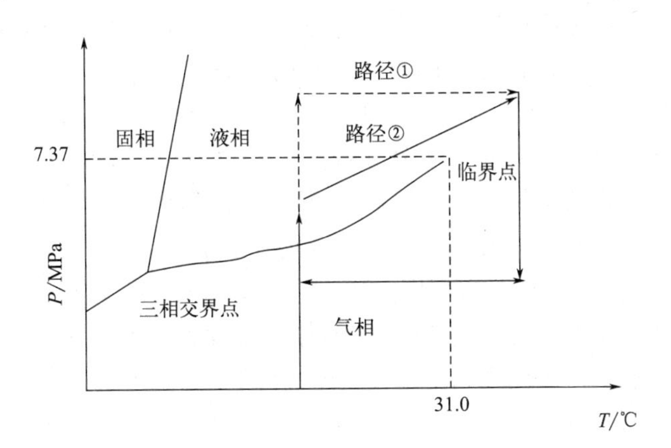

图 6-7 CO_2 可能存在的超临界干燥路径实例

表 6-2 常用溶剂临界点参数

溶剂	分子式	T_c/℃	P_c/MPa
水	H_2O	374.1	22.04
二氧化碳	CO_2	31.0	7.37
氟利昂 116	$(CF_3)_2$	19.7	2.97
丙酮	$(CH_3)_2O$	235.0	4.66
一氧化二氮	N_2O	36.4	7.24
甲醇	CH_3OH	239.4	8.09
乙醇	C_2H_5OH	243.0	6.3

所有可以利用溶胶-凝胶工艺合成湿凝胶的材料都能通过超临界干燥形成气凝胶，例如 TiO_2、Al_2O_3、Cr_2O_3 和混合的 SiO_2-Al_2O_3 等[570,571]。为了降低实现临界条件所需要的温度和压力，把湿凝胶加入乙醇水溶液中，以除去湿凝胶中多余的溶剂，实现溶剂交换。高孔隙率结构的材料也可采用环境干燥而得到。有两种方法可以防止凝胶网络的原始孔隙结构的坍塌：一种方法是消除毛细管力，这是利用超临界干燥的基本概念；另一种方法是控制凝胶网络的巨大毛细管力和小机械强度之间的不平衡，这样可以在去除溶剂时使凝胶网络强大到足以抵抗毛细管力。有机成分被纳入无机凝胶网络中，以改变氧化硅凝胶网络的表面化学性质，从而最大限度地减小毛细管力和防止凝胶网络的坍塌。有机成分可以通过与有机前驱体中的有机组元的共聚合作用而被引入，或通过溶剂交换的自组装过程而被引入[572]。当有机成分被纳入氧化硅凝胶网络中时，高孔隙率氧化硅就能在环境条件下形成，其孔隙率为 75%或更高，比表面积为 1000m²/g。有机气凝胶可以通过有机前驱体聚合及后续超临界干燥老化湿凝胶而制得。广泛使用的有机气凝胶是间苯二酚甲醛气凝胶和甲醛气凝胶。碳气凝胶是由热解有机气凝胶得到的，热解温度在 500℃以上。碳气凝胶保留了有机气凝胶母体的高比表面积和孔容。

6.1.4 晶态微孔纳米材料

沸石是晶态硅酸铝，共有 34 种天然沸石和近 100 种合成沸石，其应用涉及催化剂、吸附剂和分子筛等[573]。沸石具有分子尺度且孔隙尺寸均匀的三维框架结构，孔径尺寸约为 0.31nm，孔容在 0.1～0.35cm^3/g 范围内。沸石的成分为 $M_{2/n}O \cdot Al_2O_3 \cdot xSiO_2 \cdot yH_2O$（$n$ 为移动阳离子的价态，$x \geqslant 2$），由 TO_4 四面体（T ═Si、Al）组成，每一个氧原子被相邻四面体所共享，从而导致所有沸石框架内 O/T 比率等于 2。空间框架由 4 角连接 TO_4 四面体而构成。当沸石由无缺陷纯 SiO_2 制得时，顶角处的每个氧原子由 2 个 SiO_4 四面体所共有，电荷保持平衡。当硅被铝所取代时，碱金属离子如 K^+、Na^+，碱土金属离子如 Ba^{2+}、Ca^{2+}，以及质子 H^+ 通常被引入以保持电荷平衡。这样形成的框架相对开放，具有通道和腔体。孔隙尺寸和通道系统维度是由 TO_4 四面体的排列方式所决定的。具体来讲，孔隙大小取决于环的尺寸，环是由不同数目的 TO_4 四面体或 T 原子所组成的，如双四环、双六环等。8-环是指由 8 个 TO_4 四面体所组成的环，而且是小孔开口，直径为 0.41nm；10-环为中等环，直径为 0.55nm；12-环为大环，直径为 0.74nm，环可以自由弯曲。根据不同环的连接或排列方式，可以形成不同的结构或孔隙开口，如笼、通道和薄片。一些亚单元中间每个交叉点代表一个 TO_4 四面体，n-环也包含其定义的亚单元的面，如图 6-8 所示。钙霞石笼状亚单元定义为 6 个 4-环和 5 个 6-环，并命名为［$4^6 6^5$］笼；不同框架的形成取决于各亚单元的堆积和/或堆积次序，已有 133 种沸石框架类型被证实，包括 SOD 和 LTA 两种沸石框架类型[574]。

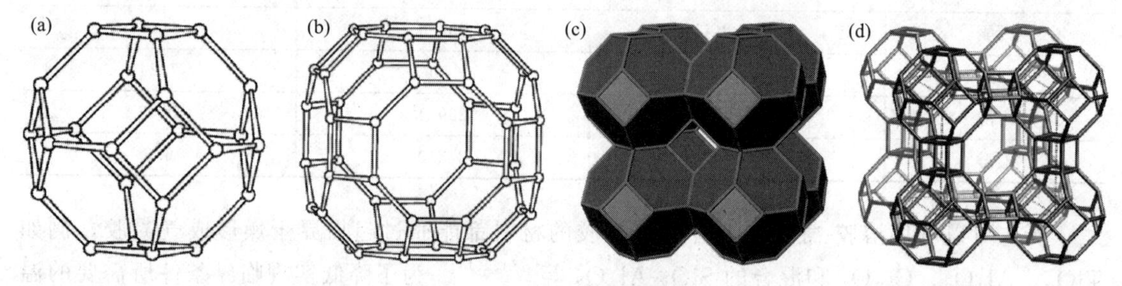

图 6-8 四种沸石框架类型

(a) β 笼结构；(b) α 笼结构；(c) SOD 框架类型（具有体心立方排列或方钠石笼状结构）；(d) LTA 框架类型（具有连接单个 8-环的笼状结构的简单立方排列）

沸石通常采用水热/溶剂热技术来制备[574,575]。典型的合成过程需要使用水、SiO_2 源、Al_2O_3 源、矿化剂和结构导向剂。SiO_2 的来源很多，包括硅胶、烟雾硅胶、沉淀 SiO_2、硅醇盐。常见的铝来源包括铝酸钠、勃姆石、氢氧化铝、硝酸铝和矾土。常见的矿化剂是 OH^- 和 F^-。结构导向剂是可溶性有机物质，如季铵离子，它有助于形成 SiO_2 框架并最终驻留在晶内空隙中。碱金属离子也可以在结晶过程中发挥结构导向作用。图 6-9 为 ZSM 沸石的 SEM 图片[574]。

合成物对试剂类型、添加顺序、混合程度、结晶温度、时间、浓度和成分敏感。在合成过程中，发生许多复杂化学反应和有机-无机相互作用。根据混合物的组成、反应程度以及合成温度，至少可以产生四种类型的液体：①仅由分子、单体和离子物质组成的上清液；②由具有开放式结构的非晶团簇组成的溶胶或胶体；③由具有致密结构的非晶团簇组成的溶

(a) ZSM-5(BTA) (b) ZSM-5(ETA) (c) ZSM-5(IPA)

(d) ZSM-5(EDA) (e) ZSM-5(ETL) (f) ZSM-5(ETL-AM)

图 6-9 ZSM 沸石的 SEM 图片

胶或胶体；④由亚稳结晶态的固体粒子组成的溶胶或胶体[574]。这些体系通过成核和结晶形成沸石结构。在沸石的生长过程中，至少有三种类型的晶体构建单元存在：①四面体单体物质被认为是主要的构建单元；②二级构建单元是晶态构建单元；③笼形化合物是沸石成核和结晶的构建单元。为了从分子水平理解晶体生长机制和了解晶体构建单元，Cundy 等人提出 TPA-Si-ZSM-5 合成的结构方向和晶体生长机制，如图 6-10 所示[575]。利用 TPA^+ 作为结构导向剂，可以合成纯 SiO_2-ZSM-5 沸石有机-无机复合材料。在合成过程中，无机-有机复合团簇首先通过搭接无机和有机成分形成疏水作用的球体，随后释放水分以建立有利的范德瓦耳斯相互作用。这种无机-有机复合团簇是沸石晶体初始成核和后续生长的物质。成核过程是由这些团簇的外延聚集而引发的，然而晶体生长是由同样的物质扩散到生长表面并以逐层生长机制而进行的。另一种机制被称为“纳米板”假设，建立在上述讨论的机制上。不同的是，无机-有机复合团簇首先通过外延聚集形成“纳米板”。这种“纳米板”与其他“纳米板”聚集成更大的板。

结构导向剂的作用：不同的有机分子作结构导向剂被引入相同的合成混合物中，可以形成具有完全不同晶体结构的沸石。例如，当 *N*,*N*,*N*-三甲基金刚烷氢氧化铵作为结构导向剂时，形成 SSZ-24 沸石；而使用四丙基氢氧化铵作为结构导向剂时，则形成 ZSM-5 沸石。此外，结构导向剂的选择可能会影响合成速率。结构导向剂的几何形状对合成沸石的几何形状有直接影响。例如，SSZ-26 是一种 10-环和 12-环孔隙交叉形成的沸石，是通过先验设计的螺旋桨烷基结构导向剂合成出来的，其孔隙部分的几何形状与有机结构导向分子的几何形状完美匹配，一个结构导向分子处于通道交叉点位置。ZSM-18 是一种包含三元环的硅酸铝沸石，它是通过分子模型设计出来的结构导向剂来合成的。此外，沸石笼和有机结构导向剂也存在完美的对应关系。

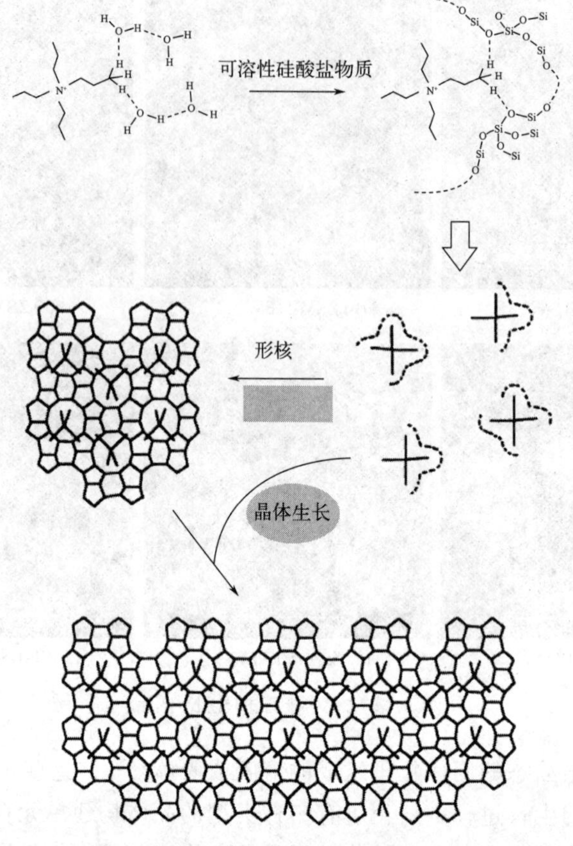

图 6-10 TPA-Si-ZSM-5 合成中的结构方向和晶体生长机制

杂环原子的作用：在使用相同的结构导向剂时，添加少量的四面体阳离子在合成混合物中，如 Al^{3+}、Zn^{2+}、B^{3+} 等，将产生极大的作用，并导致沸石结构的显著不同。表 6-3 对一些体系做了对比。例如，当使用四乙基铵阳离子 TEA^{+} 作为结构导向剂且 SiO_2 与 Al_2O_3 的比例大于 50 时，体系会形成 ZSM-12。当添加少量的 Al_2O_3 时，形成沸石β，进一步添加 Al_2O_3 使 SiO_2/Al_2O_3 比例达到 15，就会形成 ZSM-20。用 Si^{4+} 取代合成混合物中的二价和三价四面体阳离子，负电荷的沸石框架形成，这将与有机结构导向剂的阳离子和无机阳离子如碱金属离子形成更强的配位结合。此外，阳离子-氧键长度和阳离子-氧-阳离子键角的改变将对构建单元的形成产生很大的影响。

表 6-3 铝、硼和锌对沸石或利用有机结构导向剂合成的其他化合物结构的影响

有机试剂	SiO_2	SiO_2/Al_2O_3(50)	SiO_2/B_2O_3(30)	SiO_2/ZnO(100)
$C_8H_{20}N$	ZSM-12	沸石β	沸石β	VPI-8
$C_{16}H_{32}N_4$	ZSM-12	沸石β	沸石β	VPI-8
$C_{13}H_{24}N^*$	ZSM-12	丝光沸石	沸石β	层状材料
$C_{13}H_{24}N^*$	SSZ-24	SSZ-25	SSZ-33	—
$C_{13}H_{24}N^*$	SSZ-31	丝光沸石	SSZ-33	VPI-8
$C_{12}H_{20}N$	SSZ-31	SSZ-37	SSZ-33	—

* 表示具有不同的分子结构。

碱金属阳离子的作用：在基本条件下，绝大多数沸石的合成都需要碱金属阳离子。在水溶液中，小浓度的碱金属阳离子可以显著提高石英的溶解速率，是去离子水中速率的 15 倍。普遍认为，碱金属阳离子有助于加快高—SiO_2 沸石的成核和晶体生长速率。但是，太多的碱金属离子可能会与有机结构导向剂竞争，并与 SiO_2 相互作用形成层状结构的产物。有机框架的有机-无机杂化沸石是 Yamamoto 等人最近制备出的，这是通过亚甲基基团部分取代晶格氧原子形成的[576]。这种杂化型沸石与包含悬挂有机基团的沸石明显不同。亚甲基桥联有机硅烷作为硅源，主要为含有机基团的沸石材料提供网络结构，形成几种沸石相，特别是 MFI 和 LTA 结构。在这种杂化的沸石中，一些硅氧烷键 Si—O—Si 被亚甲基框架 Si—CH_2—Si 所取代。

6.2 核壳结构材料

核壳纳米粒子是一类纳米结构材料，由一种材料制成的核和其顶部另一种材料制成的壳组成[577-579]。通常，核壳颗粒由两种或多种材料组成。核壳型纳米颗粒可以广义地定义为具有内部核材料和外层壳材料的纳米结构，可以由紧密相互作用的多种不同组合组成，包括无机-无机、无机-有机和有机-有机材料等[580]。对于核壳纳米颗粒，壳材料的选择通常强烈地依赖于最终应用和用途。通过合理调整材料的核和壳，可以生产出具有可定制属性的一系列核壳纳米粒子。

根据纳米核壳结构的结构，不同类别的核壳纳米颗粒如图 6-11 所示。同心球成核壳纳米颗粒是最常见的，其中一个简单的球成核颗粒被另一种材料的壳完全覆盖。当将一种壳材料一起涂覆到许多小核颗粒上时，会形成多核核壳颗粒。当芯为非球形时，通常会形成不同形状的核壳纳米颗粒。电介质芯和金属壳材料彼此交替涂层可形成同心纳米壳（A/B/A 型）。纳米级介电间隔层将同心的金属层分开。这些类型的颗粒也称为多层金属介电纳米结构，具有等离子体性能。在双层涂覆芯材料并通过使用合适的技术仅去除第一层之后，还可以在均匀的空心壳颗粒中合成可移动的芯颗粒。

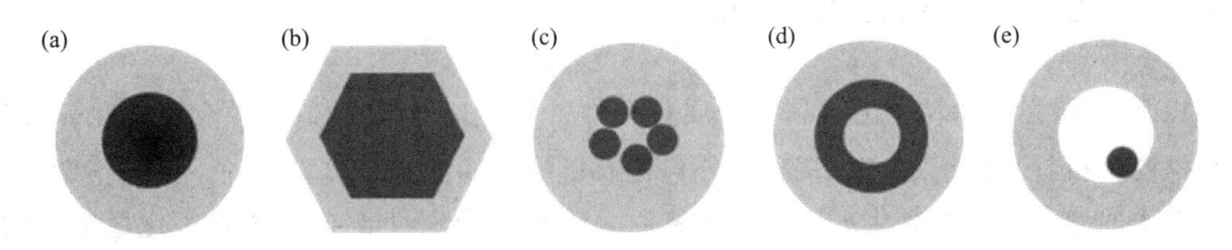

图 6-11 不同的核壳纳米颗粒

（a）球成核壳纳米颗粒；（b）六边成核壳纳米颗粒；（c）由单壳材料划定的多个小芯材料；（d）纳米金刚石材料；（e）中空壳材料内的可动芯

6.2.1 无机-无机核壳纳米结构

以 Au@SiO_2 核壳结构为例来说明工艺路线。由于金在溶液中不能形成氧化物钝化层，Au 表面对于 SiO_2 没有足够的静电吸引力，因此 SiO_2 层不能在此表面上直接生长。此外，Au 表面通常吸附有机分子层，以防止粒子团聚。这些稳定剂还会使 Au 表面出现疏玻性。

多种硫代烷烃和氨基烷烃衍生物可用于稳定 Au 纳米粒子。对于核壳结构的形成，稳定剂不仅要在表面形成一层膜以稳定 Au 纳米粒子，还要能与氧化硅壳相互结合。一种途径是使用在两端具有两种功能的有机稳定剂，一端可以与 Au 粒子连接，而另一端与氧化硅相连接。连接 SiO_2 最简单的方法是使用硅烷链，而 3-氨丙基三甲氧基硅烷（APS）是使用最多的连接 Au 核与 SiO_2 壳的配位剂[581]。

制备 Au@SiO_2 核壳纳米结构有三个典型步骤：①制备具有理想粒子尺寸和尺寸分布的 Au 核；②通过引入有机单层膜使 Au 粒子表面由疏玻性变为亲玻性；③沉积氧化物壳。在①步中，使用柠檬酸钠还原方法制备出 Au 胶态分散体，以形成稳定的胶体溶液，其中 Au 粒子尺寸约为 15nm，分散度为 10%。在②步中，将新鲜的 3-氨丙基三甲氧基硅烷水溶液加入 Au 胶体溶液中，并强力搅拌，Au 粒子表面就会形成全包覆的 3-氨丙基三甲氧基硅烷单层膜。在这一过程中，随着硅烷醇的加入，原来吸附的带负电荷的柠檬酸盐被 3-氨丙基三甲氧基硅烷分子所取代。这一过程是在金与胺较大配位常数的驱动下进行的。在水溶液中，3-氨丙基三甲氧基硅烷分子的硅烷基团发生快速水解并转变成硅烷醇基团，这些基团与其他基团发生缩合反应形成三维网状结构。但在低浓度下缩合反应速率极其缓慢。在 Au 粒子表面 3-氨丙基三甲氧基硅烷的自组装过程中，pH 值需要维持在 SiO_2 等电位点之上，约为 2～3，这样可使硅烷醇基团带负电荷。pH 值必须确保 Au 纳米粒子表面具有适当的负电荷，这样可使带正电荷的氨基基团被吸引至 Au 粒子表面。在③步中，缓慢将硅酸钠溶液的 pH 值调至 10～11，从而获得 SiO_2 溶胶，再将此溶胶添加到 Au 胶态溶液中，使 pH 值达到约 8.5，强力搅拌至少 24h，在表面改性的金纳米粒子表面形成 24nm 厚的 SiO_2 层。在此过程中，通过控制溶液的 pH 值来改变缩合或聚合反应行为，从而在金粒子周围形成一层薄而致密、相对均匀的 SiO_2 层。将核壳纳米结构放入乙醇溶液中，通过控制生长条件，可使 SiO_2 薄层进一步生长。在这样的过程中，扩散成为主导，通常称之为斯德博（Stober）方法。Xiong 等人通过增加 TEOS 的量来增大 SiO_2 壳层的厚度，制备出的 Au@SiO_2 核壳结构及 Au/SiO_2/R6G SiO_2 核多壳纳米结构的 TEM 图片如图 6-12 所示[582]。

6.2.2 无机-有机核壳纳米结构

无机-有机核壳纳米粒子由金属、金属化合物、金属氧化物或 SiO_2 核和聚合物壳或任何其他高密度有机材料壳组成。无机材料外包覆有机涂层的优势是多方面的，当在正常环境下金属芯的表面原子可以被氧化成金属氧化物时，有机包覆层使得金属芯的氧化稳定性增强。此外，它们在生物应用中显示出增强的生物相容性。聚合物涂层的无机材料应用范围广泛，从催化剂到添加剂、颜料、油漆、化妆品和油墨等。在许多应用中，涂覆颗粒稳定地悬浮在介质中，这种胶体悬浮液的稳定性主要取决于颗粒之间的吸引力和排斥力。在核壳结构中，有四种不同类型的力存在：范德瓦耳斯力、各向同性引力、静电排斥力和空间排斥力。采用合适的合成介质可以控制静电排斥力和空间排斥力，以防止纳米粒子聚集。对于含水介质，静电排斥力和有机介质的空间排斥力在涉及颗粒稳定性方面占主导地位。因此，为了控制这些力，合适材料的均匀涂层是必不可少的。

制备金属@聚合物核壳纳米结构材料的方法主要为乳化聚合反应法和隔膜合成法。乳化聚合反应法是制备金属@聚合物核壳结构广泛使用的一种方法。Ag@聚苯乙烯/甲基丙烯酸酯核壳结构即可通过油酸中苯乙烯/甲基丙烯酸的乳化聚合反应而制得。在这个体系中，Ag

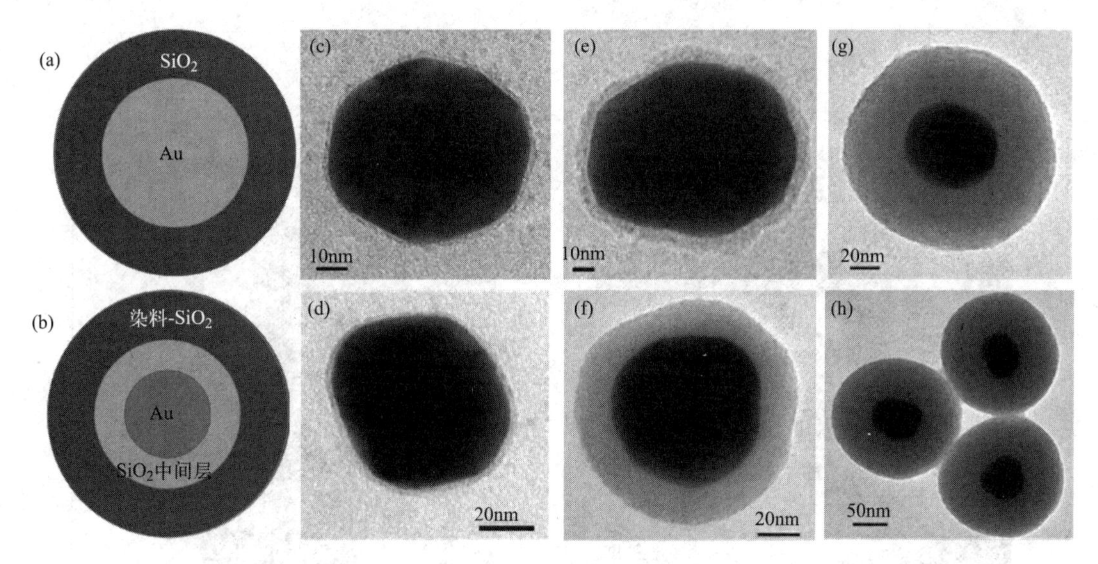

图 6-12　核壳/多壳纳米结构模型及不同壳厚度的 TEM 照片

(a) Au@SiO_2 核壳纳米结构的示意图；(b) Au/SiO_2/染料核多壳纳米结构的示意图（中间的白色物质为用作间隔物的 SiO_2 壳，以控制 Au 颗粒和染料之间的距离）；(c) 壳厚度为 1.7nm；(d) 壳厚度为 2.8nm；(e) 壳厚度为 4.6nm；(f) 壳厚度为 17.7nm；(g) 壳厚度为 39.5nm；(h) Au/SiO_2/R6G SiO_2 核多壳纳米结构（SiO_2 间隔物的厚度为 2.8nm，R6G SiO_2 的厚度为 54.2nm）

粒子被一层均匀、清晰可辨的壳层所包覆，其厚度在 2～10nm 之间。改变单体浓度就可以轻易实现包覆层厚度的控制。在高浓度氯化物溶液中，聚合物壳层具有较强的保护作用。制备金属@聚合物核壳结构的另一种方法是隔膜合成法。其合成过程为：通过真空渗滤将金属粒子沉积并排列于隔膜的孔道中，然后在孔道内进行导电聚合物的聚合反应，如图 6-13 所示。使用孔径为 200nm 的多孔 Al_2O_3 模板沉积 Au 纳米粒子，$Fe(ClO_4)_3$ 用作聚合物引发剂并注入模板上方。在模板下方滴加几滴吡咯或 *N*-甲基吡咯。单体分子以气态扩散至孔道中，与引发剂接触并形成聚合物。聚合物优先沉积在 Au 纳米粒子表面。通过控制聚合时间可以控制聚合物壳层厚度，很容易做到在 5～100nm 范围内变化。但是，过长的聚合时间将会导致核壳结构的聚集。图 6-14 为金@聚吡咯核壳结构和复合聚甲基吡咯/聚吡咯壳的 TEM 图片。

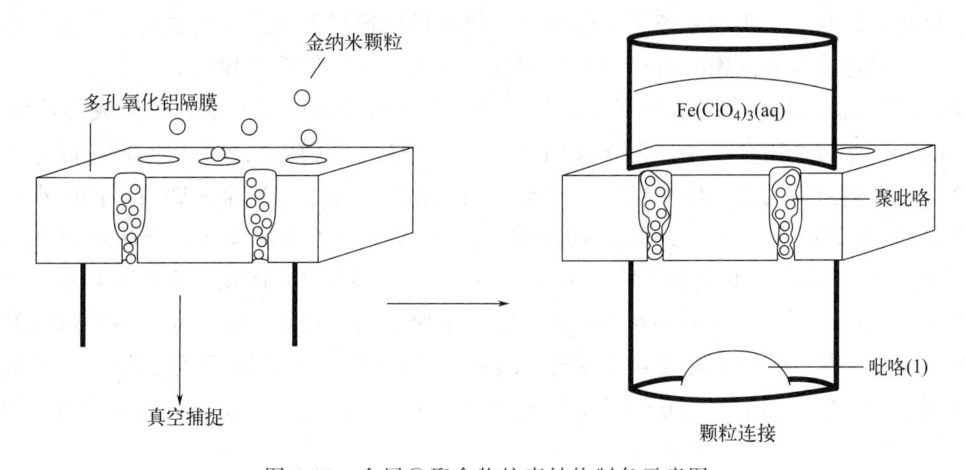

图 6-13　金属@聚合物核壳结构制备示意图

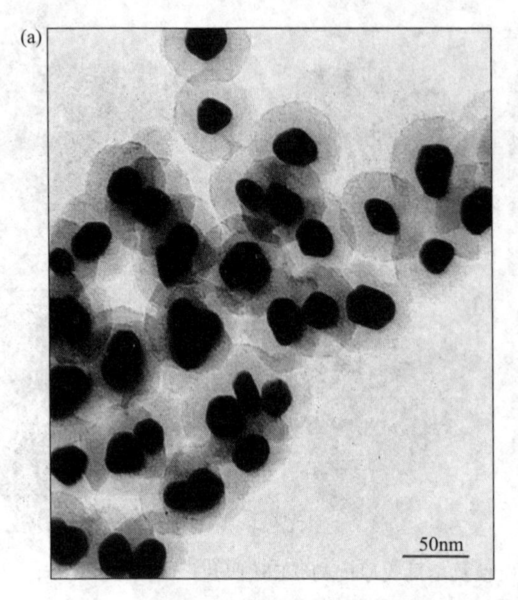

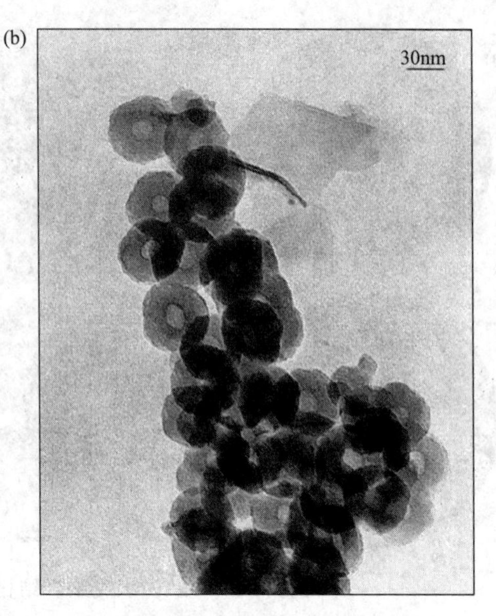

图 6-14 金@聚吡咯核壳结构和复合聚甲基吡咯/聚吡咯壳的 TEM 图片

(a) 直径约为 30nm、包覆聚吡咯的金粒子；(b) 用 0.002mol/L K_4 [$Fe(CN)_6$] 和 0.1mol/L KCN 去除 Au 以后的聚合物壳层

聚合物包覆氧化物粒子的合成途径可划分为两种主要类型：粒子表面发生聚合或粒子表面的吸附[583]。聚合的过程依次为单体吸附到粒子表面、后续聚合及乳液聚合。在单体的吸附及聚合过程中，可以通过加入引发剂或氧化物自身来促进聚合反应。例如，聚二乙烯基苯（PDVB）包覆的铝水合氧化物改性 SiO_2 粒子的制备，可以使用偶联剂如 4-乙烯基吡啶或 1-乙烯基-2-吡咯烷酮预处理二氧化硅粒子，随后混合二乙烯基苯和自由基聚合引发剂。类似的方法可以用于合成聚苯乙烯氯化物（PVBC）、共聚物 PDVB-PVBC 壳层以及 PDVB 和 PVBC 的双壳层。氧化物纳米粒子的表面也可以引发吸附单体的聚合，许多金属氧化物粒子上的聚乙烯壳层就是通过这种方法形成的。聚吡咯包覆的 α-Fe_2O_3、SiO_2 和 CeO_2 是通过将氧化物置于乙醇和水混合物中的吡咯聚合介质中，并加热至 100℃而制得。聚合物壳层的厚度可以通过改变核与聚合物溶液的接触时间来控制，还可以通过调节无机核的组成以及溶液中的添加剂来控制。无机纳米粒子上的聚合物层也可以通过乳液聚合而获得。自组装得到的薄膜聚合物层也可将溶液中的聚合物吸附到胶粒表面，从而使颗粒稳定。

Black 等人提出利用邻苯二酚氧化还原诱导金属@聚合物核壳纳米粒子形成的路线[584]。这种新的策略通过使用含 3,4-二羟基苯丙氨酸（DOPA）的聚乙二醇（PEG）还原金属阳离子来合成聚合物包覆的金属纳米颗粒。邻苯二酚氧化还原用于合成金属颗粒，同时在其表面上形成 PEG 的交联壳。DOPA 将金和银的阳离子还原为中性金属原子，产生可与颗粒表面周围的 PEG 分子共价交联的活性醌。更重要的是，这些 PEG 官能化的金属颗粒在生理离子强度方面是稳定的，并且在离心作用下具有稳定的吸引力，因为它们在水溶液中吸收和散射光。其合成过程依次为：制备超纯去离子水中的 Ac-DOPA4-mPEG 等分试样，并添加少量 NaOH 使溶液 pH 值调节到 6.0～9.0，然后将 $HAuCl_4$ 或 $AgNO_3$ 金属盐添加到每个等分试样中。

有机-无机核壳纳米颗粒在结构上与无机-有机核壳纳米颗粒相反。该特定类别的核壳纳米颗粒的核由聚合物制成，例如聚苯乙烯、聚环氧乙烷、聚乙烯基苄基氯、聚乙烯基吡咯烷酮、表面活性剂和不同的共聚物（丙烯腈-丁二烯-苯乙烯、聚苯乙烯-丙烯酸和苯乙烯-甲基丙烯酸甲酯）。壳也可以由不同的材料制成，例如金属、金属氧化物、金属硫族元素化合物或 SiO_2。这些类型的粒子通常同时具有无机材料和有机材料的双重属性。无机材料，尤其是有机材料上的金属氧化物涂层，可以显著提高整体材料的强度、耐氧化性、耐热性和胶体稳定性以及耐磨性。同时，这些颗粒还显示出聚合性能，例如优异的光学性能、柔韧性和韧性，还可以改善无机颗粒的脆性。Lahav 等人制备出 Au 包覆聚苯胺（PANI）的核壳纳米棒结构（PANI@Au），如图 6-15 所示[585]。以 Au 和 PANI 的复合纳米结构（宽 200nm，长几微米）构造出金属阳极氧化铝膜。这些复合材料结构（包括核壳结构中金壳的长度）的控制是通过调节电沉积的时间、速率及溶液的 pH 值来实现的。将核壳结构暴露在氧等离子体中除去 PANI，可产生取向的金纳米管。在分段结构中，硫代苯胺的自组装单层（SAM）使 PANI 在金属纳米棒顶部生长成核，并充当金属和 PANI 组件之间的黏附层。

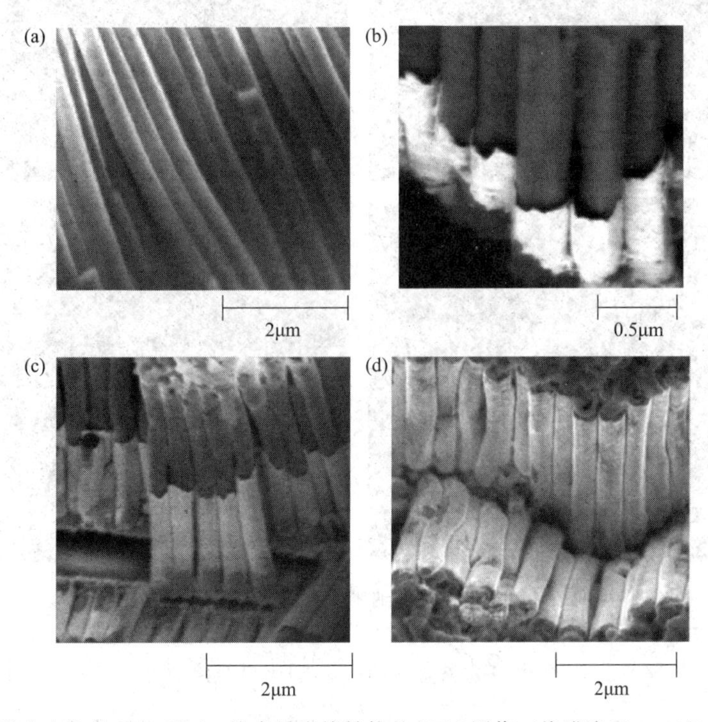

图 6-15 在 AAO 膜中生长的 PANI@Au 核壳纳米棒结构的 SEM 图像（将膜溶于 1mol/L NaOH 中 1.5h 后）
(a) PANI 纤维；(b) Au 沉积 1h；(c) Au 沉积 1.5h；(d) Au 沉积 2.5h

6.2.3 纳米多孔结构及纳米框结构

液相或气相原子组装法通过精确地操纵原子可以形成各种具有特定结构和特殊物理化学性质的金属。把液相还原和化学腐蚀结合起来，选择性地将便宜的金属腐蚀掉而剩下的贵金属会重新排列，能合成出一类非常经典的 Au-Ag 的空心或者框架结构[586,587]。这种合成策略可以同时对金属纳米结构的组成、大小和形貌进行控制。

李亚栋等人以单分散双金属纳米晶为前驱体，采用硝酸腐蚀法成功制备出具有窄孔径分布的纳米多孔合金，如图 6-16 所示[588]。该方法具有如下优点：①制备过程简便快捷，腐蚀过程快速，易于放大；②制备的多孔合金在结构上具备窄孔径分布和大比表面积的特点，大比表面积有利于反应物分子与合金催化剂颗粒充分接触，保证催化剂的高活性，窄孔径分布有利于反应物分子的选择性通过，保证催化剂的高选择性；③该方法具有普适性，腐蚀过程与合金种类无关，因此只要能获得单分散双金属纳米晶前驱体，便可采用该方法制备相应的多孔合金材料，而单分散双金属纳米晶的合成方法已被广泛建立，所以采用该方法可实现一系列多孔合金材料的制备。

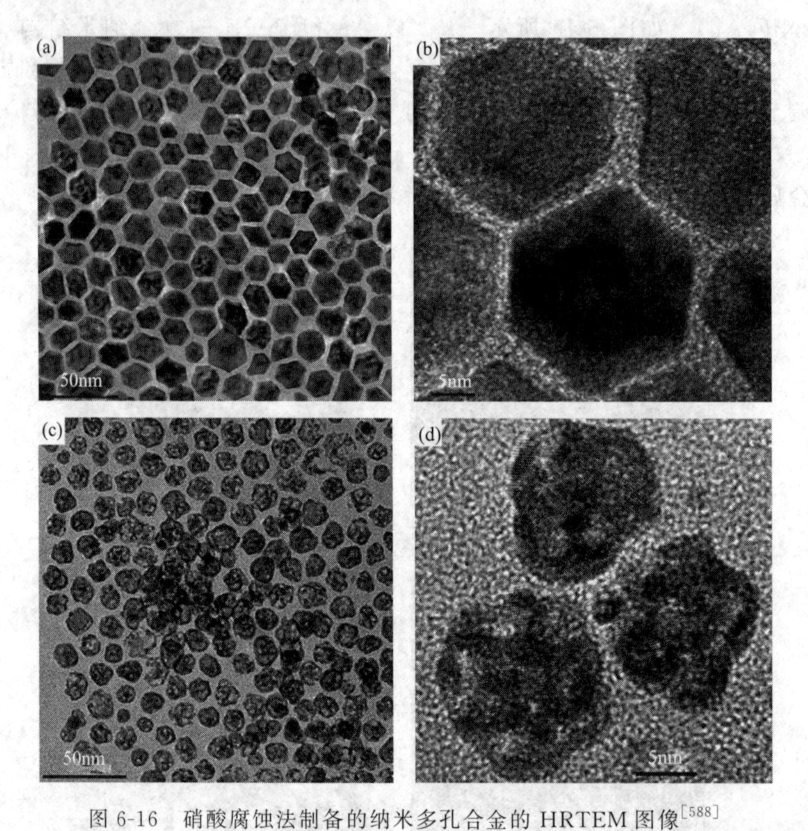

图 6-16 硝酸腐蚀法制备的纳米多孔合金的 HRTEM 图像[588]

(a) Pt-Ni 纳米粒子的 TEM 图像；(b) Pt-Ni 纳米粒子的 HRTEM 图像；(c) 纳米多孔 Pt-Ni 合金的 TEM 图像；(d) 纳米多孔 Pt-Ni 合金的 HRTEM 图像

硝酸腐蚀过程往往反应比较剧烈，具有不可控性，通常得到的为多孔结构，很难对结构进行精确的调控。如果采用相对温和的配位反应则会使腐蚀过程缓慢进行，从而实现对结构的有效调控。比如先制备得到 Pt-Ni 合金，利用一种对镍有选择性配位作用的配体（丁二酮肟）实现对化学腐蚀的控制，并在室温下通过这种方法得到 Pt-Ni 合金的内凹型结构[589]。在这个腐蚀过程中，丁二酮肟起的作用是很关键的。这个化学腐蚀过程和下面两个反应相关。

$$\mathrm{Ni(0)} - 2e^- \longrightarrow \mathrm{Ni(II)} \tag{6-2}$$

$$\frac{1}{2}O_2 + H_2O + 2e^- \longrightarrow 2OH^- \tag{6-3}$$

式(6-2) 和式(6-3) 可以看作一个氧化还原反应的两个半反应。参照相应的反应过程和实验现象，在双金属表面的 Ni 会被氧气氧化成 Ni(Ⅱ)。腐蚀过程随着溶液中氧气浓度的增加而加快。如果溶液中没有氧气，那么腐蚀是不会进行的。这也进一步验证反应是一个氧化腐蚀的过程。在中性环境中，丁二酮肟会选择性地只和 Ni(Ⅱ) 配位而生成红色的丁二酮肟镍固体[590]。这种选择性腐蚀导致 Ni 从双金属颗粒当中被氧气腐蚀掉时具有比 Pt 高得多的倾向性和溶解速率。然而，腐蚀后的溶液中并没有检测到 Pt(Ⅱ)，这进一步说明这种腐蚀方法是不能够腐蚀 Pt 的。乙酸的加入会使得化学平衡向左边移动，也就是丁二酮肟镍沉淀溶解的过程。$PtNi_3$ 八面体中的 Pt 4f7/2 和 4f5/2 分别对应光电子能谱的结合能 71.3eV 和 74.6eV，表明 Pt 的价态是零价的；而 Ni 2p3/2 是 852.8eV，也是和 Ni (0) 相对应的。经历腐蚀过程之后，Pt 的价态基本没有改变，而 Ni 已经大部分被氧化。当加入乙酸之后，基本可以把二价 Ni 的配合物洗掉。腐蚀过程在没有丁二酮肟的情况下是不会发生的，即使把反应的温度提高到 100℃，或者延长化学腐蚀的时间，或者加大腐蚀剂的加入量，都无法将 Ni 从 Pt-Ni 合金中完全腐蚀掉。不管是增加 Pt-Ni 合金中 Ni 的含量或是加入腐蚀剂丁二酮肟，都会令 Pt-Ni 合金的电极电势降低，因为这会使 Pt-Ni 合金更容易被氧化，对应的就是活性组分 Ni 被氧化腐蚀析出。随着腐蚀反应的进行，Pt-Ni 合金的电极电势会不断升高，也意味着 Pt-Ni 合金的抗腐蚀能力不断增强。

化学腐蚀的可控性对于这种亚稳态的内凹型结构的形成是至关重要的。$PtNi_3$ 八面体被腐蚀之后形成一种类星形结构，由 6 个对称的分支组成，是在一个完美的八面体的每个面都挖一个内凹的空腔。当 Pt-Ni 合金中 Ni/Pt 的比例增大时，合金中越来越多的 Ni 被腐蚀掉，这样腐蚀之后得到的结构的凹度会越来越大。用 $PtNi_{10}$ 八面体作为前驱体，化学腐蚀过程中的形貌演变过程如图 6-17 所示。随着反应的进行，纳米颗粒的凹度是不断增加的。而在腐蚀反应的最初阶段，反应是沿着（100）方向进行的，也就是说顶点上的 Ni 最先开始被腐蚀。当纳米颗粒形成很窄的（100）面之后，（110）方向和（111）方向紧接着被腐蚀，八面

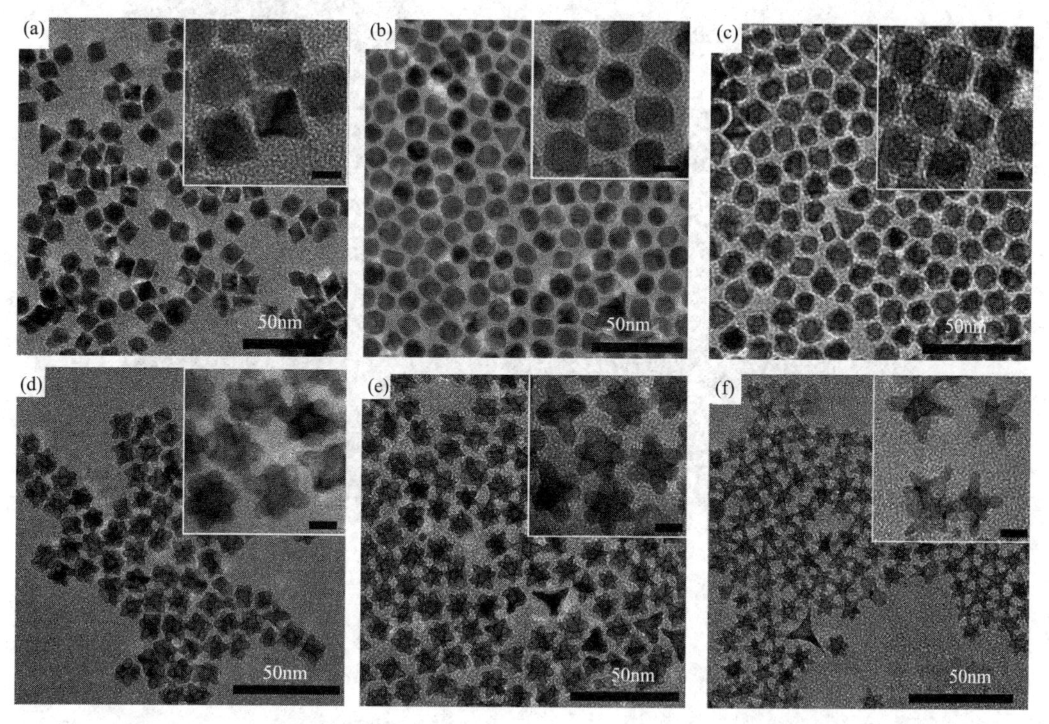

图 6-17　以 $PtNi_{10}$ 八面体为前驱体，在腐蚀的不同阶段得到的 TEM 图插图标尺为 5nm[589]

(a) 15min；(b) 30min；(c) 1h；(d) 3h；(e) 6h；(f) 12h

体的棱和面都会内凹形成空洞并最终得到内凹八面体。另外，过于剧烈的反应（比如浓硝酸的腐蚀）会很快造成表面结构的坍塌和扭曲，最终只能得到一些杂乱的结构而不是规整的内凹型结构。

一种基于相转移界面促进的两相腐蚀法由 Wang 等人提出，相转移界面促进的两相腐蚀法如图 6-18 所示[591]。在两相腐蚀过程中，位于甲苯相中的油溶性 $PtNi_{10}$ 纳米八面体中的 Ni 活性成分受到腐蚀，然后在 EDTA 的配合下转移到水相中。EDTA 促进了相转移界面形成，腐蚀反应在温和条件下加速进行。该方法能够在相对温和的条件下以较快的速度将实心的 $PtNi_{10}$ 纳米八面体腐蚀为 Pt_4Ni 八面体纳米骨架，并且当减少 EDTA-2Na 的用量时也可以获得 $PtNi_4$ 多孔八面体。利用该方法，也可将 $PtNi_3$ 纳米菱形十二面体和 $PdCu_5$ 纳米菱形十二面体腐蚀成相应的菱形十二面体骨架结构。这种协同腐蚀的过程由多个参数（即 O_2、H_2O、H^+、OAm 和 $EDTA^{4-}$）协同控制。Pt_4Ni 纳米框架和 $PtNi_4$ 多孔八面体纳米晶体在碱性介质中的乙醇电氧化和硝基苯的加氢反应方面均表现出优于原始 $PtNi_{10}$ 纳米八面体的活性。在合成过程中，经油胺（OAm）保护的油溶性 $PtNi_{10}$ 纳米八面体往往分散在上层甲苯相中，而由加入的螯合剂 EDTA-2Na 引起的选择性刻蚀在下层水相中进行。在加热的反应釜中，镍原子被氧气氧化为正价离子，OAm 分子则通过配位将镍离子从纳米晶表面搬运到水油界面处交换给 EDTA，从而将 Ni 带入水相。这种通过相界面源源不断地将 Ni 腐蚀并转移到水相的过程，有效地促进了一系列反应向右进行，使得总体的腐蚀过程能够顺利进行。借助于 OAm 对棱边（110）面的保护，八面体的骨架结构最终得以保留。此外，当减少 EDTA-2Na 的用量时，还得到了表面富 Pt 的 $PtNi_4$ 多孔八面体的新颖结构。

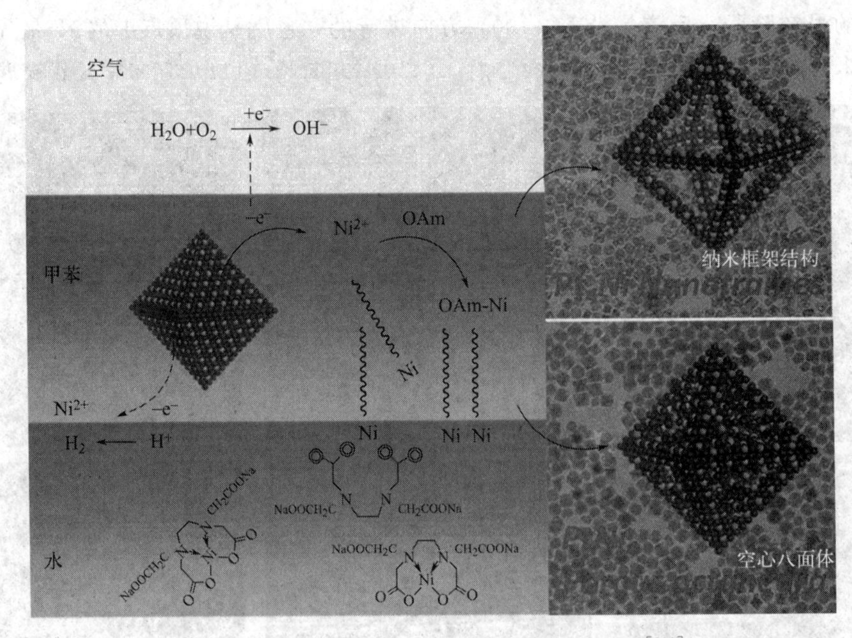

图 6-18 相转移界面促进的两相腐蚀法示意图[591]

6.3 纳米阵列

纳米阵列是指一定纳米尺度的结构单元通过物理或化学方法在衬底上组装成周期性的有

序结构。按结构可以分为一级纳米阵列、二级纳米阵列和多级纳米阵列。已合成出的纳米阵列主要有过渡金属的氧化物、氢氧化物、硫化物，贵金属材料，半导体材料，导电聚合物及多种组分复合的纳米阵列等。纳米阵列的优点为：有良好的导电性、高比表面积、高孔隙率及良好的结构稳定性。对气体参与反应的电极，往往需要一个超疏气的表面，实现气泡的快速逸出，而纳米阵列就可以提供这种表面。

将纳米尺度上的单元组装和生长转移到导电衬底上进行，可以实现电极材料的众多结构优势，如活性物质的固定化、更大的比表面积和更高的孔隙率、表面易组装调控等特性。此类纳米结构与形貌的优势使纳米阵列在超级电容器、锂离子电池、电化学检测、电化学催化等领域具有广泛的应用。合成纳米阵列的方法主要有电化学合成法、水热/溶剂热法及化学气相沉积法等。水热/溶剂热法合成纳米阵列的特点是反应釜内的高温产生高压使得纳米阵列物质的晶化成核过程缓慢有序，这有利于形成结晶性良好的纳米阵列材料。水热/溶剂热法合成纳米阵列的特点是适用于多种金属的生长，产物的形貌、孔径和组成可控等。水热/溶剂热法合成的纳米阵列兼具单个纳米单元的量子效应、表面效应、尺寸效应以及通过组装纳米结构而形成的偶合效应与协同效应，能够表现出许多传统纳米材料不具备的优势。其具体优势如下：

① 一些活性材料可以在衬底上进行原位生长，获得的产物与衬底连接牢固，这样能够避免活性纳米材料在使用过程中的团聚等退化问题，有利于增强纳米材料在实际应用中的循环性和稳定性。

② 纳米阵列的衬底、组成、尺寸和形貌都可以在水热/溶剂热合成过程中通过控制合成反应过程来进行有效的调控。

③ 纳米阵列可进行多级结构的构筑，使用简单的多步法把两种或多种不同形貌、不同结构和性质的材料复合在一起，可以发挥多组分的协同作用，实现纳米阵列材料的多功能化。

合成纳米阵列结构首先需要根据纳米阵列结构的用途选择合适的衬底。例如，用于电化学方面的纳米阵列材料需要选择牢固且导电性好的衬底，导电衬底不仅是生长纳米阵列的模板，而且还是一个导电的集流体。泡沫结构的衬底如泡沫铜、泡沫镍等具有较多有序的介孔、较大的比表面积以及高的电导率。金属镍明显的缺点是它在酸性环境下很容易被酸溶液腐蚀，整体的骨架结构也会因此被破坏，所以金属镍是碱性和中性环境中常用的电化学导电衬底。钛片和钼片等由于可在碱性环境和酸性环境下稳定工作，常在柔性储能设备中充当集流体。在工业化的锂离子电池生产中，通常情况下正极集流体为铝片，负极集流体为铜片。在透明电极中，最常见的衬底和集流体为锡掺杂的氧化铟（ITO）和氟掺杂的氧化锡（FTO）。ITO 和 FTO 都具有较高的透光率，透光率在可见光区内约为 90%。Si 和 SiO_2 等由于其本身的特有晶面也常被选作纳米阵列的衬底。此外，一些碳材料被制成新一代的导电衬底，这些被用作集流体的碳材料包括碳布、碳纤维、泡沫石墨等。

6.3.1 纳米花结构

纳米花是一类特殊的纳米级材料，当在显微镜下观察时，它们类似于花朵或某些情况下的树木，具有抗性高、制备过程简单、效率高和稳定性高等特点[592]。用于纳米结构合成的常用金属氧化物是 Fe_2O_3、Fe_3O_4、Al_2O_3、ZnO、TiO_2、SiO_2 和 CeO_2 等。最近，Chang

等人提出一种用于合成多层 ZnO 纳米花的简单化学沉淀方法，制备出的 ZnO 纳米花的 FESEM 图像如图 6-19 所示[593]。所有实验工作均使用 Milli-Q 超纯水。在实验中，在恒温浴中不断进行电磁力搅拌的情况下，将 NaOH 溶液缓慢添加到 Zn $(NO_3)_2$ 溶液中，再加入 HCl 稀溶液将溶液的 pH 值调节至 9，并将悬浮液老化。将制备的白色沉淀物用超纯水反复冲洗，直至在连续三次冲洗中浸出液的 pH 值保持恒定，再将沉淀物干燥即得最终的产物。ZnO 纳米花的直径约为 1μm。单个花状 ZnO 纳米结构具有由均匀厚度（20～30nm）的纳米片组成的完整形态。

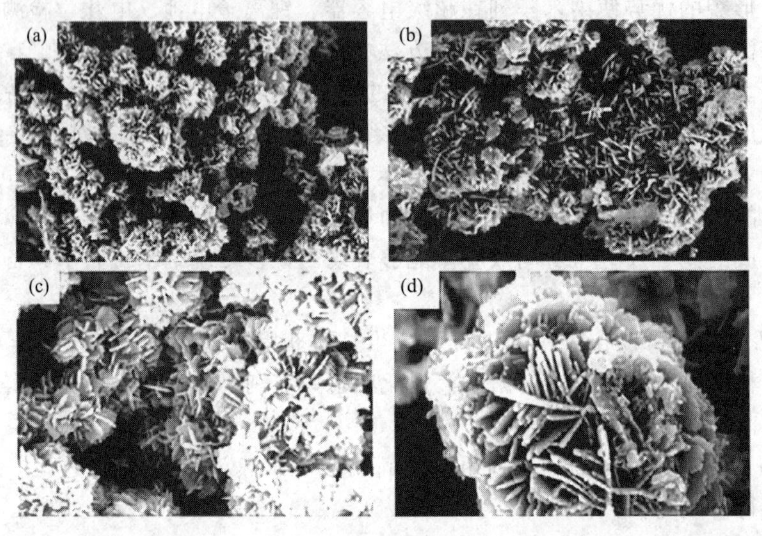

图 6-19　ZnO 纳米花的 FESEM 图像［(a) 和 (b) 是低倍率图像；(c) 和 (d) 是高倍率图像］

除了利用 ZnO 晶体结构中的各向异性来调控生长一维纳米棒结构外，还可以在合成体系中引入模板来诱导一维结构的生长。Chen 等人以非离子表面活性剂聚乙二醇（PEG）作为模板在溶剂热条件下合成出 ZnO 纳米棒，其生长示意图如图 6-20 所示[594]。在合成过程中，Zn^{2+} 与 PEG 表面的活性氧具有很强的吸引作用，由此形成的 Zn(Ⅱ)-PEG 在随后的还原过程中起到“软模板”的作用并最终引导 ZnO 纳米棒的形成。金属锌与 PEG 的相互作用导致 PEG 盘团聚集成溶剂化的 Zn(Ⅱ)-PEG 球，其中锌的浓度远高于本体溶液。超声加光辐照可以更好地增强包裹在 Zn(Ⅱ)-PEG 小球中的 Zn(Ⅱ) 物质的水解，从而形成具有不同鞭毛结构的球形 ZnO-PEG 软模板，即形成 ZnO 纳米管和楔形的 ZnO 纳米锥。随后的水热处理推动锌物质的水解完成，并使生长单元定向附着在管状或楔形结构的表面上。受到 ZnO 极性晶体生长和 PEG 结合到 ZnO 带正电（0001）平面的自然趋势的驱动，$+c$ 端点的生长前沿指向 PEG 小球的内部，并且随机定向的生长受到物理限制。这伴随着 ZnO 纳米团簇在能量上有利的自组装和 Ostwald 熟化过程，ZnO 核从 ZnO-PEG 小球内部的较小的纳米团簇转移到管状或楔形结构的表面，内部 ZnO 纳米颗粒逐渐移出并形成中心腔。最后，一维 ZnO 便进一步组装成更复杂的结构。同时，纳米棒的形貌、长度及长径比可以由 PEG 的聚合度来选择性调控，这种方法还可以拓展到其他一维结构的制备合成[595,596]。

δ-MnO_2 纳米花也可以通过化学还原法或水热法制备。MnO_2 是最有前途的用于锌离子电池的嵌入阴极材料，分层型 δ-MnO_2 允许 Zn^{2+} 的可逆插入/萃取，并且表现出 Zn^{2+} 的高存储容量。传统的合成方法是逐滴引入浓盐酸直接还原 $KMnO_4$ 水溶液获得。最近，Kham-

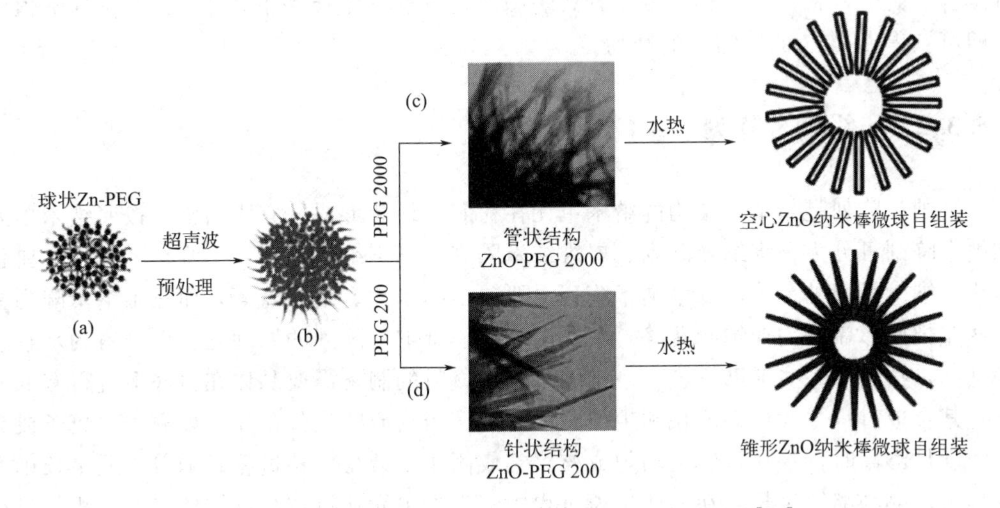

图 6-20 ZnO 纳米棒的生长和球体自组装过程示意图[594]

（a）PEG 线圈和锌物质聚集到 Zn-PEG 小球上；（b）超声波预处理后，Zn-PEG 小球变成 ZnO-PEG 球体；（c）管状结构的 ZnO-PEG 2000 软模板指导空心 ZnO 纳米棒微球自组装；（d）针状结构 ZnO-PEG 200 软模板指导水热过程中锥形 ZnO 纳米棒微球自组装

sanga 等人采用水热合成法制备出了 δ-MnO_2 纳米花，如图 6-21 所示[597]。其实验的过程依次为：首先配制 $MnSO_4 \cdot H_2O$ 和 $KMnO_4$ 的前驱体溶液，连续搅拌后再将混合物转移至特氟龙高压反应釜中 160℃恒温反应，最后收集产物并干燥即可得到 δ-MnO_2 纳米花。石墨上的 δ-MnO_2 纳米花合成过程如下：将石墨加到 $KMnO_4$ 溶液中后搅拌，再把浓度为 98%的 H_2SO_4 溶液滴加到该混合物中，最后将溶液连续搅拌并加热至 80℃恒温保持，将收集的沉淀物用去离子水洗涤几次并干燥，即可得到产物 MnO_2 纳米花。

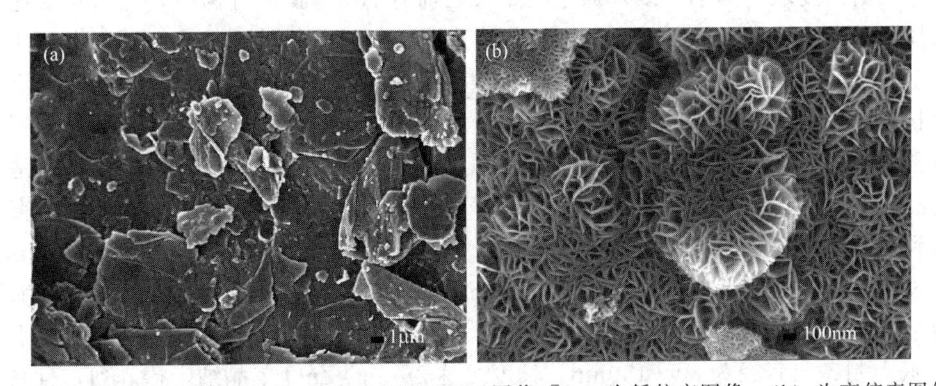

图 6-21 石墨上合成的 δ-MnO_2 纳米花的 FESEM 图像［(a) 为低倍率图像；(b) 为高倍率图像］

MoS_2 是一种层状石墨烯材料，可作电催化剂。非金属原子掺杂可在很大程度上调节块状纳米材料的局部电子结构，从而显著改善氮还原反应性能，并且有效地保持 MoS_2 本身的稳定性，以便其在各种电化学系统中承受较长的运行时间。最近，Zeng 等人通过掺杂制备出富空位的氮掺杂 MoS_2 纳米花[598]。MoS_2 纳米花的合成过程如下：首先采用 $Na_2MoO_4 \cdot 2H_2O$ 和 Na_2S 配制前驱体溶液，随后将混合物转移到衬有特氟龙的高压釜中，并使其保持在 200℃的马弗炉中反应 24h，冷却后的沉淀物经去离子水和乙醇反复漂洗，经过真空干燥产物即为纯的 MoS_2 纳米花。为了获得 N 掺杂的 MoS_2 纳米花，称取适量的 NH_4F 和 MoS_2

进行混合、研磨，将该混合粉末置于管式炉中，在氩气气氛保护下，于500℃条件下恒温煅烧，即可获得N掺杂的所需要的产物。

6.3.2 一级纳米阵列

一级纳米阵列是指单一结构的纳米单元在衬底上组装形成的有序结构。按照纳米单元的结构纳米阵列可分为一维纳米阵列、二维纳米阵列、三维纳米阵列。一维纳米阵列主要包括纳米棒、纳米线、纳米管，二维纳米阵列主要包括纳米片、纳米盘等，而三维纳米阵列主要指一些非规则形貌结构如纳米花等。水热法合成一维纳米阵列的原理是：以原料的水解或溶解为基础，再增加一些辅助反应。一维纳米阵列材料的制备需要晶体在衬底上进行有取向的生长，其合成过程主要包括成核和生长两个阶段。当物质的生长单元（如原子、离子或分子等）浓度足够高时，将在衬底上均匀成核聚集成团簇，即是成核过程；随着物质生长单元的不断提供，晶种继续生长。在晶体生长过程中，生长单元从流体相到固体表面沉积的过程是可逆的，物质的组成单元通过“溶解-沉积”平衡，最终实现规则排列，从而形成有序的晶体结构。

一维纳米阵列材料主要包括纳米棒、纳米线、纳米管、纳米带等。以ZnO纳米材料为例，ZnO不同的一维纳米阵列结构具有独特的光学、电子和力学性能。ZnO的纳米棒阵列有较优异的化学组成，结晶性好；而ZnO纳米线、纳米带、纳米管、纳米芽状材料及表面带有毛须的纳米棒阵列结构能够制造大量的氧空位，氧空位缺陷能影响ZnO的半导体性能，进而改变其光电性能。纳米微晶的形状、取向控制以及将它们排列成有序定向大型三维阵列是实现创造下一代智能功能性微粒薄膜的基础。Huang等人通过催化外延晶体生长的气相传输过程合成出ZnO纳米线阵列[600]。实验使用金薄膜作为纳米线生长的催化剂，在衬底上外延生长出高度取向的纳米线。通过在生长之前对Au薄膜进行构图，可以容易地实现纳米线选择性生长。Vayssieres等人以六水合硝酸锌及六亚甲基四胺为原料利用水热法在多种基片上生长出ZnO微米管阵列，获得的产物直径为1～2μm[601]。ZnO微米管阵列沿（001）方向生长，且排列良好的、结晶面的、取向良好的单晶六角管以垂直的方式排列在基板上，并以非常大的均匀阵列排列。根据电子衍射和X射线衍射的结果，纤锌矿型ZnO是唯一检测到的晶体相，晶格间距没有明显变化。为了进一步减小ZnO纳米管或纳米棒的直径使其真正达到纳米尺寸，改变结晶条件、降低生长反应溶液的浓度是最有效的手段。Vayssieres等人通过优化溶液的浓度制备出直径为100～200nm的ZnO纳米棒，但随着溶液浓度的降低，纳米棒的取向度变差，如图6-22所示[599]。针对这一问题，随后Le等人利用水热法在GaN衬底上制备出直径为80～100nm、长度可达2μm的ZnO单晶纳米棒阵列，且具有较好的取向度[602]。

在上述纳米阵列制备过程中，六水合硝酸锌提供反应所需锌离子，六亚甲基四胺分解提供铵根离子以及氢氧根离子。根据这种反应原理，后来又发展出以其他碱溶液为矿化剂制备氧化锌纳米棒的方法。修向强等人在乙醇溶液中以乙酸锌、PEG400和NaOH为原料，制备出长径比达50的ZnO纳米棒[603]。Bello等人将反应溶液改成乙二胺与乙醇的混合溶剂，通过控制溶剂热反应时添加的乙二胺与乙醇的浓度比及反应温度来控制ZnO的纳米阵列结构的形貌，分别得到纳米线、纳米带、纳米棒、纳米芽阵列及有毛须的纳米棒阵列，产物的SEM照片如图6-23所示[604]。实验获得的ZnO纳米棒阵列具有接近化学计量的组成和良好

图 6-22 水热法制备的 ZnO 纳米棒[599]

（a）俯视图；（b）侧视图

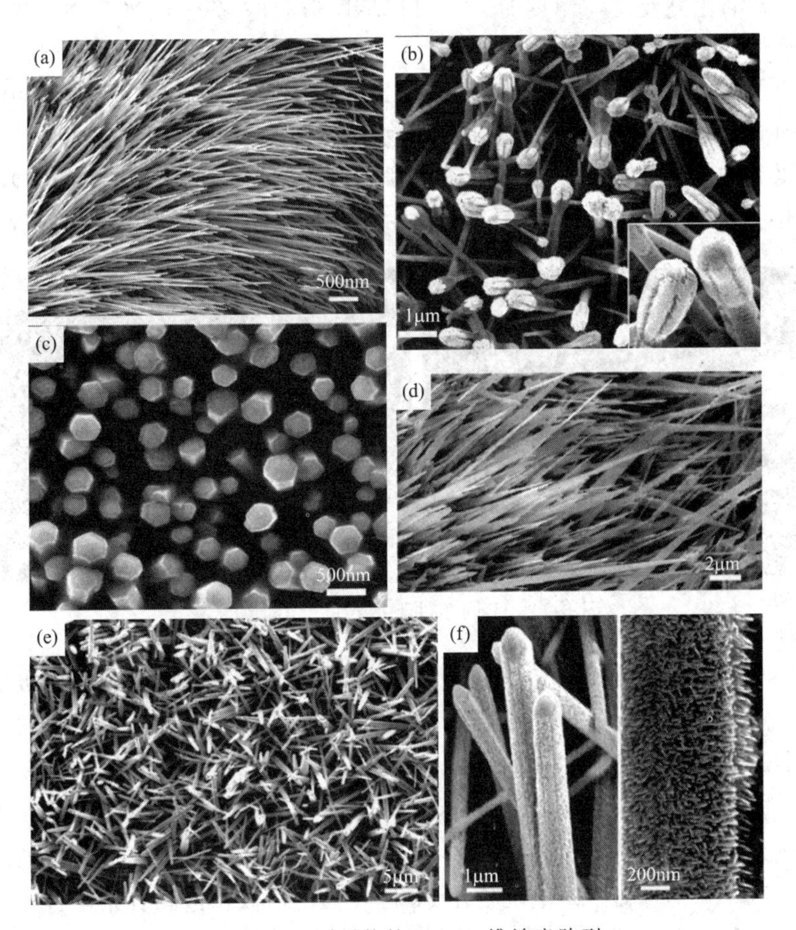

图 6-23 不同形状的 ZnO 一维纳米阵列

（a）锌箔衬底上生长的 ZnO 纳米线阵列；（b）锌箔衬底上生长的 ZnO 纳米芽阵列；（c）锌箔衬底上生长的 ZnO 纳米棒阵列；（d）锌箔衬底上生长的 ZnO 纳米带阵列；（e）、（f）锌箔衬底上生长的表面有毛须的 ZnO 纳米棒阵列

的结晶质量，而 ZnO 纳米线、纳米带、纳米芽阵列和植绒纳米棒阵列限制大量的氧空位。

以下为 ZnO 纳米结构的生长机理：

$$2Zn+O_2+2H_2O \longrightarrow 2Zn^{2+}+4OH^- \tag{6-4}$$

$$Zn^{2+}+2en \longrightarrow [Zn(en)_2]^{2+} \tag{6-5}$$

$$[Zn(en)_2]^{2+}+4OH^- \longrightarrow [ZnO_2]^{2-}+2en+2H_2O \tag{6-6}$$

$$[ZnO_2]^{2-}+H_2O \longrightarrow ZnO+2OH^- \tag{6-7}$$

双齿配体乙二胺不仅作为溶剂，和水、乙醇混合后，还能够提高一维 ZnO 纳米结构在 c 轴方向的生长速率。因此，乙醇是控制 $[ZnO_2]^{2-}$ 在水/醇混合相中释放速率和保证其不断地生长一维 ZnO 纳米结构的关键。此外，乙二胺分子呈中性，电正性的（0001）面和电负性的 $[ZnO_2]^{2-}$ 生长位点之间的静电力远强于（0001）面和电中性乙二胺之间的分子吸附力，因此 $[ZnO_2]^{2-}$ 生长位点吸附在（0001）面而乙二胺分子吸附在侧面（1010）。随着纳米棒直径的增大，乙二胺和二价锌之间的强螯合作用受到抑制，这导致 ZnO 在 c 轴方向的生长速率增大。溶液的 pH 值也随着乙二胺的量改变而改变，从而影响 ZnO 的沉淀。因此，在调整反应溶剂的比例及反应温度时，会出现不同形貌的 ZnO 纳米阵列。Wang 等人提出一种温和的水热合成单晶 TiO_2 纳米棒的方法[605]。该方法分别以不同的材料（包括 Si、Si/SiO_2、硅柱以及 FTO 玻璃等）为衬底均可得到直径为 60nm 左右、长度为 400nm 的 TiO_2 纳米棒，如图 6-24 所示。TiO_2 纳米棒阵列的水热合成是在具有聚四氟乙烯（PTFE）衬里的不锈钢高压釜中进行的，实验所使用的衬底需要涂覆一层 5nm 厚的 TiO_2 薄层，并于 500℃退火 2h，使用四异丙氧基钛（TTIP）溶解在异丙醇中制成的前驱体溶液。

图 6-24 不同条件下得到的 TiO_2 纳米棒

直接在导电衬底上生长的高度有序且排列良好的阵列可以为高表面积电极材料的设计提供物质基础。例如，掺硼金刚石纳米棒阵列电极表现出对葡萄糖氧化的改善的灵敏度和选择性。高孔隙率、高表面积和高阶的 CdS 纳米管阵列展示出用于 H_2O_2 检测的独特电化学发光性能。Liu 等人在 Fe 衬底上通过在 $(NH_4)_2Fe(SO_4)_2$ 水溶液中进行阳极电化学沉积来制备 α-Fe_2O_3 纳米棒阵列[606]。实验采用含 $(NH_4)_2Fe(SO_4)_2$ 和 CH_3COOK 的水溶液为前驱体溶液，将 α-Fe_2O_3 纳米棒阵列电沉积在 Fe 衬底上，铂板和饱和甘汞电极（SCE）用作工作电极、对电极和参比电极，获得的沉积物需要在空气中、350℃条件下加热 4h 才能形成 α-Fe_2O_3 纳米棒。Liu 等人进一步在钛基材衬底上制备出新型的 $Zn_xCo_{3-x}O_4$ 纳米阵列结构，该结构由生长在初级菱形柱阵列上的小的次级纳米针构成，如图 6-25 所示[607]。实验采用 $Zn(NO_3)_2\cdot 6H_2O$ 和 $Co(NO_3)_2\cdot 6H_2O$ 为合成产物的原材料，以 $CO(NH_2)_2$ 作碱源，以 NH_4F 来调控前驱体溶液的酸碱度和产物的形貌。

二维纳米材料指厚度为纳米量级的薄膜或具有纳米尺度的层状化合物。二维纳米片材料

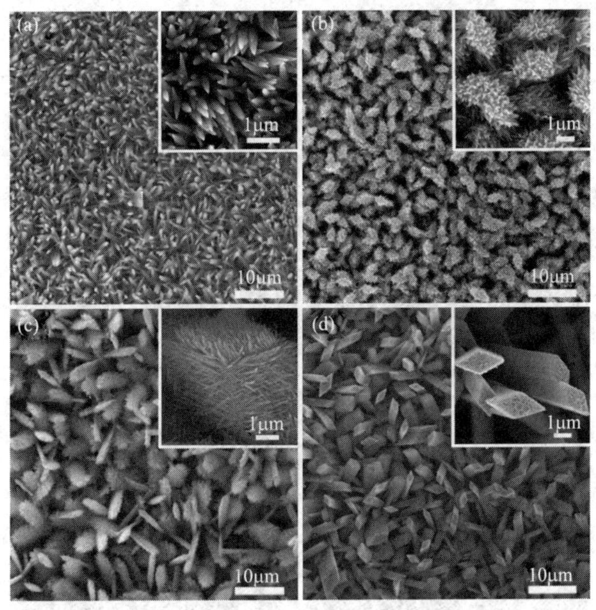

图 6-25 $Zn_xCo_{3-x}O_4$ 阵列的 SEM 图像（插图为 $Zn_xCo_{3-x}O_4$ 阵列的高倍 SEM 图像）

(a) Co_3O_4；(b) Zn/Co=1∶4；(c) Zn/Co=1∶3；(d) Zn/Co=1∶2

也能组装成阵列结构，如 MnO_2 纳米片阵列[608]。Nakamura 等人利用超薄 SiO_2 薄膜技术，通过自组装在 Si 衬底上外延生长具有自修复能力的 Ge 量子点（QD）二维纳米阵列。实验通过使用选择性刻蚀方法转录嵌段共聚物膜的图案，在超薄 SiO_2 膜上将纳米级的空隙图案化，并用作 QD 生长的成核位点[609]。外延量子点弹性松弛，没有错位且尺寸均匀。硅覆盖的 QD 纳米阵列的外延结构在 1.5μm 附近表现出较强的光致发光。Lu 等人以泡沫镍为衬底，以硝酸镍和硝酸铁为镍源和铁源，用尿素作碱源，采用水热反应法制备出镍铁水滑石六方纳米片阵列[610]。实验通过将六边形的镍铁水滑石片有序地排列在泡沫镍衬底上，比表面积获得显著提高，导电性及电催化活性得到显著改善。类似地，Lu 等人采用水热合成法在泡沫镍衬底上得到 CoAl 水滑石六方纳米片阵列，片厚度为 50～80nm[611]。Zheng 等人采用水热合成法在铜箔衬底上制备出单晶氧化镍纳米片阵列，如图 6-26 所示[612]。实验采用 $NiCl_2 \cdot 6H_2O$、尿素和 NH_4F 为前驱体溶液。对于铜箔上的 NiO 产物，所获得的纳米薄片中 Ni 的量取决于 NiO 生长和退火前后 Cu 箔的重量增加。

水热法合成纳米阵列时，除衬底会对产物的形貌产生影响，添加的反应物的种类及浓度的改变，或者反应时间和反应温度的改变都会影响形成的纳米结构，甚至会使得材料在一维纳米阵列与二维纳米阵列之间进行转换。以刘军枫等人的研究结果为例，碱源及反应时间改变会直接导致产物在纳米线、纳米片等之间转化。如果要合成长度是微米级、直径为 10～15nm 的 NiO 纳米棒阵列，需要以镍盐为镍源、尿素为碱源合成 NiO 纳米棒[613]。如用六亚甲基四胺替换尿素，在相同的反应条件下，水热反应后得到长度为 1μm、厚度为 6nm 的 $Ni(OH)_2$ 纳米壁[614]。两种形貌的不同说明碱在形成纳米阵列的过程中有很重要的作用。

相比同质纳米阵列，异质多维度纳米阵列的制备需要更加复杂的条件和工艺。具有多个维度的分层复杂纳米结构的生长可以避免储能领域中的许多缺点。这种分层纳米结构可以提高电化学性能，如果再将内核的高电导率和外部支链的大表面积结合在一起，就可以实现纳

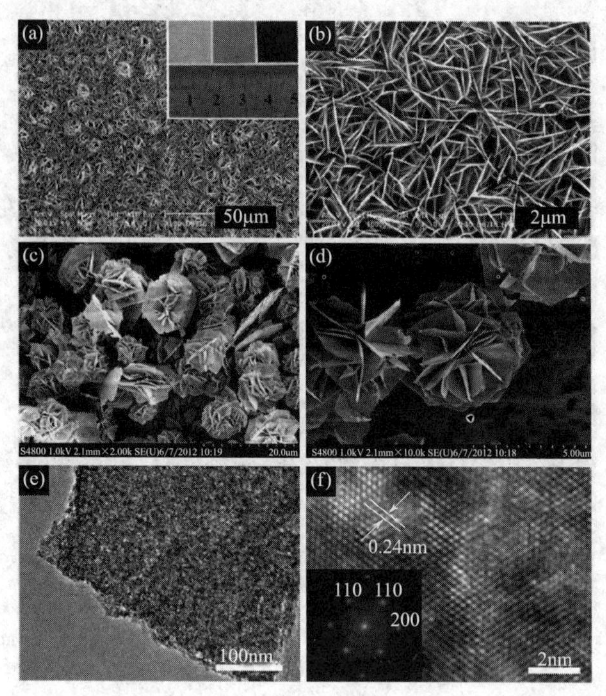

图 6-26 Cu 衬底上的 NiO 纳米片阵列的 SEM 图像（a）、（b），溶液中的 NiO 纳米薄片组件的 SEM 图像（c）、（d），铜上 NiO 纳米薄片的 TEM 图像（e）和 HRTEM 图像［（f），插图为此纳米薄片的 FFT 模式］

米级的均匀界面/化学分布以及快速的离子和电子转移。水热合成法是经典的制备纳米阵列的方法，Yang 等人通过简单的水热和退火处理过程获得了分层 Co_3O_4 纳米片@纳米线阵列[615]。Co_3O_4 纳米片@纳米线阵列的合成由两步完成，该纳米片@纳米线阵列由位于纳米片阵列上的 Co_3O_4 纳米线组成。通过研究不同反应时间下的形态演变过程发现，可以在泡沫镍上形成纳米片阵列，并以纳米线的形式围绕片状纳米线生长，不同反应时间阶段产物的 SEM 图像及生长示意图如图 6-27 所示。实验将泡沫镍衬底放在含有钴盐、尿素和氟化铵的溶液中，经历水热反应后并燃烧即可得到平均边长为 6μm、厚度为 100nm 的 Co_3O_4 纳米片；如果在相同的条件下，将反应时间延长，就会获得长度为 5～7μm、直径为 50nm 的 Co_3O_4 纳米线。与氧化物、氢氧化物相同，硫化物也能形成纳米片阵列。孙晓明等人用水热法在钛衬底上生长 MoS_2 六方纳米片阵列，与平面的 MoS_2 结构相比，其比表面积大大增加，且在亲气疏水方面较平面结构有更优异的性能[616]。

三维纳米阵列主要是由纳米棒、纳米线或纳米花等在衬底上进行排列而形成的结构材料，可通过气相法、水热法及溶胶-凝胶法等制备[617,618]。Qian 和 Wang 等人通过简单的水热合成路线成功制备出具有一系列新颖形态的 ZnO 晶体纳米阵列，包括塔状、花状和管状产物。通过改变反应物和实验条件，可以调控 ZnO 晶体阵列的形貌和取向[619]。实验将 ZnO 晶体阵列合成到玻璃、石英和 PET 基板上在特氟龙容器中完成。控制反应物的含量、超声预处理时间和反应温度，分别获得了基板上呈管状、花状和塔状的 ZnO 晶体阵列。结果显示，在较低温度下可获得花状的 ZnO 晶体阵列，在较低温度下进行超声预处理可获得管状的 ZnO 晶体阵列。塔状晶体逐层生长，而管状晶体来源于活性纳米线的后续生长。超声预处理可以有效促进活性核的形成，这对管状 ZnO 晶体阵列的形成具有重要作用。这些

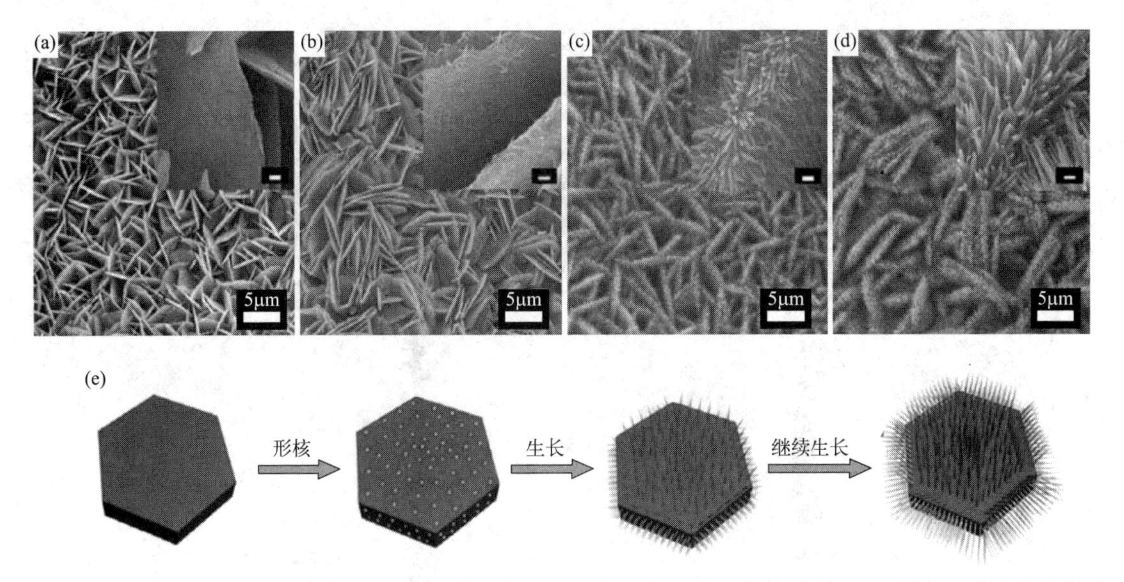

图 6-27 不同反应时间阶段产物的 SEM 图像（插图是比例尺为 200nm 的相应的 SEM 图像）及生长示意图
(a) 6h；(b) 7h；(c) 8h；(d) 9h；(e) Co_3O_4 分层结构的生长示意图

ZnO 晶体的大规模阵列也可以成功地合成到各种衬底上，如非晶玻璃、晶体石英和 PET。这意味着该化学方法在纳米/微米级器件的制造中具有广泛的应用。Wahab 和 Shin 等人通过溶液法合成出由六边形 ZnO 纳米棒组成的花状 ZnO 纳米结构阵列[620]。实验使用乙酸锌二水合物和氢氧化钠作为原材料，制备出的单个纳米棒为六边形，尖端尖锐，直径约为 300～350nm，产物相是纤锌矿六方相的单晶，沿（0001）方向生长。

一维异质结构纳米材料是纳米级电子、催化、化学传感和能量转换存储设备中必不可少的组件。已制备出的各种核壳纳米线异质结构显示出显著增强的性能，例如半导体@半导体、半导体@金属、金属@金属氧化物、金属氧化物@金属氧化物及金属氧化物@导电聚合物。这是因为异质结构纳米线架构可以利用两个组件的优势，并通过相互增强或修改来提供特殊的性能。Xia 等人提出一种制备核壳纳米阵列的强大的两步法解决方案，在 FTO 玻璃、镍箔和泡沫镍各种导电基板上制造过渡金属氧化物 Co_3O_4@NiO 和 ZnO@NiO 核壳纳米结构阵列[621]。制备出的产物包括具有分层和多孔形态的 Co_3O_4 或 ZnO 纳米线核和 NiO 纳米片壳，并提出“定向附着”和“自组装”晶体生长机制来解释 NiO 纳米薄片壳的形成，如图 6-28 所示。实验首先通过水热合成法制备出 Co_3O_4 和 ZnO 纳米线核阵列结构，然后采用化学浴沉积制备出 NiO 壳层。

6.3.3 多级纳米阵列

多级纳米阵列是在单一结构的纳米阵列表面通过生长二级甚至多级纳米单元构筑得到的，通过以具有较大比表面积的一级阵列结构作为模板生长二级结构，可大幅度提高活性材料的负载量。多级纳米阵列通常分为单一组分的多级纳米阵列和多组分复合的多级纳米阵列，其合成方法也可分为一步法与多步法。

一步水热法合成多级纳米结构阵列通常是指利用多组分沉淀速率的不同，在形成纳米阵列时形成多级结构。一步水热法可以获得多种多级的复合金属氧化物、硫化物纳米阵列，如

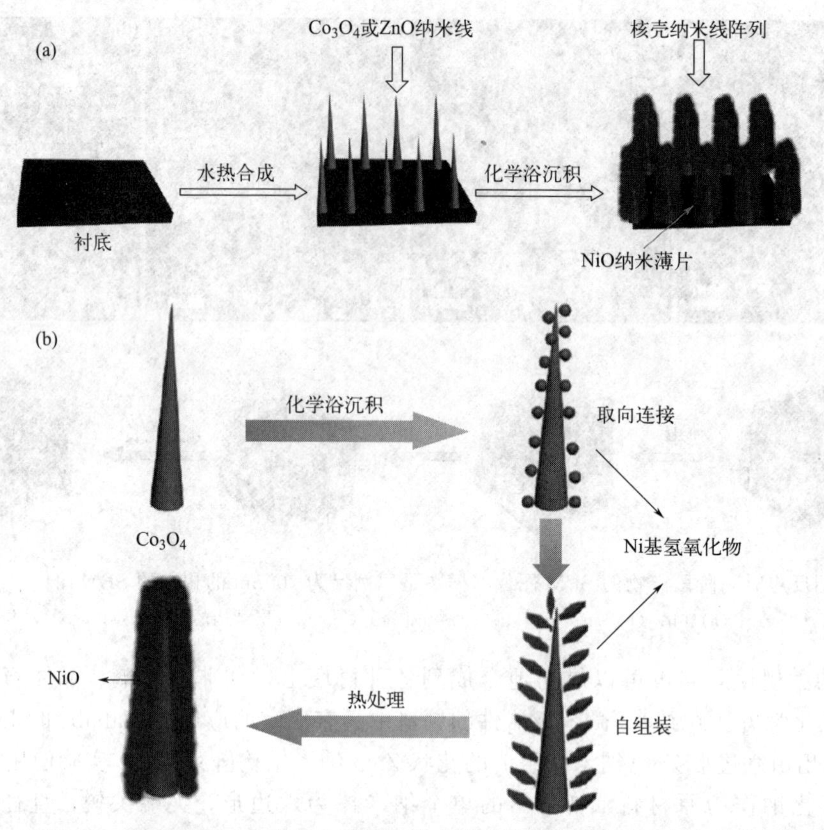

图 6-28　Co_3O_4@NiO 和 ZnO@NiO 核壳纳米结构阵列两步法制备示意图

(a) Co_3O_4 和 ZnO 纳米阵列核的合成过程；(b) N_iO 壳的制备过程

多级的 $Co_{3-x}Fe_xO_4$ 纳米阵列、$Zn_xCo_{3-x}O_4$ 纳米阵列、$CoNi_2S_4$ 纳米阵列等。例如，Sun 等人将铁衬底置于含有钴盐、氟化铵和尿素的前驱体溶液中进行水热反应，生长出了 $Co_{3-x}Fe_xO_4$ 二级纳米阵列，如图 6-29 所示[622]。反应时间对产物的形貌及结构有决定性的影响。在反应初期，产物为在铁衬底上垂直生长出的边长为 50μm、厚度为 1μm 的层状双氢氧化物（CoFe-LDH）纳米片阵列；随着反应继续进行，产物变为掺杂正交氢氧化钴（CoFe-HC）纳米线的二级纳米结构，该纳米线从六方 CoFe-LDH 薄片的边缘以平行方式外延生长，长度约为 4μm，底部的平均宽度约为 500nm。这种分层结构表现出六重对称性，即纳米线分支在六边形薄片上沿六个方向生长，相邻分支之间的夹角为 60°；在反应 12h 后，产物变为平均宽度约为 200nm、长度约为 10μm 的更细纳米线，纳米线以 60°的角度相互连接，形成针织片状形态，经过煅烧最后可得到 $Co_{3-x}Fe_xO_4$ 纳米阵列。类似地，在 Co_3O_4 纳米片上生长纳米棒阵列网以及在 $Zn_xCo_{3-x}O_4$ 纳米柱上生长纳米线阵列均可采用一步自模板法通过调整反应条件实现。

$NiCo_2O_4$ 通常被认为是纯尖晶石结构的混合化合价氧化物，它比两种相应的单组分氧化物具有更好的电子传导性和更高的电化学活性。Tu 等人通过简单的水热反应法，在泡沫镍衬底上制备出多孔 $NiCo_2O_4$ 异质结构纳米线-纳米片的多级纳米阵列结构，并对生长过程中产物的形貌与结构进行了一系列调控[623]。尽管这种工艺是一种温和的纳米阵列合成工艺，但是形成的产物结构主要还是取决于反应条件和材料的本性，控制较为困难，因此很多

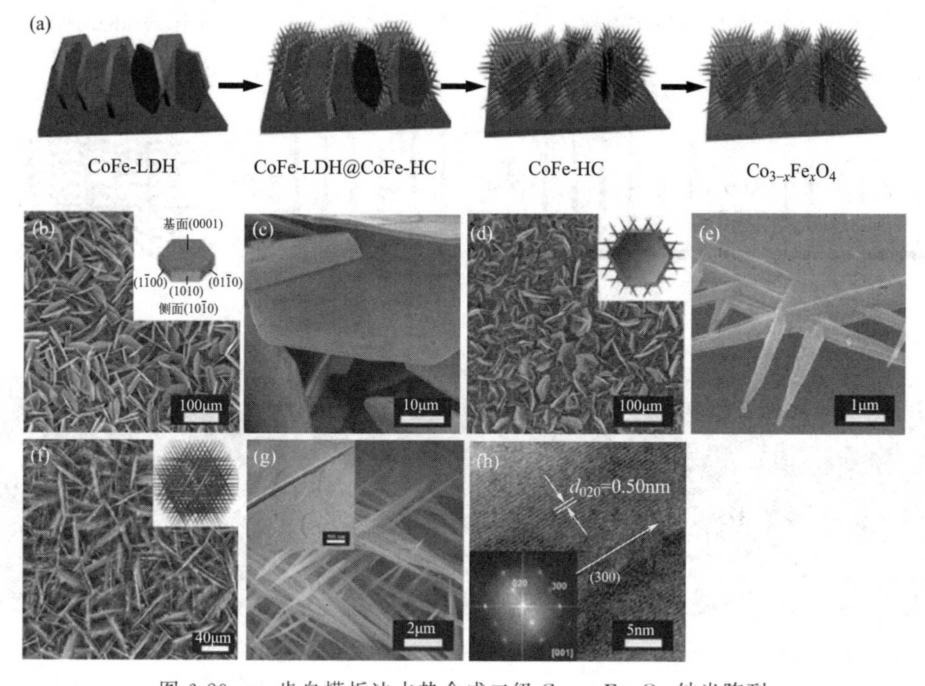

图 6-29　一步自模板法水热合成二级 $Co_{3-x}Fe_xO_4$ 纳米阵列

(a) 一锅法在铁衬底上生长 $Co_{3-x}Fe_xO_4$ 纳米阵列的原理示意图；(b)～(g) 产物的扫描图 [(b)、(e) 3h；(c)、(f) 4h；(d)、(g) 12h；(b)、(d)、(f) 中的插图为晶体的结构示意图]；(h) HRTEM 图像

地方需要用到多步分级法。多步分级法生长多级纳米阵列是指在原有的基础结构上生长出二级结构。这种方法能够将多种合成方法融合在一起从而得到一种或几种复合物，并且可以通过调整第二阶段的反应条件，如反应时间、反应温度和反应物浓度等控制材料的形貌和结构。因此，大部分多级结构都是采用多步水热法合成的。

对于多级结构纳米阵列的合成，反复应用多步法合成是一条重要的路线。SnO_2 具有较高的理论容量，被认为是锂离子存储的良好材料，实现 SnO_2 纳米结构阵列是进一步提高锂离子存储材料性能的机会。结合多步法制备的纳米阵列具有诸多优势，Zhu 和 Fan 等人提出在 TiO_2 纳米管茎上构建 SnO_2 纳米薄片分支的技术路线[624]。与粉末相比，这种核心分支的纳米结构阵列电极显示出明显改善的锂离子存储性能，具有更加稳定的循环过程和更高的倍率能力。在这种结构中，TiO_2 纳米管茎是通过原子层沉积实现的，并为 SnO_2 纳米薄片提供一种低质量的支架及一条电荷传导路径。首先通过简便的水热合成法制备出自支撑的 $Co(OH)_2CO_3$ 纳米棒阵列，然后使用 ALD 将样品涂上 20nm 厚的 TiO_2 薄膜，接着将样品浸入 HCl 溶液中以去除初始的 $Co(OH)_2CO_3$ 模板，随后再对获得的 TiO_2 纳米管在 200℃ 下进行退火，以增加 TiO_2 纳米管的结晶度并改善其与衬底的连接；最后再用水热合成法制备出 SnO_2 纳米片，其合成过程示意图和形貌表征如图 6-30 所示。由于具有独特的结构优势和多组分协同作用，这类多级纳米阵列材料在诸多应用领域都展现出优异的性能。

纳米片/纳米棒阵列也能通过多步合成路线来制备。孙晓明、刘军枫等人采用两步水热法合成出新型多级 Co_3O_4 纳米片/Ni-Co-O 纳米棒阵列[625]。在实验过程中，他们首先利用水热反应在泡沫镍衬底上生长 $Co(OH)_2$ 纳米片阵列；然后在合成的 $Co(OH)_2$ 纳米片阵列中加入镍盐和强碱，进行第二步水热反应；最后通过退火热处理得到多级 Co_3O_4/Ni-Co-O

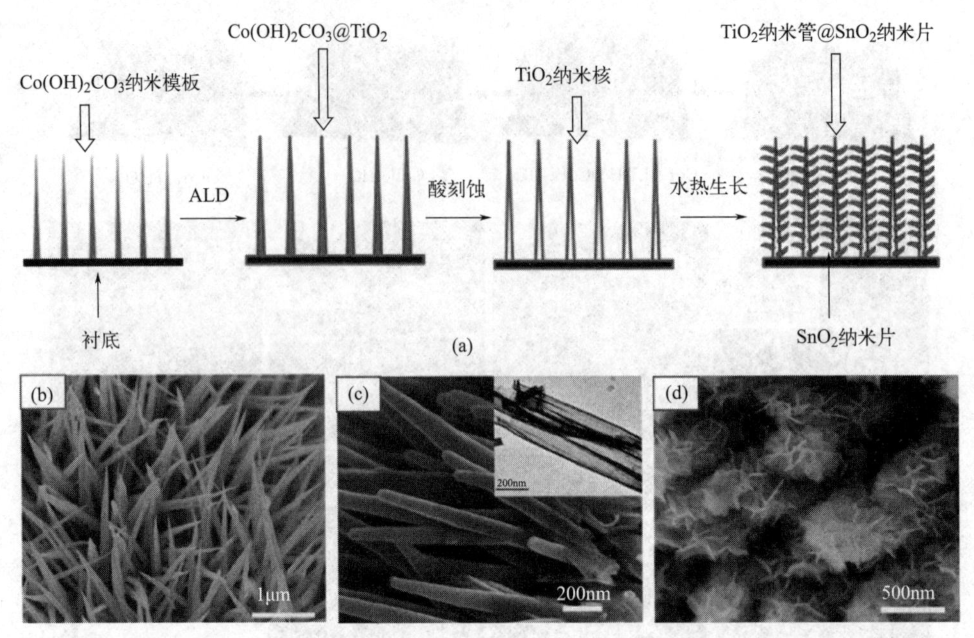

图 6-30　多级 TiO_2 纳米管@SnO_2 纳米片阵列的合成示意图及对应的形貌表征图片[624]

(a) TiO_2 纳米管@SnO_2 纳米片核分支纳米结构的制备过程示意图；(b) $Co(OH)_2CO_3$ 纳米棒；(c) 被 20nm 厚的 TiO_2 层覆盖的 $Co(OH)_2CO_3$ 纳米棒（在酸浴后插入 TiO_2 纳米管）；(d) TiO_2 核@SnO_2 纳米片

纳米片阵列。这种方法能够灵活地调节活性材料的负载量，而且能够控制最终产物的形貌，其中二级结构纳米棒的直径可小于 20nm。此外，这种合成途径使得二级结构生长在初级结构表面，并且初级结构内充满孔道。孙晓明等人通过简单的水热反应和后续的原位生长在泡沫镍衬底上制备出分级 Ni-Co-O@Ni-Co-S 阵列[626]。水热产物中的 Ni 掺杂是由泡沫镍基材的溶解和沉淀引起的。实验的第一步是通过水热法合成羟基氧化钴纳米线阵列；第二部是将第一步的产物置于 Na_2S 溶液中浸泡，由 S^{2-} 置换掉羟基氧化钴内的 OH^- 和 C 得到 $Ni_xCo_{2-x}S$；最后通过燃烧得到 Ni-Co-S/Ni-Co-O 二级纳米阵列结构。

多步合成法可以合成出多级纳米阵列，包括无机/无机、无机/有机多级纳米阵列。段雪等人采用多步水热法在 FTO 衬底上合成出一种表面负载金颗粒的 ZnO 纳米阵列@纳米颗粒核壳阵列[627]。实验的第一步是用水热法在 FTO 玻璃衬底上合成 ZnO 纳米棒；第二步是将 ZnO 纳米棒置于含有乙酸锌、柠檬酸钠、六亚甲基四胺的前驱体溶液中进行水热反应，即可得到 ZnO 纳米棒阵列@纳米片核壳阵列；最后一步是将 ZnO 纳米棒阵列@纳米片核壳阵列置于氯金酸溶液中反应，即获得 Au 表面修饰的 ZnO 纳米阵列@纳米颗粒。在经典的水热合成纳米阵列的基础上，郑耿峰等人利用两步水热合成新型 $Co_3O_4/\alpha\text{-}Fe_2O_3$ 支链纳米线异质结构阵列，该材料可以作为具有高 Li^+ 存储容量和稳定性的锂离子电池负极的理想选择[628]。实验的第一步是在钛衬底上通过水热方式得到 Co_3O_4 纳米线阵列，然后再通过第二步水热的方法在 Co_3O_4 纳米线的外围生长出树枝状结构的 $\alpha\text{-}Fe_2O_3$。与之前的纳米颗粒相比，比表面积不仅显著增大，而且阵列结构综合了 Co_3O_4 与 $\alpha\text{-}Fe_2O_3$ 的性能，电化学性能得到显著提高，如图 6-31 所示。

二维多级纳米阵列也能够通过多步骤合成路线合成。Li 等人提出一种由二维金属有机

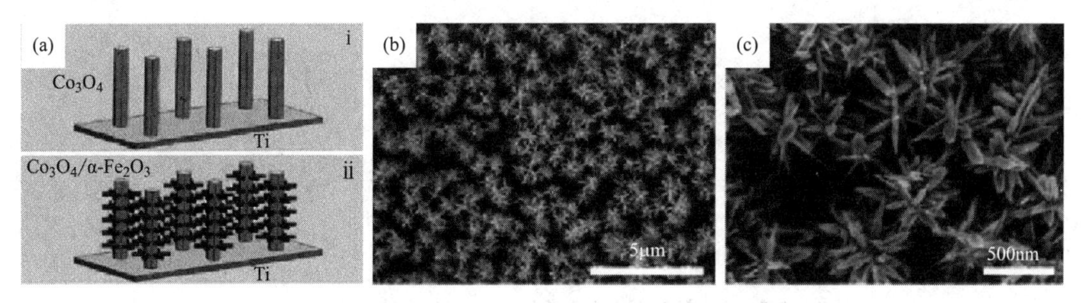

图 6-31 Co_3O_4/α-Fe_2O_3 的生长示意图（a）及纳米阵列结构［(b)、(c)］

骨架 Ni 儿茶酚（Ni-CAT）和层状双氢氧化物（NiCo-LDH）构成的新型分层纳米阵列材料[629]。实验采用两步水热合成制备出分层 Ni-CAT/NiCo-LDH 纳米阵列。首先，NiCo-LDH 纳米片在泡沫镍衬底上原位生长；其次，将 Ni-CAT 纳米棒以交错结构在水热条件下涂覆到 NiCo-LDH 的表面上。Ni-CAT 在 NiCo-LDH 上沉积可能归因于以下事实：LDH 表面的外部氢氧化物会捕获 Ni 离子，然后 Ni 离子与 HHTP 配体配位，逐渐形成 Ni-CAT 纳米棒。Wei 等人采用化学浴沉积法与水热法相结合的两步法，在 ITO 玻璃基板上制备出三维结构的 NiO 纳米多孔/ZnO 纳米阵列膜[630]。NiO 纳米多孔/ZnO 纳米阵列电极具有显著改善的电致变色现象，主要原因为：①均匀的六边形 ZnO 纳米阵列可负载更多的 NiO 纳米孔；②与 ZnO 纳米棒交联的 NiO 纳米孔提供宽松的空间形态；③ZnO 纳米棒与 ITO 之间的附着力更强；④核心壳和交联结构可促进电解质的渗透；⑤适当的带隙对改善电荷转移有显著作用。Liu 等人通过简单的两步法制备三维 α-Fe_2O_3/聚吡咯电极，该方法包括通过直接加热将三维 α-Fe_2O_3 纳米薄片生长到铁箔上，通过化学聚合工艺在 α-Fe_2O_3 纳米薄片表面均匀涂覆一层薄薄的聚吡咯[631]。

6.4 总结

本章主要讨论了微孔、介孔、纳米核壳及纳米阵列等各种特殊结构的纳米材料。本章讨论的大部分材料在自然界中不存在，但是每一种材料都具有独特的物理性能及其潜在应用。虽然不知道不久的将来会出现什么类型的人造材料，但可以肯定的是，具有更多未知物理性能的人造材料将会不断增加。

7

纳米材料的物理化学性能

纳米材料的物理性能与相应的块体材料有很大不同，其众多的奇特性能均来源于不同的基本原理。例如，尺寸限制导致纳米材料的电性能和光性能的改变，但是尺寸减小又有利于提高晶体结构的完整性，这样可以增强单个纳米尺度材料的力学性能；块体纳米结构材料力学性能相关的尺寸效应更为复杂，这是由于包含了如晶界相和应力等许多其他机制。然而，纳米材料的性质不仅取决于尺寸，还与形貌及结构密切相关。例如，磁性纳米晶体的粘连温度、磁饱和度和永久磁化强度都取决于粒径与结构，但是由于表面各向异性效应，纳米晶体的矫顽力完全取决于粒子的形状。不同形状的磁性纳米晶体在诸如高密度信息存储等领域的技术应用中已展现出巨大的潜力。纳米粒子的物理和化学性质，如催化活性、选择性、电学性质、光学性质及熔点，也都高度依赖于形状。利用纳米材料的表面特性、活性和选择性，有可能为生产日用化学品和未来的可持续社会所需的能源提供极其有效的功能器件。其他特性，如对表面增强拉曼散射的敏感性以及金或银颗粒的等离子体激元共振特征，也取决于颗粒的形状。

7.1 电子能级的特性

纳米材料单位体积内的表面原子数所占比例很大。如果将一个宏观物质不断地缩小，则其表面原子数与内部原子数之比将急剧变化。例如，$1cm^3$ Pt 的表面原子所占比例为 $10^{-5}\%$，而体积缩小到边长为 10nm 的小立方体，这个比例将增加到 10%。在 $1nm^3$ 的立方体铁中，每个原子都将成为表面原子。这个表面原子数比率随粒子直径的变化关系如图 7-1 所示[632]。这种在纳米结构和纳米材料中表面原子数与内部原子数之比急剧增大的现象可以说明在纳米水平上粒子尺寸的变化是引起材料物理和化学性能发生巨大变化的原因[633]。粒子总表面能随着整体表面积变大而增加，而表面积强烈依赖于材料尺寸。例如 NaCl 的表面积和总表面能随着粒子尺寸而变化的情况如表 7-1 所示。需要注意的是，比表面积和总表面能在立方体很大时可以被忽略，但在非常小的粒子中影响巨大而必须加以考虑。当粒子尺寸从厘米变到纳米量级时，表面积和表面能将提高 7 个数量级。由于表面积巨大，纳米材料具有很大的表面能，因此其状态处于热力学非稳态或亚稳态。在纳米材料的制备和加工过程中，最大的挑战之一就是如何克服表面能，以避免纳米结构和纳米材料发生由表面能自发减小而驱动的晶粒生长。为了产生和稳定纳米结构和纳米材料，对固态表面的表面能和其物理化学有深入的理解是十分必要的。

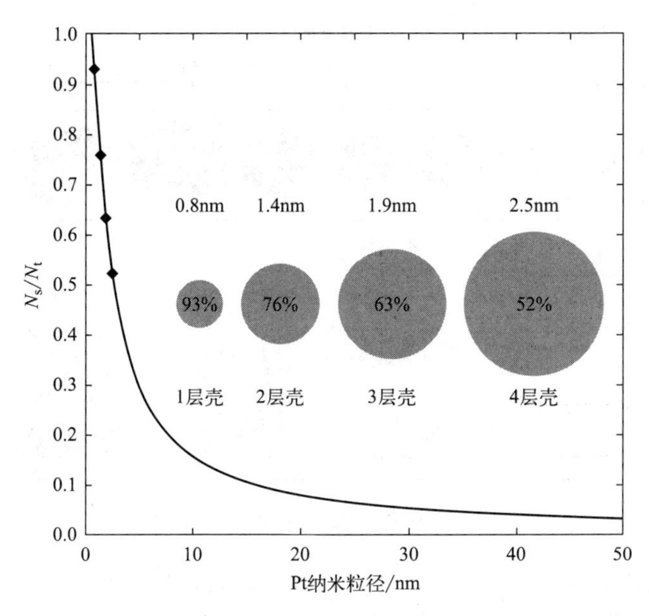

图 7-1　表面原子数比率随钯团簇直径的变化

表 7-1　NaCl 表面能随粒子尺寸的变化趋势

尺寸/cm	总表面能/(J/cm^2)	总棱长/cm	总表面能/(J/g)	总棱角能/(J/g)
0.77	3.6	9.3	7.2×10^{-5}	2.8×10^{-12}
0.1	28	550	5.6×10^{-4}	1.7×10^{-10}
0.01	280	5.5×10^{4}	5.6×10^{-3}	1.7×10^{-8}
0.001	2.8×10^{3}	5.5×10^{6}	5.6×10^{-2}	1.7×10^{-6}
10^{-4}(1μm)	2.8×10^{4}	5.5×10^{8}	0.56	1.7×10^{-4}
10^{-7}(1nm)	2.8×10^{7}	5.5×10^{14}	560	170

纳米微粒属于零维纳米结构材料，尺寸范围在 1～100nm。材料的种类不同，出现纳米基本物理效应的尺度范围也不一样，金属纳米粒子一般尺度比较小。当金属的尺寸进一步减小到 1nm 左右或更小，直到几个原子时，能带结构变得不连续，并分解为离散的能级，与分子的能级有些相似。纳米粒子的电子状态的量化以及通过尺寸和形状控制对这些状态的控制是推动该领域研究的主要因素之一。纳米级特性的变化是通过不同材料的不同机理发生的。作为金属纳米粒子的一般规则，从块状发展到越来越小的金属纳米颗粒，其能量连续性发生变化，从而产生越来越多的离散能级，即电子态的密度降低，如图 7-2 所示。例如，当 Ag 纳米粒子的粒径降到量子点尺寸范围内时，则电子能级结构从连续变为离散，与分子的能级相似，这就导致其导电特性从金属的良导体转变为绝缘体。这种降低的内部态密度导致迁移性 Ag^+ 产生，而这些离子对硫和磷具有高亲和力。尽管如此，金属纳米团簇仍可以通过能级之间的电子跃迁与光相互作用，引起强烈的光吸收和发射。同样，半导体纳米粒子的能带也具有相类似的尺寸关系。

金属粒子电子性质的经典理论是针对金属超微颗粒费米面附近电子能级状态分布而提出来的，它与通常处理大块材料费米面附近电子态能级分布的传统理论不同，这是因为当颗粒尺寸进入纳米级时由于量子尺寸效应原大块金属的准连续能级产生离散现象。Kubo 等人对小颗粒的大集合体的电子能态做了两点主要假设：

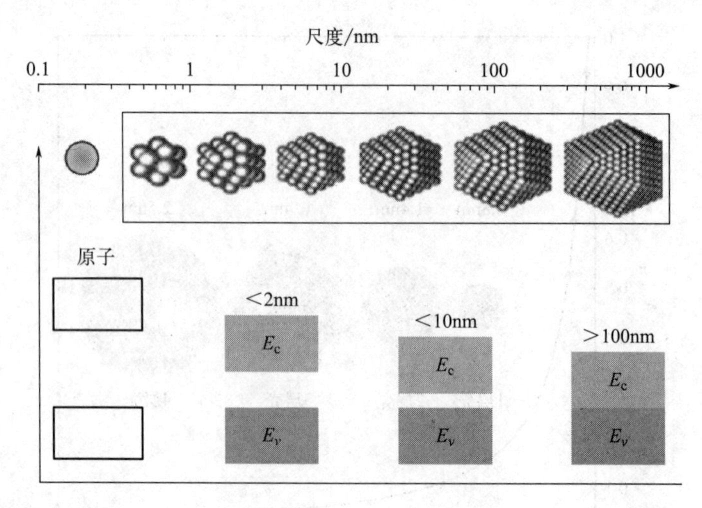

图 7-2　金属颗粒大小与能带之间的关系

① 简并费米液体假设：把超微粒子靠近费米面附近的电子状态看作是受尺寸限制的简并电子气，并进一步假设它们的能级为准粒子态的不连续能级，而准粒子之间的交互作用可忽略不计，当 $k_B T \ll \delta$（相邻两能级间平均能级间隔）时，这种体系靠近费米面的电子能级分布服从泊松（Poisson）分布：

$$P_n(\Delta)\frac{1}{n!\ \delta}(\Delta/\delta)^n \exp(-\Delta/\delta) \tag{7-1}$$

式中，Δ 为两能态之间的间隔；$P_n(\Delta)$ 为对应 Δ 的概率密度，n 为这两个能态间的能级数。如果 Δ 为相邻能级间隔，则 $n=0$，而找到间隔为 Δ 的两能态的概率 $P_n(\Delta)$ 与哈密顿量的变换有关。例如，在自旋与轨道交互作用弱和外加磁场小的情况下，电子哈密顿量具有时空反演的不变性，并且在 Δ 比较小的情况下，$P_n(\Delta)$ 随 Δ 减小而减小。Kubo 模型优越于等能级间隔模型，比较好地解释了低温下超微粒子的物理性能。

② 超微粒子电中性假设：对于一个超微粒子，取走或放入一个电子都是十分困难的。纳米粒子的量子尺寸效应可通过如下公式评估：

$$k_B T \ll W \approx e^2/d = 1.5\times10^5 k_B/dK(\text{Å}) \tag{7-2}$$

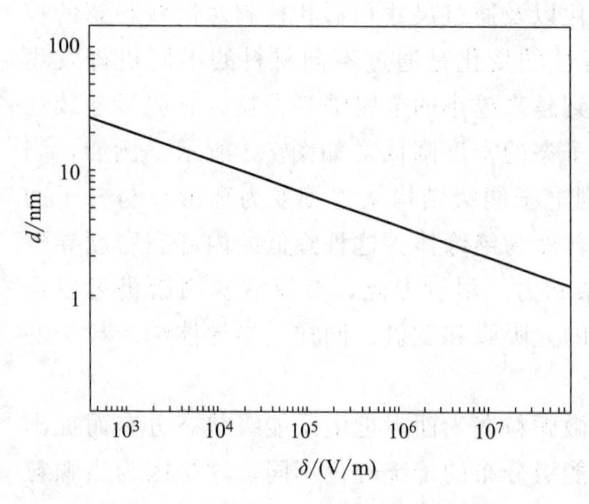

图 7-3　粒径与能级间距的关系

式中，W 为从一个超微粒子中取出或放入一个电子克服库仑力所做的功；d 为超微粒子直径；e 为电子电荷。由此式表明，随 d 值下降，W 增加，所以低温下热涨落很难改变超微粒子的电中性。有人估计，在足够低的温度下，当颗粒尺寸为 1nm 时，W 比 δ 小两个数量级，根据式(7-2)可知，$k_B T \ll \delta$，可见 1nm 的小颗粒在低温下量子尺寸效应很明显。

针对纳米材料，低温下电子能级是离散的，且这种离散对材料热力学性质起很大作用。例如，超微粒子的比热容、磁化率明显区别于大块材料，相邻电子能级间距和颗粒直径的关系如图 7-3 所示，其表达公式为：

$$\delta=\frac{4}{3}\frac{E_F}{N}\propto V^{-1} \tag{7-3}$$

式中，N 为一个超微粒子的总导电电子数；V 为超微粒子体积；E_F 为费米能级，它可以用下式表示：

$$E_F=\frac{\hbar^2}{2m}(3\pi^2 n_1)^{2/3} \tag{7-4}$$

式中，n_1 为电子密度；m 为电子质量。

由式(7-3) 可以看出，当粒子为球形时，$\delta\propto\frac{1}{d^3}$，即随粒径的减小，能级间隔增大。

然而，从一个超微金属粒子中取走或放入一个电子克服库仑力做功（W）的绝对值从 0 到 e^2/d 有一个均匀分布，而不是一个常数（e^2/d）。W 的变化是由于在实验过程中电子由金属粒子向氧化物或其他支撑试样的基体传输量的变化所引起的。

7.2 纳米材料的物理特性

原子尺度和块体尺度之间是凝聚态物质，它展现出与块体材料物理性质有显著区别的特殊性质的尺度。纳米微粒具有大的比表面积，表面原子数、表面能和表面张力随粒径的下降急剧增加，小尺寸效应、表面效应、量子尺寸效应及宏观量子隧道效应、介电限域效应等导致纳米微粒的热、磁、光、敏感特性和表面稳定性等不同于常规粒子。然而，这些已知的纳米材料物理性能来源于不同的机制，例如大的表面原子数比、大的表面能、空间限域、非完整性的降低等。由于具有极大的表面原子数与总原子数之比，纳米材料可以具有很低的熔点或相转变温度以及略微减小的晶格常数。纳米材料的力学性能可以达到理论强度，比块体单晶强度高 1～2 个数量级，而力学性能的增强是由于缺陷的减少。纳米材料的光学性能与块体晶体明显不同，如半导体纳米粒子的光学吸收峰由于带隙增大而向短波方向迁移。金属纳米粒子的颜色由于表面等离子基元共振而随尺寸变化。由于表面散射的提高，电导率随尺寸减小而降低。但是如果在微结构中较好地排列，纳米材料的电导也可以适度提高，如聚合物小纤维。纳米结构材料的磁性与块体材料明显不同。由于巨大的表面能，块体材料的铁磁性消失并转变为纳米尺度内的超顺磁性。自净化是纳米结构和纳米材料的内在热力学性质。任何热处理都将提高杂质、内部结构缺陷和位错的扩散，能够容易地将它们推向表面附近。完整性的提高对于化学和物理性质具有不容忽视的影响，如化学稳定性将得到提高。许多物理性质具有尺寸依赖性。纳米结构材料的特殊性质可以通过控制尺寸、形状及结构来实现，如通过改变粒子的尺寸和形状，金属粒子的最大波长 λ_{max} 可以改变几百纳米而其粒子电荷能量改变几百毫伏。

7.2.1 热学性能和晶格常数

如果粒子尺寸小于 10nm，金属、惰性气体、半导体、分子晶体的纳米粒子都有比其块体形式更低的熔点。一般的解释是，熔点的降低归因于表面能增大。相转变温度的降低可以归因于随着粒子尺寸的变化而带来的表面能与体积能的比率变化。这可以通过引入吉布斯模型，将唯象的热力学方法应用到有限尺寸的纳米粒子体系来说明。一些假设用于发展模型或近似，以预言纳米粒子熔点的尺寸依赖性。首先假设同时存在质量相同的1个固态粒子和1个液态粒子以及1个气相。基于这些假设提出平衡条件。块体材料熔点和粒子熔点之间的关系由下式给出：

$$T_{\mathrm{b}}-T_{\mathrm{m}}=\left(\frac{2T_{\mathrm{b}}}{\Delta H\rho_{\mathrm{b}}\gamma_{\mathrm{b}}}\right)\left[r_{\mathrm{s}}-\gamma_{1}\left(\frac{\rho_{\mathrm{s}}}{\rho_{1}}\right)^{\frac{2}{3}}\right] \tag{7-5}$$

式中，r_s 是粒子半径；ΔH 是熔化摩尔潜热；γ 和 ρ 分别为表面能和密度。应该说明，以上理论描述基于经典的热力学考虑，即体系尺寸无限，但这显然与几个纳米尺度范围的纳米粒子体系不相符合。也应该注意到，模型是基于纳米粒子全部具有平衡形状和完整晶体的假设。正如在第2章所详细讨论的，完整晶体的平衡形状由伍尔夫关系式给出。但是小晶态粒子可能由多重孪晶结构所组成，形成粒子的能量可能低于伍尔夫晶体。进一步的实验结果支持这种多重孪晶晶态粒子的清晰而确定的形态。

并不总是容易确定或定义纳米粒子的熔点。例如，小粒子的蒸气压明显高于相应的块体材料，纳米粒子的表面性质与块体材料的差异非常显著。表面蒸发将有效减小粒子尺寸，这样会影响熔点。提高表面反应性可能促进表面层的氧化，这样通过与周围化学物质的反应而改变粒子表面的化学成分，并导致熔点改变。然而，纳米粒子的熔点与尺寸之间的关系可以通过实验来确定。有3种不同的标准用于确定这种关系：①固态有序度的消失；②一些物理性能的急剧变化，如蒸发速率；③粒子形态的突然变化。Au、Ag、Al、Pb四种金属纳米粒子的熔点与尺寸的关系如图7-4所示，Au和Ag的粒子尺寸小于5nm时，其熔点急剧下

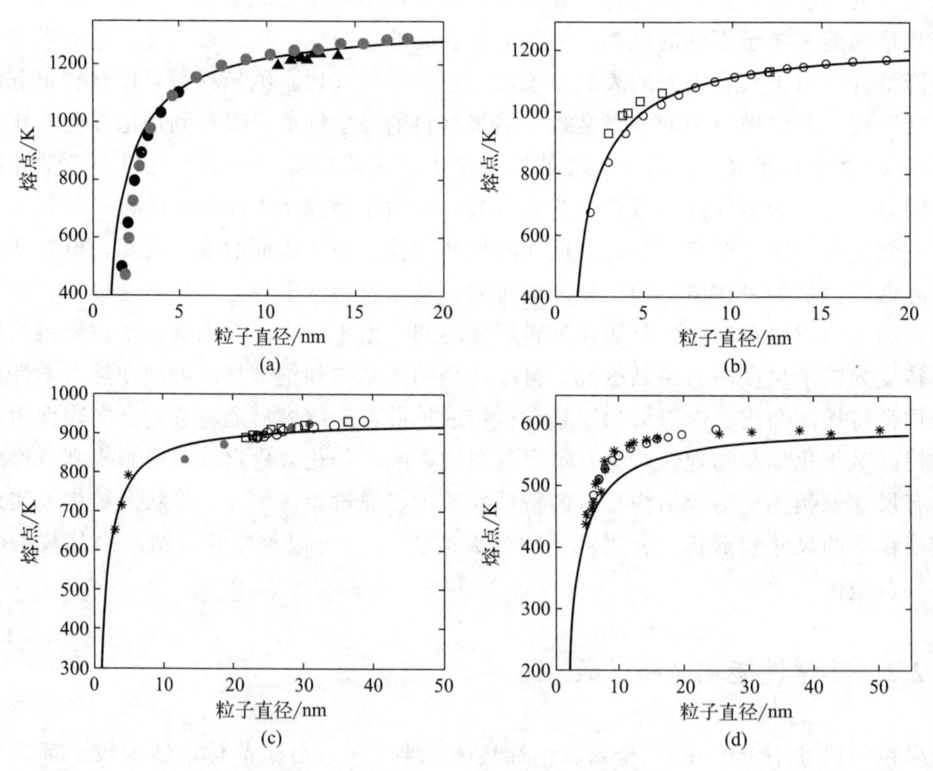

图7-4 纳米粒子的熔点温度与尺寸的关系

(a) Au（实心圆和实心三角形表示实验数据，深黑实心圆表示仿真结果）；(b) Ag（空心方形和空心圆分别表示实验数据和仿真结果）；(c) Al［星号表示仿真结果，实心圆（Al/O）、空心圆（Al/H）和空心方形（Al/Ar）表示实验数据］；(d) Pb（星号和空心圆分别表示仿真结果和实验数据）

降；而 Al 和 Pb 纳米粒子的熔点则是在小于 10nm 左右时迅速减小[634]。这种尺寸依赖关系在其他材料如 Cu、Sn、In 和 Bi 的粒子和薄膜形态中也存在。

尺寸的依赖关系并不只局限于金属纳米粒子的熔点，相转变温度也具有相类似的尺寸依赖关系。具有此类依赖关系的材料包括金属纳米粒子、半导体和氧化物。钛酸铅和钛酸钡的铁电-顺电转变温度或居里温度在特定尺寸以下发生急剧下降，其中钛酸钡块体材料的居里温度是 130℃，在小于 200nm 尺寸时显著降低，在约 120nm 时达到 75℃。块体钛酸铅的居里温度保持到尺寸小于 50nm，这种相转变温度的尺寸依赖关系如图 7-5 所示[635]。

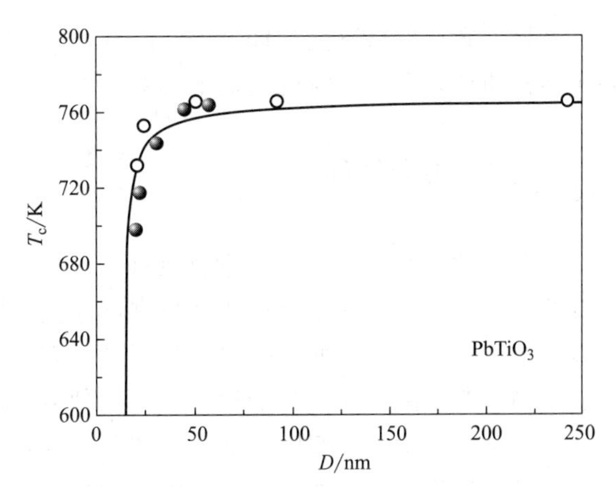

图 7-5 钛酸铅粒子的相转变温度与粒子尺寸的变化关系

各种纳米线的熔点也低于其块体形式。利用 VLS 工艺制备的、表面包覆碳鞘的、直径为 10～100nm 的 Ge 纳米线的熔点仅为 650℃，与块体 Ge 的 930℃熔点相比降低 280℃[636,637]。由瑞利不稳定性所驱使，当纳米线直径足够小或构成原子间的键合较弱时，在相对低的温度条件下，纳米线将发生自发球状化过程，断裂成短线并形成球状粒子，以降低纳米线或纳米棒的高表面能。金或铂的薄膜通常用于底部电极，当高温加热时由于空洞而变为不连续薄膜，进而形成孤立的岛状。

晶格常数与晶体结构、温度都有密切的关系。小于 10nm 的 CdS 纳米粒子，其晶格常数随粒子半径倒数的增加而线性减小。与裸纳米粒子相比较，经过表面改性的 CdS 纳米粒子的晶格常数变化较小。表面能的提高可用于解释纳米粒子熔化温度减小的现象。在未掺杂和 Eu 掺杂的 CeO_2 样品中晶格参数与纳米颗粒尺寸的关系如图 7-6 所示，小于 8nm 的纳米粒子的晶格常数随粒径的增加而减小[638]。值得注意的是，晶格常数的变化很难观察到，只有在非常小的纳米粒子中才能测量。纳米粒子通常具有与块体材料相同的晶体结构和晶格常数。当材料尺寸足够小时，晶体结构可以发生变化。例如，当 $BaTiO_3$ 晶粒尺寸大于 1.5μm

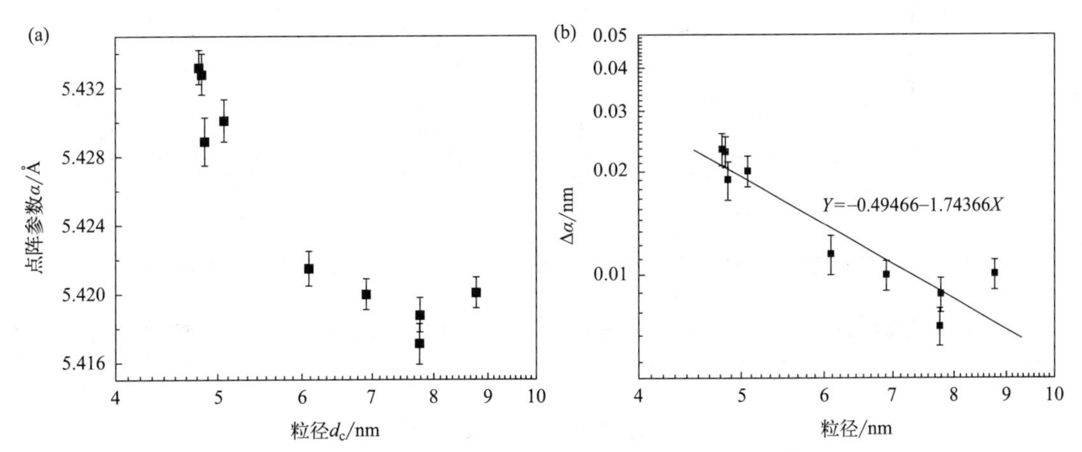

图 7-6 在未掺杂和 Eu 掺杂的 CeO_2 样品中晶格参数（α）与纳米颗粒尺寸的关系图（a）及在未掺杂和 Eu 掺杂的 CeO_2 样品中晶格参数（Δα）随纳米颗粒尺寸的变化（b）

时，晶格常数比保持不变，即 $c/a=1.02\%$；但当晶粒尺寸小于 1.5μm 时，$BaTiO_3$ 晶胞的四角结构扭曲，在室温时的比值下降为 $c/a<1\%$。

7.2.2 力学性能

随着尺寸减小，材料的力学性能得到提高。Herring 等人在 1952 年就证明晶须的力学强度接近理论值，而完整晶体的计算强度比实际强度大 2～3 个数量级。实际上，只有当晶须直径小于 10μm 时才可观测到机械强度的提高。因此，机械强度的提高开始于微米量级，明显不同于其他随尺寸变化的性能。有两种可能的机制可用于解释纳米线或纳米棒的强度提高。一种是将强度提高归因于纳米线或晶须的较高的内部完整性。晶须或纳米线的横截面越小，在其中发现位错、微孪晶、杂质沉积物等缺陷的可能性就越小。在热力学上，晶体中的缺陷具有较高的能量，应该容易从完整晶体结构中被消除，而小尺寸使得这种缺陷消除成为可能。块体材料中的一些缺陷经常是在合成和加工过程中由温度梯度和其他不均匀性引起的，这会导致应力的产生。这样的应力不可能存在于小结构中，特别是在纳米材料中。另外一种机制是晶须或纳米线侧面的完整性。总的来说，较小的结构具有较少的表面缺陷。显然，这两种机制是紧密相关的。当晶须在低饱和度条件下生长时，很少有生长速率的波动，因此晶须的内部和表面结构更加完整，这就是为什么气相沉积的直径小于 10μm 的晶须难以被观察到台阶的原因。Feng 等人采用水平沉积法制备出 SiO_2 自组装膜，测量出的硬度、模量及剪切强度与粒径 d 的关系如图 7-7 所示，表现出典型的强度与 SiO_2 直径的依赖关系[639]。相似的依赖关系在不同的金属、氧化物、半导体中也被发现[640]。

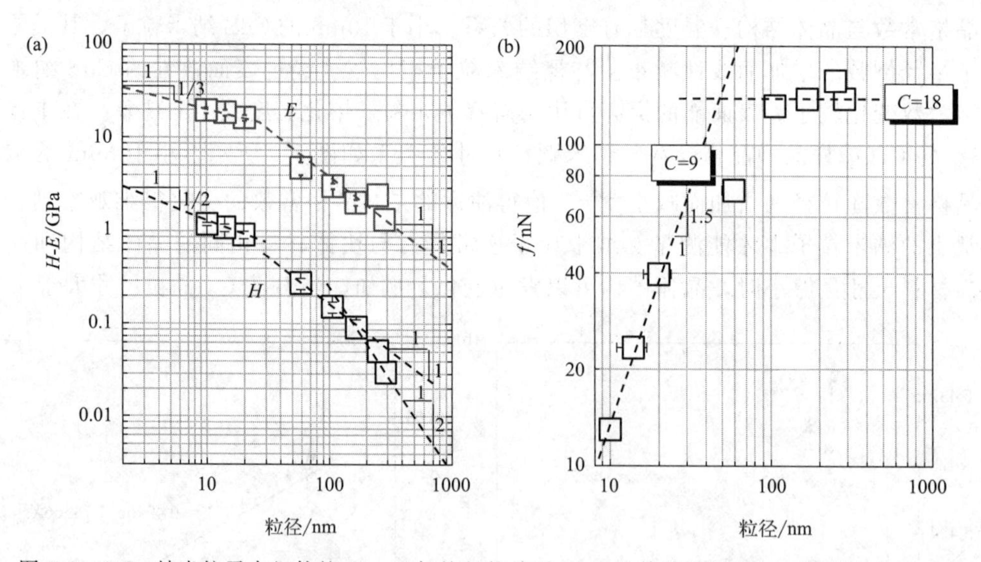

图 7-7　SiO_2 纳米粒子自组件的 H、E 与粒径的关系（a）及其剪切强度 f 与粒径的关系（b）

已知，多晶材料的屈服强度 σ_{TS} 和硬度 H_{TS}，在微米尺度内依赖于晶粒尺寸并满足霍尔-佩奇（Hall-Petch）关系式：

$$\sigma_{TS}=\sigma_0+K_{TS}d^{-\frac{1}{2}} \tag{7-6}$$

或

$$H_{TS}=H_0+K_H d^{-\frac{1}{2}} \tag{7-7}$$

式中，σ_0 和 H_0 是与点阵摩擦应力相关的常数；d 是晶粒平均尺寸；K_{TS} 和 K_H 是与材料相关的常数。

晶粒平均尺寸的平方根倒数表明晶粒堆积尺寸的缩放比例。在霍尔-佩奇模型中，晶界被处理为位错运动的能垒。在达到临界应力值后，位错将穿过晶界进入下一个晶粒中，这样就产生屈服。正如上述有关细晶须的力学性能讨论，纳米材料具有高完整性，没有位错被发现。因此，霍尔-佩奇模型在纳米尺度范围内将不适用。

纳米结构金属的强度值及硬度值一般取决于改变晶粒尺寸的方法。例如，平均晶粒尺寸为 6nm 的铜的微硬度比晶粒尺寸为 50μm 的退火样品高 5 倍，5～10nm 晶粒的纯金属钯也比 100μm 晶粒样品的微硬度高 5 倍。纯纳米晶铜的屈服强度超过 400MPa，接近于大晶粒铜的 6 倍[641,642]。已有各种模型用于预测和解释纳米材料的强度和硬度的尺寸依赖性，其中有两种模型用于预测硬度的对立的尺寸依赖关系。Hahn 等提出晶界滑移是形变的速率限制步骤，这一模型可以合理解释强度和硬度随晶粒尺寸变小而下降的实验数据。模型利用混合方法的经验，在此考虑块体晶内相和晶界相两种相。在达到约 5nm 的最大临界晶粒尺寸之前，这个模型预测硬度随晶粒尺寸变小而提高；当低于临界尺寸时，材料开始软化。这个模型与硬度随晶粒尺寸变小而提高的实验数据拟合得非常好，但是 5nm 临界晶粒尺寸的力学性能仍需实验结果验证。虽然已知许多因素对纳米结构材料力学性能的测试具有显著的影响，例如残余应变、裂缝尺寸和内应力，但是晶粒尺寸或晶界对力学性能的实际作用机制依然不清楚。纳米结构材料可能具有不同于大晶粒块体材料的弹塑性。例如，Champion 等人在利用粉末冶金制备的纯纳米晶铜中观察到接近完美的弹塑性[643]。在拉伸实验中，既没有观察到加工硬化，也没有缩颈形成，而这些是延展性金属和合金的普遍特征，目前无法解释这个发现。在纳米尺寸的铝晶粒中，可以观察到孪晶，而这在微米或更大尺寸的颗粒中从未发现过[644]。

7.2.3 光学性能

金属纳米颗粒的光学特性始于法拉第对胶体金的研究。最近，新的光刻技术及对经典湿化学方法的改进使得合成具有各种尺寸、形状和介电环境的贵金属纳米颗粒成为可能。减小材料尺寸对其光学性能产生显著影响。光学特性对尺寸的依赖性通常可以划分为两类：一类是由于能级间隔的增大，体系变得更为窄小；另一类与表面等离子共振相关。

（1）表面等离子共振

表面等离子共振是导带内全部自由电子的连续激发，导致相内振动。当金属纳米晶的尺寸小于入射光的波长时形成表面等离子共振，图 7-8 表明金属粒子如何以简单方式形成表面等离子振动[645]。入射光的电场诱导自由电子相对于阳离子点阵的极化。净电荷差异出现在纳米粒子的边界，并起到恢复力的作用。以这种方式，形成具有一定频率的电子偶极子振动。表面等离子共振是整个粒子的带负电自由电子和带正电点阵之间的偶极子激发。表面等离子共振的能量依赖于自由电子密度和纳米粒子周围的介电质。共振宽度随电子散射之前的特征时间而变化。对于较大纳米粒子，散射时间长度提高时共振锐化。贵金属的共振频率出现在可见光范围内。

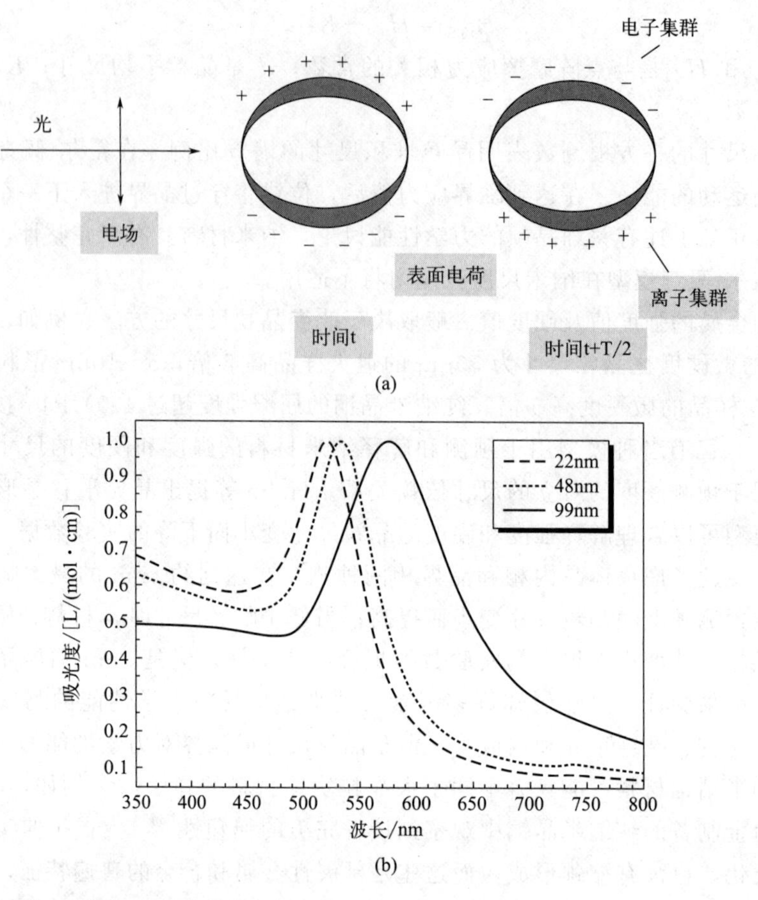

图 7-8 球形纳米粒子表面等离子吸收及其尺寸依赖性

(a) 偶极子表面等离子振动激发示意图（入射光波电场诱导自由传导电子相对于球形金属纳米粒子重离子核的极化，纳米粒子表面出现净电荷差异，可起到恢复力的作用，以这种方式形成周期为 T 的电子偶极子振动）；(b) 尺寸分别为 22nm、48nm、99nm 的球形金纳米粒子的光学吸收谱（吸收宽带对应于表面等离子共振）

通过求解电磁波与小金属球相互作用的麦克斯韦方程，首先可以解释金纳米粒子胶体的红色现象。这个电动力学计算解导致贯穿纳米粒子截面的一系列多极振动：

$$\sigma_{\text{ext}}=\left(\frac{2\pi}{k^2}\right)\sum(2L+1)\text{Re}(a_{\text{L}}+b_{\text{L}}) \tag{7-8}$$

$$\sigma_{\text{aca}}=\left(\frac{2\pi}{k^2}\right)\sum(2L+1)\text{Re}(a_{\text{L}}^2+b_{\text{L}}^2) \tag{7-9}$$

利用 $\sigma_{\text{abs}}=\sigma_{\text{ext}}-\sigma_{\text{aca}}$ 和

$$a_{\text{L}}=\frac{m\psi_{\text{L}}(mx)\psi'_{\text{L}}(x)-\psi'_{\text{L}}(mx)\psi_{\text{L}}(x)}{m\psi_{\text{L}}(mx)\eta'_{\text{L}}(x)-\psi'_{\text{L}}(mx)\eta_{\text{L}}(x)} \tag{7-10}$$

$$b_{\text{L}}=\frac{\psi_{\text{L}}(mx)\psi'_{\text{L}}(x)-m\psi'_{\text{L}}(mx)\psi_{\text{L}}(x)}{m\psi_{\text{L}}(mx)\eta'_{\text{L}}(x)-m\psi'_{\text{L}}(mx)\eta_{\text{L}}(x)} \tag{7-11}$$

式中，$m=n/n_{\text{m}}$，n 是粒子的复折射率，n_{m} 是周围介质的实折射率；k 是波矢；$x=kr$；r 是金属纳米粒子的半径；ψ_{L} 和 η_{L} 是里卡蒂-贝塞尔圆柱函数；L 是分波的求和指数。

式(7-10) 和式(7-11) 清楚地表明等离子共振依赖于粒子尺寸 r。粒子越大，则高阶模式越重要，因为这时的光不再均匀极化纳米粒子，这些高阶模式峰出现在低能量区域。因此，等离子带随粒子尺寸增大而发生红移。同时，等离子带宽随粒子尺寸增大而宽化，这可用10-羟基喜树碱修饰的Au纳米颗粒的例子来阐述，其UV-Vis吸收谱的吸收波长和峰宽都随粒子尺寸增大而增大，如图7-9所示[646]。这种对粒子尺寸的直接依赖性是外部尺寸效应。对于较小纳米粒子的光学吸收谱的尺寸依赖性，其情形更为复杂，只有偶极子项是重要的。对于远小于入射光波长（$2r \ll \lambda$，或大约$2r \ll \lambda_{max}/10$）的纳米粒子，只有偶极子振动贡献于消光横截面。Mie理论可以简化成下面关系式：

$$\sigma_{ext}(\omega)=\frac{9\omega\varepsilon_m^{\frac{3}{2}}V\alpha\varepsilon_2(\omega)}{c}\{[\varepsilon_1(\omega)+\varepsilon_m]^2+\varepsilon_2(\omega)^2\}^{-1} \tag{7-12}$$

式中，V是粒子体积；ω是激发光的角频率；c是光速；ε_m和$\varepsilon(\omega)[\varepsilon(\omega)=\varepsilon_1(\omega)+i\varepsilon_2(\omega)]$分别为周围材料和粒子的体介电常数，假设前者与频率无关，而后者是复数且为能量函数。如果ε_2较小或对ω的依赖关系较弱，则共振条件为$\varepsilon_1(\omega)=-2\varepsilon_m$。式(7-12)表明消光系数不依赖于粒子尺寸，但是实验观测到了尺寸依赖性。这种偏差显然来源于Mie理论中的假设，即纳米粒子的电子结构和介电常数与其块体的相同，这种假设在粒子尺寸变得非常小时不再有效。因此，Mie理论需要通过引入较小粒子中的量子尺寸效应来进行修正。

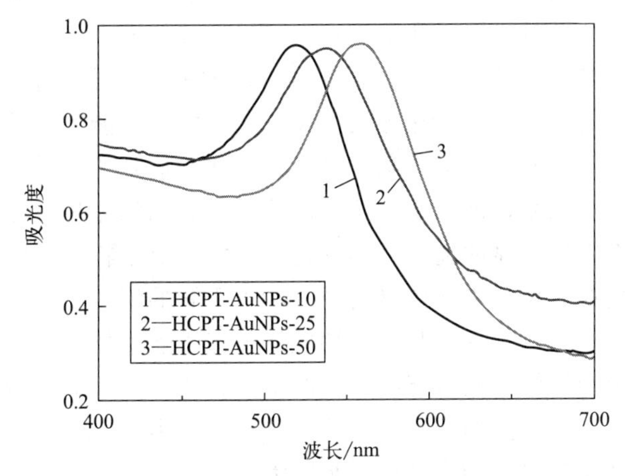

图7-9 10-羟基喜树碱修饰的Au纳米颗粒的UV-Vis吸收谱

（Au纳米粒子尺寸分别为10nm、25nm及50nm）

在小粒子中，当传导电子的平均自由程小于纳米粒子的尺寸时，电子-表面散射变得很重要。例如，传导电子的平均自由程在Ag和Au中为40～50nm，在20nm的粒子中将会被粒子表面所限制。如果电子被表面无规则弹性散射，则整个等离子振动的一致性将消失，非弹性电子-表面碰撞也将改变。粒子越小，则电子到达粒子表面越快，电子能够散射，其失去一致性也越快。结果是等离子带宽随着粒子尺寸减小而增大。有效电子自由程的减小和电子-表面散射的提高也能够正确解释表面等离子吸收的尺寸依赖性。γ作为一个唯象衰减常数被引入，它是粒子尺寸的函数：

$$\gamma=\gamma_0+\frac{A\upsilon_F}{r} \tag{7-13}$$

式中，γ_0是块体衰减常数且依赖于电子散射频率；A是常数且依赖于散射过程的细节；υ_F是电子在费米面上的速率；r是粒子半径。尺寸效应被认为是内部尺寸效应，因为材料介电函数本身具有尺寸依赖关系。在此范围吸收波长增大，但是峰宽随着粒子尺寸增大而减小。

20nm 粒径的 Au 纳米粒子的摩尔消光系数在 1×10^9 L/(mol·cm) 的量级，并随着粒子体积增大而线性提高。这些消光系数比强吸收有机染料分子的高 3～4 个量级。纳米粒子的染色可以用于实际应用，例如金红宝石玻璃的颜色是其在约 0.53μm 的吸收带的结果。这个吸收带来源于粒子的球形几何形状和按照上述 Mie 理论讨论的 Au 特殊光学性质。球形粒子的边界条件使这种谐振偏移到更低频率或更长波长。Au 粒子的尺寸也影响吸收。对于直径大于 20nm 的粒子，当振动变得更为复杂时，吸收带偏向更长波长；对于小粒子，因为自由电子的平均自由程约为 40nm 并有效减小，因此带宽逐渐增大。在玻璃中的 Ag 粒子的颜色为黄色，这是由于其在 0.41μm 处的相似吸收带的原因。玻璃中的铜粒子具有 0.565μm 处的等离子吸收带。与纳米粒子相似的是，金属纳米线也具有表面等离子共振性能[647]。但是，金属纳米棒表现出两种 SPR 模式，分别对应于横向和径向激发。当 Au 的横向模式波长固定在 520nm 附近、Ag 固定在 410nm 附近时，它们的径向模式波长可以通过控制长径比实现在可见光到近红外的范围内调整。此外，长径比为 2～5.4 的 Au 纳米棒能够发射荧光，量子产率比块体金属大百万倍[648]。

（2）量子尺寸效应

纳米材料的部分特殊的物理化学性能可能来源于量子尺寸效应。当一个单体晶体纳米粒子的尺寸小于德布罗意波长时，电子和空穴被空间限域并形成电偶极子，并在全部材料中形成分立的电子能级。随着尺寸减小，邻近能级间的分离现象增强。这些变化来源于电子能量密度随尺寸关系的系统转变，这些变化导致受尺寸调控的光性能和电性能的强烈变化。纳米晶介于具有不连续电子能态密度的原子和分子与具有连续能带的扩展晶体之间的状态。在任何材料中，都存在这样的尺寸，即当小于这个尺寸且能级间隔超过所处温度时，材料的基本电学性质及光性质都将发生明显的随尺寸而变化的现象。对于特定的温度，与金属、绝缘体相比较，这种情况发生在大尺寸半导体材料中。对于金属的情况，费米能级处于一个能带中心，相对能级间隔非常小，电学性质和光学性质更类似于连续能带，即使几十或几百个原子的团簇也是如此。对于半导体，费米能级处于两个能带之间，因此能带边缘主导低能光学和电学行为。穿过带隙的光激发强烈依赖于尺寸，甚至对于由 10000 个原子组成的微晶也是如此。对于绝缘体，两个能带之间的带隙已经足够大。

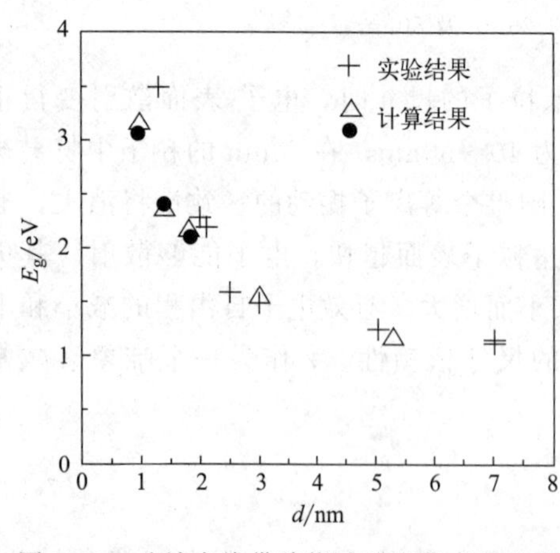

图 7-10　硅纳米线带隙能随纳米线直径变化关系（同时给出了实验结果和计算结果）

半导体纳米粒子的量子尺寸效应最为明显，带隙能随着尺寸减小而增大，导致能带间跃迁向高频方向迁移。在半导体中，能量间隔即完全填满价带和空导带的能量差异为几个电子伏特，并且随尺寸减小而快速增大。例如，随着粒子尺寸的减小，InP 纳米晶光学吸收谱的吸收边和发光光谱的发射峰位都向高能方向偏移。这种吸收峰的尺寸依赖性广泛用于确定纳米晶的尺寸。这种对尺寸的依赖关系可由硅纳米线带隙能随着纳米线直径的变化关系来说明，如图 7-10 所示[649]。其他的一些半导体（TiO_2、ZnO）纳米粒子也具有类似的量子尺寸效应，特别是计算获得的 TiO_2 纳米粒子的带隙能量随着粒径从 2nm 减小到 1nm 而急剧增加[650]。

金属纳米粒子也具有相同的量子尺寸效应，但只有尺寸<2nm 的金属纳米粒子才能被观察到能级的局域化。金属的导带是半充满状态，能级密度很高，如果要在导带中观察到明显的能级分裂或带间跃迁，则纳米粒子需要由约 100 个原子所组成。如果金属纳米粒子足够小，连续的电子能态密度将被破坏并形成分立的能级。能级之间的间隔 δ 依赖于金属费米能 E_F 和金属中的电子数 N，由下式给出：

$$\delta = \frac{4E_F}{3N} \tag{7-14}$$

大部分金属的费米能 E_F 在 5eV 量级。金属纳米粒子的分立电子能级在金纳米粒子的远红外吸收谱测量中能被观察到。

当纳米线或纳米棒的直径减小到玻尔半径时，如同纳米晶一样，尺寸限域将在确定能级时起重要作用。纳米线的化学敏感性和一维性使其成为理想的小型化激光光源。这些短波长纳米激光可以有无数的应用，包括光学计算及信息存储等领域。Yang 等人通过简单的蒸汽冷凝过程在蓝宝石衬底上自组织生长出（0001）取向的 ZnO 纳米线阵列，获得显著的纳米阵列激光发射光谱[600]。这些宽带隙半导体 ZnO 纳米线直径为 20～150nm，长度达 10μm。这些纳米线阵列可形成自然激光腔。在光激发下，在 385nm 处观察到表面发射激光作用，发射线宽小于 0.3nm。此外，纳米线发射的光在径向方向被高度极化[651]。Si 纳米线的吸收边不仅具有明显的“蓝移”锐化并出现分立特征，也同时具有相对强的“带边”光致发光现象[652,653]。蓝移指的是结构变化以后导致的吸收光谱紫外吸收带吸收波峰向短波方向移动。单个孤立的 InP 纳米线在沿其平行和垂直于长轴方向的光致发光（PL）强度中表现出明显的各向异性。根据纳米线和周围环境间的强介电对比，相对于价带混合的量子力学效果，能够定量解释极化各向异性的数量。Park 等人通过液相还原及氧化路线制备出三正辛基氧化膦（TOPO）和吡啶封端的立方 CdSe 量子点，发现这些 CdSe 量子点的直径减小和其表面电子密度的重新分布在 PL 峰移动中起着不同的作用。由于量子的限制效应，配体交换使 CdSe 的尺寸减小，并导致 PL 峰发生蓝移，而 TOPO 与吡啶的交换使 CdSe 的表面电子密度重新分布，从而导致 23meV 的红移，PL 峰蓝移如图 7-11 所示[654]。

7.2.4 电导

由于截然不同的机制，纳米结构和纳米材料电导的尺寸效应较为复杂。这些机制通常可以划分为四类：表面散射、量子化传导、微结构变化、带隙的宽化和分立。此外，完整性提高如杂质、结构缺陷和位错的减少，将影响纳米结构和纳米材料的电导。薄电介质的隧穿是伴随纳米或亚纳米尺度的另一种电现象。下面将分别从表面散射、电子结构的变化、量子输运及微结构效应四个方面讨论。

（1）表面散射

金属中电导或欧姆传导可以用各种电子散射来描述，金属的总电阻率 ρ_T 是单个独立散射贡献的总和，称为马西森法则：

$$\rho_T = \rho_{Th} + \rho_D \tag{7-15}$$

式中，ρ_{Th} 为热阻率；ρ_D 为缺陷电阻率。电子与偏移其平衡点阵位置的振动原子或光子的碰撞是热或光子贡献的根源，随温度升高而线性提高。杂质原子、缺陷（如空位）、晶

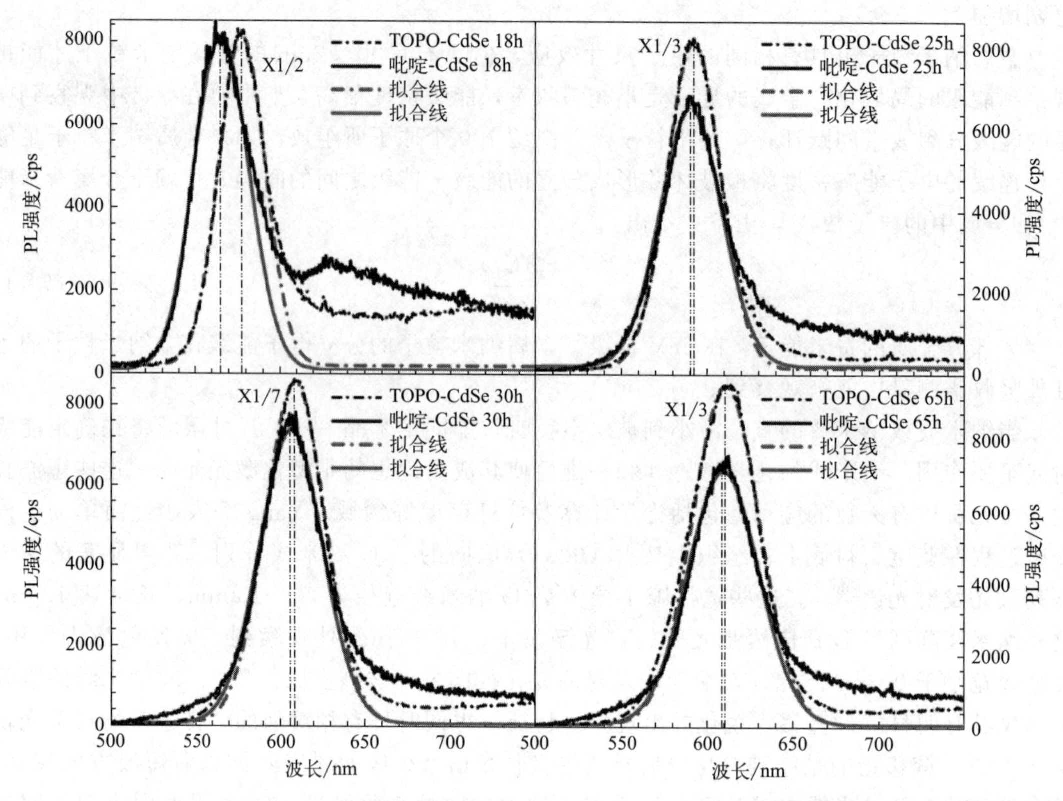

图 7-11 四个 TOPO 封端和相应的吡啶封端的 CdSe 的室温 PL 光谱（样品的所有 PL 峰经过高斯拟合）

界引起点阵周期性电势的局域破坏并产生电子有效散射，这与温度无关。显然，缺陷电阻率能够进一步划分为杂质电阻率、点阵缺陷电阻率和晶界电阻率。考虑到单个电阻率正比于碰撞之间的各自平均自由程，马西森法则可以写成：

$$\frac{1}{\lambda_T}=\frac{1}{\lambda_{Th}}+\frac{1}{\lambda_D} \tag{7-16}$$

理论上建议 λ_T 的范围为几十到几百纳米。材料尺度的减小对于电导率有两个不同的作用。一个是晶体完整性的提高或缺陷的减少，将导致缺陷散射的减少，因而电阻率减小。但是缺陷散射对室温金属的总电阻率贡献较小，这样缺陷的减少对电阻率的影响很小。另外一个是由于表面散射对总电阻率产生额外贡献，这在决定纳米尺寸材料总电阻率上产生非常大的影响。如果由于表面散射引起的电子平均自由程 λ 为最小，则其将主导总电阻率：

$$\frac{1}{\lambda_T}=\frac{1}{\lambda_{Th}}+\frac{1}{\lambda_D}+\frac{1}{\lambda_B} \tag{7-17}$$

在纳米线和纳米片中，电子的表面散射引起电导的减小。当纳米片和纳米线的临界尺寸小于电子平均自由程时，电子的运动将被表面碰撞所阻断，电子发生弹性或非弹性散射。弹性散射也称镜面散射，即电子的反射与镜面反射光子的方式相同。在这种情况下，电子不失去它们的能量和动量，或沿着平行于表面方向的速度被保留，结果是电导与块体时的相同，没有出现电导中的尺寸效应。但当散射都为非弹性时，或非镜面，或扩散，电子平均自由程被表面碰撞所阻断。碰撞以后，电子轨道与碰撞方向无关，后续散射角变为无规律，散射电子沿平行于表面的方向或传导方向损失它们的速度，电导降低，这就是电导的尺寸效应。为了展示薄膜厚度相关电阻率随温度的变化关系，实验首先在超高真空条件下将Co沉积于原子级清洁的硅基体表面，形成外延生长的膜，再经热处理促进硅化钴的形成。严格控制化学计量，薄膜和基体界面趋于原子级完整，外表面非常光滑。当薄膜厚度小到6nm时，依然能观察到微弱的厚度依赖性。通过独立的低温磁阻测量进一步发现平均λ_0为97nm，而自由表面和$CoSi_2$-Si界面的晶面反射率都达到约90%。在多晶材料中，当微晶尺寸小于电子平均自由程时，晶界对电阻率的贡献开始显现。值得注意的是，类似于表面非弹性散射对电导的影响，电子和光子的表面非弹性散射将导致纳米结构和纳米材料的热导率降低。例如，直径小于20nm的硅纳米线的热导率明显小于其块体的值。

（2）电子结构的变化

小于临界尺寸的特征尺寸的减小，即电子德布罗意波长，将引起电子结构的变化，出现带隙的宽化和分立。这种带隙变化通常也会引起电传导的变化。当其直径小于一定值时，一些金属单晶纳米线可能转变为半导体，而半导体纳米线可能变为绝缘体。这种变化可以部分归因于量子尺寸效应，即当材料尺寸小于一定尺寸时电子能级提高。例如，单晶Bi纳米线在直径约为52nm时，发生从金属到半导体的转变；直径约为40nm、65nm及90nm的Bi纳米线的电阻值随温度降低而减小，并且可以通过基于3D铋电子结构的准一维Bi纳米线的电子能带结构和载流子的线边界散射理论来解释，载流子的量子限制在确定Bi纳米线的零场电阻率的整体温度依赖性方面起着重要作用[655,656]。直径为17.6nm的GaN纳米线依然是半导体，然而约15nm的Si纳米线已经变为绝缘体[657,658]。

（3）量子输运

微纳器件和材料中的量子输运主要有弹道传导、库仑荷电和隧穿传导。弹道传导发生在导体长度小于电子平均自由程时。在这种情况下，每个横向波导模式或传导通道对总电导的贡献为$G_0=2e^2/h=12.9\text{k}\Omega^{-1}$。弹道传导的另外一个重要方面是在传导过程中没有能量的消散，并且没有弹性散射。然而，弹性散射要求杂质和缺陷的存在。当弹性散射发生时，传递系数都将减小，因而不再是精确的量子化。

库仑阻塞发生在接触电阻大于所涉及的纳米结构的电阻时，并且物体的总电容非常小，以致添加一个电子都需要在极大的荷电能量的状况下。几个纳米直径的金属或半导体纳米粒子表现出量子效应，导致金属纳米粒子的离散电荷。这种离散电子组态允许在特定电压下每次取出一个电子电荷。这种库仑阻塞也称为“库仑阶梯”，起源于有关单电子晶体管的“直径小于2～3nm的纳米粒子可能成为单电子晶体管的基本元件”建议。向半导体或金属纳米粒子中加入单电荷时需要能量，因为电子不再是融入无限大块体材料中。对于由介电常数为ε_r的介质所包围的纳米粒子，其电容依赖于它的大小：

$$C(r)=4\pi r\varepsilon_0\varepsilon_r \tag{7-18}$$

式中，r为纳米粒子半径；ε_0为真空介电常数。向粒子中添加一个单电荷所需要的能量由荷电能量给出：

$$E_c=\frac{e^2}{2C(r)} \tag{7-19}$$

在$k_BT<E_c$的温度下，从包含单个纳米粒子器件的I-V特征上，或导电表面上纳米粒子的STM测量中，都可以看到单电荷隧穿到金属或半导体纳米粒子上的现象。这种库仑阶梯在单壁碳纳米管中也被观察到。

隧穿传导是纳米尺度范围内又一个重要的电荷输运机制。隧穿包括电荷从绝缘介质中穿透输运，而这一绝缘介质是介于两个非常靠近的金属板之间并使其分隔，由于绝缘层非常薄，两个导体中的电子波函数在绝缘层材料内部重叠。在此条件下，施加外加电场可使电子隧穿通过介电材料。值得注意的是，库仑荷电和隧穿传导不是材料的性质，而是体系的性质。更准确地讲，它们是依赖于特征尺寸的体系的性质。

（4）微结构效应

当尺寸减小到纳米尺度时，电导可能由于形成有序微结构而改变。例如，聚合物纤维具有增强的电导。这种提高是由于聚合物链的有序排列所造成的。在纳米尺寸纤维内部，聚合物平行排列于纤维轴，导致分子内电导的增强和分子间电导的减弱。由于分子间的电导远小于分子内的电导，平行于导电方向的聚合物分子链的有序排列将导致电导的提高。在直径小于 500nm 时，电导随直径减小而急剧提高。直径越小，聚合物的排列就越好。较低的合成温度也有利于较好的排列，因此低温下合成的聚合物纳米材料具有较高的电导。金属纳米粒子的形状也影响电导行为，Ag 不同形状纳米粒子的电导率如图 7-12 所示[659]。

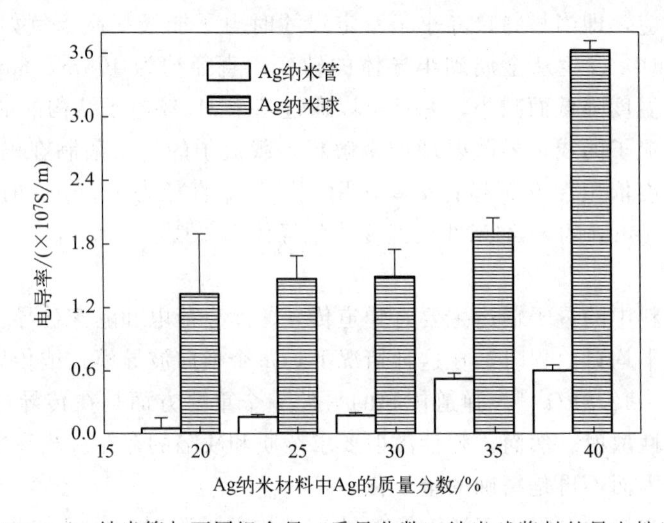

图 7-12　Ag 纳米管与不同银含量（质量分数）纳米球浆料的导电性比较

7.2.5　铁电体和电介质

铁电材料是能可逆自发极化的极性化合物晶体，是微电系统中电介质的候选材料，铁电体也是热电体和压电体，可以应用于红外成像系统和微机电系统中。铁电体尺寸效应的原因众多，很难将真实的尺寸效应同其他因素如缺陷化学和机械应变相分离，这使得有关尺寸效应的讨论较为困难。

铁电现象不同于表面终止电极化的协同现象，它形成退极化场。这种退极化场明显依赖于尺寸，并且影响铁电-顺电转变。假设铁电体是完整绝缘体、均匀的电极，并且极化电荷局域于表面，在铁电体中的退极化场 E_{FE} 为常数并由下式给出：

$$E_{FE}=\frac{-P(1-\theta)}{\varepsilon_0\varepsilon_r} \tag{7-20}$$

式中，ε_0 为真空介电常数；ε_r 为铁电体介电常数；P 为铁电体饱和极化强度；θ 依赖于铁电体尺寸。

$$\theta=\frac{L}{2\varepsilon_{\rm r}C+L} \tag{7-21}$$

式中，L 为铁电体特征尺寸，即自发极化产生的铁电体相反电荷表面之间的间距；C 为常数并仅与接触带电荷的铁电体表面的材料有关。退极化场具有强烈的尺寸依赖性，即尺寸减小将使退极化场提高。对于铁电体相变的尺寸效应，已经从理论上和实验上进行了研究[660]。如果表面电荷因为极化而得不到补偿并由此形成强退极化场，则铁电体薄膜（如厚度为 100nm）中的铁电相将不稳定，而小于“转变长度”时极化不稳定。

在多晶铁电体中，当粒子小于一定尺寸时，铁电性质可能消失。这种关系可以通过相变温度随粒子尺寸减小而降低来理解。粒子尺寸的减小导致低温条件下高温晶体结构稳定。因此，居里温度或铁电-顺电转变温度随粒子尺寸减小而降低。当居里温度降至室温以下时，铁电体丧失其室温铁电性。其他因素也可以影响铁电性能。例如，残余应力可以使铁电态在小尺寸时稳定。铁电体的介电常数或相对介电常数随着晶粒尺寸的减小而增大，并且在尺寸小于 1μm 时更为显著。但是介电常数随尺寸减小而增大，并在 1μm 直径时达到最大值，之后随着晶粒尺寸或薄膜厚度的进一步减小而减小，钛酸钡晶粒尺寸与介电常数的关系如图 7-13 所示[661]。机械边界条件也影响铁电相的稳定性并对平衡畴结构产生作用，这是因为许多铁电体是铁弹性的。这使得铁电现象的尺寸依赖关系变得非常复杂，因为孤立粒子、陶瓷内晶粒和薄膜的弹性边界条件都不相同。

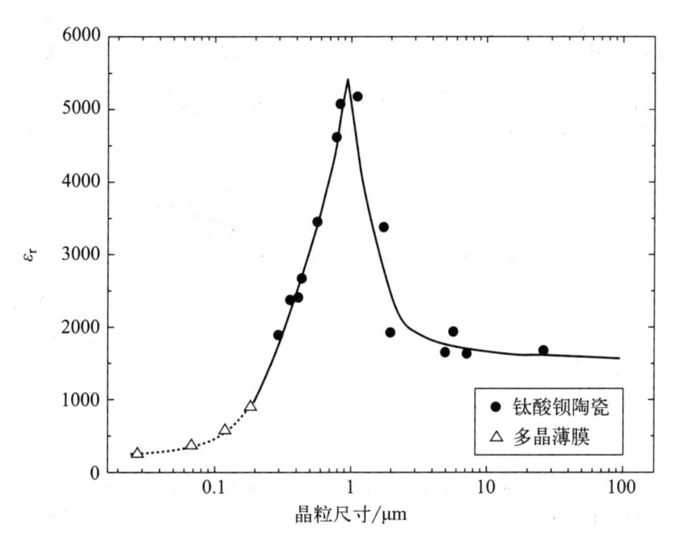

图 7-13　钛酸钡陶瓷和多晶薄膜介电常数的粒度依赖性

7.2.6 超顺磁性

当粒子尺寸减小到一定尺寸时，铁磁性粒子变为不稳定，这是由于表面能为磁畴提供了足够的能量并使磁化方向自发转动的结果。结果是铁磁体变成了顺磁体。然而，纳米尺寸的铁磁体转变为顺磁体，其行为不同于传统顺磁体，称为超顺磁体。由 $N=10^5$ 个原子以交换作用偶合成的纳米尺寸铁磁性粒子形成一个单畴，其磁矩 μ 可达 10^5 个玻尔磁子 $\mu_{\rm B}$。Bean 等人表明这些团簇或粒子在高温时可描述为类似的顺磁性原子或分子，但是它们具有非常大的磁矩。除了因具有特别大的磁矩而具有大的磁化率之外，热力学平衡状态下单畴粒子的磁化行为在各个方面与原子的顺磁性行为相一致。超顺磁性可操作定义至少包括两个要求。首先，磁化曲线必须无迟滞，因为这不是热平衡性质。其次，对于各向同性样品，其磁化曲线必须是温度相关的，经过对自发磁化的温度依赖性进行校正后，不同温度下测得的磁化曲线转换成与 H-T 的关系曲线后必须重叠。Frankel 和 Dorfman 首先预言超顺磁性可能存在于小于临界尺寸的小铁磁性粒子中。对于一般的铁磁性材料球形样品，其临界尺寸估计为小于 15nm。报道超顺磁性的第一例文献是针对分散在氧化硅基体中的镍粒子的。Lalatonne 等人采用有机溶剂法合成出球形、六方柱体、立方形及棒状 Fe_2O_3 纳米粒子，并用油酸和咖啡酸修饰其形貌，获得的室温磁化曲线如图 7-14 所示[662]。在低温条件下，自旋与体系磁各向异性轴的偶合很重要。自旋倾向于沿着一定的晶体轴向排列，如块体 HCP 结构的钴具有单轴磁晶各向异性。

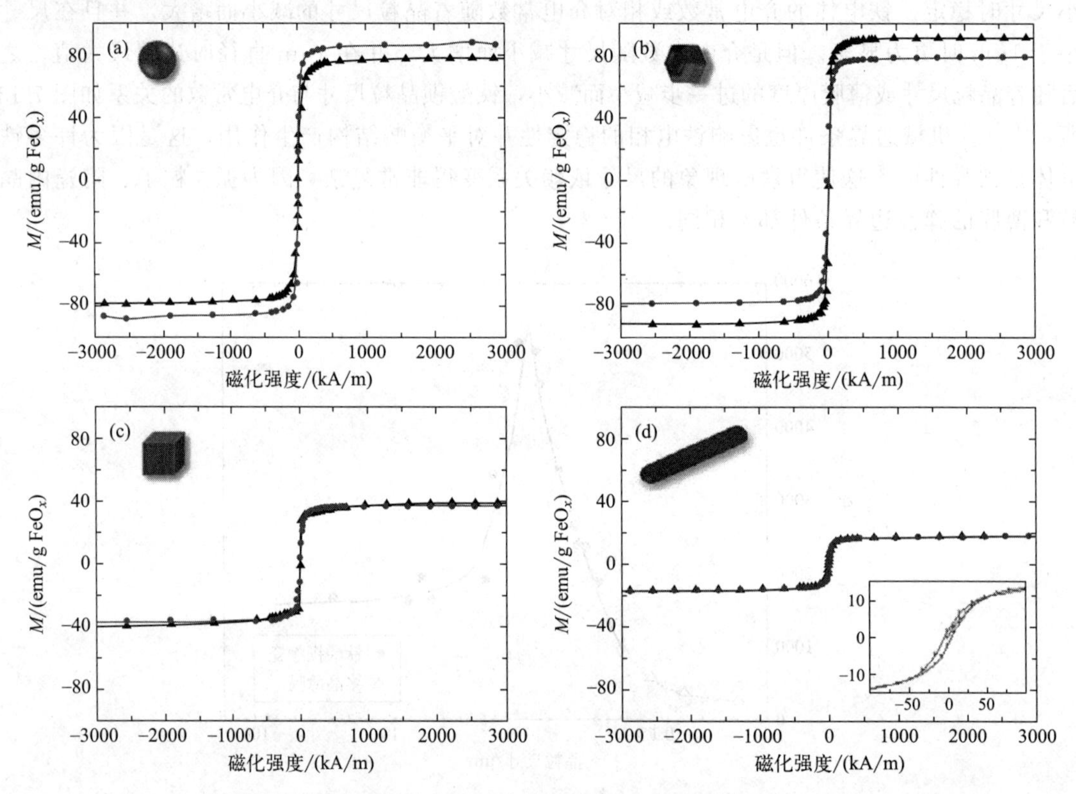

图 7-14　铁氧体纳米颗粒粉末的室温磁化曲线［300K，用油酸（带三角形图标的曲线）和咖啡酸（带圆形图标的曲线）功能化］

（a）球形；（b）六方柱体；（c）立方形；（d）棒状

7.3 纳米微粒的化学特性

7.3.1 吸附

吸附包括吸附的过程和吸附的结果，都对纳米颗粒的化学特性产生重要影响。吸附是相互接触的不同相之间产生的结合现象，可分成两类：一类是物理吸附，依靠吸附剂与吸附相之间的范德瓦耳斯力之类较弱的物理力结合；另一类是化学吸附，吸附剂与吸附相之间依靠化学键强结合。纳米微粒由于有很大的比表面积且表面原子的配位不足，要比同类非纳米材料的大块体材料具有更强的吸附性。吸附能提高化学反应程度，是一种很好的特性，但也因此带来许多麻烦，如不必要的团聚等。纳米粒子的吸附性与被吸附物质的性质、溶剂的性质以及溶液的性质有关。电解质和非电解质溶液以及溶液的 pH 值等都对纳米微粒的吸附产生强烈的影响。不同种类的纳米微粒吸附性质也有很大差别，下面将比较详细地介绍有关纳米微粒的吸附特性。

(1) 非电解质的吸附

非电解质是指电中性的分子，它们可通过氢键、范德瓦耳斯力、偶极子的弱静电引力吸附在粒子表面。例如，在 SiO_2 纳米微粒对醇、酰胺、醚的吸附过程中，SiO_2 微粒与有机试剂中间的接触层为硅烷醇层，硅烷醇在吸附中起着重要的作用。这些有机试剂中的 O 或 N 与硅烷醇羟基中的 H 形成 O-H 或 N-H 氢键，从而完成 SiO_2 微粒对有机试剂的吸附。对于一个醇分子与 SiO_2 表面的硅烷醇羧基之间只能形成一个氢键，所以结合力很弱，属于物理吸附。对于高分子氧化物，例如聚乙烯氧化物在氧化硅粒子上的吸附也同样通过氢键来实现，由于大量的 O-H 氢键的形成，使得吸附力变得很强，这种吸附为化学吸附。物理吸附一般较弱，容易脱附，而化学吸附则一般为强吸附，脱附较困难。吸附不仅受粒子表面性质的影响，也受吸附相的性质影响，即使吸附相是相同的，但由于溶剂种类不同吸附量也不一样。以 TiO_2 纳米粒子为例，TiO_2 纳米粒子表面对有机酸的 Langmuir 吸附常数对尺寸有依赖性，随着纳米粒子的尺寸减小，表面的吸附常数增大，这归因于纳米粒子表面能的尺寸依赖性[663]。在所有考虑的 pH 值下，TiO_2 纳米粒子表面的 Langmuir 吸附常数 K_{ads} 或表面积归一化的最大吸附表面覆盖率 Γ_{max} 在 5～32nm 粒子之间差异最小；在相同的 pH 值和固体浓度条件下，与 32nm 颗粒相比，5nm 颗粒可以形成更大的聚集体；草酸和己二酸在 TiO_2 纳米粒子表面的 Langmuir 吸附常数 K_{ads} 如图 7-15 所示[664]。

(2) 电解质的吸附

电解质在溶液中以离子形式存在，其吸附能力大小由库仑力来决定。纳米微粒在电解质溶液中的吸附现象大多属于物理吸附。纳米粒子巨大的比表面积常常产生键的不饱和性，这致使纳米粒子表面失去电中性而带电。在电解质溶液中的纳米微粒往往把带有相反电荷的离子吸引到表面上，以平衡其表面上的电荷，这种吸附主要是通过库仑交互作用实现的。吸附过程，它是有层次的，吸附层的电学性质也有很大的差别。一般来说，靠近纳米微粒表面的一层属于强物理吸附，称为紧密层，它的作用是平衡超微粒子表面的电性；离超微粒子稍远的离子形成较弱的吸附层，称为分散层，由于强吸附层内电位急骤下降，在弱吸附层中缓慢减小，结果在整个吸附层中产生一个电位下降梯度。上述两层构成双电层，双电层的里层在质点表面上，相反符号的外层则在介质中，两层间距离很小，约为粒子半径的数量级。表面电荷密度 σ、两层间距离 δ 和表面电位 φ_0 间的关系为：

$$\sigma=\frac{D}{4\pi\delta\varphi_0} \tag{7-22}$$

式中，D 为介质的介电常数。按此模型，φ_0 随距固体表面的距离 χ 增大而直线下降。

对于纳米氧化物的粒子，如石英、氧化铝、ZrO_2 等，根据它们在水溶液中的 pH 值不同可带正电、负电或呈电中性。当 pH 值比较小时，粒子表面形成 M-OH_2 联系（M 代表金属离子），使得粒子表面带正电。当 pH 值比较高时，粒子表面形成 M-O 键，使粒子表面带

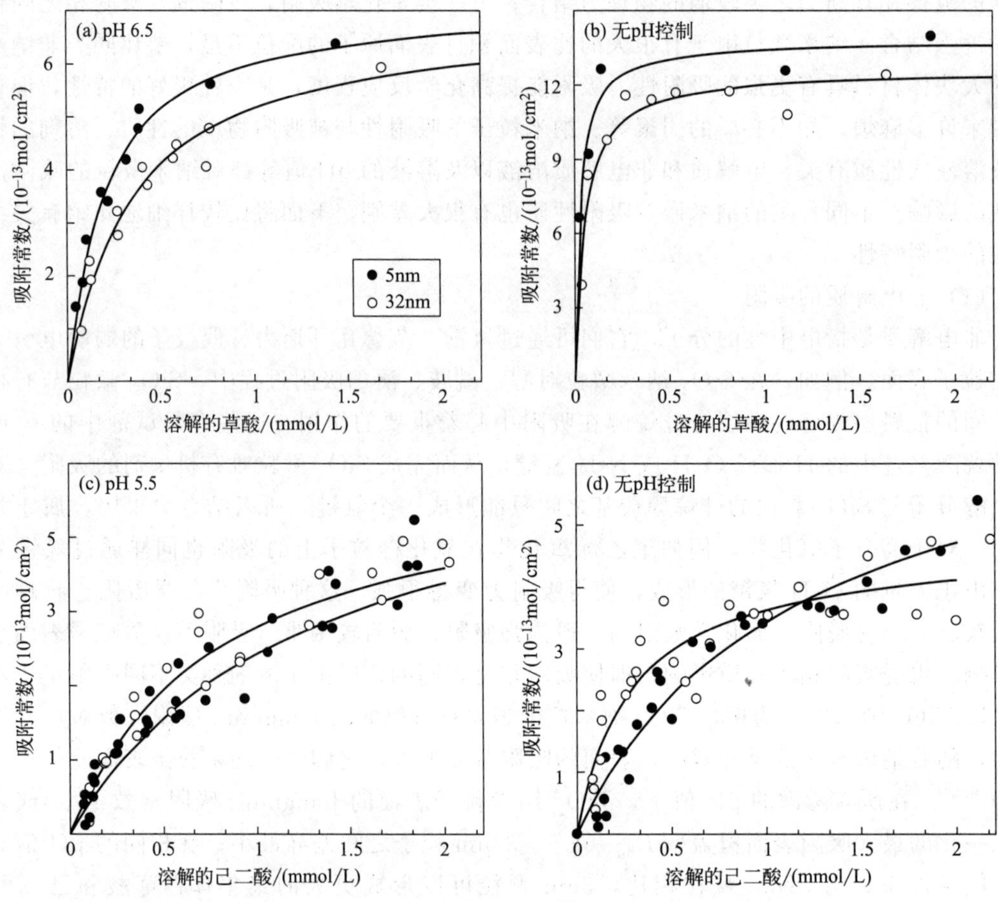

图 7-15 草酸（a）、（b）和己二酸（c）、（d）在 TiO_2 纳米颗粒上的吸附等温线［实心圆和空心圆分别代表 5nm 和 32nm 的颗粒，数据显示在没有 pH 控制的系统中，以及在 pH 6.5（草酸）或 pH 5.5（己二酸）缓冲的系统中，实线表示 Langmuir 对实验吸附数据的拟合］

负电。如果 pH 值为中间值，纳米氧化物表面形成 M-OH 键，这时的粒子呈电中性。在表面电荷为正时，平衡微粒表面电荷的有效反离子为阴离子，如 Cl^-、NO_3^- 等。若表面电荷为负时，Na^+、NH_4^+ 是很有效的平衡微粒表面电荷的反离子。

7.3.2 纳米微粒的分散与团聚

（1）微粒的分散

在纳米微粒制备过程中，如何收集纳米颗粒和保持颗粒的纳米尺寸是非常重要的。纳米微粒表面的活性使它们很容易团聚在一起，形成带有弱连接界面，且具有较大尺寸的团聚体，这就是纳米微粒的收集和保存的困难所在。为了解决这一问题，无论是用物理方法还是用化学方法制备纳米粒子，经常将其分散在溶液中进行收集。这种分散物系被称作胶体物系，纳米微粒称为胶体。溶液中尺寸较大的粒子容易沉淀下来。当粒径达纳米级，由于布朗运动等因素阻止它们沉淀而形成一种悬浮液，在这种情况下，由于小微粒之间库仑力或范德瓦耳斯力团聚现象仍可能发生。如果团聚一旦发生，通常用超声波将分散剂（水或有机溶剂）中的团聚体打碎。超声振荡破坏团聚体中小微粒之间的库仑力或范德瓦耳斯力，使小颗粒分散于分散剂中。为了防止小颗粒的团聚还可采用加入反絮凝剂和表面活性剂的措施。

反絮凝剂的选择可依纳米微粒的性质、带电类型等来确定，即选择适当的电解质作分散剂，使纳米粒子表面吸引异电离子形成双电层，通过双电层之间的库仑排斥作用使粒子之间发生团聚的引力大大降低，达到纳米微粒分散的目的。为了防止分散的纳米粒子团聚也可加入表面活性剂，使其吸附在粒子表面，形成微胞状态。由于活性剂的存在，粒子间产生了排斥力，这使得粒子相互不能接触，从而防止团聚体的产生。这种方法对于分散磁性纳米颗粒比较有效。磁性纳米微粒通过颗粒之间的磁吸引力很容易团聚，为了防止团聚，加入界面活性剂（如油酸），使其包裹在磁性粒子表面，造成粒子之间的排斥作用，由此避免团聚体的生成。

（2）微粒的团聚

悬浮在溶液中的微粒具有很高的表面能，由于普遍受到范德瓦耳斯力作用，因此很容易发生团聚，但同时由于吸附在小颗粒表面的离子形成了具有一定电位梯度的双电层，这又在一定程度上克服范德瓦耳斯力、阻止颗粒的团聚。这样，悬浮液中的微粒是否发生团聚主要由这两个因素的影响程度来决定。当范德瓦耳斯力的吸引作用大于双电层之间的排斥作用时，粒子就发生团聚。团聚的产生还必须考虑悬浮液中电介质的浓度和溶液中离子化学价等因素，综合分析微粒团聚的条件。

半径为 r 的两个微粒间的范德瓦耳斯力引起的相互作用势能 E_V 可表示如下：

$$E_V = -\frac{A}{12} \times \frac{r}{l} \tag{7-23}$$

式中，l 为微粒间距离；r 为微粒半径；A 为常数。

双电层间的相互作用势能近似地表示如下：

$$E_0 \approx \frac{\varepsilon r \Psi_0^2}{2} \exp(-kl) \tag{7-24}$$

式中，ε 为溶液的介电常数；Ψ_0 为粒子的表面电位；k 为双电层的扩展程度。

这样两微粒间总的相互作用能 E 为

$$E = E_V - E_0 = -\frac{A}{12} \times \frac{r}{l} - \frac{\varepsilon r \Psi_0^2}{2} \exp(-kl) \tag{7-25}$$

式中，E、E_V、E_0 与粒子间距 l 之间的关系参见第 3 章内容。当 k 比较小时，E 有最大值，由于势垒的障碍，团聚速度很慢；当 k 比较大时，E 没有最大值，团聚就易发生且速度很快。因此，在 $E_{max}=0$ 时，微粒的浓度称为临界团聚浓度。当浓度大于临界浓度时，团聚就发生。

7.3.3 纳米微粒的表面活性和催化作用

纳米微粒具有很强的化学活性，这是由于其比表面积大、表面能高。纳米粒子表面往往含有官能团。这些表面官能团带有电荷，决定粒子的表面电性，而电荷类型及大小将影响粒子之间的作用。当两个带电粒子靠近时，粒子之间由于电荷作用产生静电力，同时还存在范德瓦耳斯力作用。粒子间相互作用的总位能 E 为：

$$E = E_r + E_a \tag{7-26}$$

式中，E_r 为排斥力位能；E_a 为引力位能。

排斥力位能 E_r 的计算公式为：

$$E_r=\frac{\varepsilon D^2E_0^2}{R} \tag{7-27}$$

式中，ε 为介质的介电常数；E_0 为粒子的表面位能；R 为粒子的间距；D 为粒子的半径。

对于两个半径为 D 的球形粒子，其引力位能 E_a 的计算公式为：

$$E_a=\frac{AD}{12}\times\frac{1}{H_0} \tag{7-28}$$

式中，H_0 为粒子间的最短距离，其值可用 $H_0=2R-D$ 来求得；A 为 Hamaker 常数，数值为 $10^{-5}\sim10^{-7}$J。

当其他条件一定时，排斥力位能 E_r 与粒子半径 D 的平方成正比，引力位能 E_a 与粒子的半径 D 成正比。当粒子的半径 D 减小时，排斥力位能 E_r 减小的幅度远大于引力位能 E_a 减小的幅度，因此粒子间总位能 E 表现为引力位能，粒子间的相互作用表现为引力，容易凝聚成团，纳米材料熔点下降。

随着纳米微粒粒径减小，表面原子数增多，比表面积增大，表面原子配位不饱和，形成大量的悬挂键和不饱和键等，这使得纳米微粒具有高的表面活性。许多纳米金属微粒在空气中常温就会强烈氧化而燃烧，并形成金属化合物；无机材料的纳米粒子暴露在大气中会吸附气体，形成吸附层。因而可利用纳米粒子的气体吸附性做成气敏器件，对不同气体进行检测。纳米材料的大比表面积无疑将提高气敏器件的灵敏度，改善响应速率，增强气敏选择性。

纳米粒子尺寸小，单位体积中无论是高活性的粒子数或比表面都很大，因此具有很高的化学催化活性，而且颗粒越小则比表面积越大，催化效果越好。纳米粒子具有无细孔、纯度高、能自由选择组分、使用条件温和等优点。对某些有机化合物的氢化反应，纳米级的 Ni、Cu 或 Zn 粉是极好的催化剂，可用来代替昂贵的 Pt 或 Pd。一般粒径为 30nm 的 Ni 可使加氢或脱氢反应速率提高数倍。纳米级 Pt 粉催化剂可使乙烯氧化反应温度从 600℃降至室温。纳米 Ni 粉用作火箭固体燃料反应催化剂，可使燃烧效果提高 100 倍。纳米微粒具有很高的表面活性，对周围环境条件是非常敏感的，如光、温度、气氛、湿度等。

7.3.4 光催化性能

光催化活性是半导体纳米粒子非常独特的性能之一。在实验室里利用纳米半导体微粒的光催化性能进行海水分解制 H_2；对 TiO_2 纳米粒子表面进行 N_2 和 CO_2 的光固化都获得成功，上述化学反应过程一般归结为光催化过程。半导体纳米粒子在紫外光照射下，可有效地将有机污染物完全催化氧化成二氧化碳、水、氯离子等无机物。随着全球环保意识的增强，用光催化技术消除有机物污染已经引起科技界的广泛兴趣。TiO_2 作为光催化剂，具有活性高、无污染等优点，是最有开发前景的绿色环保催化剂之一。各种具有光催化功能的纳米材料现正在有机废水处理、空气净化、杀菌除臭中扮演越来越重要的角色，其应用也越来越广泛。

当半导体氧化物纳米粒子受到大于禁带宽度能量的光子激发后，电子从价带跃迁到导带，产生电子-空穴对，电子具有还原性，空穴具有氧化性，空穴与氧化物半导体纳米粒子表面的羟基反应生成氧化性很高的OH·自由基，活泼的OH·自由基可以把许多难降解的有机物氧化为CO_2和水等无机物，例如可以将酯类氧化变成醇，醇再氧化变成醛，醛再氧化变成酸，酸进一步氧化变成CO_2和水。半导体的光催化活性主要取决于导带与价带的氧化-还原电位。价带的氧化-还原电位越正，导带的氧化-还原电位越负，则光生电子和空穴的氧化及还原能力就越强，从而使光催化降解有机物的效率大大提高。

大多数半导体光催化剂都属于宽禁带n型半导体氧化物，例如TiO_2、ZnO等，这些半导体氧化物都有一定的光催化降解有机物的活性，因其中大多数比较活泼，易发生化学或光化学腐蚀，一般不适合作为净水用的光催化剂，而TiO_2纳米粒子不仅具有很高的光催化活性，而且耐酸碱和光化学腐蚀、成本低、无毒，这就使它成为当前研究和应用最广的一种光催化剂。减小半导体催化剂的颗粒尺寸可以显著提高其光催化效率。对与氧化物TiO_2、ZnO和硫化物CdS、PbS等半导体纳米粒子，它们的光催化活性均优于相应的非纳米材料。半导体纳米粒子所具有优异的光催化活性一般可以归因于以下几方面：①当半导体粒子的粒径小于某一临界值时，量子尺寸效应变得显著，电荷载体就会显示出量子行为，主要表现为导带和价带变成分立能级，能隙变宽，价带电位变得更正，导带电位变得更负，这实际上增强了光生电子和空穴的氧化-还原能力，提高了半导体的光催化活性；②对于半导体纳米粒子而言，其粒径通常小于空间电荷层的厚度，在离粒子中心距离L处的势垒高度可表示为：

$$\Delta V=\frac{1}{6}(L/L_D)^2 \tag{7-29}$$

式中，L_D是半导体的德拜长度，在此情况下，空间电荷层的影响可以忽略，光生载流子可通过简单的扩散从粒子的内部迁移到粒子的表面，与电子给体或受体发生氧化或还原反应。由扩散方程$\tau=\frac{r}{\pi^2 D}$（τ为扩散平均时间，r为粒子半径，D为载流子扩散系数）计算表明，在粒径为1μm的TiO_2粒子中，电子从内部扩散到表面的时间约为100ns，而在粒径为10nm的微粒中只需10ps。由此可见，半导体纳米粒子的光致电荷分离的效率是很高的。电子和空穴的俘获过程很快，在TiO_2胶体粒子中，电子的俘获在30ns内完成，而空穴约需要250ps。这意味着纳米微粒子的半径越小，光生载流子从体内扩散到表面所需的时间越短，光生电荷的分离效率就越高，内部电子和空穴的复合概率就越小，从而导致光催化活性提高。

半导体纳米粒子的尺寸很小，处于表面的原子很多，比表面积很大，这使得半导体光催化吸附有机污染物的能力得到增强，并提高了光催化降解有机污染物的能力。在光催化体系中，反应物吸附在催化剂的表面是光催化反应的一个前置步骤，半导体纳米粒子很强的吸附效应能够使得光生载流子优先与吸附的物质反应，而不按溶液中其他物质的氧化还原电位的顺序。提高光催化剂的光谱响应、光催化量子效率及光催化反应速率是纳米半导体光催化技术研究的中心问题。通过各类研究旨在对半导体纳米材料进行敏化、掺杂、表面修饰以及在表面沉积金属或金属氧化物，以便显著改善其光吸收及光催化效能。

TiO_2是一种宽带隙半导体材料，能吸收紫外光，但对太阳能利用率很低。利用纳米微粒对染料的强吸附作用，只要添加适当的有机染料敏化剂，就可以扩展TiO_2波长响应范围，使之将可见光用来降解有机物。为提高其光吸收效果可采用能隙较窄的硫化物、硒化物等半导体来修饰作为光催化主要材料的TiO_2纳米微粒。这里所谓的“修饰”，实际上是用其他粒子对原有的催化物质进行表面改性，是一种典型的表面化学手段。除了上面已经提到的材料外，半导体光催化剂的表面用贵金属或贵金属氧化物修饰也可以改善其光催化活性。采用 Pd/TiO_2 颗粒微电池模型，由于 Pt 的费米能级低于 TiO_2 的费米能级，当它们接触后，电子就从 TiO_2 粒子表面向 Pt 扩散，使 Pt 带负电，而 TiO_2 带正电，结果 Pt 成为负极，TiO_2 成为正极，从而构成一个短路的光化学电池，使 TiO_2 的光催化氧化反应顺利进行。在 TiO_2 表面沉积 Nb_2O_5，可以促进光催化分解，使二氯苯的活性提高近一倍。这是由于 Nb_2O_5 的引入增加了 TiO_2 光催化剂的表面酸度，产生了新的活性位置，从而提高了 TiO_2 的光催化活性。同样的解释也适用于 WO_3/TiO_2 和 MoO_3/TiO_2 的光催化活性高于纯 TiO_2 的现象。

除了表面修饰，掺杂也能改善光催化特性，特别是一些过渡金属掺杂可提高半导体氧化物的光催化效率。例如，掺杂 Fe 对 TiO_2 纳米微粒光降解二氯乙酸（DCA）活性的影响结果表明，在 Fe 的掺杂量达 2.5%时，光催化活性较用纯 TiO_2 时提高 4 倍。掺杂过渡金属可以提高 TiO_2 的光催化效率的机制一般认为有以下几方面的原因：①掺杂可以形成捕获中心，价态高于 Ti^{4+} 的金属离子捕获电子，价态低于 Ti^{4+} 的金属离子捕获空穴，抑制 e^-/h^+ 复合；②掺杂可以形成掺杂能级，使能量较小的光子能激发掺杂能级上捕获的电子和空穴，提高光子的利用率；③掺杂可以导致载流子的扩散长度增大，从而延长电子和空穴的寿命，抑制复合；④掺杂可以造成晶格缺陷，有利于形成更多的 Ti^{3+} 氧化中心。

在光催化反应中，反应体系除来自大气中的氧外，可不再添加其他氧化剂，氧是半导体光催化降解有机物的关键。如果没有氧，半导体的光催化活性则完全被抑制，氧气起着光生电子的清除剂或引入剂的作用。过氧化物、高碘酸盐、苯醌和甲基苯醌也可以替代氧气作为光催化降解反应的清除剂。光催化氧化有机物的反应速率受电子传递给溶液中溶解氧的反应速率的限制，TiO_2 的光降解速率较慢的原因主要是电子传递给溶解氧的速率较慢。电子传递给溶解氧的速率较慢有两方面的原因：①氧的电子 p、π 轨道与过渡金属的 3d 轨道的相互作用比较弱，电子转移到溶解氧的过程被抑制；②电子从半导体的内部或捕获的表面上向分子氧的转移速率较慢。在 TiO_2 粒子的表面上沉积适量的贵金属有利于溶液中溶解氧的还原速率，其作用原理是沉积的金属可以作为电子陷阱，俘获光生电子用于溶解氧的还原。

控制金属在 TiO_2 表面的沉积量是很重要的，沉积量过大有可能使金属成为电子和空穴快速复合的中心，这是不利于光催化降解反应的。半导体光催化剂对一些气相化学污染物的光降解活性一般比在水溶液中要高得多，且催化剂的回收处理也比较容易，由于气相分子的扩散及传递的速率较高且链状反应较易进行，一些气相光催化反应的表观量子效率会接近甚至超过 1。使用多孔的 TiO_2 小球体装填的床反应器实施光催化以降解气相三氯化烯（TCE）时，TCE 降解的表观量子效率高达 0.9。

附　录

附表 1　常见有机溶剂的主要物理参数

溶剂	分子量	密度/(g/mL)	熔点/℃	沸点/℃	ε_r	$\mu/(10^{-30}C\cdot m)$	极性参数
十四醇	214.39	0.823	39	289	—	—	—
2-甲基-2-丁醇	88.15	0.805	−12	102	7.0	5.67	0.321
2-甲基-2-丙醇	74.12	0.786	25	83	—	—	0.389
2-戊醇	88.15	0.809	—	120	13.8	5.54	—
环己醇	100.16	0.963	21	160	15.0	6.34	0.500
2-丁醇	74.12	0.807	−115	98	15.8	—	0.506
2-丙醇	60.10	0.785	−90	82	18.3	5.54	0.546
1-庚醇	116.20	0.822	−36	176	12.1	—	0.549
2-甲基-1-丁醇	88.15	0.802	−10	108	17.7	5.47	0.552
己醇	102.18	0.814	−52	157	13.3	—	0.559
3-甲基-1-丁醇	88.15	0.809	−11	130	14.7	6.07	0.565
戊醇	88.15	0.811	−78	137	13.9	6.00	0.568
丁醇	74.12	0.810	−90	118	17.1	5.54	0.602
苯甲醇	108.14	1.045	−15	205	13.1	5.67	0.608
丙醇	60.10	0.804	−127	97	20.1	5.54	0.602
乙醇	46.07	0.785	−130	78	24.3	5.64	0.654
四乙二醇	194.23	1.125	−6	314	—	—	0.664
1,3-丁二醇	90.12	1.004	−50	207	—	—	0.682
三乙二醇	150.18	1.123	−7	287	23.7	18.61	0.704
1,4-丁二醇	90.12	1.017	16	230	31.1	8.01	0.704
二乙二醇	106.12	1.118	−10	245	—	—	0.713
1,2-丙二醇	76.10	1.036	−60	187	32.0	7.51	0.722
1,3-丙二醇	76.10	1.053	−27	214	35.0	8.34	0.747
甲醇	32.04	0.791	−98	65	32.6	5.67	0.762
乙二醇	62.07	1.109	−11	199	37.7	7.61	0.790
丙三醇	92.09	1.261	20	180	42.5	—	0.812
水	18.01	1.000	0	100	80.4	6.47	1.000

附表 2　溶胶-凝胶衍生多孔材料的结构性质

材料	烧结温度/℃	烧结时间/h	孔径/nm	孔隙率/%	比表面积/(m^2/g)
γ-AlOOH	200	34	2.5	41	315
γ-Al_2O_3	300	5	5.6	47	131
	500	34	3.2	50	240
	550	5	6.1	59	147
	800	34	4.8	50	154
θ-Al_2O_3	900	34	5.4	48	99
α-Al_2O_3	1000	34	78	41	15
TiO_2	300	3	3.8	30	119
	400	3	4.6	30	87
	450	3	3.8	22	80
	600	3	20	21	10
CeO_2	300	3	2	15	41
	400	3	2	5	11
	600	3	—	1	1
Al_2O_3-CeO_2	450	3	2.4	39	164
	600	3	2.6	46	133
Al_2O_3-TiO_2	450	3	2.5	38～48	220～260
Al_2O_3-ZrO_2	450	5	2.6	43	216
	750	5	2.6	44	179
	1000	5	≥20	—	—

参考文献

[1] Koch Kerstin, Bhushan Bharat, Barthlott Wilhelm. Multifunctional surface structures of plants: An inspiration for biomimetics [J]. Progress in Materials Science, 2009, 54 (2): 137-178.

[2] Ensikat Hans J, Ditsche Kuru Petra, Neinhuis Christoph, Barthlott Wilhelm. Superhydrophobicity in perfection: the outstanding properties of the lotus leaf [J]. Beilstein Journal of Nanotechnology, 2011, 2: 152-161.

[3] Cheng Yang Tse, Rodak Daniel E. Is the lotus leaf superhydrophobic? [J]. Applied Physics Letters, 2005, 86 (14): 144101.

[4] Gao Xuefeng, Jiang Lei. Water-repellent legs of water striders [J]. Nature, 2004, 432 (7013): 36.

[5] Zheng Yongmei, Gao Xuefeng, Jiang Lei. Directional adhesion of superhydrophobic butterfly wings [J]. Soft Matter, 2007, 3 (2): 178-182.

[6] Vukusic Pete, Sambles J Roy. Photonic structures in biology [J]. Nature, 2003, 424 (6950): 852-855.

[7] Biró L P, Kertész K, Vértesy Z, Márk G I, Bálint ZS, Lousse V, Vigneron J P. Living photonic crystals: Butterfly scales—Nanostructure and optical properties [J]. Materials Science and Engineering: C, 2007, 27 (5): 941-946.

[8] Siddique Radwanul Hasan, Gomard Guillaume, Hölscher Hendrik. The role of random nanostructures for the omnidirectional anti-reflection properties of the glasswing butterfly [J]. Nature Communications, 2015, 6 (1): 6909.

[9] Autumn Kellar, Liang Yiching A, Hsieh S Tonia, Zesch Wolfgang, Chan Wai Pang, Kenny Thomas W, Fearing Ronald, Full Robert J. Adhesive force of a single gecko foot-hair [J]. Nature, 2000, 405 (6787): 681-685.

[10] Autumn Kellar, Peattie Anne M. Mechanisms of Adhesion in Geckos [J]. Integrative and Comparative Biology, 2002, 42 (6): 1081-1090.

[11] Rizzo N W, Gardner K H, Walls D J, Keiper-Hrynko N M, Ganzke T S, Hallahan D L. Characterization of the structure and composition of gecko adhesive setae [J]. Journal of The Royal Society Interface, 2006, 3 (8): 441-451.

[12] Stark Alyssa Y, Badge Ila, Wucinich Nicholas A, Sullivan Timothy W, Niewiarowski Peter H, Dhinojwala Ali. Surface wettability plays a significant role in gecko adhesion underwater [J]. PNAS, 2013, 110 (16): 6340-6345.

[13] Wang Lin, Khalizov Alexei F, Zheng Jun, Xu Wen, Ma Yan, Lal Vinita, Zhang Renyi. Atmospheric nanoparticles formed from heterogeneous reactions of organics [J]. Nature Geoscience, 2010, 3 (4): 238-242.

[14] Buseck Peter R, Adachi Kouji. Nanoparticles in the Atmosphere [J]. Elements, 2008, 4 (6): 389-394.

[15] Kumar Prashant, Robins Alan, Vardoulakis Sotiris, Britter Rex. A review of the characteristics of nanoparticles in the urban atmosphere and the prospects for developing regulatory controls [J]. Atmospheric Environment, 2010, 44 (39): 5035-5052.

[16] Mcmurry P H, Fink M, Sakurai H, Stolzenburg M R, Mauldin Iii R L, Smith J, Eisele F, Moore K, Sjostedt S, Tanner D, Huey L G, Nowak J B, Edgerton E, Voisin D. A criterion for new particle formation in the sulfur-rich Atlanta atmosphere [J]. Journal of Geophysical Research: Atmospheres, 2005, 110 (D22): 1-10.

[17] IBM. A Boy and His Atom [M]. 2013.

[18] Thanh Nguyen T K, Maclean N, Mahiddine S. Mechanisms of Nucleation and Growth of Nanoparticles in Solution [J]. Chemical Reviews, 2014, 114 (15): 7610-7630.

[19] Guo Suxia, Nozawa Jun, Hu Sumeng, Koizumi Haruhiko, Okada Junpei, Uda Satoshi. Heterogeneous Nucleation of Colloidal Crystals on a Glass Substrate with Depletion Attraction [J]. Langmuir, 2017, 33 (40): 10543-10549.

[20] Shirinyan A S, Wautelet M. Phase separation in nanoparticles [J]. Nanotechnology, 2004, 15 (12): 1720-1731.

[21] Xu Ping, Han Xijiang, Wang Maoju. Synthesis and Magnetic Properties of $BaFe_{12}O_{19}$ Hexaferrite Nanoparticles by a Reverse Microemulsion Technique [J]. The Journal of Physical Chemistry C, 2007, 111 (16): 5866-5870.

[22] Zhang Renyi, Khalizov Alexei, Wang Lin, Hu Min, Xu Wen. Nucleation and Growth of Nanoparticles in the Atmosphere [J]. Chemical Reviews, 2012, 112 (3): 1957-2011.

[23] Goudeli Eirini. Nanoparticle growth, coalescence, and phase change in the gas-phase by molecular dynamics [J]. Current Opinion in Chemical Engineering, 2019, 23: 155-163.

[24] Schubert U, Pierre AC. Introduction to sol-gel processing [J]. Angewandte Chemie-International Edition, 1998, 37 (23): 3324-3325.

[25] Guo Dan, Xie Guoxin, Luo Jianbin. Mechanical properties of nanoparticles: basics and applications [J]. Journal of Physics D: Applied Physics, 2013, 47 (1): 013001.

[26] Guardia Pablo, Perezjuste Jorge, Labarta A, Batlle X, Lizmarzan Luis M. Heating rate influence on the synthesis of iron oxide nanoparticles: the case of decanoic acid [J]. Chemical Communications, 2010, 46 (33): 6108-6110.

[27] Baldan A. Review progress in Ostwald ripening theories and their applications to nickel-base superalloys Part I: Ostwald ripening theories [J]. Journal of Materials Science, 2002, 37 (11): 2171-2202.

[28] Djerdjev Alex M, Beattie James K. Enhancement of ostwald ripening by depletion flocculation [J]. Langmuir, 2008, 24 (15): 7711-7717.

[29] Voorhees Peter W. The theory of Ostwald ripening [J]. Journal of Statistical Physics, 1985, 38 (1-2): 231-252.

[30] 冯怡，马天翼，刘蕾，袁忠勇. 无机纳米晶的形貌调控及生长机理研究 [J]. 中国科学：B辑，2009 (9): 864-886.

[31] Urbina Villalba German, Forgiarini Ana, Rahn Kareem, Lozsán Aileen. Influence of flocculation and coalescence on the evolution of the average radius of an O/W emulsion. Is a linear slope of R^3 vs. t an unmistakable signature of Ostwald ripening? [J]. Physical Chemistry Chemical Physics, 2009, 11 (47): 11184-11195.

[32] Peng Sheng, Sun Yugang. Synthesis of silver nanocubes in a hydrophobic binary organic solvent [J]. Chemistry of Materials, 2010, 22 (23): 6272-6279.

[33] Zhang Zhaorui, Wang Zhenni, He Shengnan, Wang Chaoqi, Jin Mingshang, Yin Yadong. Redox reaction induced Ostwald ripening for size-and shape-focusing of palladium nanocrystals [J]. Chemical Science, 2015, 6 (9): 5197-5203.

[34] Naduviledathu Raj A, Rinkel T, Haase M. Ostwald ripening, particle size focusing, and decomposition of sub-10 nm $NaREF_4$ (RE=La, Ce, Pr, Nd) nanocrystals [J]. Chemistry of Materials, 2014, 26 (19): 5689-5694.

[35] Rinkel Thorben, Nordmann Jörg, Raj Athira Naduviledathu, Haase Markus. Ostwald-ripening and particle size focussing of sub-10 nm $NaYF_4$ upconversion nanocrystals [J]. Nanoscale, 2014, 6 (23): 14523-14530.

[36] Lignier Pascal, Bellabarba Ronan, Tooze Robert P. Scalable strategies for the synthesis of well-defined copper metal and oxide nanocrystals [J]. Chemical Society Reviews, 2012, 41 (5): 1708-1720.

[37] Liu Hui Ling, Nosheen Farhat, Wang Xun. Noble metal alloy complex nanostructures: controllable synthesis and their electrochemical property [J]. Chemical Society Reviews, 2015, 44 (10): 3056-3078.

[38] Liang Jicai, Han Xiangbo, Li Yi, Ye Kaiqi, Hou Changmin, Yu Kaifeng. Fabrication of TiO_2 hollow nanocrystals through the nanoscale Kirkendall effect for lithium-ion batteries and photocatalysis [J]. New Journal of Chemistry, 2015, 39 (4): 3145-3149.

[39] Parlett Christopher Ma, Wilson Karen, Lee Adam F. Hierarchical porous materials: catalytic applications [J]. Chemical Society Reviews, 2013, 42 (9): 3876-3893.

[40] Zhang Zhaoqiang, Zhang Heng, Zhu Lin, Zhang Qiang, Zhu Wancheng. Hierarchical porous $Ca(BO_2)_2$ microspheres: hydrothermal-thermal conversion synthesis and their applications in heavy metal ions adsorption and solvent-free oxidation of benzyl alcohol [J]. Chemical Engineering Journal, 2016, 283: 1273-1284.

[41] Zhang Zhaoqiang, Zhu Wancheng, Wang Ruguo, Zhang Linlin, Zhu Lin, Zhang Qiang. Ionothermal confined self-organization for hierarchical porous magnesium borate superstructures as highly efficient adsorbents for dye removal [J]. Journal of Materials Chemistry A, 2014, 2 (45): 19167-19179.

[42] Liu Jian, Qiao Shi Zhang, Chen Jun Song, Lou Xiong Wen David, Xing Xianran, Lu Gao Qing Max. Yolk/shell nanoparticles: new platforms for nanoreactors, drug delivery and lithium-ion batteries [J]. Chemical Communications, 2011, 47 (47): 12578-12591.

[43] Cortie Michael B, Mcdonagh Andrew M. Synthesis and optical properties of hybrid and alloy plasmonic nanoparticles [J]. Chemical Reviews, 2011, 111 (6): 3713-3735.

[44] Yang Xuan, Yang Miaoxin, Pang Bo, Vara Madeline, Xia Younan. Gold nanomaterials at work in biomedicine [J]. Chemical Reviews, 2015, 115 (19): 10410-10488.

[45] Hu Jing, Chen Min, Fang Xiaosheng, Wu Limin. Fabrication and application of inorganic hollow spheres [J]. Chemical Society Reviews, 2011, 40 (11): 5472-5491.

[46] Fang Jixiang, Ding Bingjun, Gleiter Herbert. Mesocrystals: Syntheses in metals and applications [J]. Chemical Society Reviews, 2011, 40 (11): 5347-5360.

[47] Qi Jian, Lai Xiaoyong, Wang Jiangyan, Tang Hongjie, Ren Hao, Yang Yu, Jin Quan, Zhang Lijuan, Yu Ranbo, Ma Guanghui. Multi-shelled hollow micro/nanostructures [J]. Chemical Society Reviews, 2015, 44 (19): 6749-6773.

[48] Gao Min Rui, Xu Yun Fei, Jiang Jun, Yu Shu Hong. Nanostructured metal chalcogenides: synthesis, modification, and applications in energy conversion and storage devices [J]. Chemical Society Reviews, 2013, 42 (7): 2986-3017.

[49] Zhao Yong, Jiang Lei. Hollow micro/nanomaterials with multilevel interior structures [J]. Advanced Materials, 2009, 21 (36): 3621-3638.

[50] Zeng Hua Chun. Synthetic architecture of interior space for inorganic nanostructures [J]. Journal of Materials Chemistry, 2006, 16 (7): 649-662.

[51] Liu Bin, Zeng Hua Chun. Symmetric and asymmetric Ostwald ripening in the fabrication of homogeneous core-shell semiconductors [J]. Small, 2005, 1 (5): 566-571.

[52] Nguyen Chinh Chien, Vu Nhu Nang, Do Trong On. Recent advances in the development of sunlight-driven hollow structure photocatalysts and their applications [J]. Journal of Materials Chemistry A, 2015, 3 (36): 18345-18359.

[53] Yec Christopher C, Zeng Hua Chun. Synthesis of complex nanomaterials via Ostwald ripening [J]. Journal of Materials Chemistry A, 2014, 2 (14): 4843-4851.

[54] Yang Hua Gui, Zeng Hua Chun. Preparation of hollow anatase TiO_2 nanospheres via Ostwald ripening [J]. The Journal of Physical Chemistry B, 2004, 108 (11): 3492-3495.

[55] Li Jing, Zeng Hua Chun. Hollowing Sn-doped TiO_2 nanospheres via Ostwald ripening [J]. Journal of the American Chemical Society, 2007, 129 (51): 15839-15847.

[56] Chang Yu, Teo Joong Jiat, Zeng Hua Chun. Formation of colloidal CuO nanocrystallites and their spherical aggregation and reductive transformation to hollow Cu_2O nanospheres [J]. Langmuir, 2005, 21 (3): 1074-1079.

[57] Teo Joong Jiat, Chang Yu, Zeng Hua Chun. Fabrications of hollow nanocubes of Cu_2O and Cu via reductive self-assembly of CuO nanocrystals [J]. Langmuir, 2006, 22 (17): 7369-7377.

[58] Wang Dan Ping, Zeng Hua Chun. Creation of interior space, architecture of shell structure, and encapsulation of functional materials for mesoporous SiO_2 spheres [J]. Chemistry of Materials, 2011, 23 (22): 4886-4899.

[59] Yec Christopher C, Zeng Hua Chun. Synthetic Architecture of Multiple Core-Shell and Yolk-Shell Structures of (Cu_2O@) n Cu_2O ($n=1-4$) with Centricity and Eccentricity [J]. Chemistry of Materials, 2012, 24 (10): 1917-1929.

[60] Ye Tiannan, Dong Zhenghong, Zhao Yongnan, Yu Jianguo, Wang Fengqin, Zhang Lingling, Zou Yongcun. Rationally fabricating hollow particles of complex oxides by a templateless hydrothermal route: the case of single-crystalline $SrHfO_3$ hollow cuboidal nanoshells [J]. Dalton Transactions, 2011, 40 (11): 2601-2606.

[61] Zou Yongcun, Luo Yang, Wen Ni, Ye Tiannan, Xu Caiyun, Yu Jianguo, Wang Fengqin, Li Guodong, Zhao Yongnan. Fabricating $BaZrO_3$ hollow microspheres by a simple reflux method [J]. New Journal of Chemistry, 2014, 38 (6): 2548-2553.

[62] Ye Tiannan, Dong Zhenghong, Zhao Yongnan, Yu Jianguo, Wang Fengqin, Guo Shukun, Zou Yongcun. Controllable fabrication of perovskite $SrZrO_3$ hollow cuboidal nanoshells [J]. CrystEngComm, 2011, 13 (11): 3842-3847.

[63] Voß Benjamin, Nordmann Jörg, Uhl Andreas, Komban Rajesh, Haase Markus. Effect of the crystal structure of small precursor particles on the growth of β-$NaREF_4$ (RE = Sm, Eu, Gd, Tb) nanocrystals [J]. Nanoscale, 2013, 5 (2): 806-812.

[64] Polte Jörg. Fundamental growth principles of colloidal metal nanoparticles-a new perspective [J]. CrystEngComm,

2015, 17 (36): 6809-6830.

[65] Zong Ruilong, Wang Xiaolong, Shi Shikao, Zhu Yongfa. Kinetically controlled seed-mediated growth of narrow dispersed silver nanoparticles up to 120 nm: secondary nucleation, size focusing, and Ostwald ripening [J]. Physical Chemistry Chemical Physics, 2014, 16 (9): 4236-4241.

[66] Peng Xiaogang, Wickham J, Alivisatos Ap. Kinetics of Ⅱ-Ⅵ and Ⅲ-Ⅴ colloidal semiconductor nanocrystal growth: "focusing" of size distributions [J]. Journal of the American Chemical Society, 1998, 120 (21): 5343-5344.

[67] Cölfen Helmut, Mann Stephen. Higher-order organization by mesoscale self-assembly and transformation of hybrid nanostructures [J]. Angewandte Chemie International Edition, 2003, 42 (21): 2350-2365.

[68] Bahrig Lydia, Hickey Stephen G, Eychmüller Alexander. Mesocrystalline materials and the involvement of oriented attachment-a review [J]. CrystEngComm, 2014, 16 (40): 9408-9424.

[69] Wohlrab Sebastian, Pinna Nicola, Antonietti Markus, Cölfen Helmut. Polymer-induced alignment of dl-alanine nanocrystals to crystalline mesostructures [J]. Chemistry-A European Journal, 2005, 11 (10): 2903-2913.

[70] Niederberger Markus, Cölfen Helmut. Oriented attachment and mesocrystals: non-classical crystallization mechanisms based on nanoparticle assembly [J]. Physical Chemistry Chemical Physics, 2006, 8 (28): 3271-3287.

[71] Penn R Lee, Banfield Jillian F. Morphology development and crystal growth in nanocrystalline aggregates under hydrothermal conditions: Insights from titania [J]. Geochimica et Cosmochimica Acta, 1999, 63 (10): 1549-1557.

[72] Zhang Qiao, Liu Shu Juan, Yu Shu Hong. Recent advances in oriented attachment growth and synthesis of functional materials: concept, evidence, mechanism, and future [J]. Journal of Materials Chemistry, 2009, 19 (2): 191-207.

[73] Wang Fudong, Richards Vernal N, Shields Shawn P, Buhro William E. Kinetics and mechanisms of aggregative nanocrystal growth [J]. Chemistry of Materials, 2013, 26 (1): 5-21.

[74] Ivanov Vladimir Konstantinovich, Fedorov Pavel Pavlovich, Baranchikov A Ye, Osiko Vyacheslav Vasil'evich. Oriented attachment of particles: 100 years of investigations of non-classical crystal growth [J]. Russian Chemical Reviews, 2014, 83 (12): 1204.

[75] Zhang Jing, Huang Feng, Lin Zhang. Progress of nanocrystalline growth kinetics based on oriented attachment [J]. Nanoscale, 2010, 2 (1): 18-34.

[76] Zhang Qiaobao, Zhang Kaili, Xu Daguo, Yang Guangcheng, Huang Hui, Nie Fude, Liu Chenmin, Yang Shihe. CuO nanostructures: synthesis, characterization, growth mechanisms, fundamental properties, and applications [J]. Progress in Materials Science, 2014, 60: 208-337.

[77] Yang Hua Gui, Zeng Hua Chun. Self-Construction of Hollow SnO_2 Octahedra Based on Two-Dimensional Aggregation of Nanocrystallites [J]. Angewandte Chemie, 2004, 116 (44): 6056-6059.

[78] Zheng Jinsheng, Huang Feng, Yin Shungao, Wang Yongjing, Lin Zhang, Wu Xiaoli, Zhao Yibing. Correlation between the photoluminescence and oriented attachment growth mechanism of CdS quantum dots [J]. Journal of the American Chemical Society, 2010, 132 (28): 9528-9530.

[79] Ribeiro Caue, Lee Eduardo Jh, Longo Elson, Leite Edson R. A kinetic model to describe nanocrystal growth by the oriented attachment mechanism [J]. ChemPhysChem, 2005, 6 (4): 690-696.

[80] Li Dongsheng, Nielsen Michael H, Lee Jonathan Ri, Frandsen Cathrine, Banfield Jillian F, De Yoreo James J. Direction-specific interactions control crystal growth by oriented attachment [J]. Science, 2012, 336 (6084): 1014-1018.

[81] Gong Maogang, Kirkeminde Alec, Ren Shenqiang. Symmetry-defying iron pyrite (FeS_2) nanocrystals through oriented attachment [J]. Scientific Reports, 2013, 3: 2092.

[82] Ren Tie Zhen, Yuan Zhong Yong, Hu Weikang, Zou Xiaodong. Single crystal manganese oxide hexagonal plates with regulated mesoporous structures [J]. Microporous and Mesoporous Materials, 2008, 112 (1-3): 467-473.

[83] Jia Shuangfeng, Zheng He, Sang Hongqian, Zhang Wenjing, Zhang Han, Liao Lei, Wang Jianbo. Self-Assembly of K_xWO_3 Nanowires into Nanosheets by an Oriented Attachment Mechanism [J]. Acs Applied Materials & Interfaces, 2013, 5 (20): 10346-10351.

[84] Zhang Hua, Huang Jing, Zhou Xinggui, Zhong Xinhua. Single-crystal Bi_2S_3 nanosheets growing via attachment-re-

crystallization of nanorods [J]. Inorganic Chemistry, 2011, 50 (16): 7729-7734.

[85] Zhang Dong Feng, Sun Ling Dong, Yin Jia Lu, Yan Chun Hua, Wang Rong Ming. Attachment-driven morphology evolvement of rectangular ZnO nanowires [J]. The Journal of Physical Chemistry B, 2005, 109 (18): 8786-8790.

[86] Pal Provas, Pahari Sandip Kumar, Sinhamahapatra Apurba, Jayachandran Muthirulandi, Kiruthika Gv Manohar, Bajaj Hari C, Panda Asit Baran. CeO_2 nanowires with high aspect ratio and excellent catalytic activity for selective oxidation of styrene by molecular oxygen [J]. Rsc Advances, 2013, 3 (27): 10837-10847.

[87] Du Jinyan, Dong Xiawei, Zhuo Shujuan, Shen Weili, Sun Lilin, Zhu Changqing. Eu (III) -induced room-temperature fast transformation of CdTe nanocrystals into nanorods [J]. Talanta, 2014, 122: 229-233.

[88] Xi Guangcheng, Ye Jinhua. Ultrathin SnO_2 Nanorods: Template-and Surfactant-Free Solution Phase Synthesis, Growth Mechanism, Optical, Gas-Sensing, and Surface Adsorption Properties [J]. Inorganic Chemistry, 2010, 49 (5): 2302-2309.

[89] O'sullivan Catriona, Gunning Robert D, Sanyal Ambarish, Barrett Christopher A, Geaney Hugh, Laffir Fathima R, Ahmed Shafaat, Ryan Kevin M. Spontaneous room temperature elongation of CdS and Ag_2S nanorods via oriented attachment [J]. Journal of the American Chemical Society, 2009, 131 (34): 12250-12257.

[90] Xu Biao, Wang Xun. Solvothermal synthesis of monodisperse nanocrystals [J]. Dalton Transactions, 2012, 41 (16): 4719-4725.

[91] 相国磊，王训．纳米晶核的尺寸与表面对生长与组装过程影响的研究进展 [J]. 无机化学学报，2011，27 (12): 2323-2331.

[92] Li Tianyang, Xiang Guolei, Zhuang Jing, Wang Xun. Enhanced catalytic performance of assembled ceria necklace nanowires by Ni doping [J]. Chemical Communications, 2011, 47 (21): 6060-6062.

[93] Halder Aditi, Ravishankar N. Ultrafine single-crystalline gold nanowire arrays by oriented attachment [J]. Advanced Materials, 2007, 19 (14): 1854-1858.

[94] Pradhan Narayan, Xu Huifang, Peng Xiaogang. Colloidal CdSe quantum wires by oriented attachment [J]. Nano Letters, 2006, 6 (4): 720-724.

[95] Tang Zhiyong, Kotov Nicholas A, Giersig Michael. Spontaneous organization of single CdTe nanoparticles into luminescent nanowires [J]. Science, 2002, 297 (5579): 237-240.

[96] Cho Kyung Sang, Talapin Dmitri V, Gaschler Wolfgang, Murray Christopher B. Designing PbSe nanowires and nanorings through oriented attachment of nanoparticles [J]. Journal of the American Chemical Society, 2005, 127 (19): 7140-7147.

[97] Zhu Wancheng, Zhu Shenlin, Xiang Lan. Successive effect of rolling up, oriented attachment and Ostwald ripening on the hydrothermal formation of szaibelyite $MgBO_2(OH)$ nanowhiskers [J]. CrystEngComm, 2009, 11 (9): 1910-1919.

[98] Chen Zhiming, Geng Zhirong, Shi Menglu, Liu Zhihui, Wang Zhilin. Construction of EuF_3 hollow sub-microspheres and single-crystal hexagonal microdiscs via Ostwald ripening and oriented attachment [J]. CrystEngComm, 2009, 11 (8): 1591-1596.

[99] Yang Xianfeng, Fu Junxiang, Jin Chongjun, Chen Jian, Liang Chaolun, Wu Mingmei, Zhou Wuzong. Formation mechanism of $CaTiO_3$ hollow crystals with different microstructures [J]. Journal of the American Chemical Society, 2010, 132 (40): 14279-14287.

[100] Yao Ke Xin, Sinclair Romilly, Zeng Hua Chun. Symmetric linear assembly of hourglass-like ZnO nanostructures [J]. The Journal of Physical Chemistry C, 2007, 111 (5): 2032-2039.

[101] Zhao Jinbo, Wu Lili, Zou Ke. Fabrication of hollow mesoporous NiO hexagonal microspheres via hydrothermal process in ionic liquid [J]. Materials Research Bulletin, 2011, 46 (12): 2427-2432.

[102] Yang Xianfeng, Williams Ian D, Chen Jian, Wang Jing, Xu Huifang, Konishi Hiromi, Pan Yuexiao, Liang Chaolun, Wu Mingmei. Perovskite hollow cubes: morphological control, three-dimensional twinning and intensely enhanced photoluminescence [J]. Journal of Materials Chemistry, 2008, 18 (30): 3543-3546.

[103] Zhang Hui, Zhai Chuanxin, Wu Jianbo, Ma Xiangyang, Yang Deren. Cobalt ferrite nanorings: Ostwald ripening dictated synthesis and magnetic properties [J]. Chemical Communications, 2008, 43: 5648-5650.

[104] Hövel H, Becker Th, Bettac A, Reihl B, Tschudy M, Williams Ej. Controlled cluster condensation into preformed nanometer-sized pits [J]. Journal of Applied Physics, 1997, 81 (1): 154-158.

[105] Stabel A, Eichhorst-Gerner K, Rabe Jp, Gonzalez-Elipe Ar. Surface defects and homogeneous distribution of silver particles on HOPG [J]. Langmuir, 1998, 14 (25): 7324-7326.

[106] Zach Michael P, Penner Reginald M. Nanocrystalline nickel nanoparticles [J]. Advanced Materials, 2000, 12 (12): 878-883.

[107] Xia Younan, Xiong Yujie, Lim Byungkwon, Skrabalak Sara E. Shape-controlled synthesis of metal nanocrystals: simple chemistry meets complex physics? [J]. Angewandte Chemie International Edition, 2009, 48 (1): 60-103.

[108] Tao Andrea R, Habas Susan, Yang Peidong. Shape control of colloidal metal nanocrystals [J]. Small, 2008, 4 (3): 310-325.

[109] Sun Shouheng, Murray Christopher B, Weller Dieter, Folks Liesl, Moser Andreas. Monodisperse FePt nanoparticles and ferromagnetic FePt nanocrystal superlattices [J]. Science, 2000, 287 (5460): 1989-1992.

[110] Cacciuto A, Auer S, Frenkel D. Onset of heterogeneous crystal nucleation in colloidal suspensions [J]. Nature, 2004, 428 (6981): 404.

[111] Carroll Kyler J, Hudgins Daniel M, Spurgeon Steven, Kemner Kennneth M, Mishra Bhoopesh, Boyanov Maxim I, Brown Iii Lester W, Taheri Mitra L, Carpenter Everett E. One-pot aqueous synthesis of Fe and Ag core/shell nanoparticles [J]. Chemistry of Materials, 2010, 22 (23): 6291-6296.

[112] Chen Wei, Yu Rong, Li Lingling, Wang Annan, Peng Qing, Li Yadong. A Seed-Based Diffusion Route to Monodisperse Intermetallic CuAu Nanocrystals [J]. Angewandte Chemie International Edition, 2010, 49 (16): 2917-2921.

[113] Kang Yijin, Pyo Jun Beom, Ye Xingchen, Gordon Thomas R, Murray Christopher B. Synthesis, shape control, and methanol electro-oxidation properties of Pt-Zn alloy and Pt_3Zn intermetallic nanocrystals [J]. Acs Nano, 2012, 6 (6): 5642-5647.

[114] Lee Young Wook, Kim Minjung, Kim Zee Hwan, Han Sang Woo. One-step synthesis of Au@ Pd core-shell nanooctahedron [J]. Journal of the American Chemical Society, 2009, 131 (47): 17036-17037.

[115] Lu Chun Lun, Prasad Kariate Sudhakara, Wu Hsin Lun, Ho Ja an Annie, Huang Michael H. Au nanocube-directed fabrication of Au-Pd core-shell nanocrystals with tetrahexahedral, concave octahedral, and octahedral structures and their electrocatalytic activity [J]. Journal of the American Chemical Society, 2010, 132 (41): 14546-14553.

[116] Wang Gongwei, Huang Bing, Xiao Li, Ren Zhandong, Chen Hao, Wang Deli, Abruña Héctor D, Lu Juntao, Zhuang Lin. Pt skin on AuCu intermetallic substrate: A strategy to maximize Pt utilization for fuel cells [J]. Journal of the American Chemical Society, 2014, 136 (27): 9643-9649.

[117] Yu Yongsheng, Yang Weiwei, Sun Xiaolian, Zhu Wenlei, Li X Z, Sellmyer David J, Sun Shouheng. Monodisperse MPt (M=Fe, Co, Ni, Cu, Zn) nanoparticles prepared from a facile oleylamine reduction of metal salts [J]. Nano Lett, 2014, 14 (5): 2778-2782.

[118] Wulff G. Velocity of growth and dissolution of crystal faces [J]. Z Kristallogr, 1901, 34: 449-530.

[119] Xiong Yujie, Xia Younan. Shape-controlled synthesis of metal nanostructures: the case of palladium [J]. Advanced Materials, 2007, 19 (20): 3385-3391.

[120] Carroll Kyler J, Calvin Scott, Ekiert Thomas F, Unruh Karl M, Carpenter Everett E. Selective nucleation andgrowth of Cu and Ni core/shell nanoparticles [J]. Chemistry of Materials, 2010, 22 (7): 2175-2177.

[121] Fan Feng Ru, Liu De Yu, Wu Yuan Fei, Duan Sai, Xie Zhao Xiong, Jiang Zhi Yuan, Tian Zhong Qun. Epitaxial growth of heterogeneous metal nanocrystals: from gold nano-octahedra to palladium and silver nanocubes [J]. Journal of the American Chemical Society, 2008, 130 (22): 6949-6951.

[122] Sneed Brian T, Kuo Chun Hong, Brodsky Casey N, Tsung Chia Kuang. Iodide-mediated control of rhodium epitaxial growth on well-defined noble metal nanocrystals: synthesis, characterization, and structure-dependent catalytic properties [J]. Journal of the American Chemical Society, 2012, 134 (44): 18417-18426.

[123] Sobal Nelli S, Ebels Ursula, Möhwald Helmuth, Giersig Michael. Synthesis of core-shell PtCo nanocrystals [J]. The Journal of Physical Chemistry B, 2003, 107 (30): 7351-7354.

[124] Sobal Nelli S, Hilgendorff Michael, Moehwald Helmuth, Giersig Michael, Spasova Marina, Radetic Tamara, Farle Michael. Synthesis and structure of colloidal bimetallic nanocrystals: the non-alloying system Ag/Co [J]. Nano Lett, 2002, 2 (6): 621-624.

[125] Tsuji Masaharu, Hikino Sachie, Matsunaga Mika, Sano Yoshiyuki, Hashizume Tomoe, Kawazumi Hirofumi. Rapid synthesis of Ag@ Ni core-shell nanoparticles using a microwave-polyol method [J]. Materials Letters, 2010, 64 (16): 1793-1797.

[126] Yan Jun Min, Zhang Xin Bo, Akita Tomoki, Haruta Masatake, Xu Qiang. One-step seeding growth of magnetically recyclable Au@ Co core-shell nanoparticles: highly efficient catalyst for hydrolytic dehydrogenation of ammonia borane [J]. Journal of the American Chemical Society, 2010, 132 (15): 5326-5327.

[127] Ma Yanyun, Li Weiyang, Cho Eun Chul, Li Zhiyuan, Yu Taekyung, Zeng Jie, Xie Zhaoxiong, Xia Younan. Au@ Ag core-shell nanocubes with finely tuned and well-controlled sizes, shell thicknesses, and optical properties [J]. Acs Nano, 2010, 4 (11): 6725-6734.

[128] Habas Susan E, Lee Hyunjoo, Radmilovic Velimir, Somorjai Gabor A, Yang Peidong. Shaping binary metal nanocrystals through epitaxial seeded growth [J]. Nature Materials, 2007, 6 (9): 692.

[129] Zhang Hui, Jin Mingshang, Wang Jinguo, Kim Moon J, Yang Deren, Xia Younan. Nanocrystals composed of alternating shells of Pd and Pt can be obtained by sequentially adding different precursors [J]. Journal of the American Chemical Society, 2011, 133 (27): 10422-10425.

[130] Xiang Yanjuan, Wu Xiaochun, Liu Dongfang, Jiang Xingyu, Chu Weiguo, Li Zhiyuan, Ma Yuan, Zhou Weiya, Xie Sishen. Formation of rectangularly shaped Pd/Au bimetallic nanorods: evidence for competing growth of the Pd shell between the {110} and {100} side facets of Au nanorods [J]. Nano Lett, 2006, 6 (10): 2290-2294.

[131] Jin Mingshang, Zhang Hui, Wang Jinguo, Zhong Xiaolan, Lu Ning, Li Zhiyuan, Xie Zhaoxiong, Kim Moon J, Xia Younan. Copper can still be epitaxially deposited on palladium nanocrystals to generate core-shell nanocubes despite their large lattice mismatch [J]. Acs Nano, 2012, 6 (3): 2566-2573.

[132] Kim Sang-Wook, Park Jongnam, Jang Youngjin, Chung Yunhee, Hwang Sujin, Hyeon Taeghwan, Kim Young Woon. Synthesis of monodisperse palladium nanoparticles [J]. Nano Lett, 2003, 3 (9): 1289-1291.

[133] Klajn Rafal, Wesson Paul J, Bishop Kyle Jm, Grzybowski BartoszA. Writing self-erasing images using metastable nanoparticle "inks" [J]. Angewandte Chemie International Edition, 2009, 48 (38): 7035-7039.

[134] Link Stephan, El-Sayed Mostafa A. Size and temperature dependence of the plasmon absorption of colloidal gold nanoparticles [J]. The Journal of Physical Chemistry B, 1999, 103 (21): 4212-4217.

[135] Park Jongnam, Joo Jin, Kwon Soon Gu, Jang Youngjin, Hyeon Taeghwan. Synthesis of monodisperse spherical nanocrystals [J]. Angewandte Chemie International Edition, 2007, 46 (25): 4630-4660.

[136] Talapin Dmitri V, Lee Jong Soo, Kovalenko Maksym V, Shevchenko Elena V. Prospects of colloidal nanocrystals for electronic and optoelectronic applications [J]. Chem Rev, 2009, 110 (1): 389-458.

[137] Wang Xun, Zhuang Jing, Peng Qing, Li Yadong. A general strategy for nanocrystal synthesis [J]. Nature, 2005, 437 (7055): 121.

[138] Niu Zhiqiang, Peng Qing, Gong Ming, Rong Hongpan, Li Yadong. Oleylamine-Mediated Shape Evolution of Palladium Nanocrystals [J]. Angewandte Chemie International Edition, 2011, 50 (28): 6315-6319.

[139] Ling Tao, Zhu Jing, Yu Huimin, Xie Lin. Size effect on crystal morphology of faceted face-centered cubic Fe nanoparticles [J]. The Journal of Physical Chemistry C, 2009, 113 (22): 9450-9453.

[140] Liu Xiangwen, Li Xiaoyang, Wang Dingsheng, Yu Rong, Cui Yanran, Peng Qing, Li Yadong. Palladium/tin bimetallic single-crystalline hollow nanospheres [J]. Chemical Communications, 2012, 48 (11): 1683-1685.

[141] Xiong Yujie, Cai Honggang, Wiley Benjamin J, Wang Jinguo, Kim Moon J, Xia Younan. Synthesis and mechanistic study of palladium nanobars and nanorods [J]. Journal of the American Chemical Society, 2007, 129 (12): 3665-3675.

[142] Liu Xiangwen, Wang Weiyang, Li Hao, Li Linsen, Zhou Guobao, Yu Rong, Wang Dingsheng, Li Yadong. One-pot protocol for bimetallic Pt/Cu hexapod concave nanocrystals with enhanced electrocatalytic activity [J]. Sci Rep, 2013, 3: 1404.

[143] Rong Hongpan, Niu Zhiqiang, Zhao Yafan, Cheng Hao, Li Zhi, Ma Lei, Li Jun, Wei Shiqiang, Li Yadong. Structure Evolution and Associated Catalytic Properties of Pt Sn Bimetallic Nanoparticles [J]. Chemistry-A European Journal, 2015, 21 (34): 12034-12041.

[144] Sun Yugang, Xia Younan. Shape-controlled synthesis of gold and silver nanoparticles [J]. Science, 2002, 298 (5601): 2176-2179.

[145] Tao Andrea, Sinsermsuksakul Prasert, Yang Peidong. Polyhedral silver nanocrystals with distinct scattering signatures [J]. Angewandte Chemie International Edition, 2006, 45 (28): 4597-4601.

[146] Lee Seung Joon, Han Sang Woo, Kim Kwan. Perfluorocarbon-stabilized silver nanoparticles manufactured from layered silver carboxylates [J]. Chemical Communications, 2002, 5: 442-443.

[147] Hiramatsu Hiroki, Osterloh Frank E. A simple large-scale synthesis of nearly monodisperse gold and silver nanoparticles with adjustable sizes and with exchangeable surfactants [J]. Chemistry of Materials, 2004, 16 (13): 2509-2511.

[148] Chen Meng, Feng Yong Gang, Wang Xia, Li Ting Cheng, Zhang Jun Yan, Qian Dong Jin. Silver nanoparticles capped by oleylamine: formation, growth, and self-organization [J]. Langmuir, 2007, 23 (10): 5296-5304.

[149] Li Peng, Peng Qing, Li Yadong. Controlled Synthesis and Self-Assembly of Highly Monodisperse Ag and Ag_2S Nanocrystals [J]. Chemistry-A European Journal, 2011, 17 (3): 941-946.

[150] Zheng Haimei, Smith Rachel K, Jun Young Wook, Kisielowski Christian, Dahmen Ulrich, Alivisatos A Paul. Observation of single colloidal platinum nanocrystal growth trajectories [J]. Science, 2009, 324 (5932): 1309-1312.

[151] Wang Dingsheng, Xie Ting, Peng Qing, Li Yadong. Ag, Ag_2S, and Ag_2Se nanocrystals: synthesis, assembly, and construction of mesoporous structures [J]. Journal of the American Chemical Society, 2008, 130 (12): 4016-4022.

[152] Wang Dingsheng, Li Yadong. Effective octadecylamine system for nanocrystal synthesis [J]. Inorganic Chemistry, 2011, 50 (11): 5196-5202.

[153] Wang Ding Sheng, Xie Ting, Peng Qing, Zhang Shao Yan, Chen Jun, Li Ya Dong. Direct thermal decomposition of metal nitrates in octadecylamine to metal oxide nanocrystals [J]. Chemistry-A European Journal, 2008, 14 (8): 2507-2513.

[154] Wang Dingsheng, Li Yadong. Controllable synthesis of Cu-based nanocrystals in ODA solvent [J]. Chemical Communications, 2011, 47 (12): 3604-3606.

[155] Rong Hongpan, Cai Shuangfei, Niu Zhiqiang, Li Yadong. Composition-dependent catalytic activity of bimetallic nanocrystals: AgPd-catalyzed hydrodechlorination of 4-chlorophenol [J]. ACS Catalysis, 2013, 3 (7): 1560-1563.

[156] Pan Anlian, Yang Zhiping, Zheng Huagui, Liu Fangxing, Zhu Yongchun, Su Xiaobo, Ding Zejun. Changeable position of SPR peak of Ag nanoparticles embedded in mesoporous SiO_2 glass by annealing treatment [J]. Applied Surface Science, 2003, 205 (1-4): 323-328.

[157] Wang Dingsheng, Li Yadong. One-pot protocol for Au-based hybrid magnetic nanostructures via a noble-metal-induced reduction process [J]. Journal of the American Chemical Society, 2010, 132 (18): 6280-6281.

[158] Wang Dingsheng, Li Yadong. Bimetallic nanocrystals: liquid-phase synthesis and catalytic applications [J]. Advanced Materials, 2011, 23 (9): 1044-1060.

[159] Wang Dingsheng, Peng Qing, Li Yadong. Nanocrystalline intermetallics and alloys [J]. Nano Research, 2010, 3 (8): 574-580.

[160] Mao Junjie, Wang Dingsheng, Zhao Guofeng, Jia Wei, Li Yadong. Preparation of bimetallic nanocrystals by coreduction of mixed metal ions in a liquid-solid-solution synthetic system according to the electronegativity of alloys [J]. CrystEngComm, 2013, 15 (24): 4806-4810.

[161] Wu Yuen, Cai Shuangfei, Wang Dingsheng, He Wei, Li Yadong. Syntheses of water-soluble octahedral, truncated octahedral, and cubic Pt-Ni nanocrystals and their structure-activity study in model hydrogenation reactions [J]. Journal of the American Chemical Society, 2012, 134 (21): 8975-8981.

[162] Tsung Chia Kuang, Kuhn John N, Huang Wenyu, Aliaga Cesar, Hung Ling I, Somorjai Gabor A, Yang Peidong. Sub-10 nm platinum nanocrystals with size and shape control: catalytic study for ethylene and pyrrole hydrogenation [J]. Journal of the American Chemical Society, 2009, 131 (16): 5816-5822.

[163] Bratlie Kaitlin M, Lee Hyunjoo, Komvopoulos Kyriakos, Yang Peidong, Somorjai Gabor A. Platinum nanoparticle shape effects on benzene hydrogenation selectivity [J]. Nano Lett, 2007, 7 (10): 3097-3101.

[164] Ahrenstorf Kirsten, Albrecht Ole, Heller Hauke, Kornowski Andreas, Görlitz Detlef, Weller Horst. Colloidal synthesis of Ni_xPt_{1-x} nanoparticles with tuneable composition and size [J]. Small, 2007, 3 (2): 271-274.

[165] Wang Chao, Hou Yanglong, Kim Jaemin, Sun Shouheng. A general strategy for synthesizing FePt nanowires and nanorods [J]. Angewandte Chemie International Edition, 2007, 46 (33): 6333-6335.

[166] Wu Jianbo, Gross Adam, Yang Hong. Shape and composition-controlled platinum alloy nanocrystals using carbon monoxide as reducing agent [J]. Nano Lett, 2011, 11 (2): 798-802.

[167] Zhang Jun, Fang Jiye. A general strategy for preparation of Pt 3d-transition metal (Co, Fe, Ni) nanocubes [J]. Journal of the American Chemical Society, 2009, 131 (51): 18543-18547.

[168] Zhang Jun, Yang Hongzhou, Fang Jiye, Zou Shouzhong. Synthesis and oxygen reduction activity of shape-controlled Pt_3Ni nanopolyhedra [J]. Nano Lett, 2010, 10 (2): 638-644.

[169] Wu Binghui, Zheng Nanfeng, Fu Gang. Small molecules control the formation of Pt nanocrystals: a key role of carbon monoxide in the synthesis of Pt nanocubes [J]. Chemical Communications, 2011, 47 (3): 1039-1041.

[170] Yin An Xiang, Min Xiao Quan, Zhu Wei, Liu Wen Chi, Zhang Ya Wen, Yan Chun Hua. Pt Cu and Pt Pd Cu Concave Nanocubes with High-Index Facets and Superior Electrocatalytic Activity [J]. Chemistry-A European Journal, 2012, 18 (3): 777-782.

[171] Horányi G, Solt J, Nagy F. Investigation of adsorption phenomena on platinized Pt electrodes by tracer methods. 4. Adsorption of benzoic acid, benzenesulfonic acid, and phenylacetic acid [J]. Acta Chimica Academiae Scientarium Hungaricae, 1971, 67 (4): 425-429.

[172] Katoh Koichi, Schmid Gm. Adsorption of benzoic acid on gold in perchlorate solutions [J]. Bulletin of the Chemical Society of Japan, 1971, 44 (8): 2007-2009.

[173] Koh M, Nakajima T. Adsorption of aromatic compounds on C_xN-coated activated carbon [J]. Carbon, 2000, 38 (14): 1947-1954.

[174] Neuber M, Zharnikov M, Walz J, Grunze M. The adsorption geometry of benzoic acid on Ni (110) [J]. Surface Review and Letters, 1999, 6 (01): 53-75.

[175] Pang Xiu Yan, Lin Rui Nian. Adsorption mechanism of expanded graphite for oil and phenyl organic molecules [J]. Asian Journal of Chemistry, 2010, 22 (6): 4469.

[176] Mazumder Vismadeb, Sun Shouheng. Oleylamine-mediated synthesis of Pd nanoparticles for catalytic formicacid oxidation [J]. Journal of the American Chemical Society, 2009, 131 (13): 4588-4589.

[177] Niu Zhiqiang, Zhen Yu Rong, Gong Ming, Peng Qing, Nordlander Peter, Li Yadong. Pd nanocrystals with single-, double-, and triple-cavities: facile synthesis and tunable plasmonic properties [J]. Chemical Science, 2011, 2 (12): 2392-2395.

[178] Guo Fuqiang, Zhang Zhifeng, Li Hongfei, Meng Shulan, Li Deqian. A solvent extraction route for CaF_2 hollow spheres [J]. Chemical Communications, 2009, 46 (43): 8237-8239.

[179] Huang Chih Chia, Hwu Jih Ru, Su Wu Chou, Shieh Dar Bin, Tzeng Yonhua, Yeh Chen Sheng. Surfactant-Assisted Hollowing of Cu Nanoparticles Involving Halide-Induced Corrosion-Oxidation Processes [J]. Chemistry-A European Journal, 2006, 12 (14): 3805-3810.

[180] Liu Yang, Chu Ying, Zhuo Yujiang, Dong Lihong, Li Lili, Li Meiye. Controlled synthesis of various hollow Cu nano/microstructures via a novel reduction route [J]. Advanced Functional Materials, 2007, 17 (6): 933-938.

[181] Xu Haolan, Wang Wenzhong. Template synthesis of multishelled Cu_2O hollow spheres with a single-crystalline shell wall [J]. Angewandte Chemie International Edition, 2007, 46 (9): 1489-1492.

[182] Zhang Xuanjun, Li Dan. Metal-compound-induced vesicles as efficient directors for rapid synthesis of hollow alloy spheres [J]. Angewandte Chemie International Edition, 2006, 45 (36): 5971-5974.

[183] Jana Nikhil R, Gearheart Latha, Murphy Catherine J. Wet chemical synthesis of silver nanorods and nanowires of controllable aspect ratioElectronic supplementary information (ESI) available: UV-VIS spectra of silver nanorods. See http: //www. rsc. org/suppdata/cc/b1/b100521i [J]. Chemical Communications, 2001, 7: 617-618.

[184] Song Jae Hee, Kim Franklin, Kim Daniel, Yang Peidong. Crystal overgrowth on gold nanorods: tuning the shape, facet, aspect ratio, and composition of the nanorods [J]. Chemistry-A European Journal, 2005, 11 (3): 910-916.

[185] Niu Wenxin, Zhang Ling, Xu Guobao. Shape-controlled synthesis of single-crystalline palladium nanocrystals [J]. Acs Nano, 2010, 4 (4): 1987-1996.

[186] Chen Jingyi, Wiley Benjamin, Mclellan Joseph, Xiong Yujie, Li Zhi Yuan, Xia Younan. Optical properties of Pd-Ag and Pt-Ag nanoboxes synthesized via galvanic replacement reactions [J]. Nano Lett, 2005, 5 (10): 2058-2062.

[187] Zhang Lei, Roling Luke T, Wang Xue, Vara Madeline, Chi Miaofang, Liu Jingyue, Choi SI, Park Jinho, Herron Jeffrey A, Xie Zhaoxiong, Mavrikakis Manos, Xia Younan. Platinum-based nanocages with subnanometer-thick walls and well-defined, controllable facets [J]. Science, 2015, 349 (6246): 412-416.

[188] Baletto F, Mottet C, Ferrando R. Microscopic mechanisms of the growth of metastable silver icosahedra [J]. Physical Review B, 2001, 63 (15): 155408.

[189] Wang Z L. Transmission electron microscopy of shape-controlled nanocrystals and their assemblies [M]. ACS Publications, 2000.

[190] Jiang Hongjin, Moon Kyoung Sik, Wong Cp. Synthesis of Ag-Cu alloy nanoparticles for lead-free interconnect materials; proceedings of the Proceedings International Symposium on Advanced Packaging Materials: Processes, Properties and Interfaces, 2005, F, 2005 [C]. IEEE.

[191] Yin Ming, Wu Chun Kwei, Lou Yongbing, Burda Clemens, Koberstein Jeffrey T, Zhu Yimei, O'brien Stephen. Copper oxide nanocrystals [J]. Journal of the American Chemical Society, 2005, 127 (26): 9506-9511.

[192] Park Sungjun, Kim Chang Hyun, Lee Won June, Sung Sujin, Yoon Myung Han. Sol-gel metal oxide dielectrics for all-solution-processed electronics [J]. Materials Science and Engineering: R: Reports, 2017, 114: 1-22.

[193] Zheng Kai, Boccaccini Aldo R. Sol-gel processing of bioactive glass nanoparticles: A review [J]. Advances in Colloid and Interface Science, 2017, 249: 363-373.

[194] Owens Gareth J, Singh Rajendra K, Foroutan Farzad, Alqaysi Mustafa, Han Cheol Min, Mahapatra Chinmaya, Kim Hae Won, Knowles Jonathan C. Sol-gel based materials for biomedical applications [J]. Progress in Materials Science, 2016, 77: 1-79.

[195] Hao Yanan, Wang Xiaohui, Zhang Hui, Guo Limin, Li Longtu. Sol-gel based synthesis of ultrafine tetragonalBa-TiO_3 [J]. Journal of Sol-Gel Science and Technology, 2013, 67 (1): 182-187.

[196] Lukowiak Anna, Lao Jonathan, Lacroix Josephine, Nedelec Jean-Marie. Bioactive glass nanoparticles obtained through sol-gel chemistry [J]. Chemical Communications, 2013, 49 (59): 6620-6622.

[197] Tsigkou Olga, Labbaf Sheyda, Stevens Molly M, Porter Alexandra E, Jones Julian R. Monodispersed Bioactive Glass Submicron Particles and Their Effect on Bone Marrow and Adipose Tissue-Derived Stem Cells [J]. Advanced Healthcare Materials, 2014, 3 (1): 115-125.

[198] Hong Zhongkui, Merino Esther G, Reis Rui L, Mano João F. Novel Rice-shaped Bioactive Ceramic Nanoparticles [J]. Advanced Engineering Materials, 2009, 11 (5): B25-B29.

[199] Hanh N, Quy O K, Thuy N P, Tung L D, Spinu L. Synthesis of cobalt ferrite nanocrystallites by the forced hydrolysis method and investigation of their magnetic properties [J]. Physica B: Condensed Matter, 2003, 327 (2): 382-384.

[200] Wang Wei, Howe Jane Y, Gu Baohua. Structure and Morphology Evolution of Hematite (α-Fe_2O_3) Nanoparticles in Forced Hydrolysis of Ferric Chloride [J]. The Journal of Physical Chemistry C, 2008, 112 (25): 9203-9208.

[201] Otal Eugenio H, Granada Mara, Troiani Horacio E, Cánepa Horacio, Walsöe De Reca Noemí E. Nanostructured Colloidal Crystals from Forced Hydrolysis Methods [J]. Langmuir, 2009, 25 (16): 9051-9056.

[202] Chiu Chao An, Hristovski Kiril D, Dockery Richard, Doudrick Kyle, Westerhoff Paul. Modeling temperature and

reaction time impacts on hematite nanoparticle size during forced hydrolysis of ferric chloride [J]. Chemical Engineering Journal, 2012, 210: 357-362.

[203] Sun Shouheng, Zeng Hao, Robinson David B, Raoux Simone, Rice Philip M, Wang Shan X, Li Guanxiong. Monodisperse MFe_2O_4 (M=Fe, Co, Mn) Nanoparticles [J]. Journal of the American Chemical Society, 2004, 126 (1): 273-279.

[204] Zeng Hao, Rice Philip M, Wang Shan X, Sun Shouheng. Shape-Controlled Synthesis and Shape-Induced Texture of $MnFe_2O_4$ Nanoparticles [J]. Journal of the American Chemical Society, 2004, 126 (37): 11458-11459.

[205] Debecker Damien P, Le Bras Solène, Boissière Cédric, Chaumonnot Alexandra, Sanchez Clément. Aerosol processing: a wind of innovation in the field of advanced heterogeneous catalysts [J]. Chemical Society Reviews, 2018, 47 (11): 4112-4155.

[206] Debecker Damien P, Stoyanova Mariana, Colbeau Justin Fréderic, Rodemerck Uwe, Boissière Cédric, Gaigneaux Eric M, Sanchez Clément. One-Pot Aerosol Route to MoO_3-SiO_2-Al_2O_3 Catalysts with Ordered Super Microporosity and High Olefin Metathesis Activity [J]. Angewandte Chemie International Edition, 2012, 51 (9): 2129-2131.

[207] Ramesh Sreerangappa, Debecker Damien P. Room temperature synthesis of glycerol carbonate catalyzed by spray dried sodium aluminate microspheres [J]. Catalysis Communications, 2017, 97: 102-105.

[208] Devred F, Gieske A H, Adkins N, Dahlborg U, Bao C M, Calvo Dahlborg M, Bakker J W, Nieuwenhuys B E. Influence of phase composition and particle size of atomised Ni-Al alloy samples on the catalytic performance of Raney-type nickel catalysts [J]. Applied Catalysis A: General, 2009, 356 (2): 154-161.

[209] Zhang Lijuan, Wan Meixiang. Self-assembly of polyaniline—from nanotubes to hollow microspheres [J]. Advanced Functional Materials, 2003, 13 (10): 815-820.

[210] Lee Woo, Ji Ran, Gösele Ulrich, Nielsch Kornelius. Fast fabrication of long-range ordered porous alumina membranes by hard anodization [J]. Nature Materials, 2006, 5 (9): 741.

[211] Ganguli Ashok K, Ganguly Aparna, Vaidya Sonalika. Microemulsion-based synthesis of nanocrystalline materials [J]. Chemical Society Reviews, 2010, 39 (2): 474-485.

[212] Eastoe Julian, Hollamby Martin J, Hudson Laura. Recent advances in nanoparticle synthesis with reversed micelles [J]. Advances in colloid and interface science, 2006, 128: 5-15.

[213] Naoe K, Petit C, Pileni Mp. Use of reverse micelles to make either spherical or worm-like palladium nanocrystals: influence of stabilizing agent on nanocrystal shape [J]. Langmuir, 2008, 24 (6): 2792-2798.

[214] 李彦，万景华．液晶模板法合成 CdS 纳米线 [J]．物理化学学报，1999，15 (1)：1-4.

[215] Capek Ignác. Preparation of metal nanoparticles in water-in-oil (w/o) microemulsions [J]. Advances in colloid and interface science, 2004, 110 (1-2): 49-74.

[216] Lisiecki Isabelle. Size, shape, and structural control of metallic nanocrystals [M]. ACS Publications, 2005.

[217] Ahmed Jahangeer, Ramanujachary Kandalam V, Lofland Samuel E, Furiato Anthony, Gupta Govind, Shivaprasad Sm, Ganguli Ashok K. Bimetallic Cu-Ni nanoparticles of varying composition ($CuNi_3$, CuNi, Cu_3Ni) [J]. Colloids and Surfaces A: Physicochemical and Engineering Aspects, 2008, 331 (3): 206-212.

[218] Malheiro Arthur R, Varanda Laudemir C, Perez Joelma, Villullas H Mercedes. The aerosol OT+ n-butanol+ n-heptane+ water system: phase behavior, structure characterization, and application to $Pt_{70}Fe_{30}$ nanoparticle synthesis [J]. Langmuir, 2007, 23 (22): 11015-11020.

[219] Ahmad Tokeer, Ramanujachary Kandalam V, Lofland Samuel E, Ganguli Ashok K. Reverse micellar synthesis and properties of nanocrystalline GMR materials ($LaMnO_3$, $La_{0.67}Sr_{0.33}MnO_3$ and $La_{0.67}Ca_{0.33}MnO_3$): Ramifications of size considerations [J]. Journal of Chemical Sciences, 2006, 118 (6): 513-518.

[220] Ganguli Ashok K, Ahmad Tokeer, Vaidya Sonalika, Ahmed Jahangeer. Microemulsion route to the synthesis of nanoparticles [J]. Pure and Applied Chemistry, 2008, 80 (11): 2451-2477.

[221] Xiong Liufeng, He Ting. Synthesis and characterization of ultrafine tungsten and tungsten oxide nanoparticles by a reverse microemulsion-mediated method [J]. Chemistry of Materials, 2006, 18 (9): 2211-2218.

[222] Pang Yong Xin, Bao Xujin. Aluminium oxide nanoparticles prepared by water-in-oil microemulsions [J]. Journal of

Materials Chemistry, 2002, 12 (12): 3699-3704.

[223] Koole Rolf, Van Schooneveld Matti M, Hilhorst Jan, De Mello Donegá Celso, Hart Dannis C. 't, Van Blaaderen Alfons, Vanmaekelbergh Daniel, Meijerink Andries. On the Incorporation Mechanism of Hydrophobic Quantum Dots in Silica Spheres by a Reverse Microemulsion Method [J]. Chemistry of Materials, 2008, 20 (7): 2503-2512.

[224] Stearns Linda A, Chhabra Rahul, Sharma Jaswinder, Liu Yan, Petuskey William T, Yan Hao, Chaput John C. Template-directed nucleation and growth of inorganic nanoparticles on DNA scaffolds [J]. Angewandte Chemie International Edition, 2009, 48 (45): 8494-8496.

[225] Chen Chun Long, Zhang Peijun, Rosi Nathaniel L. A new peptide-based method for the design and synthesis of nanoparticle superstructures: construction of highly ordered gold nanoparticle double helices [J]. Journal of the American Chemical Society, 2008, 130 (41): 13555-13557.

[226] Gebregeorgis A, Bhan C, Wilson O, Raghavan D. Characterization of silver/bovine serum albumin (Ag/BSA) nanoparticles structure: morphological, compositional, and interaction studies [J]. Journal of colloid and interface science, 2013, 389 (1): 31-41.

[227] Chen Po Cheng, Chiang Cheng Kang, Chang Huan Tsung. Synthesis of fluorescent BSA-Au NCs for the detection of Hg^{2+} ions [J]. Journal of nanoparticle research, 2013, 15 (1): 1336.

[228] Patzke Greta R, Krumeich Frank, Nesper Reinhard. Oxidic nanotubes and nanorods—anisotropic modules for a future nanotechnology [J]. Angewandte Chemie International Edition, 2002, 41 (14): 2446-2461.

[229] Satishkumar Bc, Govindaraj A, Nath Manashi, Rao Chintamani Nagesa Ramachandra. Synthesis of metal oxide nanorods using carbon nanotubes as templates [J]. Journal of materials chemistry, 2000, 10 (9): 2115-2119.

[230] Xia Younan, Yang Peidong, Sun Yugang, Wu Yiying, Mayers Brian, Gates Byron, Yin Yadong, Kim Franklin, Yan Haoquan. One-dimensional nanostructures: synthesis, characterization, and applications [J]. Advanced Materials, 2003, 15 (5): 353-389.

[231] Huynh Wendy U, Dittmer Janke J, Alivisatos A Paul. Hybrid nanorod-polymer solar cells [J]. Science, 2002, 295 (5564): 2425-2427.

[232] Wu Yiying, Fan Rong, Yang Peidong. Block-by-block growth of single-crystalline Si/SiGe superlattice nanowires [J]. Nano Lett, 2002, 2 (2): 83-86.

[233] Choi Heon Jin, Johnson Justin C, He Rongrui, Lee Sang Kwon, Kim Franklin, Pauzauskie Peter, Goldberger Joshua, Saykally Richard J, Yang Peidong. Self-organized GaN quantum wire UV lasers [J]. The Journal of Physical Chemistry B, 2003, 107 (34): 8721-8725.

[234] Johnson Justin C, Yan Haoquan, Yang Peidong, Saykally Richard J. Optical cavity effects in ZnO nanowire lasers and waveguides [J]. The Journal of Physical Chemistry B, 2003, 107 (34): 8816-8828.

[235] Maiti Amitesh, Rodriguez José A, Law Matthew, Kung Paul, Mckinney Juan R, Yang Peidong. SnO_2 nanoribbons as NO_2 sensors: insights from first principles calculations [J]. Nano Lett, 2003, 3 (8): 1025-1028.

[236] Cui Yi, Zhong Zhaohui, Wang Deli, Wang Wayne U, Lieber Charles M. High performance silicon nanowire field effect transistors [J]. Nano Lett, 2003, 3 (2): 149-152.

[237] Duan Xiangfeng, Huang Yu, Agarwal Ritesh, Lieber Charles M. Single-nanowire electrically driven lasers [J]. Nature, 2003, 421 (6920): 241.

[238] Duan Xiangfeng, Huang Yu, Lieber Charles M. Nonvolatile memory and programmable logic from molecule-gated nanowires [J]. Nano Lett, 2002, 2 (5): 487-490.

[239] Gudiksen Mark S, Lauhon Lincoln J, Wang Jianfang, Smith David C, Lieber Charles M. Growth of nanowire superlattice structures for nanoscale photonics and electronics [J]. Nature, 2002, 415 (6872): 617.

[240] Huang Yu, Duan Xiangfeng, Cui Yi, Lauhon Lincoln J, Kim Kyoung Ha, Lieber Charles M. Logic gates and computation from assembled nanowire building blocks [J]. Science, 2001, 294 (5545): 1313-1317.

[241] Huang Yu, Duan Xiangfeng, Cui Yi, Lieber Charles M. Gallium nitride nanowire nanodevices [J]. Nano Lett, 2002, 2 (2): 101-104.

[242] Pan Zheng Wei, Dai Zu Rong, Wang Zhong Lin. Nanobelts of semiconducting oxides [J]. Science, 2001, 291

(5510): 1947-1949.

[243] Wang Zhong Lin. Nanobelts, nanowires, and nanodiskettes of semiconducting oxides—from materials to nanodevices [J]. Advanced Materials, 2003, 15 (5): 432-436.

[244] Kong Xiang Yang, Wang Zhong Lin. Spontaneous polarization-induced nanohelixes, nanosprings, and nanorings of piezoelectric nanobelts [J]. Nano Lett, 2003, 3 (12): 1625-1631.

[245] Liu Yingkai, Zheng Changlin, Wang Wenzhong, Yin Chunrong, Wang Guanghou. Synthesis and characterization of rutile SnO_2 nanorods [J]. Advanced Materials, 2001, 13 (24): 1883-1887.

[246] Jiang Xuchuan, Herricks Thurston, Xia Younan. CuO nanowires can be synthesized by heating copper substrates in air [J]. Nano Lett, 2002, 2 (12): 1333-1338.

[247] Yin Yadong, Zhang Guangtao, Xia Younan. Synthesis and characterization of MgO nanowires through a vapor-phase precursor method [J]. Advanced Functional Materials, 2002, 12 (4): 293-298.

[248] Zhang Yingjiu, Wang Nanlin, Gao Shangpeng, He Rongrui, Miao Shu, Liu Jun, Zhu Jing, Zhang X. A simple method to synthesize nanowires [J]. Chemistry of Materials, 2002, 14 (8): 3564-3568.

[249] Shi Wen Sheng, Peng Hong Ying, Zheng Yu Feng, Wang Ning, Shang Nai Gui, Pan Zhen Wei, Lee Chun Sing, Lee Shuit Tong. Synthesis of large areas of highly oriented, very long silicon nanowires [J]. Advanced Materials, 2000, 12 (18): 1343-1345.

[250] Gates Byron, Yin Yadong, Xia Younan. A solution-phase approach to the synthesis of uniform nanowires of crystalline selenium with lateral dimensions in the range of 10-30 nm [J]. Journal of the American Chemical Society, 2000, 122 (50): 12582-12583.

[251] Mayers Bgyyyxb, Gates B, Yin Y, Xia Y. Large-Scale Synthesis of Monodisperse Nanorods of Se/Te Alloys Through a Homogeneous Nucleation and Solution Growth Process [J]. Advanced Materials, 2001, 13 (18): 1380-1384.

[252] Wang WZ, Xu CK, Wang GH, Liu YK, Zheng CL. Preparation of Smooth Single-Crystal Mn_3O_4 Nanowires [J]. Advanced Materials, 2002, 14 (11): 837-840.

[253] Sun Yugang, Yin Yadong, Mayers Brian T, Herricks Thurston, Xia Younan. Uniform Silver Nanowires Synthesis by Reducing $AgNO_3$ with Ethylene Glycol in the Presence of Seeds and Poly (Vinyl Pyrrolidone) [J]. Chemistry of Materials, 2002, 14 (11): 4736-4745.

[254] Govender Kuveshni, Boyle David S, O'brien Paul, Binks David, West Dave, Coleman Dan. Room-Temperature Lasing Observed from ZnO Nanocolumns Grown by Aqueous Solution Deposition [J]. Advanced Materials, 2002, 14 (17): 1221-1224.

[255] Urban Jeffrey J, Spanier Jonathan E, Ouyang Lian, Yun Wan Soo, Park Hongkun. Single-crystalline barium titanate nanowires [J]. Advanced Materials, 2003, 15 (5): 423-426.

[256] Urban Jeffrey J, Yun Wan Soo, Gu Qian, Park Hongkun. Synthesis of single-crystalline perovskite nanorods composed of barium titanate and strontium titanate [J]. Journal of the American Chemical Society, 2002, 124 (7): 1186-1187.

[257] Mohammad S Noor. Analysis of the Vapor-Liquid-Solid Mechanism for Nanowire Growth and a Model for this Mechanism [J]. Nano Letters, 2008, 8 (5): 1532-1538.

[258] Klamchuen Annop, Suzuki Masaru, Nagashima Kazuki, Yoshida Hideto, Kanai Masaki, Zhuge Fuwei, He Yong, Meng Gang, Kai Shoichi, Takeda Seiji, Kawai Tomoji, Yanagida Takeshi. Rational Concept for Designing Vapor-Liquid-Solid Growth of Single Crystalline Metal Oxide Nanowires [J]. Nano Letters, 2015, 15 (10): 6406-6412.

[259] Wu Yiying, Yang Peidong. Germanium nanowire growth via simple vapor transport [J]. Chemistry of Materials, 2000, 12 (3): 605-607.

[260] Gudiksen Mark S, Lieber Charles M. Diameter-selective synthesis of semiconductor nanowires [J]. Journal of the American Chemical Society, 2000, 122 (36): 8801-8802.

[261] Gudiksen Mark S, Wang Jianfang, Lieber Charles M. Synthetic control of the diameter and length of single crystal semiconductor nanowires [J]. The Journal of Physical Chemistry B, 2001, 105 (19): 4062-4064.

[262] Wang Yewu, Meng Guowen, Zhang Lide, Liang Changhao, Zhang Jun. Catalytic growth of large-scale single-crystal CdS nanowires by physical evaporation and their photoluminescence [J]. Chemistry of Materials, 2002, 14 (4): 1773-1777.

[263] Chen Yq, Zhang K, Miao B, Wang B, Hou Jg. Temperature dependence of morphology and diameter of silicon nanowires synthesized by laser ablation [J]. Chemical Physics Letters, 2002, 358 (5-6): 396-400.

[264] Chang Ko Wei, Wu Jih Jen. Low-temperature catalytic synthesis of gallium nitride nanowires [J]. The Journal of Physical Chemistry B, 2002, 106 (32): 7796-7799.

[265] Huang Michael H, Wu Yiying, Feick Henning, Tran Ngan, Weber Eicke, Yang Peidong. Catalytic growth of zinc oxide nanowires by vapor transport [J]. Advanced Materials, 2001, 13 (2): 113-116.

[266] Choi Young Chul, Kim Won Seok, Park Young Soo, Lee Seung Mi, Bae Dong Jae, Lee Young Hee, Park G S, Choi Won Bong, Lee Nae Sung, Kim Jong Min. Catalytic growth of β-Ga_2O_3 nanowires by arc discharge [J]. Advanced Materials, 2000, 12 (10): 746-750.

[267] Chen C C, Yeh C C. Large-scale catalytic synthesis of crystalline gallium nitride nanowires [J]. Advanced Materials, 2000, 12 (10): 738-741.

[268] Duan Xiangfeng, Lieber Charles M. Laser-assisted catalytic growth of single crystal GaN nanowires [J]. Journal of the American Chemical Society, 2000, 122 (1): 188-189.

[269] Chen Xiaolong, Li Jianye, Cao Yingge, Lan Yucheng, Li Hui, He Meng, Wang Chaoying, Zhang Ze, Qiao Zhiyu. Straight and smooth GaN nanowires [J]. Advanced Materials, 2000, 12 (19): 1432-1434.

[270] Yu Heng, Buhro William E. Solution-liquid-solid growth of soluble GaAs nanowires [J]. Advanced Materials, 2003, 15 (5): 416-419.

[271] Holmes Justin D, Johnston Keith P, Doty R Christopher, Korgel Brian A. Control of thickness and orientation of solution-grown silicon nanowires [J]. Science, 2000, 287 (5457): 1471-1473.

[272] Cao Guozhong, Liu Dawei. Template-based synthesis of nanorod, nanowire, and nanotube arrays [J]. Advances in Colloid and Interface Science, 2008, 136 (1-2): 45-64.

[273] Lee Woo, Park Sang Joon. Porous Anodic Aluminum Oxide: Anodization and Templated Synthesis of Functional Nanostructures [J]. Chemical Reviews, 2014, 114 (15): 7487-7556.

[274] Hekmat F, Sohrabi B, Rahmanifar M S. Growth of the cobalt nanowires using AC electrochemical deposition on anodized aluminum oxide templates [J]. Journal of Nanostructure in Chemistry, 2014, 4 (2): 105.

[275] Wen Liaoyong, Xu Rui, Mi Yan, Lei Yong. Multiple nanostructures based on anodized aluminium oxide templates [J]. Nature Nanotechnology, 2017, 12 (3): 244-250.

[276] Hunter Robert J. Zeta potential in colloid science: principles and applications [M]. Academic press, 2013.

[277] Limmer Steven J, Cao Guozhong. Sol-gel electrophoretic deposition for the growth of oxide nanorods [J]. Advanced Materials, 2003, 15 (5): 427-431.

[278] Limmer Steven J, Seraji Seana, Forbess Mike J, Wu Yun, Chou Tammy P, Nguyen Carolyn, Cao Gz. Electrophoretic growth of lead zirconate titanate nanorods [J]. Advanced Materials, 2001, 13 (16): 1269-1272.

[279] Limmer Steven J, Seraji Seana, Wu Yun, Chou Tammy P, Nguyen Carolyn, Cao Guozhong Z. Template-Based Growth of Various Oxide Nanorods by Sol-Gel Electrophoresis [J]. Advanced Functional Materials, 2002, 12 (1): 59-64.

[280] Wang Yuan Chung, Leu Ing Chi, Hon Min Hsiung. Effect of colloid characteristics on the fabrication of ZnO nanowire arrays by electrophoretic deposition [J]. Journal of materials chemistry, 2002, 12 (8): 2439-2444.

[281] Miao Zheng, Xu Dongsheng, Ouyang Jianhua, Guo Guolin, Zhao Xinsheng, Tang Youqi. Electrochemically induced sol-gel preparation of single-crystalline TiO_2 nanowires [J]. Nano Lett, 2002, 2 (7): 717-720.

[282] Brinker C Jeffrey, Scherer George W. Sol-gel science: the physics and chemistry of sol-gel processing [M]. Academic press, 2013.

[283] Han Yong Jin, Kim Ji Man, Stucky Galen D. Preparation of noble metal nanowires using hexagonal mesoporous silica SBA-15 [J]. Chemistry of Materials, 2000, 12 (8): 2068-2069.

[284] Chen Limei, Klar Peter J, Heimbrodt Wolfram, Brieler Felix, Fröba Michael. Towards ordered arrays of magnetic

semiconductor quantum wires [J]. Applied Physics Letters, 2000, 76 (24): 3531-3533.

[285] Matsui Keitaro, Kyotani Takashi, Tomita Akira. Hydrothermal Synthesis of Single-Crystal $Ni(OH)_2$ Nanorods in a Carbon-Coated Anodic Alumina Film [J]. Advanced Materials, 2002, 14 (17): 1216-1219.

[286] Lee K B, Lee S M, Cheon Jinwoo. Size-Controlled Synthesis of Pd Nanowires Using a Mesoporous Silica Template via Chemical Vapor Infiltration [J]. Advanced Materials, 2001, 13 (7): 517-520.

[287] Wen Tianlong, Zhang Jing, Chou Tammy P, Limmer Steven J, Cao Guozhong. Template-based growth of oxide nanorod arrays by centrifugation [J]. Journal of Sol-Gel Science and Technology, 2005, 33 (2): 193-200.

[288] Gates Byron, Wu Yiying, Yin Yadong, Yang Peidong, Xia Younan. Single-crystalline nanowires of Ag_2Se can be synthesized by templating against nanowires of trigonal Se [J]. Journal of the American Chemical Society, 2001, 123 (46): 11500-11501.

[289] Li Y, Cheng Gs, Zhang Ld. Fabrication of highly ordered ZnO nanowire arrays in anodic alumina membranes [J]. Journal of Materials Research, 2000, 15 (11): 2305-2308.

[290] Zhan Jin Hua, Yang Xiao Guang, Wang Dun Wei, Li Sd, Xie Yi, Xia Younan, Qian Yitai. Polymer-Controlled Growth of CdS Nanowires [J]. Advanced Materials, 2000, 12 (18): 1348-1351.

[291] Richter Jan, Mertig Michael, Pompe Wolfgang, Mönch Ingolf, Schackert Hans K. Construction of highly conductive nanowires on a DNA template [J]. Applied Physics Letters, 2001, 78 (4): 536-538.

[292] Remeika M, Bezryadin Alexey. Sub-10 nanometre fabrication: molecular templating, electron-beam sculptingand crystallization of metallic nanowires [J]. Nanotechnology, 2005, 16 (8): 1172.

[293] Park Sung Ha, Barish Robert, Li Hanying, Reif John H, Finkelstein Gleb, Yan Hao, Labean Thomas H. Three-helix bundle DNA tiles self-assemble into 2D lattice or 1D templates for silver nanowires [J]. Nano Lett, 2005, 5 (4): 693-696.

[294] Yan Hao, Park Sung Ha, Finkelstein Gleb, Reif John H, Labean Thomas H. DNA-templated self-assembly of protein arrays and highly conductive nanowires [J]. Science, 2003, 301 (5641): 1882-1884.

[295] Liu Dage, Park Sung Ha, Reif John H, Labean Thomas H. DNA nanotubes self-assembled from triple-crossover tiles as templates for conductive nanowires [J]. Proceedings of the National Academy of Sciences, 2004, 101 (3): 717-722.

[296] Deng Zhaoxiang, Mao Chengde. DNA-templated fabrication of 1D parallel and 2D crossed metallic nanowire arrays [J]. Nano Lett, 2003, 3 (11): 1545-1548.

[297] Dobley Arthur, Ngala Katana, Yang Shoufeng, Zavalij Peter Y, Whittingham M Stanley. Manganese vanadium oxide nanotubes: synthesis, characterization, and electrochemistry [J]. Chemistry of Materials, 2001, 13 (11): 4382-4386.

[298] Pillai Krishnan S, Krumeich F, Muhr H J, Niederberger M, Nesper R. The first oxide nanotubes with alternating inter-layer distances [J]. Solid State Ionics, 2001, 141: 185-190.

[299] Liu Aihua, Ichihara Masaki, Honma Itaru, Zhou Haoshen. Vanadium-oxide nanotubes: Synthesis and template-related electrochemical properties [J]. Electrochemistry Communications, 2007, 9 (7): 1766-1771.

[300] Caruso Rachel A, Schattka Jan H, Greiner Andreas. Titanium dioxide tubes from sol-gel coating of electrospun polymer fibers [J]. Advanced Materials, 2001, 13 (20): 1577-1579.

[301] Liu Sm, Gan Lm, Liu Lh, Zhang Wd, Zeng Hc. Synthesis of single-crystalline TiO_2 nanotubes [J]. Chemistry of Materials, 2002, 14 (3): 1391-1397.

[302] Liu S M, Gan L M, Liu L H, Zhang W D, Zeng H C. Synthesis of Single-Crystalline TiO_2 Nanotubes [J]. Chemistry of Materials, 2002, 14 (3): 1391-1397.

[303] Demazeau Gérard. Solvothermal and hydrothermal processes: the main physico-chemical factors involved and new trends [J]. Research on Chemical Intermediates, 2011, 37 (2-5): 107-123.

[304] 徐如人，庞文琴，霍启升. 无机合成与制备化学（上册）[M]. 2版. 北京：高等教育出版社，2009.

[305] Wu Jianjun, Lue Xujie, Zhang Linlin, Huang Fuqiang, Xu Fangfang. Dielectric constant controlled solvothermal synthesis of a TiO_2 photocatalyst with tunable crystallinity: a strategy for solvent selection [J]. European Journal of Inorganic Chemistry, 2009, 2009 (19): 2789-2795.

[306] Demazeau Gérard. Solvothermal processes: definition, key factors governing the involved chemical reactions and new trends [J]. Zeitschrift für Naturforschung B, 2010, 65 (8): 999-1006.

[307] Lee Jin Seok, Choi Sung Churl. Solvent effect on synthesis of indium tin oxide nano-powders by a solvothermal process [J]. Journal of the European Ceramic Society, 2005, 25 (14): 3307-3314.

[308] Yin Shu, Akita Shingo, Shinozaki Makoto, Li Ruixing, Sato Tsugio. Synthesis and morphological control of rare earth oxide nanoparticles by solvothermal reaction [J]. Journal of Materials Science, 2008, 43 (7): 2234-2239.

[309] Zhang Dengsong, Pan Chengsi, Shi Liyi, Huang Lei, Fang Jianhui, Fu Hongxia. A highly reactive catalyst for CO oxidation: CeO_2 nanotubes synthesized using carbon nanotubes as removable templates [J]. Microporous and Mesoporous Materials, 2009, 117 (1-2): 193-200.

[310] Yi Ran, Qiu Guanzhou, Liu Xiaohe. Rational synthetic strategy: From ZnO nanorods to ZnS nanotubes [J]. Journal of solid state chemistry, 2009, 182 (10): 2791-2795.

[311] Wang Zhijun, Tao Feng, Yao Lianzeng, Cai Weili, Li Xiaoguang. Selected synthesis of cubic and hexagonal $NaYF_4$ crystals via a complex-assisted hydrothermal route [J]. Journal of Crystal Growth, 2006, 290 (1): 296-300.

[312] Tang Bo, Zhuo Linhai, Ge Jiechao, Niu Jinye, Shi Zhiqiang. Hydrothermal synthesis of ultralong and single-crystalline $Cd(OH)_2$ nanowires using alkali salts as mineralizers [J]. Inorganic Chemistry, 2005, 44 (8): 2568-2569.

[313] Yan Lai, Yu Ranbo, Chen Jun, Xing Xianran. Template-free hydrothermal synthesis of CeO_2 nano-octahedrons and nanorods: investigation of the morphology evolution [J]. Crystal Growth and Design, 2008, 8 (5): 1474-1477.

[314] Kim Chung Sik, Moon Byung Kee, Park Jong Ho, Choi Byung Chun, Seo Hyo Jin. Solvothermal synthesis of nanocrystalline TiO_2 in toluene with surfactant [J]. Journal of Crystal Growth, 2003, 257 (3-4): 309-315.

[315] Tong Hua, Zhu Ying Jie, Yang Li Xia, Li Liang, Zhang Ling. Lead Chalcogenide Nanotubes Synthesized by Biomolecule-Assisted Self-Assembly of Nanocrystals at Room Temperature [J]. Angewandte Chemie International Edition, 2006, 45 (46): 7739-7742.

[316] Aldous David W, Stephens Nicholas F, Lightfoot Philip. The role of temperature in the solvothermal synthesis of hybrid vanadium oxyfluorides [J]. Dalton Transactions, 2007, 37: 4207-4213.

[317] Aldous David W, Lightfoot Philip. Crystallisation of some mixed Na/V and K/V fluorides by solvothermal methods [J]. Solid State Sciences, 2009, 11 (2): 315-319.

[318] Li Feng Wei Guicun, Zhang Zhikun. Synthesis of high quality CdS nanorods by solvothermal process and their photoluminescence [J]. Journal of Nanoparticle Research, 2005, 7 (6): 685-689.

[319] 王艳，刘畅，柏扬，陈恒芳，吉远辉，陆小华．水热反应釜中高温高压离子水溶液热力学性质 [J]. 化工学报，2006，57 (8)：1856-1864.

[320] Yazdani Arash, Rezaie Hamid Reza, Ghassai Hossein. Investigation of hydrothermal synthesis of wollastonite using silica and nano silica at different pressures [J]. Journal of Ceramic Processing Research, 2010, 11 (3): 348-353.

[321] Zhang Guoxin, He Peilei, Ma Xiuju, Kuang Yun, Liu Junfeng, Sun Xiaoming. Understanding the "tailoring synthesis" of CdS nanorods by O_2 [J]. Inorganic Chemistry, 2012, 51 (3): 1302-1308.

[322] Yang Jun, Lin Cuikun, Wang Zhenling, Lin Jun. $In(OH)_3$ and In_2O_3 nanorod bundles and spheres: microemulsion-mediated hydrothermal synthesis and luminescence properties [J]. Inorganic Chemistry, 2006, 45 (22): 8973-8979.

[323] Zhu Xh, Hang Qm. Microscopical and physical characterization of microwave and microwave-hydrothermal synthesis products [J]. Micron, 2013, 44: 21-44.

[324] Shalmani Fariba Marzpour, Halladj Rouein, Askari Sima. Effect of contributing factors on microwave-assisted hydrothermal synthesis of nanosized SAPO-34 molecular sieves [J]. Powder Technology, 2012, 221: 395-402.

[325] Yang Gang, Ji Hongmei, Liu Haidong, Huo Kaifu, Fu Jijiang, Chu Paul K. Fast preparation of $LiFePO_4$ nanoparticles for lithium batteries by microwave-assisted hydrothermal method [J]. Journal of Nanoscience and Nanotechnology, 2010, 10 (2): 980-986.

[326] Wu Mingzai, Liu Guangqiang, Li Mingtao, Dai Peng, Ma Yongqing, Zhang Lide. Magnetic field-assisted solvothermal assembly of one-dimensional nanostructures of Ni-Co alloy nanoparticles [J]. Journal of Alloys and Compounds, 2010, 491 (1-2): 689-693.

[327] Zogbi Jr Mm, Saito E, Zanin H, Marciano Fr, Lobo Ao. Hydrothermal-electrochemical synthesis of nano-hydroxyapatite crystals on superhydrophilic vertically aligned carbon nanotubes [J]. Materials Letters, 2014, 132: 70-74.

[328] Yeh Yih Min, Chen Hsiang. Fabrication and characterization of ZnO nanorods on polished titanium substrate using electrochemical-hydrothermal methods [J]. Thin Solid Films, 2013, 544: 521-525.

[329] Hu Jiangtao, Li Liang Shi, Yang Weidong, Manna Liberato, Wang Lin Wang, Alivisatos A Paul. Linearly polarized emission from colloidal semiconductor quantum rods [J]. Science, 2001, 292 (5524): 2060-2063.

[330] Xia Younan, Yang Peidong. Guest editorial: chemistry and physics of nanowires [J]. Advanced Materials, 2003, 15 (5): 351-352.

[331] 张立德，牟季美. 纳米结构与纳米材料 [M]. 北京：科学出版社，2000.

[332] Yu Leshu, Ma Yanwen, Hu Zheng. Low-temperature CVD synthesis route to GaN nanowires on silicon substrate [J]. Journal of Crystal Growth, 2008, 310 (24): 5237-5240.

[333] Chen C, Zhuang J, Wang Ds, Wang X. Synthesis and characterization of new-type MgO nanobelts via co-precipitation synthetic way [J]. Chinese Journal of Inorganic Chemistry, 2005, 21 (6): 859-861.

[334] Shi Shufeng, Cao Minhua, He Xiaoyan, Xie Haiming. Surfactant-assisted hydrothermal growth of single-crystalline ultrahigh-aspect-ratio vanadium oxide nanobelts [J]. Crystal Growth & Design, 2007, 7 (9): 1893-1897.

[335] Ye Xingchen, Jin Linghua, Caglayan Humeyra, Chen Jun, Xing Guozhong, Zheng Chen, Doan-Nguyen Vicky, Kang Yijin, Engheta Nader, Kagan Cherie R. Improved size-tunable synthesis of monodisperse gold nanorods through the use of aromatic additives [J]. Acs Nano, 2012, 6 (3): 2804-2817.

[336] Busbee Brantley D, Obare Sherine O, Murphy Catherine J. An improved synthesis of high-aspect-ratio gold nanorods [J]. Advanced Materials, 2003, 15 (5): 414-416.

[337] Jana Nikhil R, Gearheart Latha, Murphy Catherine J. Seed-mediated growth approach for shape-controlled synthesis of spheroidal and rod-like gold nanoparticles using a surfactant template [J]. Advanced Materials, 2001, 13 (18): 1389-1393.

[338] Jana Nikhil R, Gearheart Latha, Murphy Catherine J. Wet chemical synthesis of high aspect ratio cylindrical gold nanorods [J]. The Journal of Physical Chemistry B, 2001, 105 (19): 4065-4067.

[339] Wijaya Andy, Hamad Schifferli Kimberly. Ligand customization and DNA functionalization of gold nanorods via round-trip phase transfer ligand exchange [J]. Langmuir, 2008, 24 (18): 9966-9969.

[340] Cao Jieming, Ma Xianjia, Zheng Mingbo, Liu Jinsong, Ji Hongmei. Solvothermal preparation of single-crystalline gold nanorods in novel nonaqueous microemulsions [J]. Chemistry Letters, 2005, 34 (5): 730-731.

[341] 魏智强，徐可亮，武晓娟，武美荣，杨华，姜金龙. 银纳米棒的醇热法合成与性能表征 [J]. 人工晶体学报，2015，44 (4)：1031-1035.

[342] Wang Zhenghua, Liu Jianwei, Chen Xiangying, Wan Junxi, Qian Yitai. A Simple Hydrothermal Route to Large-Scale Synthesis of Uniform Silver Nanowires [J]. Chemistry-A European Journal, 2005, 11 (1): 160-163.

[343] Sun XM, LI YD. Cylindrical silver nanowires: preparation, structure, and optical properties [J]. Advanced Materials, 2005, 17 (21): 2626-2630.

[344] Yoon Jisun, Khi Nguyen Tien, Kim Heonjo, Kim Byeongyoon, Baik Hionsuck, Back Seunghoon, Lee Sangmin, Lee Sang Won, Kwon Seong Jung, Lee Kwangyeol. High yield synthesis of catalytically active five-fold twinned Pt nanorods from a surfactant-ligated precursor [J]. Chemical Communications, 2013, 49 (6): 573-575.

[345] 陈庆春. 水热还原制备铜纳米棒和纳米线 [J]. 现代化工，2005，25 (1)：43-44.

[346] Puntes Victor F, Krishnan Kannan M, Alivisatos A Paul. Colloidal nanocrystal shape and size control: the case of cobalt [J]. Science, 2001, 291 (5511): 2115-2117.

[347] Huang Xiaoqing, Chen Yu, Chiu Chin Yi, Zhang Hua, Xu Yuxi, Duan Xiangfeng, Huang Yu. A versatile strategy to the selective synthesis of Cu nanocrystals and the in situ conversion to CuRu nanotubes [J]. Nanoscale,

2013, 5 (14): 6284-6290.

[348] Einarsrud Mari Ann, Grande Tor. 1D oxide nanostructures from chemical solutions [J]. Chemical Society Reviews, 2014, 43 (7): 2187-2199.

[349] Xiong Yujie, Li Zhengquan, Zhang Rong, Xie Yi, Yang Jun, Wu Changzheng. From complex chains to 1D metal oxides: a novel strategy to Cu_2O nanowires [J]. The Journal of Physical Chemistry B, 2003, 107 (16): 3697-3702.

[350] Kannan Arunachala Mada, Manthiram Arumugam. Synthesis and electrochemical evaluation of high capacity nanostructured VO_2 cathodes [J]. Solid State Ionics, 2003, 159 (3-4): 265-271.

[351] Liu Junfeng, Li Qiuhong, Wang Taihong, Yu Dapeng, Li Yadong. Metastable vanadium dioxide nanobelts: hydrothermal synthesis, electrical transport, and magnetic properties [J]. Angewandte Chemie International Edition, 2004, 43 (38): 5048-5052.

[352] Wang Xun, Li Yadong. Selected-control hydrothermal synthesis of α-and β-MnO_2 single crystal nanowires [J]. Journal of the American Chemical Society, 2002, 124 (12): 2880-2881.

[353] Yang Jian, Zeng Jing Hui, Yu Shu Hong, Yang Li, Zhou Gui En, Qian Yi Tai. Formation process of CdS nanorods via solvothermal route [J]. Chemistry of Materials, 2000, 12 (11): 3259-3263.

[354] Li Bin, Xie Yi, Huang Jiaxing, Qian Yitai. Synthesis, characterization, and properties of nanocrystalline Cu_2SnS_3 [J]. Journal of Solid State Chemistry, 2000, 153 (1): 170-173.

[355] Wu Ji, Jiang Yang, Li Qing, Liu Xianming, Qian Yitai. Using thiosemicarbazide as starting material to synthesize CdS crystalline nanowhiskers via solvothermal route [J]. Journal of Crystal Growth, 2002, 235 (1-4): 421-424.

[356] Zhan Jh, Yang Xg, Li Sd, Wang Dw, Xie Yi, Qian Yt. A chemical solution transport mechanism for one-dimensional growth of CdS nanowires [J]. Journal of Crystal Growth, 2000, 220 (3): 231-234.

[357] Zhang Hui, Ma Xiangyang, Ji Yujie, Xu Jin, Yang Deren. Single crystalline CdS nanorods fabricated by a novel hydrothermal method [J]. Chemical Physics Letters, 2003, 377 (5-6): 654-657.

[358] Jiang Yang, Wu Yue, Mo Xiao, Yu Weichao, Xie Yi, Qian Yitai. Elemental solvothermal reaction to produce ternary semiconductor $CuInE_2$ (E=S, Se) nanorods [J]. Inorganic Chemistry, 2000, 39 (14): 2964-2965.

[359] Wang Xun, Li Yadong. Synthesis and Characterization of Lanthanide Hydroxide Single-Crystal Nanowires [J]. Angewandte Chemie International Edition, 2002, 41 (24): 4790-4793.

[360] Fan Weiliu, Zhao Wei, You Liping, Song Xinyu, Zhang Weimin, Yu Haiyun, Sun Sixiu. A simple method to synthesize single-crystalline lanthanide orthovanadate nanorods [J]. Journal of Solid State Chemistry, 2004, 177 (12): 4399-4403.

[361] Fan Weiliu, Song Xinyu, Bu Yuxiang, Sun Sixiu, Zhao Xian. Selected-control hydrothermal synthesis and formation mechanism of monazite-and zircon-type $LaVO_4$ nanocrystals [J]. The Journal of Physical Chemistry B, 2006, 110 (46): 23247-23254.

[362] Jia Chun Jiang, Sun Ling Dong, You Li Ping, Jiang Xiao Cheng, Luo Feng, Pang Yu Cheng, Yan Chun Hua. Selective synthesis of monazite-and zircon-type $LaVO_4$ nanocrystals [J]. The Journal of Physical Chemistry B, 2005, 109 (8): 3284-3290.

[363] Liu Junfeng, Wang Linlin, Sun Xiaoming, Zhu Xingqi. Cerium Vanadate Nanorod Arrays from Ionic Chelator-Mediated Self-Assembly [J]. Angewandte Chemie International Edition, 2010, 49 (20): 3492-3495.

[364] Wang Feng, Han Yu, Lim Chin Seong, Lu Yunhao, Wang Juan, Xu Jun, Chen Hongyu, Zhang Chun, Hong Minghui, Liu Xiaogang. Simultaneous phase and size control of upconversion nanocrystals through lanthanide doping [J]. Nature, 2010, 463 (7284): 1061.

[365] Wang Leyu, Li Yadong. Controlled synthesis and luminescence of lanthanide doped $NaYF_4$ nanocrystals [J]. Chemistry of Materials, 2007, 19 (4): 727-734.

[366] Gogotsi Yury, Libera Joseph A, Yoshimura Masahiro. Hydrothermal synthesis of multiwall carbon nanotubes [J]. Journal of Materials Research, 2000, 15 (12): 2591-2594.

[367] Gogotsi Yury, Libera Joseph A, Güvenç-Yazicioglu Almila, Megaridis Constantine M. In situ multiphase fluid experiments in hydrothermal carbon nanotubes [J]. Applied Physics Letters, 2001, 79 (7): 1021-1023.

[368] Liu Jianwei, Shao Mingwang, Chen Xiangying, Yu Weichao, Liu Xianming, Qian Yitai. Large-scale synthesis of carbon nanotubes by an ethanol thermal reduction process [J]. Journal of the American Chemical Society, 2003, 125 (27): 8088-8089.

[369] Wang Xinjun, Lu Jun, Xie Yi, Du Guoan, Guo Qixun, Zhang Shuyuan. A novel route to multiwalled carbon nanotubes and carbon nanorods at low temperature [J]. The Journal of Physical Chemistry B, 2002, 106 (5): 933-937.

[370] Shao Mingwang, Li Qing, Wu Ji, Xie Bo, Zhang Shuyuan, Qian Yitai. Benzene-thermal route to carbon nanotubes at a moderate temperature [J]. Carbon, 2002, 40 (15): 2961-2963.

[371] Cai Ren, Chen Jing, Yang Dan, Zhang Zengyi, Peng Shengjie, Wu Jin, Zhang Wenyu, Zhu Changfeng, Lim Tuti Mariana, Zhang Hua, Yan Qingyu. Solvothermal-Induced Conversion of One-Dimensional Multilayer Nanotubes to Two-Dimensional Hydrophilic VO_x Nanosheets: Synthesis and Water Treatment Application [J]. Acs Applied Materials & Interfaces, 2013, 5 (20): 10389-10394.

[372] Sun Ye, Riley D Jason, Ashfold Michael N R. Mechanism of ZnO Nanotube Growth by Hydrothermal Methods on ZnO Film-Coated Si Substrates [J]. The Journal of Physical Chemistry B, 2006, 110 (31): 15186-15192.

[373] Li Rumin, Chen Guanmao, Dong Guojun, Sun Xiaohan. Controllable synthesis of nanostructured TiO_2 by CTAB-assisted hydrothermal route [J]. New Journal of Chemistry, 2014, 38 (10): 4684-4689.

[374] Du Gh, Chen Q, Che Rc, Yuan Zy, Peng L M. Preparation and structure analysis of titanium oxide nanotubes [J]. Applied Physics Letters, 2001, 79 (22): 3702-3704.

[375] Wang Wenzhong, Varghese Oomman K, Paulose Maggie, Grimes Craig A, Wang Qinglei, Dickey Elizabeth C. A study on the growth and structure of titania nanotubes [J]. Journal of Materials Research, 2004, 19 (2): 417-422.

[376] Sun Xiaoming, Li Yadong. Synthesis and characterization of ion-exchangeable titanate nanotubes [J]. Chemistry-A European Journal, 2003, 9 (10): 2229-2238.

[377] Kukovecz Ákos, Hodos Mária, Horváth Endre, Radnóczi György, Kónya Zoltán, Kiricsi Imre. Oriented crystal growth model explains the formation of titania nanotubes [J]. The Journal of Physical Chemistry B, 2005, 109 (38): 17781-17783.

[378] Niederberger Markus, Muhr Hans Joachim, Krumeich Frank, Bieri Fabian, Günther Detlef, Nesper Reinhard. Low-cost synthesis of vanadium oxide nanotubes via two novel non-alkoxide routes [J]. Chemistry of Materials, 2000, 12 (7): 1995-2000.

[379] Chen Xing, Sun Xiaoming, Li Yadong. Self-assembling vanadium oxide nanotubes by organic molecular templates [J]. Inorganic Chemistry, 2002, 41 (17): 4524-4530.

[380] Lu Qingyi, Gao Feng, Zhao Dongyuan. One-step synthesis and assembly of copper sulfide nanoparticles to nanowires, nanotubes, and nanovesicles by a simple organic amine-assisted hydrothermal process [J]. Nano Lett, 2002, 2 (7): 725-728.

[381] Gong Jun Yan, Yu Shu Hong, Qian Hai Sheng, Luo Lin Bao, Liu Xian Ming. Acetic acid-assisted solution process for growth of complex copper sulfide microtubes constructed by hexagonal nanoflakes [J]. Chemistry of Materials, 2006, 18 (8): 2012-2015.

[382] Li Yadong, Wang Junwei, Deng Zhaoxiang, Wu Yiying, Sun Xiaoming, Yu Dapeng, Yang Peidong. Bismuth nanotubes: a rational low-temperature synthetic route [J]. Journal of the American Chemical Society, 2001, 123 (40): 9904-9905.

[383] Novoselov K S, Geim A K, Morozov S V, Jiang D, Zhang Y, Dubonos S V, Grigorieva I V, Firsov A A. Electric Field Effect in Atomically Thin Carbon Films [J]. Science, 2004, 306 (5696): 666-669.

[384] Garcia Joelson Cott, De Lima Denille B, Assali L V C, Justo J F. Group IV Graphene-and Graphane-Like Nanosheets [J]. Journal of Physical Chemistry C, 2011, 115 (27): 13242-13246.

[385] Xu Yang, Cheng Cheng, Du Sichao, Yang Jianyi, Yu Bin, Luo Jack, Yin Wenyan, Li Erping, Dong Shurong, Ye Peide D. Contacts between Two-and Three-Dimensional Materials: Ohmic, Schottky, and p-n Heterojunctions [J]. Acs Nano, 2016, 10 (5): 4895-4919.

[386] Ashton Michael, Paul Joshua, Sinnott Susan B, Hennig Richard G. Topology-Scaling Identification of Layered Solids and Stable Exfoliated 2D Materials [J]. Physical Review Letters, 2017, 118 (10): 106101.

[387] Novoselov Kostya S, Jiang D, Schedin F, Booth Tj, Khotkevich Vv, Morozov Sv, Geim Andre K. Two-dimensional atomic crystals [J]. Proceedings of the National Academy of Sciences, 2005, 102 (30): 10451-10453.

[388] Dimiev Ayrat, Kosynkin Dmitry V, Sinitskii Alexander, Slesarev Alexander, Sun Zhengzong, Tour James M. Layer-by-layer removal of graphene for device patterning [J]. Science, 2011, 331 (6021): 1168-1172.

[389] Jayasena Buddhika, Subbiah Sathyan. A novel mechanical cleavage method for synthesizing few-layer graphenes [J]. Nanoscale Research Letters, 2011, 6 (1): 95.

[390] Zhao Weifeng, Fang Ming, Wu Furong, Wu Hang, Wang Liwei, Chen Guohua. Preparation of graphene by exfoliation of graphite using wet ball milling [J]. Journal of Materials Chemistry, 2010, 20 (28): 5817-5819.

[391] Hernandez Yenny, Nicolosi Valeria, Lotya Mustafa, Blighe Fiona M, Sun Zhenyu, De Sukanta, Mcgovern It, Holland Brendan, Byrne Michele, Gun'ko Yurii K. High-yield production of graphene by liquid-phase exfoliation of graphite [J]. Nature nanotechnology, 2008, 3 (9): 563.

[392] Blake Peter, Brimicombe Paul D, Nair Rahul R, Booth Tim J, Jiang Da, Schedin Fred, Ponomarenko Leonid A, Morozov Sergey V, Gleeson Helen F, Hill Ernie W. Graphene-based liquid crystal device [J]. Nano Lett, 2008, 8 (6): 1704-1708.

[393] Warner Jamie H, RüMmeli Mark H, Gemming Thomas, BüChner Bernd, Briggs G Andrew D. Direct imaging of rotational stacking faults in few layer graphene [J]. Nano Lett, 2009, 9 (1): 102-106.

[394] Bourlinos Athanasios B, Georgakilas Vasilios, Zboril Radek, Steriotis Theodore A, Stubos Athanasios K. Liquid-phase exfoliation of graphite towards solubilized graphenes [J]. Small, 2009, 5 (16): 1841-1845.

[395] Li Xiaolin, Wang Xinran, Zhang Li, Lee Sangwon, Dai Hongjie. Chemically derived, ultrasmooth graphene nanoribbon semiconductors [J]. Science, 2008, 319 (5867): 1229-1232.

[396] Li Xiaolin, Zhang Guangyu, Bai Xuedong, Sun Xiaoming, Wang Xinran, Wang Enge, Dai Hongjie. Highly conducting graphene sheets and Langmuir-Blodgett films [J]. Nature nanotechnology, 2008, 3 (9): 538-542.

[397] Lotya Mustafa, Hernandez Yenny, King Paul J, Smith Ronan J, Nicolosi Valeria, Karlsson Lisa S, Blighe Fiona M, De Sukanta, Wang Zhiming, Mcgovern It. Liquid phase production of graphene by exfoliation of graphite in surfactant/water solutions [J]. Journal of the American Chemical Society, 2009, 131 (10): 3611-3620.

[398] Lotya Mustafa, King Paul J, Khan Umar, De Sukanta, Coleman Jonathan N. High-concentration, surfactant-stabilized graphene dispersions [J]. Acs Nano, 2010, 4 (6): 3155-3162.

[399] Green Alexander A, Hersam Mark C. Solution phase production of graphene with controlled thickness via density differentiation [J]. Nano Lett, 2009, 9 (12): 4031-4036.

[400] Liang Yu Teng, Hersam Mark C. Highly concentrated graphene solutions via polymer enhanced solvent exfoliation and iterative solvent exchange [J]. Journal of the American Chemical Society, 2010, 132 (50): 17661-17663.

[401] Das Sriya, Wajid Ahmed S, Shelburne John L, Liao Yen Chih, Green Micah J. Localized in situ polymerization on graphene surfaces for stabilized graphene dispersions [J]. ACS Appl Mater Interfaces, 2011, 3 (6): 1844-1851.

[402] Yan Liang Yu, Li Weifeng, Fan Xiao Feng, Wei Li, Chen Yuan, Kuo Jer Lai, Li Lain Jong, Kwak Sang Kyu, Mu Yuguang, Chan Park Mb. Enrichment of (8, 4) Single-Walled Carbon Nanotubes Through Coextraction with Heparin [J]. Small, 2010, 6 (1): 110-118.

[403] Berger Claire, Song Zhimin, Li Tianbo, Li Xuebin, Ogbazghi Asmerom Y, Feng Rui, Dai Zhenting, Marchenkov Alexei N, Conrad Edward H, First Phillip N. Ultrathin epitaxial graphite: 2D electron gas properties and a route toward graphene-based nanoelectronics [J]. The Journal of Physical Chemistry B, 2004, 108 (52): 19912-19916.

[404] Borovikov Valery, Zangwill Andrew. Step-edge instability during epitaxial growth of graphene from SiC (0001) [J]. Physical Review B, 2009, 80 (12): 121406.

[405] De Heer Walt A, Berger Claire, Ruan Ming, Sprinkle Mike, Li Xuebin, Hu Yike, Zhang Baiqian, Hankinson John, Conrad Edward. Large area and structured epitaxial graphene produced by confinement controlled sublimation of silicon carbide [J]. Proceedings of the National Academy of Sciences, 2011, 108 (41): 16900-16905.

[406] Dimitrakopoulos Christos, Lin Yu Ming, Grill Alfred, Farmer Damon B, Freitag Marcus, Sun Yanning, Han-Shu Jen, Chen Zhihong, Jenkins Keith A, Zhu Yu. Wafer-scale epitaxial graphene growth on the Si-face of hexagonal SiC (0001) for high frequency transistors [J]. Journal of Vacuum Science & Technology B, Nanotechnology and Microelectronics: Materials, Processing, Measurement, and Phenomena, 2010, 28 (5): 985-992.

[407] Emtsev Konstantin V, Bostwick Aaron, Horn Karsten, Jobst Johannes, Kellogg Gary L, Ley Lothar, Mcchesney Jessica L, Ohta Taisuke, Reshanov Sergey A, Röhrl Jonas. Towards wafer-size graphene layers by atmospheric pressure graphitization of silicon carbide [J]. Nature materials, 2009, 8 (3): 203-207.

[408] Hass J, Feng R, Li T, Li X, Zong Z, De Heer Wa, First Pn, Conrad Eh, Jeffrey Ca, Berger C. Highly ordered graphene for two dimensional electronics [J]. Applied Physics Letters, 2006, 89 (14): 143106.

[409] Tromp Rm, Hannon Jb. Thermodynamics and kinetics of graphene growth on SiC (0001) [J]. Physical review letters, 2009, 102 (10): 106104.

[410] Virojanadara Chariya, Syväjarvi M, Yakimova Rositsa, Johansson Li, Zakharov Aa, Balasubramanian T. Homogeneous large-area graphene layer growth on 6 H-SiC (0001) [J]. Physical Review B, 2008, 78 (24): 245403.

[411] Forbeaux I, Themlin J M, Charrier Anne, Thibaudau F, Debever J M. Solid-state graphitization mechanisms of silicon carbide 6H-SiC polar faces [J]. Applied Surface Science, 2000, 162: 406-412.

[412] Hannon Jb, Tromp Rm. Pit formation during graphene synthesis on SiC (0001): In situ electron microscopy [J]. Physical Review B, 2008, 77 (24): 241404.

[413] Luxmi, Srivastava N, Feenstra Rm, Fisher Pj. Formation of epitaxial graphene on SiC (0001) using vacuum or argon environments [J]. Journal of Vacuum Science & Technology B, Nanotechnology and Microelectronics: Materials, Processing, Measurement, and Phenomena, 2010, 28 (4): C5C1-C5C7.

[414] Orlita Milan, Faugeras Clement, Plochocka Paulina, Neugebauer Petr, Martinez Gerard, Maude Duncan K, Barra A L, Sprinkle Mike, Berger Claire, De Heer Walter A. Approaching the Dirac point in high-mobility multilayer epitaxial graphene [J]. Physical Review Letters, 2008, 101 (26): 267601.

[415] Geim Andre Konstantin. Graphene: status and prospects [J]. Science, 2009, 324 (5934): 1530-1534.

[416] Hass Joanna, Varchon François, Millan Otoya Jorge Enrique, Sprinkle Michael, Sharma Nikhil, De Heer Walt A, Berger Claire, First Phillip N, Magaud Laurence, Conrad Edawrd H. Why multilayer graphene on 4 H-SiC (000 1) behaves like a single sheet of graphene [J]. Physical Review Letters, 2008, 100 (12): 125504.

[417] Robinson Joshua A, Wetherington Maxwell, Tedesco Joseph L, Campbell Paul M, Weng Xiaojun, Stitt Joseph, Fanton Mark A, Frantz Eric, Snyder David, Vanmil Brenda L. Correlating Raman spectral signatures with carrier mobility in epitaxial graphene: a guide to achieving high mobility on the wafer scale [J]. Nano Lett, 2009, 9 (8): 2873-2876.

[418] Camara Nicolas, Jouault Benoit, Caboni A, Jabakhanji B, Desrat Wilfried, Pausas E, Consejo Christophe, Mestres N, Godignon P, Camassel Jean. Growth of monolayer graphene on 8 off-axis 4H-SiC (000-1) substrates with application to quantum transport devices [J]. Applied Physics Letters, 2010, 97 (9): 093107.

[419] Wei Dacheng, Liu Yunqi, Cao Lingchao, Fu Lei, Li Xianglong, Wang Yu, Yu Gui, Zhu Daoben. A new method to synthesize complicated multibranched carbon nanotubes with controlled architecture and composition [J]. Nano Lett, 2006, 6 (2): 186-192.

[420] Mattevi Cecilia, Kim Hokwon, Chhowalla Manish. A review of chemical vapour deposition of graphene on copper [J]. Journal of Materials Chemistry, 2011, 21 (10): 3324-3334.

[421] Jiao Liying, Fan Ben, Xian Xiaojun, Wu Zhongyun, Zhang Jin, Liu Zhongfan. Creation of nanostructures with poly (methyl methacrylate) -mediated nanotransfer printing [J]. Journal of the American Chemical Society, 2008, 130 (38): 12612-12613.

[422] Reina Alfonso, Son Hyungbin, Jiao Liying, Fan Ben, Dresselhaus Mildred S, Liu Zhongfan, Kong Jing. Transferring and identification of single-and few-layer graphene on arbitrary substrates [J]. The Journal of Physical Chemistry C, 2008, 112 (46): 17741-17744.

[423] Li Xuesong, Cai Weiwei, An Jinho, Kim Seyoung, Nah Junghyo, Yang Dongxing, Piner Richard, Velamakanni Aruna, Jung Inhwa, Tutuc Emanuel. Large-area synthesis of high-quality and uniform graphene films on copper

foils [J]. Science, 2009, 324 (5932): 1312-1314.

[424] Reina Alfonso, Jia Xiaoting, Ho John, Nezich Daniel, Son Hyungbin, Bulovic Vladimir, Dresselhaus Mildred S, Kong Jing. Large area, few-layer graphene films on arbitrary substrates by chemical vapor deposition [J]. Nano Lett, 2009, 9 (1): 30-35.

[425] Kim Keun Soo, Zhao Yue, Jang Houk, Lee Sang Yoon, Kim Jong Min, Kim Kwang S, Ahn Jong Hyun, Kim Philip, Choi Jae Young, Hong Byung Hee. Large-scale pattern growth of graphene films for stretchable transparent electrodes [J]. Nature, 2009, 457 (7230): 706-710.

[426] Bae Sukang, Kim Hyeongkeun, Lee Youngbin, Xu Xiangfan, Park Jae Sung, Zheng Yi, Balakrishnan Jayakumar, Lei Tian, Kim Hye Ri, Song Young Il. Roll-to-roll production of 30-inch graphene films for transparent electrodes [J]. Nature Nanotechnology, 2010, 5 (8): 574.

[427] Yan Kai, Fu Lei, Peng Hailin, Liu Zhongfan. Designed CVD growth of graphene via process engineering [J]. Accounts of Chemical Research, 2013, 46 (10): 2263-2274.

[428] Li Xuesong, Cai Weiwei, Colombo Luigi, Ruoff Rodney S. Evolution of graphene growth on Ni and Cu by carbon isotope labeling [J]. Nano Lett, 2009, 9 (12): 4268-4272.

[429] Edwards Rebecca S, Coleman Karl S. Graphene film growth on polycrystalline metals [J]. Accounts of Chemical Research, 2013, 46 (1): 23-30.

[430] Luo Zhengtang, Lu Ye, Singer Daniel W, Berck Matthew E, Somers Luke A, Goldsmith Brett R, Johnson At Charlie. Effect of substrate roughness and feedstock concentration on growth of wafer-scale graphene at atmospheric pressure [J]. Chemistry of Materials, 2011, 23 (6): 1441-1447.

[431] Gan Lin, Luo Zhengtang. Turning off hydrogen to realize seeded growth of subcentimeter single-crystal graphene grains on copper [J]. Acs Nano, 2013, 7 (10): 9480-9488.

[432] Jung Da Hee, Kang Cheong, Kim Minjung, Cheong Hyeonsik, Lee Hangil, Lee Jin Seok. Effects of hydrogen partial pressure in the annealing process on graphene growth [J]. The Journal of Physical Chemistry C, 2014, 118 (7): 3574-3580.

[433] Yu Qingkai, Jauregui Luis A, Wu Wei, Colby Robert, Tian Jifa, Su Zhihua, Cao Helin, Liu Zhihong, Pandey Deepak, Wei Dongguang. Control and characterization of individual grains and grain boundaries in graphene grown by chemical vapour deposition [J]. Nature Materials, 2011, 10 (6): 443.

[434] Wu Bin, Geng Dechao, Guo Yunlong, Huang Liping, Xue Yunzhou, Zheng Jian, Chen Jianyi, Yu Gui, Liu Yunqi, Jiang Lang. Equiangular Hexagon-Shape-Controlled Synthesis of Graphene on Copper Surface [J]. Advanced Materials, 2011, 23 (31): 3522-3525.

[435] Geng Dechao, Wu Bin, Guo Yunlong, Luo Birong, Xue Yunzhou, Chen Jianyi, Yu Gui, Liu Yunqi. Fractal etching of graphene [J]. Journal of the American Chemical Society, 2013, 135 (17): 6431-6434.

[436] Geng Dechao, Wang Huaping, Wan Yu, Xu Zhiping, Luo Birong, Xu Jie, Yu Gui. Direct Top-Down Fabrication of Large-Area Graphene Arrays by an In Situ Etching Method [J]. Advanced Materials, 2015, 27 (28): 4195-4199.

[437] Zou Zhiyu, Fu Lei, Song Xiuju, Zhang Yanfeng, Liu Zhongfan. Carbide-forming groups IVB-VIB metals: a new territory in the periodic table for CVD growth of graphene [J]. Nano Lett, 2014, 14 (7): 3832-3839.

[438] Liu Xun, Fu Lei, Liu Nan, Gao Teng, Zhang Yanfeng, Liao Lei, Liu Zhongfan. Segregation growth of graphene on Cu-Ni alloy for precise layer control [J]. The Journal of Physical Chemistry C, 2011, 115 (24): 11976-11982.

[439] Dai Boya, Fu Lei, Zou Zhiyu, Wang Min, Xu Haitao, Wang Sheng, Liu Zhongfan. Rational design of a binary metal alloy for chemical vapour deposition growth of uniform single-layer graphene [J]. Nat Commun, 2011, 2: 522.

[440] Geng Dechao, Wu Bin, Guo Yunlong, Huang Liping, Xue Yunzhou, Chen Jianyi, Yu Gui, Jiang Lang, Hu Wenping, Liu Yunqi. Uniform hexagonal graphene flakes and films grown on liquid copper surface [J]. Proceedings of theNational Academy of Sciences, 2012, 109 (21): 7992-7996.

[441] Wang Jiao, Zeng Mengqi, Tan Lifang, Dai Boya, Deng Yuan, Rümmeli Mark, Xu Haitao, Li Zishen, Wang

Sheng，Peng Lianmao. High-mobility graphene on liquid p-block elements by ultra-low-loss CVD growth [J]. Sci Rep，2013，3：2670.

[442] Zeng Mengqi，Tan Lifang，Wang Jiao，Chen Linfeng，RüMmeli Mark H，Fu Lei. Liquid metal：an innovative solution to uniform graphene films [J]. Chemistry of Materials，2014，26 (12)：3637-3643.

[443] Zeng Mengqi，Tan Lifang，Wang Lingxiang，Mendes Rafael G，Qin Zhihui，Huang Yaxin，Zhang Tao，Fang Liwen，Zhang Yanfeng，Yue Shuanglin. Isotropic growth of graphene toward smoothing stitching [J]. Acs Nano，2016，10 (7)：7189-7196.

[444] Zeng Mengqi，Wang Lingxiang，Liu Jinxin，Zhang Tao，Xue Haifeng，Xiao Yao，Qin Zhihui，Fu Lei. Self-assembly of graphene single crystals with uniform size and orientation：the first 2D super-ordered structure [J]. Journal of the American Chemical Society，2016，138 (25)：7812-7815.

[445] Chen Jianyi，Guo Yunlong，Jiang Lili，Xu Zhiping，Huang Liping，Xue Yunzhou，Geng Dechao，Wu Bin，Hu Wenping，Yu Gui. Near-Equilibrium Chemical Vapor Deposition of High-Quality Single-Crystal Graphene Directly on Various Dielectric Substrates [J]. Advanced Materials，2014，26 (9)：1348-1353.

[446] Chen Jianyi，Wen Yugeng，Guo Yunlong，Wu Bin，Huang Liping，Xue Yunzhou，Geng Dechao，Wang Dong，Yu Gui，Liu Yunqi. Oxygen-aided synthesis of polycrystalline graphene on silicon dioxide substrates [J]. Journal of the American Chemical Society，2011，133 (44)：17548-17551.

[447] Chen Jianyi，Guo Yunlong，Wen Yugeng，Huang Liping，Xue Yunzhou，Geng Dechao，Wu Bin，Luo Birong，Yu Gui，Liu Yunqi. Two-Stage Metal-Catalyst-Free Growth of High-Quality Polycrystalline Graphene Films on Silicon Nitride Substrates [J]. Advanced Materials，2013，25 (7)：992-997.

[448] Tang Shujie，Wang Haomin，Wang Hui Shan，Sun Qiujuan，Zhang Xiuyun，Cong Chunxiao，Xie Hong，Liu Xiaoyu，Zhou Xiaohao，Huang Fuqiang. Silane-catalysed fast growth of large single-crystalline graphene on hexagonal boron nitride [J]. Nat Commun，2015，6：6499.

[449] Sun Jingyu，Gao Teng，Song Xiuju，Zhao Yanfei，Lin Yuanwei，Wang Huichao，Ma Donglin，Chen Yubin，Xiang Wenfeng，Wang Jian. Direct growth of high-quality graphene on high-κ dielectric $SrTiO_3$ substrates [J]. Journal of the American Chemical Society，2014，136 (18)：6574-6577.

[450] Tan Lifang，Zeng Mengqi，Wu Qiong，Chen Linfeng，Wang Jiao，Zhang Tao，Eckert Jürgen，Rümmeli Mark H，Fu Lei. Direct Growth of Ultrafast Transparent Single-Layer Graphene Defoggers [J]. Small，2015，11 (15)：1840-1846.

[451] Liu Nan，Fu Lei，Dai Boya，Yan Kai，Liu Xun，Zhao Ruiqi，Zhang Yanfeng，Liu Zhongfan. Universal segregation growth approach to wafer-size graphene from non-noble metals [J]. Nano Lett，2010，11 (1)：297-303.

[452] Zhang Chaohua，Fu Lei，Liu Nan，Liu Minhao，Wang Yayu，Liu Zhongfan. Synthesis of nitrogen-doped graphene using embedded carbon and nitrogen sources [J]. Advanced Materials，2011，23 (8)：1020-1024.

[453] Novoselov Konstantin S，Fal Vi，Colombo L，Gellert Pr，Schwab Mg，Kim K. A roadmap for graphene [J]. Nature，2012，490 (7419)：192-200.

[454] Yang Heejun，Heo Jinseong，Park Seongjun，Song Hyun Jae，Seo David H，Byun Kyung Eun，Kim Philip，Yoo Inkyeong，Chung Hyun Jong，Kim Kinam. Graphene barristor，a triode device with a gate-controlled Schottky barrier [J]. Science，2012，336 (6085)：1140-1143.

[455] Liu Ming，Yin Xiaobo，Ulin Avila Erick，Geng Baisong，Zentgraf Thomas，Ju Long，Wang Feng，Zhang Xiang. A graphene-based broadband optical modulator [J]. Nature，2011，474 (7349)：64.

[456] Lin Yung Chang，Jin Chuanhong，Lee Jung Chi，Jen Shou Feng，Suenaga Kazu，Chiu Po Wen. Clean transfer of graphene for isolation and suspension [J]. Acs Nano，2011，5 (3)：2362-2368.

[457] Li Xuesong，Zhu Yanwu，Cai Weiwei，Borysiak Mark，Han Boyang，Chen David，Piner Richard D，Colombo Luigi，Ruoff Rodney S. Transfer of large-area graphene films for high-performance transparent conductive electrodes [J]. Nano Lett，2009，9 (12)：4359-4363.

[458] Suk Ji Won，Kitt Alexander，Magnuson Carl W，Hao Yufeng，Ahmed Samir，An Jinho，Swan Anna K，Goldberg Bennett B，Ruoff Rodney S. Transfer of CVD-grown monolayer graphene onto arbitrary substrates [J]. Acs Nano，2011，5 (9)：6916-6924.

[459] Hallam Toby, Berner Nina C, Yim Chanyoung, Duesberg Georg S. Strain, Bubbles, Dirt, and Folds: A Study of Graphene Polymer-Assisted Transfer [J]. Advanced Materials Interfaces, 2014, 1 (6): 1400115.

[460] Suk Ji Won, Lee Wi Hyoung, Lee Jongho, Chou Harry, Piner Richard D, Hao Yufeng, Akinwande Deji, Ruoff Rodney S. Enhancement of the electrical properties of graphene grown by chemical vapor deposition via controlling the effects of polymer residue [J]. Nano Lett, 2013, 13 (4): 1462-1467.

[461] Lin Yung Chang, Lu Chun Chieh, Yeh Chao Huei, Jin Chuanhong, Suenaga Kazu, Chiu Po Wen. Graphene annealing: how clean can it be? [J]. Nano Lett, 2011, 12 (1): 414-419.

[462] Her Michael, Beams Ryan, Novotny Lukas. Graphene transfer with reduced residue [J]. Physics Letters A, 2013, 377 (21-22): 1455-1458.

[463] Meyer Jannik C, Girit Co, Crommie Mf, Zettl A. Hydrocarbon lithography on graphene membranes [J]. Applied Physics Letters, 2008, 92 (12): 123110.

[464] Lee Dong Su, Riedl Christian, Krauss Benjamin, Von Klitzing Klaus, Starke Ulrich, Smet Jurgen H. Raman spectra of epitaxial graphene on SiC and of epitaxial graphene transferred to SiO_2 [J]. Nano Lett, 2008, 8 (12): 4320-4325.

[465] Unarunotai Sakulsuk, Murata Yuya, Chialvo Cesar E, Kim Hoon Sik, Maclaren Scott, Mason Nadya, Petrov Ivan, Rogers John A. Transfer of graphene layers grown on SiC wafers to other substrates and their integration into field effect transistors [J]. Applied Physics Letters, 2009, 95 (20): 202101.

[466] Unarunotai Sakulsuk, Koepke Justin C, Tsai Cheng Lin, Du Frank, Chialvo Cesar E, Murata Yuya, Haasch Rick, Petrov Ivan, Mason Nadya, Shim Moonsub. Layer-by-layer transfer of multiple, large area sheets of graphene grown in multilayer stacks on a single SiC wafer [J]. Acs Nano, 2010, 4 (10): 5591-5598.

[467] Caldwell Joshua D, Anderson Travis J, Culbertson James C, Jernigan Glenn G, Hobart Karl D, Kub Fritz J, Tadjer Marko J, Tedesco Joseph L, Hite Jennifer K, Mastro Michael A. Technique for the dry transfer of epitaxial graphene onto arbitrary substrates [J]. Acs Nano, 2010, 4 (2): 1108-1114.

[468] Liang Xuelei, Sperling Brent A, Calizo Irene, Cheng Guangjun, Hacker Christina Ann, Zhang Qin, Obeng Yaw, Yan Kai, Peng Hailin, Li Qiliang. Toward clean and crackless transfer of graphene [J]. Acs Nano, 2011, 5 (11): 9144-9153.

[469] Wang Yu, Zheng Yi, Xu Xiangfan, Dubuisson Emilie, Bao Qiaoliang, Lu Jiong, Loh Kian Ping. Electrochemical delamination of CVD-grown graphene film: toward the recyclable use of copper catalyst [J]. Acs Nano, 2011, 5 (12): 9927-9933.

[470] Gao Libo, Ren Wencai, Xu Huilong, Jin Li, Wang Zhenxing, Ma Teng, Ma Lai Peng, Zhang Zhiyong, Fu Qiang, Peng Lian Mao. Repeated growth and bubbling transfer of graphene with millimetre-size single-crystal grains using platinum [J]. Nat Commun, 2012, 3: 699.

[471] Gorantla Sandeep, Bachmatiuk Alicja, Hwang Jeonghyun, Alsalman Hussain A, Kwak Joon Young, Seyller Thomas, Eckert Jürgen, Spencer Michael G, Rümmeli Mark H. A universal transfer route for graphene [J]. Nanoscale, 2014, 6 (2): 889-896.

[472] Kang Junmo, Hwang Soonhwi, Kim Jae Hwan, Kim Min Hyeok, Ryu Jaechul, Seo Sang Jae, Hong Byung Hee, Kim Moon Ki, Choi Jae Boong. Efficient transfer of large-area graphene films onto rigid substrates by hot pressing [J]. Acs Nano, 2012, 6 (6): 5360-5365.

[473] Lee Youngbin, Bae Sukang, Jang Houk, Jang Sukjae, Zhu Shou En, Sim Sung Hyun, Song Young Il, Hong Byung Hee, Ahn Jong Hyun. Wafer-scale synthesis and transfer of graphene films [J]. Nano Lett, 2010, 10 (2): 490-493.

[474] Park Hye Jin, Meyer Jannik, Roth Siegmar, Skákalová Viera. Growth and properties of few-layer graphene prepared by chemical vapor deposition [J]. Carbon, 2010, 48 (4): 1088-1094.

[475] Kang Seok Ju, Kim Bumjung, Kim Keun Soo, Zhao Yue, Chen Zheyuan, Lee Gwan Hyoung, Hone James, Kim Philip, Nuckolls Colin. Inking Elastomeric Stamps with Micro-Patterned, Single Layer Graphene to Create High-Performance OFETs [J]. Advanced Materials, 2011, 23 (31): 3531-3535.

[476] Kim Mina, An Hyosub, Lee Won Jun, Jung Jongwan. Low damage-transfer of graphene using epoxy bonding [J].

Electronic Materials Letters, 2013, 9 (4): 517-521.

[477] Jung Wonsuk, Kim Donghwan, Lee Mingu, Kim Soohyun, Kim Jae Hyun, Han Chang Soo. Ultraconformal contact transfer of monolayer graphene on metal to various substrates [J]. Advanced Materials, 2014, 26 (37): 6394-6400.

[478] Wang Di Yan, Huang I Sheng, Ho Po Hsun, Li Shao Sian, Yeh Yun Chieh, Wang Duan Wei, Chen Wei Liang, Lee Yu Yang, Chang Yu Ming, Chen Chia Chun. Clean-lifting transfer of large-area residual-free graphene films [J]. Advanced Materials, 2013, 25 (32): 4521-4526.

[479] Gao Libo, Ni Guang Xin, Liu Yanpeng, Liu Bo, Neto Antonio H Castro, Loh Kian Ping. Face-to-face transfer of wafer-scale graphene films [J]. Nature, 2014, 505 (7482): 190.

[480] Kang Junmo, Shin Dolly, Bae Sukang, Hong Byung Hee. Graphene transfer: key for applications [J]. Nanoscale, 2012, 4 (18): 5527-5537.

[481] Song G, Hao J, Liang C, Liu T, Gao M, Cheng L, Hu J, Liu Z. Degradable Molybdenum Oxide Nanosheets with Rapid Clearance and Efficient Tumor Homing Capabilities as a Therapeutic Nanoplatform [J]. Angewandte Chemie, 2016, 55 (6): 2122-2126.

[482] Zhi Chunyi, Bando Yoshio, Tang Chengchun, Kuwahara Hiroaki, Golberg Dimitri. Large-Scale Fabrication of Boron Nitride Nanosheets and Their Utilization in Polymeric Composites with Improved Thermal and Mechanical Properties [J]. Advanced Materials, 2009, 21 (28): 2889-2893.

[483] Li Xin Hao, Antonietti Markus. Metal nanoparticles at mesoporous N-doped carbons and carbon nitrides: functional Mott-Schottky heterojunctions for catalysis [J]. Chemical Society Reviews, 2013, 42 (16): 6593-6604.

[484] Qiang Wang, Dermot O'hare. Recent advances in the synthesis and application of layered double hydroxide (LDH) nanosheets [J]. Chemical Reviews, 2012, 112 (7): 4124-4155.

[485] Chhowalla Manish, Shin Hyeon Suk, Eda Goki, Li Lain Jong, Loh Kian Ping, Hua Zhang. The chemistry of two-dimensional layered transition metal dichalcogenide nanosheets [J]. Nature Chemistry, 2013, 5 (4): 263-275.

[486] Chimene David, Alge Daniel L, Gaharwar Akhilesh K. Two-Dimensional Nanomaterials for Biomedical Applications: Emerging Trends and Future Prospects [J]. Advanced Materials, 2015, 27 (45): 7261-7284.

[487] Cao Ting, Wang Gang, Han Wenpeng, Ye Huiqi, Zhu Chuanrui, Shi Junren, Niu Qian, Tan Pingheng, Wang Enge, Liu Baoli. Valley-selective circular dichroism of monolayer molybdenum disulphide [J]. Nature Communications, 2012, 3 (2): 887.

[488] Novoselov K S, Jiang D, Schedin F, Booth T J, Khotkevich V V, Morozov S V, Geim A K. Two-dimensional atomic crystals [J]. Proc Natl Acad Sci U S A, 2005, 102 (30): 10451-10453.

[489] Yin Zongyou, Li Hai, Li Hong, Jiang Lin, Shi Yumeng, Sun Yinghui, Lu Gang, Zhang Qing, Chen Xiaodong, Zhang Hua. Single-Layer MoS_2 Phototransistors [J]. ACS nano, 2012, 6 (1): 74-80.

[490] Coleman Jonathan N, Mustafa Lotya, Arlene O'neill, Bergin Shane D, King Paul J, Umar Khan, Karen Young, Alexandre Gaucher, Sukanta De, Smith Ronan J. Two-dimensional nanosheets produced by liquid exfoliation of layered materials [J]. Science, 2011, 331 (18): 568-571.

[491] Cunningham G, Lotya M, Cucinotta C S, Sanvito S, Bergin S D, Menzel R, Shaffer M S, Coleman J N. Solvent exfoliation of transition metal dichalcogenides: dispersibility of exfoliated nanosheets varies only weakly between compounds [J]. Acs Nano, 2012, 6 (4): 3468-3480.

[492] Zhou K G, Mao N N, Wang H X, Peng Y, Zhang H L. A mixed-solvent strategy for efficient exfoliation ofinorganic graphene analogues [J]. Angew Chem Int Ed Engl, 2011, 50 (46): 10839-10842.

[493] Nicolosi Valeria, Chhowalla Manish, Kanatzidis Mercouri G, Strano Michael S, Coleman Jonathan N. Liquid Exfoliation of Layered Materials [J]. Science, 2013, 340 (6139): 1226419.

[494] Zeng Zhiyuan, Sun Ting, Zhu Jixin, Huang Xiao, Yin Zongyou, Lu Gang, Fan Zhanxi, Yan Qingyu, Hng Huey Hoon, Zhang Hua. An effective method for the fabrication of few-layer-thick inorganic nanosheets [J]. Angew Chem Int Ed Engl, 2012, 51 (36): 9052-9056.

[495] Keng Ku Liu, Wenjing Zhang, Yi Hsien Lee, Yu Chuan Lin, Mu Tung Chang, Ching Yuan Su, Chia Seng Chang, Hai Li, Yumeng Shi, Hua Zhang. Growth of large-area and highly crystalline MoS_2 thin layers on insula-

ting substrates [J]. Nano Letters，2012，12 (3)：1538-1544.

[496] Lee Y H，Zhang X Q，Zhang W，Chang M T，Lin C T，Chang K D，Yu Y C，Wang J T，Chang C S，Li L J. Synthesis of large-area MoS_2 atomic layers with chemical vapor deposition [J]. Advanced Materials，2012，24 (17)：2320-2325.

[497] Sina Najmaei，Liu Zheng，Zhou Wu，Zou Xiaolong，Shi Gang，Lei Sidong，Yakobson Boris I，Juan Carlos Idrobo，Ajayan Pulickel M，Lou Jun. Vapour phase growth and grain boundary structure of molybdenum disulphide atomic layers [J]. Nature Materials，2013，12 (8)：754-759.

[498] Wang Xinsheng，Feng Hongbin，Wu Yongmin，Jiao Liying. Controlled synthesis of highly crystalline MoS_2 flakes by chemical vapor deposition [J]. Journal of the American Chemical Society，2013，135 (14)：5304-5307.

[499] Zhang Yu，Zhang Yanfeng，Ji Qingqing，Ju Jing，Yuan Hongtao，Shi Jianping，Gao Teng，Ma Donglin，Liu Mengxi，Chen Yubin. Controlled growth of high-quality monolayer WS_2 layers on sapphire and imaging its grain boundary [J]. Acs Nano，2013，7 (10)：8963-8971.

[500] Wang Shige，Kai Li，Yu Chen，Chen Hangrong，Ming Ma，Feng Jingwei，Zhao Qinghua，Shi Jianlin. Biocompatible PEGylated MoS_2 nanosheets：Controllable bottom-up synthesis and highly efficient photothermal regression of tumor [J]. Biomaterials，2015，39 (39)：206-217.

[501] Wang S，Li X，Chen Y，Cai X，Yao H，Gao W，Zheng Y，An X，Shi J，Chen H. A Facile One-Pot Synthesis of a Two-Dimensional MoS_2/Bi_2S_3 Composite Theranostic Nanosystem for Multi-Modality Tumor Imaging and Therapy [J]. Advanced Materials，2015，27 (17)：2775-2782.

[502] Gong Qiufang，Liang Cheng，Liu Changhai，Mei Zhang，Li Yanguang. Ultrathin $MoS_{2(1-x)}$ Se_{2x} Alloy Nanoflakes For Electrocatalytic Hydrogen Evolution Reaction [J]. Acs Catalysis，2015，5 (4)：2213-2219.

[503] Liang Cheng，Wenjing Huang，Qiufang Gong，Changhai Liu，Zhuang Liu，Yanguang Li，Hongjie Dai. Ultrathin WS_2 nanoflakes as a high-performance electrocatalyst for the hydrogen evolution reaction [J]. Angewandte Chemie International Edition in English，2014，53 (30)：7860-7863.

[504] Qian Xiaoxin，Shen Sida，Liu Teng，Cheng Liang，Liu Zhuang. Two-dimensional TiS_2 nanosheets for in vivo photoacoustic imaging and photothermal cancer therapy [J]. Nanoscale，2015，7 (14)：6380-6387.

[505] Yuan Yunxia，Li Runqing，Liu Zhihong. Establishing Water-Soluble Layered WS_2 Nanosheet as a Platform for Biosensing [J]. Analytical Chemistry，2014，86 (7)：3610-3615.

[506] Joensen Per，Frindt R F，Morrison S Roy. Single-layer MoS_2 [J]. Materials Research Bulletin，1986，21 (4)：457-461.

[507] Jian Zheng，Han Zhang，Dong Shaohua，Liu Yanpeng，Chang Tai Nai，Shin Hyeon Suk，Hu Young Jeong，Bo Liu，Loh Kian Ping. High yield exfoliation of two-dimensional chalcogenides using sodium naphthalenide [J]. Nature Communications，2014，5 (1)：2995.

[508] Smith Ronan J，King Paul J，Mustafa Lotya，Christian Wirtz，Umar Khan，Sukanta De，Arlene O'neill，Duesberg Georg S，Grunlan Jaime C，Gregory Moriarty. Large-scale exfoliation of inorganic layered compounds in aqueous surfactant solutions [J]. Advanced Materials，2011，23 (34)：3944-3948.

[509] May Peter，Khan Umar，Hughes J Marguerite，Coleman Jonathan N. Role of Solubility Parameters inUnderstanding the Steric Stabilization of Exfoliated Two-Dimensional Nanosheets by Adsorbed Polymers [J]. Journal of Physical Chemistry C，2012，116 (20)：11393-11400.

[510] Yuan Yong，Liangjun Zhou，Zhanjun Gu，Liang Yan，Gan Tian，Xiaopeng Zheng，Xiaodong Liu，Xiao Zhang，Junxin Shi，Wenshu Cong. WS_2 nanosheet as a new photosensitizer carrier for combined photodynamic and photothermal therapy of cancer cells [J]. Nanoscale，2014，6 (17)：10394-10403.

[511] Zhang W，Wang Y，Zhang D，Yu S，Zhu W，Wang J，Zheng F，Wang S，Wang J. A one-step approach to the large-scale synthesis of functionalized MoS_2 nanosheets by ionic liquid assisted grinding [J]. Nanoscale，2015，7 (22)：10210-10217.

[512] Guijian Guan，Shuangyuan Zhang，Shuhua Liu，Yongqing Cai，Michelle Low，Choon Peng Teng，In Yee Phang，Yuan Cheng，Koh Leng Duei，Bharathi Madurai Srinivasan. Protein Induces Layer-by-Layer Exfoliation of Transition Metal Dichalcogenides [J]. Journal of the American Chemical Society，2015，137 (19)：6152-6155.

[513] Sim Heungbo，Lee Jiyong，Park Byeongho，Kim Sun Jun，Kang Shinill，Ryu Wonhyoung，Jun Seong Chan. High-concentration dispersions of exfoliated MoS_2 sheets stabilized by freeze-dried silk fibroin powder [J]. Nano Research，2016，9 (6)：1709-1722.

[514] Bang Gyeong Sook，Cho Suhyung，Son Narae，Shim Gi Woong，Cho Byung Kwan，Choi Sung Yool. DNA-Assisted Exfoliation of Tungsten Dichalcogenides and Their Antibacterial Effect [J]. Acs Applied Materials & Interfaces，2016，8 (3)：1943-1950.

[515] Coleman Jonathan N，Lotya Mustafa，O'neill Arlene，Bergin Shane D，King Paul J，Khan Umar，Young Karen，Gaucher Alexandre，De Sukanta，Smith Ronan J，Shvets Igor V，Arora Sunil K，Stanton George，Kim Hye Young，Lee Kangho，Kim Gyu Tae，Duesberg Georg S，Hallam Toby，Boland John J，Wang Jing Jing，Donegan John F，Grunlan Jaime C，Moriarty Gregory，Shmeliov Aleksey，Nicholls Rebecca J，Perkins James M，Grieveson Eleanor M，Theuwissen Koenraad，Mccomb David W，Nellist Peter D，Nicolosi Valeria. Two-Dimensional Nanosheets Produced by Liquid Exfoliation of Layered Materials [J]. Science，2011，331 (6017)：568-571.

[516] Seo Jung Wook，Jun Young Wook，Park Seung Won，Nah Hyunsoo，Moon Taeho，Park Byungwoo，Kim Jin Gyu，Kim Youn Joong，Cheon Jinwoo. Two-Dimensional Nanosheet Crystals [J]. Angewandte Chemie International Edition，2007，46 (46)：8828-8831.

[517] Altavilla Claudia，Sarno Maria，Ciambelli Paolo. A Novel Wet Chemistry Approach for the Synthesis of Hybrid 2D Free-Floating Single or Multilayer Nanosheets of MS_2@oleylamine (M=Mo，W) [J]. Chemistry of Materials，2011，23 (17)：3879-3885.

[518] Liang Cheng，Chao Yuan，Sida Shen，Xuan Yi，Hua Gong，Kai Yang，Zhuang Liu. Bottom-Up Synthesis of Metal-Ion-Doped WS_2 Nanoflakes for Cancer Theranostics [J]. Acs Nano，2015，9 (11)：11090-11101.

[519] Fan W，Bu W，Shen B，He Q，Cui Z，Liu Y，Zheng X，Zhao K，Shi J. Intelligent MnO_2 Nanosheets Anchored with Upconversion Nanoprobes for Concurrent pH-/H_2O_2-Responsive UCL Imaging and Oxygen-Elevated Synergetic Therapy [J]. Advanced Materials，2015，27 (28)：4155-4161.

[520] Yang Kai，Yang Guangbao，Chen Lei，Cheng Liang，Wang Lu，Ge Cuicui，Liu Zhuang. FeS nanoplates as a multifunctional nano-theranostic for magnetic resonance imaging guided photothermal therapy [J]. Biomaterials，2015，38：1-9.

[521] Cheng Liang，Shen Sida，Shi Sixiang，Yi Yuan，Wang Xiaoyong，Song Guosheng，Yang Kai，Liu Gang，Barnhart Todd E，Cai Weibo，Liu Zhuang. $FeSe_2$-Decorated Bi_2Se_3 Nanosheets Fabricated via Cation Exchange for Chelator-Free 64Cu-Labeling and Multimodal Image-Guided Photothermal-Radiation Therapy [J]. Advanced Functional Materials，2016，26 (13)：2185-2197.

[522] Wells Rebekah A，Johnson Hannah，Lhermitte Charles R，Kinge Sachin，Sivula Kevin. Roll-to-Roll Deposition of Semiconducting 2D Nanoflake Films of Transition Metal Dichalcogenides for Optoelectronic Applications [J]. ACS Applied Nano Materials，2019，2 (12)：7705-7712.

[523] Matte H S S Ramakrishna，Gomathi A，Manna Arun K，Late Dattatray J，Ranjan Datta，Pati Swapan K，Rao C N R. MoS_2 and WS_2 analogues of graphene [J]. Angewandte Chemie International Edition，2010，49 (24)：4059-4062.

[524] Chou Stanley S，De Mrinmoy，Kim Jaemyung，Byun Segi，Dykstra Conner，Yu Jin，Huang Jiaxing，Dravid Vinayak P. Ligand Conjugation of Chemically Exfoliated MoS_2 [J]. Journal of the American Chemical Society，2013，135 (12)：4584-4587.

[525] Liu Teng，Wang Chao，Gu Xing，Gong Hua，Cheng Liang，Shi Xiaoze，Feng Liangzhu，Sun Baoquan，Liu Zhuang. Drug delivery with PEGylated MoS_2 nano-sheets for combined photothermal and chemotherapy of cancer [J]. Advanced Materials，2014，26 (21)：3433-3440.

[526] Liu Teng，Wang Chao，Cui Wei，Gong Hua，Liang Chao，Shi Xiaoze，Li Zhiwei，Sun Baoquan，Liu Zhuang. Combined photothermal and photodynamic therapy delivered by PEGylated MoS_2 nanosheets [J]. Nanoscale，2014，6 (19)：11219-11225.

[527] Cheng Liang，Liu Jingjing，Gu Xing，Gong Hua，Shi Xiaoze，Liu Teng，Wang Chao，Wang Xiaoyong，Liu

Gang, Xing Huaiyong, Bu Wenbo, Sun Baoquan, Liu Zhuang. PEGylated WS_2 Nanosheets as a Multifunctional Theranostic Agent for in vivo Dual-Modal CT/Photoacoustic Imaging Guided Photothermal Therapy [J]. Advanced Materials, 2014, 26 (12): 1886-1893.

[528] Yuan Yunxia, Li Runqing, Liu Zhihong. Establishing water-soluble layered WS? nanosheet as a platform for biosensing [J]. Analytical Chemistry, 2014, 86 (7): 3610-3615.

[529] Yin Wenyan, Yan Liang, Yu Jie, Tian Gan, Zhou Liangjun, Zheng Xiaopeng, Zhang Xiao, Yong Yuan, Li Juan, Gu Zhanjun. High-throughput synthesis of single-layer MoS_2 nanosheets as a near-infrared photothermal-triggered drug delivery for effective cancer therapy [J]. Acs Nano, 2014, 8 (7): 6922-6933.

[530] Li Bang Lin, Luo Hong Qun, Lei Jing Lei, Li Nian Bing. Hemin-functionalized MoS_2 nanosheets: Enhanced peroxidase-like catalytic activity with a steady state in aqueous solution [J]. Rsc Advances, 2014, 4 (46): 24256-24262.

[531] Voiry Damien, Goswami Anandarup, Kappera Rajesh, Silva Cecilia De Carvalho Castro E, Kaplan Daniel, Fujita Takeshi, Chen Mingwei, Asefa Tewodros, Chhowalla Manish. Covalent functionalization of monolayered transition metal dichalcogenides by phase engineering [J]. Nature Chemistry, 2015, 7: 45.

[532] Knirsch K C, Berner N C, Nerl H C, Cucinotta C S, Gholamvand Z, Mcevoy N, Wang Z, Abramovic I, Vecera P, Halik M, Sanvito S, Duesberg G S, Nicolosi V, Hauke F, Hirsch A, Coleman J N, Backes C. Basal-Plane Functionalization of Chemically Exfoliated Molybdenum Disulfide by Diazonium Salts [J]. Acs Nano, 2015, 9 (6): 6018-6030.

[533] Huang Xiaoqing, Tang Shaoheng, Mu Xiaoliang, Dai Yan, Chen Guangxu, Zhou Zhiyou, Ruan Fangxiong, Yang Zhilin, Zheng Nanfeng. Freestanding palladium nanosheets with plasmonic and catalytic properties [J]. Nature nanotechnology, 2011, 6 (1): 28.

[534] Yin An Xiang, Liu Wen Chi, Ke Jun, Zhu Wei, Gu Jun, Zhang Ya Wen, Yan Chun Hua. Ru nanocrystals with shape-dependent surface-enhanced Raman spectra and catalytic properties: controlled synthesis and DFT calculations [J]. Journal of the American Chemical Society, 2012, 134 (50): 20479-20489.

[535] Jang Kwonho, Kim Hae Jin, Son Seung Uk. Low-temperature synthesis of ultrathin rhodium nanoplates via molecular orbital symmetry interaction between rhodium precursors [J]. Chemistry of Materials, 2010, 22 (4): 1273-1275.

[536] Webber David H, Brutchey Richard L. Ligand exchange on colloidal CdSe nanocrystals using thermally labile tert-butylthiol for improved photocurrent in nanocrystal films [J]. Journal of the American Chemical Society, 2011, 134 (2): 1085-1092.

[537] Grass Michael E, Joo Sang Hoon, Zhang Yawen, Somorjai Gabor A. Colloidally synthesized monodisperse Rhnanoparticles supported on SBA-15 for size-and pretreatment-dependent studies of CO oxidation [J]. The Journal of Physical Chemistry C, 2009, 113 (20): 8616-8623.

[538] Song Hyunjoon, Rioux Robert M, Hoefelmeyer James D, Komor Russell, Niesz Krisztian, Grass Michael, Yang Peidong, Somorjai Gabor A. Hydrothermal growth of mesoporous SBA-15 silica in the presence of PVP-stabilized Pt nanoparticles: synthesis, characterization, and catalytic properties [J]. Journal of the American Chemical Society, 2006, 128 (9): 3027-3037.

[539] Duan Haohong, Yan Ning, Yu Rong, Chang Chun Ran, Zhou Gang, Hu Han Shi, Rong Hongpan, Niu Zhiqiang, Mao Junjie, Asakura Hiroyuki. Ultrathin rhodium nanosheets [J]. Nat Commun, 2014, 5: 3093.

[540] Huang Xiaoqing, Tang Shaoheng, Zhang Huihui, Zhou Zhiyou, Zheng Nanfeng. Controlled formation of concave tetrahedral/trigonal bipyramidal palladium nanocrystals [J]. Journal of the American Chemical Society, 2009, 131 (39): 13916-13917.

[541] Huang Xiao, Li Shaozhou, Huang Yizhong, Wu Shixin, Zhou Xiaozhu, Li Shuzhou, Gan Chee Lip, Boey Freddy, Mirkin Chad A, Zhang Hua. Synthesis of hexagonal close-packed gold nanostructures [J]. Nat Commun, 2011, 2: 292.

[542] Zhang Tong, Cheng Peng, Li Wen Juan, Sun Yu-Jie, Wang Guang, Zhu Xie-Gang, He Ke, Wang Lili, Ma Xucun, Chen Xi. Superconductivity in one-atomic-layer metal films grown on Si (111) [J]. Nature Physics, 2010, 6

(2): 104.

[543] Saleem Faisal, Zhang Zhicheng, Xu Biao, Xu Xiaobin, He Peilei, Wang Xun. Ultrathin Pt-Cu Nanosheets and Nanocones [J]. Journal of the American Chemical Society, 2013, 135 (49): 18304-18307.

[544] Hu Chengyi, Mu Xiaoliang, Fan Jingmin, Ma Haibin, Zhao Xiaojing, Chen Guangxu, Zhou Zhiyou, Zheng Nanfeng. Interfacial Effects in PdAg Bimetallic Nanosheets for Selective Dehydrogenation of Formic Acid [J]. Chemistry of Nanomaterials for Energy, Biology and More, 2016, 2 (1): 28-32.

[545] Cheong Weng Chon, Liu Chuhao, Jiang Menglei, Duan Haohong, Wang Dingsheng, Chen Chen, Li Yadong. Nano Research. Free-standing palladium-nickel alloy wavy nanosheets [J]. Nano Research, 2016, 9 (8): 2244-2250.

[546] Hong Jong Wook, Kim Yena, Wi Dae Han, Lee Seunghoon, Lee Su Un, Lee Young Wook, Choi Sang Il, Han Sang Woo. Ultrathin Free-Standing Ternary-Alloy Nanosheets [J]. Angewandte Chemie International Edition, 2016, 55 (8): 2753-2758.

[547] Zhang Shi Yuan, Zhu Hong Lin, Zheng Yue Qing. Surface modification of CuO nanoflake with Co_3O_4 nanowire for oxygen evolution reaction and electrocatalytic reduction of CO_2 in water to syngas [J]. Electrochimica Acta, 2019, 299: 281-288.

[548] Lai Jian Jhong, Jian Dunliang, Lin Yen Fu, Ku Ming Ming, Jian Wen Bin. Electron transport in the two-dimensional channel material-zinc oxide nanoflake [J]. Physica B: Condensed Matter, 2018, 532: 135-138.

[549] Wang Mingsong, Hahn Sung Hong, Kim Jae Seong, Chung Jin Suk, Kim Eui Jung, Koo Kee Kahb. Solvent-controlled crystallization of zinc oxide nano (micro) disks [J]. Journal of Crystal Growth, 2008, 310 (6): 1213-1219.

[550] Chen Shuangqiang, Zhao Yufei, Sun Bing, Ao Zhimin, Xie Xiuqiang, Wei Yiying, Wang Guoxiu. Microwave-assisted Synthesis of Mesoporous Co_3O_4 Nanoflakes for Applications in Lithium Ion Batteries and Oxygen Evolution Reactions [J]. Acs Applied Materials & Interfaces, 2015, 7 (5): 3306-3313.

[551] Wang Ying, Jiang Liangxing, Tang Ding, Liu Fangyang, Lai Yanqing. Characterization of porous bismuth oxide (Bi_2O_3) nanoplates prepared by chemical bath deposition and post annealing [J]. Rsc Advances, 2015, 5 (80): 65591-65594.

[552] Shaikh Shoyeb Mohamad F, Rahman Gul, Mane Rajaram S, Joo Oh Shim. Bismuth oxide nanoplates-based efficient DSSCs: Influence of ZnO surface passivation layer [J]. Electrochimica Acta, 2013, 111: 593-600.

[553] Soler-Illia Galo J De Aa, Sanchez Clément, Lebeau Bénédicte, Patarin Joël. Chemical strategies to design textured materials: from microporous and mesoporous oxides to nanonetworks and hierarchical structures [J]. Chemical Reviews, 2002, 102 (11): 4093-4138.

[554] Hoffmann Frank, Cornelius Maximilian, Morell Jürgen, Fröba Michael. Silica-Based Mesoporous Organic-Inorganic Hybrid Materials [J]. Angewandte Chemie International Edition, 2006, 45 (20): 3216-3251.

[555] Pan Jia Hong, Zhao X S, Lee Wan In. Block copolymer-templated synthesis of highly organized mesoporous TiO_2-based films and their photoelectrochemical applications [J]. Chemical Engineering Journal, 2011, 170 (2): 363-380.

[556] Sayari Abdelhamid, Hamoudi Safia. Periodic mesoporous silica-based organic-inorganic nanocomposite materials [J]. Chemistry of Materials, 2001, 13 (10): 3151-3168.

[557] Schüth Ferdi. Non-siliceous mesostructured and mesoporous materials [J]. Chemistry of Materials, 2001, 13 (10): 3184-3195.

[558] Mamak Marc, Coombs Neil, Ozin Geoffrey. Mesoporous yttria-zirconia and metal-yttria-zirconia solid solutions for fuel cells [J]. Advanced Materials, 2000, 12 (3): 198-202.

[559] Emons Theo T, Li Jianquan, Nazar Linda F. Synthesis and characterization of mesoporous indium tin oxide possessing an electronically conductive framework [J]. Journal of the American Chemical Society, 2002, 124 (29): 8516-8517.

[560] Asefa Tewodros, Yoshina Ishii Chiaki, Maclachlan Mark J, Ozin Geoffrey A. New nanocomposites: putting organic function" inside" the channel walls of periodic mesoporous silica [J]. Journal of Materials Chemistry, 2000,

10 (8): 1751-1755.

[561] Stein Andreas, Melde Brian J, Schroden Rick C. Hybrid inorganic-organic mesoporous silicates—nanoscopic reactors coming of age [J]. Advanced Materials, 2000, 12 (19): 1403-1419.

[562] Liu Jun, Shin Yongsoon, Nie Zimin, Chang Jeong Ho, Wang Li Qiong, Fryxell Glen E, Samuels William D, Exarhos Gregory J. Molecular assembly in ordered mesoporosity: A new class of highly functional nanoscale materials [J]. The Journal of Physical Chemistry A, 2000, 104 (36): 8328-8339.

[563] Limmer Steven J, Hubler Timothy L, Cao Guozhong. Nanorods of various oxides and hierarchically structured mesoporous silica by sol-gel electrophoresis [J]. Journal of Sol-gel Science and Technology, 2003, 26 (1-3): 577-581.

[564] Sayari Abdelhamid, Hamoudi Safia. Periodic Mesoporous Silica-Based Organic-Inorganic Nanocomposite Materials [J]. Chemistry of Materials, 2001, 13 (10): 3151-3168.

[565] Shephard Douglas S, Zhou Wuzong, Maschmeyer Thomas, Matters Justin M, Roper Caroline L, Parsons Simon, Johnson Brian F G, Duer Melinda J. Site-Directed Surface Derivatization of MCM-41: Use of High-Resolution Transmission Electron Microscopy and Molecular Recognition for Determining the Position of Functionality within Mesoporous Materials [J]. Angewandte Chemie International Edition, 1998, 37 (19): 2719-2723.

[566] Shin Yongsoon, Liu Jun, Wang Li Qiong, Nie Zimin, Samuels William D, Fryxell Glen E, Exarhos Gregory J. Ordered Hierarchical Porous Materials: Towards Tunable Size-and Shape-Selective Microcavities in Nanoporous Channels [J]. 2000, 39 (15): 2702-2707.

[567] Lim Myong H, Blanford Christopher F, Stein Andreas. Synthesis and Characterization of a Reactive Vinyl-Functionalized MCM-41: Probing the Internal Pore Structure by a Bromination Reaction [J]. Journal of the American Chemical Society, 1997, 119 (17): 4090-4091.

[568] Mercier Louis, Pinnavaia Thomas J. Direct Synthesis of Hybrid Organic-Inorganic Nanoporous Silica by a Neutral Amine Assembly Route: Structure-Function Control by Stoichiometric Incorporation of Organosiloxane Molecules [J]. Chemistry of Materials, 2000, 12 (1): 188-196.

[569] Pierre Alain C, Pajonk Gerard M. Chemistry of aerogels and their applications [J]. Chemical Reviews, 2002, 102 (11): 4243-4266.

[570] Gash Alexander E, Tillotson Thomas M, Satcher Jr Joe H, Hrubesh Lawrence W, Simpson Randall L. New sol-gel synthetic route to transition and main-group metal oxide aerogels using inorganic salt precursors [J]. Journal of Non-crystalline Solids, 2001, 285 (1-3): 22-28.

[571] Hernandez C, Pierre Ac. Evolution of the texture and structure of SiO_2-Al_2O_3 xerogels and aerogels as a function of the Si to Al molar ratio [J]. Journal of Sol-gel Science and Technology, 2001, 20 (3): 227-243.

[572] Ou Duan Li, Chevalier Pierre M. Studies on highly porous hybrids prepared by a novel fast gellation process under ambient pressure [J]. Journal of Sol-gel Science and Technology, 2003, 26 (1-3): 657-662.

[573] Baerlocher Ch, Olson Dh, Meier Wm. Atlas of Zeolite framework types (formerly: Atlas of Zeolite structure types) [M]. Elsevier, 2001.

[574] Jacobs Pa, Flanigen Edith M, Jansen Jc, Van Bekkum Herman. Introduction to zeolite science and practice [M]. Elsevier, 2001.

[575] Cundy Colin S, Cox Paul A. The hydrothermal synthesis of zeolites: history and development from the earliest days to the present time [J]. Chem Rev, 2003, 103 (3): 663-702.

[576] Yamamoto Katsutoshi, Sakata Yasuyuki, Nohara Yuki, Takahashi Yoko, Tatsumi Takashi. Organic-inorganic hybrid zeolites containing organic frameworks [J]. Science, 2003, 300 (5618): 470-472.

[577] Gawande Manoj B, Goswami Anandarup, Asefa Tewodros, Guo Huizhang, Biradar Ankush V, Peng Dong-Liang, Zboril Radek, Varma Rajender S. Core-shell nanoparticles: synthesis and applications in catalysis and electrocatalysis [J]. Chemical Society Reviews, 2015, 44 (21): 7540-7590.

[578] Feng Hao Peng, Tang Lin, Zeng Guang Ming, Zhou Yaoyu, Deng Yao Cheng, Ren Xiaoya, Song Biao, Liang Chao, Wei Meng Yun, Yu Jiang Fang. Core-shell nanomaterials: Applications in energy storage and conversion [J]. Advances in Colloid and Interface Science, 2019, 267: 26-46.

[579] Li Wei, Elzatahry Ahmed, Aldhayan Dhaifallah, Zhao Dongyuan. Core-shell structured titanium dioxide nanomaterials for solar energy utilization [J]. Chemical Society Reviews, 2018, 47 (22): 8203-8237.

[580] Ghosh Chaudhuri Rajib, Paria Santanu. Core/Shell Nanoparticles: Classes, Properties, Synthesis Mechanisms, Characterization, and Applications [J]. Chemical Reviews, 2012, 112 (4): 2373-2433.

[581] Plueddemann EP. Silane coupling agents [M]. 2nd ed. New York, Plenum Press, 1991.

[582] Peng Bo, Zhang Qing, Liu Xinfeng, Ji Yun, Demir Hilmi Volkan, Huan Cheng Hon Alfred, Sum Tze Chien, Xiong Qihua. Fluorophore-Doped Core-Multishell Spherical Plasmonic Nanocavities: Resonant Energy Transfer toward a Loss Compensation [J]. ACS Nano, 2012, 6 (7): 6250-6259.

[583] Caruso Frank. Nanoengineering of particle surfaces [J]. Advanced Materials, 2001, 13 (1): 11-22.

[584] Black Kvar C L, Liu Zhongqiang, Messersmith Phillip B. Catechol Redox Induced Formation of Metal Core-Polymer Shell Nanoparticles [J]. Chemistry of Materials, 2011, 23 (5): 1130-1135.

[585] Lahav Michal, Weiss Emily A, Xu Qiaobing, Whitesides George M. Core-Shell and Segmented Polymer-Metal Composite Nanostructures [J]. Nano Letters, 2006, 6 (9): 2166-2171.

[586] Wittstock A, Zielasek V, Biener J, Friend Cm, Bäumer M. Nanoporous gold catalysts for selective gas-phase oxidative coupling of methanol at low temperature [J]. Science, 2010, 327 (5963): 319-322.

[587] Mulvihill Martin J, Ling Xing Yi, Henzie Joel, Yang Peidong. Anisotropic etching of silver nanoparticles for plasmonic structures capable of single-particle SERS [J]. Journal of the American Chemical Society, 2009, 132 (1): 268-274.

[588] Wang Dingsheng, Zhao Peng, Li Yadong. General preparation for Pt-based alloy nanoporous nanoparticles as potential nanocatalysts [J]. Sci Rep, 2011, 1: 37.

[589] Wu Yuen, Wang Dingsheng, Niu Zhiqiang, Chen Pengcheng, Zhou Gang, Li Yadong. A strategy for designing a concave Pt-Ni alloy through controllable chemical etching [J]. Angewandte Chemie International Edition, 2012, 51 (50): 12524-12528.

[590] Gazda Daniel B, Fritz James S, Porter Marc D. Determination of nickel (II) as the nickel dimethylglyoxime complex using colorimetric solid phase extraction [J]. Anal Chim Acta, 2004, 508 (1): 53-59.

[591] Wang Yu, Chen Yueguang, Nan Caiyun, Li Lingling, Wang Dingsheng, Peng Qing, Li Yadong. Phase-transfer interface promoted corrosion from $PtNi_{10}$ nanoctahedra to Pt_4Ni nanoframes [J]. Nano Research, 2015, 8 (1): 140-155.

[592] Nasrollahzadeh Mahmoud, Issaabadi Zahra, Sajjadi Mohaddeseh, Sajadi S. Mohammad, Atarod Monireh. Chapter 2-Types of Nanostructures [J]//Nasrollahzadeh Mahmoud, Sajadi S. Mohammad, Sajjadi Mohaddeseh, Issaabadi Zahra, Atarod Monireh. Interface Science and Technology, 2019: 29-80.

[593] Hu Shou Bo, Li Liang, Luo Meng Yu, Yun Ya Feng, Chang Chang Tang. Aqueous norfloxacin sonocatalytic degradation with multilayer flower-like ZnO in the presence of peroxydisulfate [J]. Ultrasonics Sonochemistry, 2017, 38: 446-454.

[594] Zhou Xingfu, Zhang Dangyu, Zhu Yan, Shen Yeqian, Guo Xuefeng, Ding Weiping, Chen Yi. Mechanistic investigations of PEG-directed assembly of one-dimensional ZnO nanostructures [J]. The Journal of Physical Chemistry B, 2006, 110 (51): 25734-25739.

[595] Cao Minhua, Hu Changwen, Wang Enbo. The first fluoride one-dimensional nanostructures: microemulsion-mediated hydrothermal synthesis of BaF_2 whiskers [J]. Journal of the American Chemical Society, 2003, 125 (37): 11196-11197.

[596] Guo Zhiyan, Du Fanglin, Li Guicun, Cui Zuolin. Synthesis of single-crystalline $CeCO_3OH$ with shuttle morphology and their thermal conversion to CeO_2 [J]. Crystal Growth and Design, 2008, 8 (8): 2674-2677.

[597] Khamsanga Sonti, Pornprasertsuk Rojana, Yonezawa Tetsu, Mohamad Ahmad Azmin, Kheawhom Soorathep. δ-MnO_2 nanoflower/graphite cathode for rechargeable aqueous zinc ion batteries [J]. Scientific Reports, 2019, 9 (1): 8441.

[598] Zeng Libin, Chen Shuai, Van Der Zalm Joshua, Li Xinyong, Chen Aicheng. Sulfur vacancy-rich N-doped MoS_2 nanoflowers for highly boosting electrocatalytic N_2 fixation to NH_3 under ambient conditions [J]. Chemical Com-

munications, 2019, 55 (51): 7386-7389.

[599] Vayssieres Lionel. Growth of arrayed nanorods and nanowires of ZnO from aqueous solutions [J]. Advanced Materials, 2003, 15 (5): 464-466.

[600] Huang Michael H, Mao Samuel, Feick Henning, Yan Haoquan, Wu Yiying, Kind Hannes, Weber Eicke, Russo Richard, Yang Peidong. Room-Temperature Ultraviolet Nanowire Nanolasers [J]. Science, 2001, 292 (5523): 1897-1899.

[601] Vayssieres Lionel, Keis Karin, Hagfeldt Anders, Lindquist Sten Eric. Three-dimensional array of highly oriented crystalline ZnO microtubes [J]. Chemistry of Materials, 2001, 13 (12): 4395-4398.

[602] Le Hq, Chua Sj, Koh Yw, Loh Kp, Fitzgerald Ea. Systematic studies of the epitaxial growth of single-crystal ZnO nanorods on GaN using hydrothermal synthesis [J]. Journal of Crystal Growth, 2006, 293 (1): 36-42.

[603] Li Bin Bin, Shen Hong Lie, Zhang Rong, Xiu Xiang Qiang, Xie Zhi. Structural and magnetic properties of codoped ZnO based diluted magnetic semiconductors [J]. Chinese Physics Letters, 2007, 24 (12): 3473.

[604] Liu Yang, Kang Zh, Chen Zh, Shafiq I, Zapien Ja, Bello I, Zhang Wj, Lee St. Synthesis, characterization, and photocatalytic application of different ZnO nanostructures in array configurations [J]. Crystal Growth and Design, 2009, 9 (7): 3222-3227.

[605] Wang Hong En, Chen Zhenhua, Leung Yu Hang, Luan Chunyan, Liu Chaoping, Tang Yongbing, Yan Ce, Zhang Wenjun, Zapien Juan Antonio, Bello Igor. Hydrothermal synthesis of ordered single-crystalline rutile TiO_2 nanorod arrays on different substrates [J]. Applied Physics Letters, 2010, 96 (26): 263104.

[606] Liu Xijun, Liu Junfeng, Chang Zheng, Luo Liang, Lei Xiaodong, Sun Xiaoming. α-Fe_2O_3 nanorod arrays for bioanalytical applications: nitrite and hydrogen peroxide detection [J]. RSC Advances, 2013, 3 (22): 8489-8494.

[607] Liu Xijun, Chang Zheng, Luo Liang, Xu Tianhao, Lei Xiaodong, Liu Junfeng, Sun Xiaoming. Hierarchical $Zn_xCo_{3-x}O_4$ Nanoarrays with High Activity for Electrocatalytic Oxygen Evolution [J]. Chemistry of Materials, 2014, 26 (5): 1889-1895.

[608] Huang Yu, Li Yuanyuan, Hu Zuoqi, Wei Guangming, Guo Junling, Liu Jinping. A carbon modified MnO_2 nanosheet array as a stable high-capacitance supercapacitor electrode [J]. Journal of Materials Chemistry A, 2013, 1 (34): 9809-9813.

[609] Nakamura Yoshiaki, Murayama Akiyuki, Watanabe Ryoko, Iyoda Tomokazu, Ichikawa Masakazu. Self-organized formation and self-repair of a two-dimensional nanoarray of Ge quantum dots epitaxially grown on ultrathin SiO_2-covered Si substrates [J]. Nanotechnology, 2010, 21 (9): 095305.

[610] Lu Zhiyi, Xu Wenwen, Zhu Wei, Yang Qiu, Lei Xiaodong, Liu Junfeng, Li Yaping, Sun Xiaoming, Duan Xue. Three-dimensional NiFe layered double hydroxide film for high-efficiency oxygen evolution reaction [J]. Chemical Communications, 2014, 50 (49): 6479-6482.

[611] Lu Zhiyi, Zhu Wei, Lei Xiaodong, Williams Gareth R, O'hare Dermot, Chang Zheng, Sun Xiaoming, Duan Xue. High pseudocapacitive cobalt carbonate hydroxide films derived from CoAl layered double hydroxides [J]. Nanoscale, 2012, 4 (12): 3640-3643.

[612] Wu Hao, Xu Ming, Wu Haoyu, Xu Jingjie, Wang Yanli, Peng Zheng, Zheng Gengfeng. Aligned NiO nanoflake arrays grown on copper as high capacity lithium-ion battery anodes [J]. Journal of Materials Chemistry, 2012, 22 (37): 19821-19825.

[613] Lu Zhiyi, Chang Zheng, Liu Junfeng, Sun Xiaoming. Stable ultrahigh specific capacitance of NiO nanorod arrays [J]. Nano Research, 2011, 4 (7): 658.

[614] Lu Zhiyi, Chang Zheng, Zhu Wei, Sun Xiaoming. Beta-phased $Ni(OH)_2$ nanowall film with reversible capacitance higher than theoretical Faradic capacitance [J]. Chemical Communications, 2011, 47 (34): 9651-9653.

[615] Yang Qiu, Lu Zhiyi, Chang Zheng, Zhu Wei, Sun Jiaqiang, Liu Junfeng, Sun Xiaoming, Duan Xue. Hierarchical Co_3O_4 nanosheet@ nanowire arrays with enhanced pseudocapacitive performance [J]. RSC Advances, 2012, 2 (4): 1663-1668.

[616] Lu Zhiyi, Zhu Wei, Yu Xiaoyou, Zhang Haichuan, Li Yingjie, Sun Xiaoming, Wang Xinwei, Wang Hao, Wang Jingming, Luo Jun, Lei Xiaodong, Jiang Lei. Ultrahigh Hydrogen Evolution Performance of Under-Water

"Superaerophobic" MoS_2 Nanostructured Electrodes [J]. Advanced Materials, 2014, 26 (17): 2683-2687.

[617] Yi Gyu Chul, Wang Chunrui, Park Won Il. ZnO nanorods: synthesis, characterization and applications [J]. Semiconductor Science and Technology, 2005, 20 (4): S22-S34.

[618] Baruah Sunandan, Dutta Joydeep. Hydrothermal growth of ZnO nanostructures [J]. Science and Technology of Advanced Materials, 2009, 10 (1): 013001.

[619] Wang Zhuo, Qian Xue Feng, Yin Jie, Zhu Zi Kang. Large-Scale Fabrication of Tower-like, Flower-like, and Tube-like ZnO Arrays by a Simple Chemical Solution Route [J]. Langmuir, 2004, 20 (8): 3441-3448.

[620] Wahab Rizwan, Ansari S G, Kim Y S, Seo H K, Kim G S, Khang Gilson, Shin Hyung Shik. Low temperature solution synthesis and characterization of ZnO nano-flowers [J]. Materials Research Bulletin, 2007, 42 (9): 1640-1648.

[621] Xia Xinhui, Tu Jiangping, Zhang Yongqi, Wang Xiuli, Gu Changdong, Zhao Xin Bing, Fan Hong Jin. High-Quality Metal Oxide Core/Shell Nanowire Arrays on Conductive Substrates for Electrochemical Energy Storage [J]. ACS nano, 2012, 6 (6): 5531-5538.

[622] Sun Jiaqiang, Li Yaping, Liu Xijun, Yang Qiu, Liu Junfeng, Sun Xiaoming, Evans David G, Duan Xue. Hierarchical cobalt iron oxide nanoarrays as structured catalysts [J]. Chemical Communications, 2012, 48 (28): 3379-3381.

[623] Liu XY, Zhang YQ, Xia XH, Shi SJ, Lu Y, Wang X L, Gu CD, Tu JP. Self-assembled porous $NiCo_2O_4$ heterostructure array for electrochemical capacitor [J]. Journal of Power Sources, 2013, 239: 157-163.

[624] Zhu Changrong, Xia Xinhui, Liu Jilei, Fan Zhanxi, Chao Dongliang, Zhang Hua, Fan Hong Jin. TiO_2 nanotube @SnO_2 nanoflake core-branch arrays for lithium-ion battery anode [J]. Nano Energy, 2014, 4: 105-112.

[625] Lu Zhiyi, Yang Qiu, Zhu Wei, Chang Zheng, Liu Junfeng, Sun Xiaoming, Evans David G, Duan Xue. Hierarchical Co_3O_4@ Ni-Co-O supercapacitor electrodes with ultrahigh specific capacitance per area [J]. Nano Research, 2012, 5 (5): 369-378.

[626] Xu Wenwen, Lu Zhiyi, Lei Xiaodong, Li Yaping, Sun Xiaoming. A hierarchical Ni-Co-O@ Ni-Co-S nanoarray as an advanced oxygen evolution reaction electrode [J]. Physical Chemistry Chemical Physics, 2014, 16 (38): 20402-20405.

[627] Zhang Chenglong, Shao Mingfei, Ning Fanyu, Xu Simin, Li Zhenhua, Wei Min, Evans David G, Duan Xue. Au nanoparticles sensitized ZnO nanorod@ nanoplatelet core-shell arrays for enhanced photoelectrochemical water splitting [J]. Nano Energy, 2015, 12: 231-239.

[628] Wu Hao, Xu Ming, Wang Yongcheng, Zheng Gengfeng. Branched Co_3O_4/Fe_2O_3 nanowires as high capacity lithium-ion battery anodes [J]. Nano Research, 2013, 6 (3): 167-173.

[629] Li Yan Li, Zhou Jiao Jiao, Wu Meng Ke, Chen Chen, Tao Kai, Yi Fei Yan, Han Lei. Hierarchical Two-Dimensional Conductive Metal-Organic Framework/Layered Double Hydroxide Nanoarray for a High-Performance Supercapacitor [J]. Inorganic Chemistry, 2018, 57 (11): 6202-6205.

[630] Wei Wei, Gu Xiangyu, Liu Yuze, Zheng Zejun, Li Shaoyang, Mei Zhilin, Wei Ang. Three-Dimensional Structures of Nanoporous NiO/ZnO Nanoarray Films for Enhanced Electrochromic Performance [J]. Chemistry—An Asian Journal, 2019, 14 (3): 431-437.

[631] Liu Jilei, Zhou Weiwei, Lai Linfei, Yang Huanping, Hua Lim San, Zhen Yongda, Yu Ting, Shen Zexiang, Lin Jianyi. Three dimensionals α-Fe_2O_3/polypyrrole (Ppy) nanoarray as anode for micro lithium ion batteries [J]. Nano Energy, 2013, 2 (5): 726-732.

[632] Goulas Aristeidis, Van Ommen J Ruud. Scalable Production of Nanostructured Particles using Atomic Layer Deposition [J]. KONA Powder and Particle Journal, 2014, 31: 234-246.

[633] Nützenadel C, Züttel A, Chartouni D, Schmid G, Schlapbach L. Critical size and surface effect of the hydrogen interaction of palladium clusters [J]. The European Physical Journal D, 2000, 8 (2): 245-250.

[634] Xiong Shiyun, Qi Weihong, Cheng Yajuan, Huang Baiyun, Wang Mingpu, Li Yejun. Universal relation for size dependent thermodynamic properties of metallic nanoparticles [J]. Physical Chemistry Chemical Physics, 2011, 13 (22): 10652-10660.

[635] Jiang Q, Cui X F, Zhao M. Size effects on Curie temperature of ferroelectric particles [J]. Applied Physics A, 2004, 78 (5): 703-704.

[636] Wu Yiying, Yang Peidong. Germanium/carbon core-sheath nanostructures [J]. Applied Physics Letters, 2000, 77 (1): 43-45.

[637] Wu Yiying, Yang Peidong. Melting and welding semiconductor nanowires in nanotubes [J]. Advanced Materials, 2001, 13 (7): 520-523.

[638] Thorat Atul V, Ghoshal Tandra, Holmes Justin D, Nambissan P M G, Morris Michael A. A positron annihilation spectroscopic investigation of europium-doped cerium oxide nanoparticles [J]. Nanoscale, 2014, 6 (1): 608-615.

[639] An Lu, Zhang Di, Zhang Lin, Feng Gang. Effect of nanoparticle size on the mechanical properties of nanoparticle assemblies [J]. Nanoscale, 2019, 11 (19): 9563-9573.

[640] Marszalek Piotr E, Greenleaf William J, Li Hongbin, Oberhauser Andres F, Fernandez Julio M. Atomic force microscopy captures quantized plastic deformation in gold nanowires [J]. Proceedings of the National Academy of Sciences, 2000, 97 (12): 6282-6286.

[641] Wang Yinmin, Chen Mingwei, Zhou Fenghua, Ma En. High tensile ductility in a nanostructured metal [J]. Nature, 2002, 419 (6910): 912-915.

[642] Valiev Rz, Alexandrov Iv, Zhu Yt, Lowe Tc. Paradox of strength and ductility in metals processed bysevereplastic deformation [J]. Journal of Materials Research, 2002, 17 (1): 5-8.

[643] Champion Yannick, Langlois Cyril, Guérin Mailly Sandrine, Langlois Patrick, Bonnentien Jean Louis, Hÿtch Martin J. Near-perfect elastoplasticity in pure nanocrystalline copper [J]. Science, 2003, 300 (5617): 310-311.

[644] Chen Mingwei, Ma En, Hemker Kevin J, Sheng Hongwei, Wang Yinmin, Cheng Xuemei. Deformation twinning in nanocrystalline aluminum [J]. Science, 2003, 300 (5623): 1275-1277.

[645] Link Stephan, El-Sayed Mostafa A. Shape and size dependence of radiative, non-radiative and photothermal properties of gold nanocrystals [J]. International Reviews in Physical Chemistry, 2000, 19 (3): 409-453.

[646] Hanmei Bao, Qing Zhang, Hui Xu, Zhao Yan. Effects of nanoparticle size on antitumor activity of 10-hydroxycamptothecin-conjugated gold nanoparticles: in vitro and in vivo studies [J]. International Journal of Nanomedicine, 2016, (11): 929-940.

[647] El-Sayed Mostafa A. Some interesting properties of metals confined in time and nanometer space of different shapes [J]. Accounts of Chemical Research, 2001, 34 (4): 257-264.

[648] Mohamed Mona B, Volkov Victor, Link Stephan, El-Sayed Mostafa A. Thelightning'gold nanorods: fluorescence enhancement of over a million compared to the gold metal [J]. Chemical Physics Letters, 2000, 317 (6): 517-523.

[649] Ma Ddd, Lee Cs, Au Fck, Tong Sy, Lee St. Small-diameter silicon nanowire surfaces [J]. Science, 2003, 299 (5614): 1874-1877.

[650] Satoh Norifusa, Nakashima Toshio, Kamikura Kenta, Yamamoto Kimihisa. Quantum size effect in TiO_2 nanoparticles prepared by finely controlled metal assembly on dendrimer templates [J]. Nature Nanotechnology, 2008, 3 (2): 106-111.

[651] Wang Jianfang, Gudiksen Mark S, Duan Xiangfeng, Cui Yi, Lieber Charles M. Highly polarized photoluminescence and photodetection from single indium phosphide nanowires [J]. Science, 2001, 293 (5534): 1455-1457.

[652] Lu Xianmao, Hanrath Tobias, Johnston Keith P, Korgel Brian A. Growth of single crystal silicon nanowires in supercritical solution from tethered gold particles on a silicon substrate [J]. Nano Lett, 2003, 3 (1): 93-99.

[653] Hanrath Tobias, Korgel Brian A. Nucleation and growth of germanium nanowires seeded by organic monolayer-coated gold nanocrystals [J]. Journal of the American Chemical Society, 2002, 124 (7): 1424-1429.

[654] Luo Xiangdong, Liu Peisheng, Truong Nguyen Tam Nguyen, Farva Umme, Park Chinho. Photoluminescence Blue-Shift of CdSe Nanoparticles Caused by Exchange of Surface Capping Layer [J]. The Journal of Physical Chemistry C, 2011, 115 (43): 20817-20823.

[655] Zhang Zhibo, Sun Xiangzhong, Dresselhaus Ms, Ying Jackie Y, Heremans J. Electronic transport properties of single-crystal bismuth nanowire arrays [J]. Physical Review B, 2000, 61 (7): 4850.

[656] Choi Sh, Wang Kl, Leung Ms, Stupian Gw, Presser N, Morgan Ba, Robertson Re, Abraham M, King Ee, Tueling Mb. Fabrication of bismuth nanowires with a silver nanocrystal shadowmask [J]. Journal of Vacuum Science & Technology A: Vacuum, Surfaces, and Films, 2000, 18 (4): 1326-1328.

[657] Cui Yi, Lieber Charles M. Functional nanoscale electronic devices assembled using silicon nanowire building blocks [J]. Science, 2001, 291 (5505): 851-853.

[658] Chung Sung Wook, Yu Jae Young, Heath James R. Silicon nanowire devices [J]. Applied Physics Letters, 2000, 76 (15): 2068-2070.

[659] Han Lu, Zhao Yu Xia, Liu Cheng Mei, Li Lu Hai, Liang Xing Jie, Wei Yen. The effects of nanoparticle shape on electrical conductivity of Ag nanomaterials [J]. Journal of Materials Science: Materials in Electronics, 2014, 25 (9): 3870-3877.

[660] Roelofs A, Schneller T, Szot K, Waser R. Towards the limit of ferroelectric nanosized grains [J]. Nanotechnology, 2003, 14 (2): 250.

[661] Shaw S TM, Trolier McKinstry, PC McIntyre. The properties of ferroelectric films at small dimensions [J]. Annual Review of Materials Science, 2000, 30: 263.

[662] De Montferrand Caroline, Hu Ling, Milosevic Irena, Russier Vincent, Bonnin Dominique, Motte Laurence, Brioude Arnaud, Lalatonne Yoann. Iron oxide nanoparticles with sizes, shapes and compositions resulting in different magnetization signatures as potential labels for multiparametric detection [J]. Acta Biomaterialia, 2013, 9 (4): 6150-6157.

[663] Zhang Hengzhong, Penn R Lee, Hamers Robert J, Banfield Jillian F. Enhanced Adsorption of Molecules on Surfaces of Nanocrystalline Particles [J]. The Journal of Physical Chemistry B, 1999, 103 (22): 4656-4662.

[664] Pettibone John M, Cwiertny David M, Scherer Michelle, Grassian Vicki H. Adsorption of Organic Acids on TiO_2 Nanoparticles: Effects of pH, Nanoparticle Size, and Nanoparticle Aggregation [J]. Langmuir, 2008, 24 (13): 6659-6667.